U0222933

洗衣液
实用配方手册

XIYIYE
SHIYONG PEIFANG SHOUCE

李东光　主编

化学工业出版社
·北京·

内 容 简 介

本书简要介绍了洗衣液配方设计原则、洗衣液配方影响因素、洗衣液的发展方向等内容，详细介绍了 450 余种洗衣液配方，包括功能型洗衣液、通用型洗衣液、杀菌除螨洗衣液、婴幼儿专用洗衣液等。每个配方都具体给出了原料配比、制备方法、原料介绍和产品特性等内容，所涉及的产品具有功能性、新颖性和实用性。

本书适合洗衣液研究、开发、生产人员使用，也可供高等院校精细化工等相关专业师生参考。

图书在版编目（CIP）数据

洗衣液实用配方手册 / 李东光主编. — 北京 ：化学工业出版社, 2023.12
ISBN 978-7-122-44144-7

Ⅰ．①洗⋯ Ⅱ．①李⋯ Ⅲ．①合成洗涤剂－配方－手册 Ⅳ．①TQ649-62

中国国家版本馆 CIP 数据核字（2023）第 169669 号

责任编辑：张　艳　　　　　　　　　　文字编辑：姚子丽　师明远
责任校对：李　爽　　　　　　　　　　装帧设计：王晓宇

出版发行：化学工业出版社（北京市东城区青年湖南街 13 号　邮政编码 100011）
印　　装：河北鑫兆源印刷有限公司
710mm×1000mm　1/16　印张 33½　字数 634 千字
2024 年 1 月北京第 1 版第 1 次印刷

购书咨询：010-64518888　　　　　　　售后服务：010-64518899
网　　址：http://www.cip.com.cn
凡购买本书，如有缺损质量问题，本社销售中心负责调换。

定　　价：198.00 元　　　　　　　　　　　　　版权所有　违者必究

前 言
PREFACE

　　洗衣液是指以水为基质的一种无色或有色的均匀黏稠液体，适用于洗涤各种纺织面料，如服装及床上用品等，是目前市场占有率逐年递增的一类常用洗涤剂。与固体洗涤剂相比，洗衣液所用表面活性剂易生物降解、活性物含量高，具有良好的去污、增溶、乳化和分散作用；所用助剂不含磷、不含荧光增白剂，对人体及环境无危害，符合当今绿色需求；所用溶剂以水为基质，溶解速度快、低温洗涤性能好并且可以赋予衣物柔软性、抗静电性及一定的蓬松度。同时洗衣液具有温和、节能环保、制备工艺简单、设备投资少、无粉尘、加工成本低、留香持久、包装新颖和使用方便等优点。作为一种新型的洗涤用品，洗衣液目前正在被越来越多的人所接受。

　　洗衣液的工作原理与传统的洗衣粉、肥皂类同，有效成分都是表面活性剂。区别在于，传统的洗衣粉、肥皂采用的是阴离子型表面活性剂，是以烷基磺酸钠和硬脂酸钠为主，碱性较强（洗衣粉 pH 值一般大于 12），在使用时对皮肤的刺激和伤害较大。而洗衣液多采用非离子型表面活性剂，接近中性，对皮肤温和。偏中性的洗衣液适用范围广，护衣护色，适用于棉、麻、丝、毛（羊绒、羽绒等）、合成纤维等各种质地的衣服，也适用于婴幼儿衣物、内衣裤等贴身衣物。碱性洗涤产品不易漂洗，容易有残留，长期使用会加速衣物变黄、变旧，漂洗不干净的衣物对人体皮肤有刺激，而偏中性的洗衣液对衣物有一定的保护作用，不易残留，洗后的衣物对身体无伤害，并且排入自然界后，降解较洗衣粉快，所以成了新一代的洗涤剂。

　　洗衣液在中国起步较晚，是在 20 世纪 80 年代才慢慢地进入人们的日常生活，但是近几年发展速度较快，其在洗涤剂中所占的比例也在逐年上升。洗衣液市场在快速发展的同时，对于品质的要求也越来越高，逐渐朝着绿色、环保、功能化、专业化和系列化的方向发展。

为了满足读者需要，我们在化学工业出版社的组织下编写了这本《洗衣液实用配方手册》，书中收集了大量的、新颖的配方与工艺，旨在为读者提供实用的、可操作的实例，方便读者使用。

本书的配方以质量份表示，在少量配方中注明以体积份表示的情况下，需注意质量份与体积份的对应关系，例如质量份以 g 为单位时，对应的体积份是 mL，质量份以 kg 为单位时，对应的体积份是 L，以此类推。

需要请读者们注意的是，我们没有也不可能对每个配方进行逐一验证，所以读者在参考本书进行试验时，应根据自己的实际情况本着先小试后中试再放大的原则，小试产品合格后再往下一步进行，以免造成不必要的损失。

本书由李东光主编，参加编写的还有翟怀凤、李桂芝、吴宪民、吴慧芳、李嘉、蒋永波、邢胜利等同志，由于编者水平有限，书中难免有不妥之处，请读者在使用时及时指正。编者联系方式 ldguang@163.com。

主编

2023 年 8 月

目 录
CONTENTS

3　通用型洗衣液　119

4 杀菌除螨洗衣液 306

5　婴幼儿专用洗衣液　454

1

绪论

随着社会、科技、经济的发展，人们生活、消费水平提高，洗涤用品已经成为人们日常生活的必备品。洗涤剂产品种类不断增多，需求量也越来越大，发展速度非常快并且逐渐朝着绿色、环保、功能化、专业化和系列化的方向发展。

衣物的清洁一直是人们日常生活的一部分，自肥皂问世以来，工业上又陆续研发出洗衣粉、洗衣液等产品，这些洗涤产品为消费者带来极大的便利，满足了消费者对衣物清洁的需求。肥皂是天然油脂皂化而成，去污能力强，但不耐硬水，容易生成难溶于水的物质沉积在衣物纤维缝隙内，而且由于肥皂基本都是块状形态，所以只适用于手洗，而不适合机洗。一直以来，洗衣粉占据了洗涤衣物产品的大部分市场，洗衣粉的去污效果非常强，对较脏的衣物能起到非常好的清洁效果，但洗衣粉不易溶解和漂洗，对衣物伤害大，易残留在衣物上，此外，大部分洗衣粉都呈强碱性，在使用时对手部皮肤有一定的刺激性，接触皮肤后有可能引起过敏，使皮肤变得粗糙。相比于肥皂和洗衣粉，洗衣液的优势在于：亲水性强，易于溶解、漂洗、更温和，不会伤及皮肤和衣物，且洗衣液偏中性，配方温和不伤手；技术含量更高，便于添加各种有效成分，洗后令衣物蓬松、柔软、光滑、亮泽，并且具有除菌和持久留香等功效，使用综合成本低。而且洗衣液通常不含磷，排出室外对环境的影响甚微，比较环保，有效避免了粉状洗衣剂制备过程需要添加大量的助剂、粉体干燥过程较耗能、溶解性较差的缺陷，因此越来越多的人选择使用洗衣液。

洗衣液的工作原理与传统的洗衣粉、肥皂相同，有效成分都是表面活性剂。但是，传统的洗衣粉、肥皂采用的是阴离子型表面活性剂，以烷基磺酸钠和硬脂酸钠为主，碱性较强，而且在使用过程中不能完全溶解，不易漂洗，在使用时对人体皮肤和衣物的损害较大。洗衣液偏中性，不会伤及皮肤和衣物，多采用非离子型表面活性剂，其结构包括亲水端和亲油端，其中亲油端与污渍结合，然后通过物理运动（如手搓、机器运动）使污渍和织物分离。同时表面活性剂降低水的张力，使水能够到达织物表面，使有效成分发挥作用，并且排放后降解较快，与传统的洗衣粉、肥皂相比具有明显优势。

洗衣液在中国起步较晚，但是近几年发展速度较快，其在洗涤剂中所占的比例也在逐年上升。洗衣液市场在快速发展的同时，对于品质的要求也越来越高。市场上也出现了各式各样的洗衣液产品。洗衣液成为当前乃至未来一段时间洗涤产品的主流方向，具有非常大的市场发展潜力。

目前，市面上的洗衣液产品正迅速增多，一般洗衣液的含水量为80%～90%，为了追求更高的洁净力，不少商家推出了超浓缩洗衣液、双倍浓缩洗衣液等，更有商家创新推出了洗衣凝珠。洗衣凝珠为低水配方和水溶性膜的结合，为机洗设计，可定量使用，其还拥有多倍洁净力。所以洗衣液的浓缩化、定量化是未来发展的主要方向。

1.1　洗衣液配方设计原则

洗衣液大体可分为两类，一类是弱碱性洗衣液，它与弱碱性洗衣粉一样可洗涤棉、麻、合成纤维等织物，pH值一般保持在8～9，常用表面活性剂是由阴离子型的LAS（十二烷基苯磺酸钠）、AES（脂肪醇聚氧乙烯醚硫酸钠）、SAS（仲烷基磺酸钠）与非离子型AEO（脂肪醇聚氧乙烯醚）、两性BS-12（十二烷基二甲基胺乙内酯）等复配制成的复配表面活性剂；另一类是中性洗衣液，它可洗涤毛、丝等织物，pH值一般保持在7～8，主要由表面活性剂和增溶剂组成。洗衣液配方设计灵活，通过加入不同用途的助剂调整配方，可得到不同功能的产品，利于增加商品品种和改进产品质量。洗衣液与洗衣粉相比，较为柔和，产品不但具有良好的去污力，而且泡沫适宜、利于漂洗，外观透明，无分层、无浑浊、无沉淀、无破乳，并具有一定的黏度。设计洗衣液的配方时，应注重以下几方面。

1.1.1　洗衣液的去污功能

按去污类型，洗衣液可分为重垢型与轻垢型。重垢型洗衣液对象主要是严重脏污的衣物，选用的表面活性剂对衣服上的油渍、矿质污垢、灰尘、皮脂和人体分泌物甚至血渍、汗渍、牛奶和饮料等都有良好的去污效果。轻垢型洗衣液专用于洗涤羊毛、羊绒和丝绸等织物，这种洗衣液应呈中性或弱碱性，对织物无损伤，相对来说去污力也较弱。洗衣液中起主要去污作用的是表面活性剂的复配物，常用非离子型表面活性剂脂肪醇聚氧乙烯醚（AEO-9）、椰子油脂肪酸二乙醇酰胺（CDEA）、椰油酰胺丙基甜菜碱（CAB-35）和离子型表面活性剂脂肪醇聚氧乙烯醚硫酸钠（AES）进行复配，并添加了助剂硅酸钠和碱性助剂碳酸钠，以改善低温下活性剂的稳定性。其中，AES 具有优良的耐硬水和乳化能力，对颗粒污垢和尘埃污垢的去除能力较好，且在低浓度下对人体刺激性较小，而 AEO-9 对油脂型污垢的去除能力较好。

有些生物洗衣液在配方中加入了不同的生物酶试剂来提高去污能力。生物酶的加入能去除一些表面活性剂无法去除的污渍，如衣物上的血渍、奶渍、汗渍等，具有高效生物催化自动分解污垢等特点。蛋白酶可去除衣物上紧密附着的蛋白类污垢，淀粉酶可去除衣物上的淀粉类污垢等。

在洗衣液的配方中加入助洗剂更能提高去污能力，它们与表面活性剂分子之间发生复杂的相互作用，使洗涤效果比单独使用表面活性剂时好，如亚胺磺酸盐是一种优良的助剂，它与 LAS、AES、AEO-9 等表面活性剂进行一元或多元复配，不影响其螯合性能，而柠檬酸三钠作无磷助剂，替代了三聚磷酸钠。

1.1.2 洗衣液的抗菌功能

随着工业的发展，人们的抗菌意识也不断增强，具有抗菌功能的产品更受人们的青睐。洗衣液中抗菌成分的添加有两个目的：抑制细菌在衣物上增殖，保护衣物；减少细菌增殖可能对人体造成的伤害。按照抗菌产品标准，对金黄色葡萄球菌和大肠埃希菌的杀菌率均不低于 90% 的产品才能宣称有抗菌作用，对金黄色葡萄球菌和大肠埃希菌的抑菌率在 50%～90% 的产品才可宣称有抑菌作用。

洗衣液中添加的抗菌剂一般有含季铵盐阳离子的表面活性剂，如烷基异喹啉镓盐型。还有一些阳离子表面活性剂，如三氯卡班（TCC）、三溴沙仑（TBS）和三氯生（TCS）等。三氯卡班可杀灭多种革兰氏阳性菌，特别是对金黄色葡萄球菌具有高效性，还能消除因细菌繁殖而产生的异味，含有 0.5% 质量分数三氯卡班的洗衣液对大肠埃希菌、金黄色葡萄球菌有较强的抑菌作用，抑菌率分别达到 91.54% 和 90.12%。三氯生能有效抑制有害细菌，为高效广谱抗菌剂，对抗生素菌和非抗生素菌及病毒均有杀灭和抑制作用，对人体皮肤的刺激性极小。

有机氯杀菌剂系包括 TCC、TCS 等，杀菌力较强，可用于阴离子-非离子表面活性剂体系，加量为 0.3%～0.5%，但色泽稳定性较差，遇光易变色；戊二醛杀菌力较强，可以用于阴离子-非离子表活体系，加量为 2% 以上，同样色泽稳定性较差，遇光易变色；两性表面活性剂，杀菌力较弱，适用于各种洗衣液产品体系，在中性或弱酸性条件下杀菌力较强，且温和、无毒、刺激性小。

1.1.3　洗衣液的柔顺功能

随着生活水平的提高，人们对衣物的要求也越来越高，希望衣物保持柔顺。洗衣液通过添加阳离子表面活性剂使衣物保持柔顺。衣物在洗涤过程中，表面带有负电，而阳离子表面活性剂与负电荷相中和，减少衣物表面的电荷积累，保护纤维，减少纤维的磨损，使纤维更加柔顺。

在柔顺剂体系中，最早应用的为 D1821（双十八烷基二甲基氯化铵），柔软效果良好，但再润湿性较差，生物降解性差，现逐步退出柔软（顺）剂市场。目前酯基季铵盐是柔顺剂主流品种，柔软效果佳，生物降解性好，再润湿性略好于 D1821。聚醚硅油，柔软效果和抗静电效果较差，调理性佳，再润湿性好，成本高。

在阴离子-非离子表面活性剂复配的洗衣液体系中，可选择改性季铵盐，并通过加入两性表面活性剂改善杀菌剂和阴离子表面活性剂的兼容性。

1.1.4　洗衣液的增白增艳功能

为体现产品的增白增艳效果，洗衣液配方中通常加入增白剂。增白剂是通过吸收紫外光、反射蓝光而产生视觉增白效果。常用的有两类，一类是二苯乙烯联苯型，基体荧光强度高，代表产品为巴斯夫 CBS（二苯乙烯联苯二磺酸钠）、陕西省石油化工研究设计院 CBW、沈阳新奇 CF351；另一类是双三嗪二苯乙烯类，基体荧光强度较低，对织物增白效果好，代表产品：VBL、31#、33#等。

洗衣液产品通常采用一种增白剂即可达到增白效果，亦可加入活性氧原料通过彩漂作用提高产品的增白增艳效果。另外可选择多种护色剂与防串色剂复配，或加入纤维素酶等方法改善织物视觉效果；通过加入蓝紫色素中和织物散射出的黄光，产生视觉增白作用，亦可达到增白增艳效果。

1.1.5　洗衣液的留香功能

洗衣液产品的香气及洗后的留香效果是消费者最直接的消费体验。为增加产品的留香效果，可通过优化香精配方，提高香精配方中体香和底香的吸附性能。另外加入微胶囊香精亦可增加留香效果。微胶囊香精分为淀粉微胶囊香精和聚氨酯微胶囊香精两类，淀粉微胶囊香精利用改性淀粉包覆香精，可减少其在生产、储存过程中的挥发损失，洗涤过程中由于淀粉溶解，香精会集中释放出来，达到较好的洗涤过程香气体验；聚氨酯微胶囊香精，利用聚氨酯包覆香精，不仅减少其在生产、储存过程中的挥发损失，而且不溶于水，在洗涤过程中释放很少，只有在晾晒后，衣物在穿着过程中，在来回摩擦作用下，聚氨酯皮破裂后，包覆的香精才逐步释放出来，因而留香时间最长。洗衣液产品中使用微胶囊香精，配方体系需采用合适的悬浮体系，保证产品的均匀稳定性。

1.1.6 生物酶制剂的应用

生物酶制剂是洗衣液的重要辅助成分，由于酶制剂的高效性、专一性特点，很少用量的条件下即可显著提升洗衣液对特定污渍的洗涤效能，对于特定用途的产品甚至可以减少洗衣液配方中表面活性剂的含量，因而也是提升洗衣液产品效率的重要方法。目前碱性蛋白酶在洗衣液中应用最为广泛。随着消费者需求的多样化，具有特定性能的淀粉酶、脂肪酶和纤维素酶也应用于洗衣液产品中，赋予产品特殊的洗涤功效。同时，随着洗衣液市场的不断扩大，开发适用于洗衣液产品的高稳定性酶制剂和其在洗衣液中的应用技术十分迫切。目前，可应用于超浓缩洗衣液产品的酶制剂产品已进入应用市场。

1.1.7 超浓缩洗衣液

随着生活水平的提高，消费者的节能环保意识也慢慢增强，对洗衣液的要求也逐渐提高。因此，开发既可以节省包装成本、运输成本，又能减少塑料瓶装污染问题的浓缩洗衣液也成了一种趋势。

浓缩洗衣液产品具有的优势是：①用量省，浓缩洗衣液活性物含量高，去污力强，使用量一般为普通同类洗涤剂的1/4～3/4。②去污力强，浓缩洗衣液通过提高单位体积洗涤剂的有效成分含量（或提高单位质量洗涤剂的去污性能），从而增强单位质量洗涤剂的洗涤效果，省时、省力、省水。③易漂洗，通过生物酶和活性氧超强去污，易漂清，省水、省时。④绿色环保，浓缩洗衣液同时也是节能型产品，其生产过程比高塔喷粉要节省燃料、蒸汽、电及劳动力，而且在使用时，也具有省水、省电的节能优点，排掉的废水里含有的化学残留物要比普通同类洗涤剂低得多，因此更环保，对环境保护意义深远。

洗衣液的超浓缩化方面，我国与发达国家存在较大差距。除了技术方面的原因外，市场推广及消费习惯也是重要因素。参照我国洗涤剂行业协会超浓缩标准的要求，超浓缩产品总活性物含量不低于45%，甚至达到60%～70%，去污效率达到标准洗衣液的3～4倍。超浓缩洗衣液的表面活性剂浓度高，已进入凝胶区域，因而解决配方体系的流变性和稳定性技术问题十分关键。超浓缩洗衣液的主表面活性剂可选择 AES、AOS（α-烯基磺酸钠）、LAS、SAS、MES（脂肪酸甲酯磺酸盐）、AEO-9、FMEE（脂肪酸甲酯乙氧基化物）等几种表面活性剂复配，使其达到良好的协同效能，提高配方的去污、润湿、乳化等性能。复配体系中可考虑选择部分支链型表面活性剂，因同碳链长度的情况下，支链表面活性剂的CMC（临界胶束浓度）较高，不易形成大的胶束，有利于体系的稳定；同时，对于相同的疏水基团，非离子表面活性剂的CMC小于离子型表面活性剂，碳链增加，CMC下降，因此调整不同类型表面活性剂的比例，可以影响混合胶束的组成，降低胶束的聚集数，防止相分离；另外，可通过加入助剂的方式，如乙二醇、丙二醇、三乙醇胺、尿素等，提高配方的增溶性，短链醇的加入，使溶液介电常数变小，使表面活性剂（未缔和）的溶解度变大，从而使CMC上升，提高了表面活性剂的溶解度。

超浓缩洗衣液消费者关注的另一重要性能是产品的漂洗性能，如何减少高浓度表面活性剂的泡沫是关键技术之一。控制体系泡沫可采取两种方式：一是加入少量的消泡剂，如聚醚或改性硅油等；二是选择低泡型辅助表面活性剂如油酸皂、嵌段脂肪醇醚、改性油脂等。有效的泡沫控制技术可以使超浓缩洗衣液具有良好的漂洗性能，真正达到节能减排的效果。

其他功能性助剂与普通洗衣液相同，如增白剂、防腐剂、杀菌剂、色素、香精等。在选择增白剂时，需考虑其溶解分散性，不影响产品透明度和稳定性。另外，因消费者对洗涤剂产品中的荧光增白剂有安全方面的担忧，应适当降低其对可见光的蓝光反射强度。

1.2 洗衣液配方影响因素

1.2.1 助剂与透明度

洗衣液透明的条件是组分的充分溶解，其中表面活性剂与助剂均应呈溶解状态。烷基苯磺酸盐、尿素及醇类溶剂如乙醇、乙二醇、丙二醇、丙三醇等对表面活性剂都存在一些增溶作用。但液体洗涤剂使用尿素增溶时，体系的pH值不宜过高，一般维持在5.5～8.5之间，否则尿素容易分解释放出氨。聚乙烯醇的作用是增大黏度与抗污垢再沉积，非离子表面活性剂吐温-80、烷基醇酰胺以及三聚磷酸钠加入量过高会影响聚乙烯醇的溶解度，如烷醇酰胺含量一般不高于5%。若氯化钠、碳酸钠、硅酸钠等助剂的使用量把握不当，洗衣液的透明度都将随表面活性剂用量的增大而降低，甚至会出现破乳分层的现象。

1.2.2 黏度

洗衣液各组分（除溶剂水外）对产品黏度都有贡献，适宜的黏度是产品配方设计的关键。但有时洗衣液产品黏度会受温度的影响发生变化，而有些表面活性剂受温度的影响凝固点会发生变化，如 AEO-9。氯化钠与阴离子型表面活性剂配伍增稠效果明显，但与其他表面活性剂配伍，时间一长效果不佳。因此，在产品制备过程中应根据实际情况选择适宜的增稠剂进行增黏，也可加入一些稳定剂来调节。黏度不但是外观鉴别产品质量的重要指标之一，同时它对产品固含量和总活性物含量的测定也有直接影响。

1.2.3　其他因素

在制备洗衣液时，非离子表面活性剂含量高易引起细菌的繁殖，使产品变色发臭，可适量加入尼泊金酯类防腐剂等，但 CMC-Na（羧甲基纤维素钠）含量过高，会使防腐剂尼泊金甲酯失活，当 pH 值为 7 时，尼泊金甲酯的抗菌性为原来的 2/3，而 pH 值为 8.5 时抗菌活性降低为原来的一半。酶制剂类能显著提高去污能力，与非离子型助剂配伍性较好，与阴离子型助剂配伍差些，与阳离子表面活性剂配伍较难，但酶在体系中长期保持活性有待研究。另外，总活性物含量与泡沫的稳定也是影响产品质量、价格的重要因素。

1.3　洗衣液的发展方向

我国洗涤用品的结构与洗涤剂市场成熟、液体洗涤剂和浓缩剂占主导的国家相比，还存在着很大的差距。根据相关统计，洗衣液目前在一线城市的普及率约为 20%，二、三线城市仅有 10%左右，而县级、乡镇由于洗涤习惯、消费观念、产品价格等因素影响，普及率较低。通过市场调研，洗衣液各品牌在注重产品质量、营销策略的前提下，不能忽视产品价格是影响区域扩张的重要因素。生产企业可通过挖潜增效、优化产品配方、改善生产工艺、扩大产量规模、降低宣传成本等措施，并针对不同地区的消费水平，运用市场杠杆机制灵活调整产品定价等手段，使价格处于人们可接受的范围，从而使产品更好地向二、三线城市及农村市场拓展，不断扩大市场销售份额。

我国自 1986 年以来，液体洗涤剂的年增长率高达 20%，远超洗涤用品的总增长率。当前市场上洗衣液产品进一步优化，已由过去单一的洁净功能逐渐向去污、除菌、柔顺、护色、护肤等多功能方向发展。功能型洗衣液在市场中所占比重越来越大，根据不同人群以及不同洗涤品细分为婴儿洗衣液、丝毛洗衣液、内衣洗衣液、超浓缩洗衣液等多个品种，以照顾到不同消费者的需要。

洗衣液从诞生的那一刻起，就选择走低碳环保路线。早在 2008 年中国洗涤用品行业年会上，与会专家就对洗衣液的低碳环保特性给予充分肯定。符合低碳环保理念的洗衣液将成为未来洗衣剂发展的方向。

从上可以看出，在我国洗衣液是仅次于粉状洗衣剂的第二大类洗涤用品，随着工业制造技术的迅速发展，浓缩化、温和化、安全化、功能化、专业化、产品的绿色节能化、生态环保化、功能细分化将是洗衣液未来发展的主要方向。随着人们对洗衣液产品认同和接受度的不断提高，未来洗衣液市场将充满活力。

2

功能型洗衣液

侧柏叶黄酮提取物多功能洗衣液

原料配比

原料		配比（质量份）		
		1#	2#	3#
表面活性剂		25	25	25
柠檬香精		0.5	0.5	0.5
甘油		1.5	1.5	1.5
侧柏叶黄酮提取物		0.15	0.15	0.15
透骨草提取物		0.08	0.08	0.08
纤维素酶		0.25	0.25	0.25
中性蛋白酶		0.15	0.15	0.15
酶活性保护剂	硼葡萄糖酸钙	5.5	—	—
	2-羟甲基苯硼酸	—	5.5	—
	硼砂	—	—	5.5
硫酸钠		0.5	0.5	0.5
水		40	40	40
表面活性剂	椰油酰胺丙基甜菜碱	25	25	25
	十二烷基葡萄糖苷	30	30	30
	十二烷基苯磺酸钠	15	15	15
	月桂醇硫酸酯铵盐	加至 100	加至 100	加至 100

制备方法 称取洗衣液各组分，将水加热至 50～80℃，在 100～500r/min 的转速搅拌条件下加入表面活性剂、酶活性保护剂、硫酸钠、甘油，然后在 50～80℃下以 300～800r/min 的转速搅拌 1～3h，降温至 30～40℃，加入剩余组分，在 30～

40℃下以 300～500r/min 转速搅拌 20～60min，得到多功能洗衣液。

原料介绍 香精还可以为苹果香精、薰衣草香精、玫瑰香精等。

所述的透骨草提取物通过以下方法制备得到：取透骨草全株 150 份，40℃干燥 12h，然后粉碎过 50 目筛，得到透骨草粉。取透骨草粉 95 份，加入 700 份水中，30℃保温 10h，然后升温至 72℃，在 72℃下以 200r/min 的转速搅拌 2h，过 100 目筛，30℃下，将滤液蒸发浓缩至相对密度为 1.27 的稠膏，将稠膏在温度为 50℃、真空度为 0.04MPa 的条件下干燥 12h，得到透骨草提取物。

产品特性

（1）本品中含有中性蛋白酶、纤维素酶、酶活性保护剂，能有效去除污垢，洗涤效率高，还具有防止不同颜色衣物混洗引起染色的功能。

（2）本品能有效去除衣物上的油渍、血渍、染色剂等，经过本品洗涤后的衣物柔软、富有弹性、舒适度高。

配方 2 低泡抗皱柔软洗衣液

原料配比

原料	配比（质量份）					
	1#	2#	3#	4#	5#	6#
非离子表面活性剂	10	20	12	18	14	15
皂粉	5	15	6	14	12	10
大蒜提取液	4	10	5	9	8	7
黄瓜汁提取液	8	18	9	16	15	13
霍霍巴油	4	10	5	9	6	7
椰子油脂肪酸二乙醇酰胺	5	10	6	9	7	8
羟基亚乙基二膦酸	4	12	5	11	10	8
抗菌防霉驱螨剂	3	9	4	8	5	6
芦荟精华	5	10	6	9	8	7
天然椰子油	4	10	5	9	6	7

制备方法

（1）将皂粉、大蒜提取液、黄瓜汁提取液、霍霍巴油、芦荟精华、天然椰子油混合后加入搅拌罐中搅拌，速率为 400r/min，时间为 20min，得到混合液 A；

（2）在混合液 A 中加入椰子油脂肪酸二乙醇酰胺、羟基亚乙基二膦酸、抗菌防霉驱螨剂、非离子表面活性剂，混合后加入水浴锅中水浴加热，加热温度为 60℃，加热时间为 40min，之后缓慢冷却至常温后，得到混合液 B；

（3）将混合液 B 放入冷藏室冷藏 6h 后，即得到洗衣液。

产品特性 本品制备方法简单，制得的洗衣液环保无毒，具有洗后使衣物柔软、抗皱、低泡、杀菌抑菌、除螨的功效；其中，添加的大蒜提取液、黄瓜汁提取液、芦荟精华、天然椰子油混合液，能够提高洗衣液的抗菌效果，同时还能够散发清香；本品采用的制备方法中采用水浴加热，能够防止混合液产生絮凝现象，有效地提高了洗衣液的质量。

配方 3 含复合酶的多功能洗衣液

原料配比

原料		配比（质量份）		
		1#	2#	3#
皂基		65	75	70
蛋白酶和淀粉酶的混合物		1	5	3
甲酸钙和柠檬酸钠的混合物		1	10	5
四合一增稠剂		2	6	4
表面活性剂		10	15	13
氯化钠		1	4	3
柠檬酸		1	3	2
香精		0.4	0.5	0.3
防腐剂		0.5	1	0.7
水		45	60	55
表面活性剂	阴离子表面活性剂	1	1	1
	非离子表面活性剂	1	1	1
防腐剂	甲基异噻唑啉酮	19	19	19
	乙基己基甘油	1	1	1
皂基	油脂	20	30	25
	碱	10	15	13
	无水乙醇	20	20	25
	去离子水	50	35	37

制备方法

（1）把配方表面活性剂中全部的阴离子表面活性剂与 0.5%～1.5% 的皂基混合，搅拌均匀；

（2）把配方表面活性剂中全部的非离子表面活性剂与剩余的皂基混合，搅拌均匀；

（3）在搅拌锅中加入配方中全部的水，加热至 40～60℃，加入步骤（1）和步骤（2）得到的混合物，搅拌均匀；

（4）往搅拌锅中加入酶稳定剂，搅拌均匀；

（5）调节搅拌锅中反应体系的 pH 值为 7～9；

（6）再加入复合酶产品、四合一增稠剂、氯化钠、柠檬酸、香精、防腐剂，搅拌 5～15min，将混合料的 pH 值调节到 6.5～7.5，出料即得到所需多功能洗衣液。

原料介绍 所述油脂为废弃食用油纯化处理工艺的产物。所述废弃食用油纯化处理工艺为：将废弃食用油倒入置有 2～5 层纱布的布氏漏斗中，真空抽滤，得到纯化处理后的油脂。所述真空抽滤步骤的真空度为 0.080～0.098MPa。

所述复合酶产品为蛋白酶、淀粉酶、脂肪酶、纤维素酶中的两种或者两种以上的混合物。

所述酶稳定剂为甲酸钙、柠檬酸钠、乙酸、硼砂中的两种或者两种以上的混合物。

产品特性

（1）本品具有良好的去污功能，且具有防褪色、防静电、提亮衣服颜色的效果，洗后衣物柔软，且生产过程简单，生产时间短，成本低。

（2）本品使用的表面活性剂在水中溶解速度快，提高了洗衣液的生产效率，且对脏衣物上的泥油污垢的去除力强，抗污垢再沉积能力强。

配方 4 多功能长效抑菌洗衣液

原料配比

原料	配比（质量份）		
	1#	2#	3#
脂肪醇聚氧乙烯醚硫酸钠	16	14	18
脂肪醇聚氧乙烯醚	5	6	5
十二烷基苯磺酸	3	3	2
银离子	0.2	0.25	0.2
艾草提取物	0.1	0.15	0.1
乙烯基吡咯烷酮-乙烯基咪唑共聚物	1	1.5	1.5
纤维素酶	0.3	0.3	0.3
丙二醇	2	2	2
谷氨酸二乙酸四钠	1	1	1
聚丙烯酸钠	2	2	2

原料	配比（质量份）		
	1#	2#	3#
柠檬酸	0.2	0.2	0.2
氢氧化钠	0.3	0.3	0.3
氯化钠	2	3	2
防腐剂	0.1	0.1	0.1
香精	0.3	0.3	0.3
去离子水	66.4	66	65

制备方法

（1）在搅拌釜里注入 40%～50%的去离子水，加入谷氨酸二乙酸四钠和聚丙烯酸钠分散均匀后加入主要表面活性剂（脂肪醇聚氧乙烯醚硫酸钠、脂肪醇聚氧乙烯醚和十二烷基苯磺酸），充分搅拌分散。

（2）将银离子、艾草提取物和乙烯基吡咯烷酮-乙烯基咪唑共聚物抑菌组合物与 10%的去离子水混合搅拌均匀后加入所述的搅拌釜内。

（3）将纤维素酶与丙二醇混合均匀后加入所述搅拌釜内。

（4）加入剩余的去离子水，搅拌均匀。

（5）加入增稠剂、柠檬酸和氢氧化钠，将 pH 值调节至 7.0～8.0，黏度调至 200～500mPa·s。

（6）加入香精和防腐剂，搅拌均匀得到成品。

原料介绍　所述增稠剂为氯化钠。所述银离子为纳米银离子。

产品特性

（1）本品以脂肪醇聚氧乙烯醚硫酸钠、脂肪醇聚氧乙烯醚和十二烷基苯磺酸作为主要表面活性剂满足洗衣液基本的去污效果。

（2）本品对洗涤后的织物仍然起到杀菌抑菌的效果，且洗涤后的织物柔软不易褪色。

配方 5　多效型洗衣液

原料配比

原料	配比（质量份）				
	1#	2#	3#	4#	5#
非离子表面活性剂	6	4	7	5	4.5

续表

原料		配比（质量份）				
		1#	2#	3#	4#	5#
缓冲物		0.6	0.5	0.2	0.25	0.3
十二烷基二甲基乙基溴化铵		1.4	2	1.6	1.8	1.2
30%～50%低浓度化妆品级甘油		1.0	0.8	1.5	1.1	1.2
膨润土		1.2	0.5	1.3	0.6	0.68
硅藻土		1.6	1	1.7	1.4	1.73
月桂酸钾		1.5	1.2	1.1	1.35	1.48
碱性蛋白酶		0.45	0.24	0.3	0.4	0.43
淀粉酶		0.6	0.3	0.4	0.5	0.82
碱性 pH 调节剂		0.5	0.2	0.2	0.62	0.45
去离子水		85.25	89.26	84.7	86.98	87.21
非离子表面活性剂	脂肪醇聚氧乙烯（9）醚（AEO-9）	1	2	3	1.5	2.5
	脂肪醇聚氧乙烯（7）醚（AEO-7）	1	1	1	1	1
缓冲物	柠檬酸	1	2	3	1.5	2.5
	柠檬酸钠	1	1	1	1	1

制备方法 将去离子水升温至 40～60℃，搅拌条件下，按顺序依次加入非离子表面活性剂、缓冲物、十二烷基二甲基乙基溴化铵、月桂酸钾，全部溶解后，搅拌条件下，加入 30%～50%低浓度化妆品级甘油、膨润土、硅藻土，搅拌 30～60min，得到混合液，调节温度至 30～40℃，搅拌条件下，将碱性 pH 调节剂加入所述混合液中搅拌均匀，加入碱性蛋白酶、淀粉酶搅拌均匀，即得洗衣液。

原料介绍 所述膨润土为活性白土，粒度大小为 200 目，活性白土是以黏土（主要是膨润土）为原料，经无机酸化处理，再经水漂洗、干燥制成的吸附剂。

产品特性 本品表面活性剂含量少，节约成本，制备简单易操作，可快速溶解，易漂洗，抗稀释能力强，具备抗菌、柔顺、漂白、去污力强等多重功效，能够深层洁净被洗物。该洗衣液配方中不添加任何香精、增白剂，香味自然，pH 值在 7～9，对皮肤伤害小，废水对环境污染小。

配方6 防串色洗衣液

原料配比

原料		配比（质量份）							
		1#	2#	3#	4#	5#	6#	7#	8#
阳离子瓜尔胶		0.05	0.08	0.1	0.12	0.2	0.15	0.25	0.3
非离子聚合物	咪唑啉聚氧乙烯醚	—	0.9	—	—	1.5	—	0.9	1.5
	甜菜碱非离子型聚合物	0.2	—	—	1.1	—	0.7	0.3	0.5
	聚氧乙烯烷基胺	—	—	0.6	—	—	0.4	—	—
阴离子表面活性剂	短碳链支链脂肪醇硫酸盐	0.5	0.5	0.8	1	1.1	1.5	1.8	2
	烷基苯磺酸钠	6	4	3	3	6.4	3	2.5	4
	脂肪醇醚聚氧乙烯醚硫酸钠	3	8	2	4	2	16.5	10	9
	烯烃磺酸钠	2	—	—	1	—	2	—	—
	脂肪酸羧酸钠	—	—	2.2	3	—	2	—	2
	脂肪酸羧酸钾	0.5	1.5	—	—	3.5	4	4.2	1
非离子表面活性剂	直链脂肪醇聚氧乙烯醚	2	3	12	8	12	3	15.5	18
	烷基糖苷	—	—	—	2	—	3	2	4
	椰子油脂肪酸二乙醇酰胺	1	—	—	3	3	—	—	—
	脂肪酸甲酯乙氧基化物	—	1	—	—	2	—	4	5
辅料		1.3	1.5	1.8	2	2.5	1.5	2.5	2
去离子水		加至100	加至100	加至100	加至100	加至100	加至100	加至100	加至100

制备方法

（1）按照配比，逐一取除短碳链支链脂肪醇硫酸盐以外的阴离子表面活性剂于一容器中，搅拌溶解完全；向其中加入阳离子瓜尔胶，搅拌均匀，得混合物；向上述混合物中加入短碳链支链脂肪醇硫酸盐，搅拌至溶解完全，成透明液体，得混合物 A 液。

（2）取非离子聚合物，使用适量去离子水溶解均匀至无不溶物沉淀，得非离子聚合物溶液；按照配比，逐一取非离子表面活性剂于一容器中，搅拌使其溶解完全，然后向其中加入非离子聚合物溶液，搅拌均匀，得到混合物 B 液。

（3）将混合物 A 液和混合物 B 液搅拌均匀，并加入剩余的其他组分，即得洗衣液。

原料介绍　所述阳离子瓜尔胶中含有聚氧乙烯基团，环氧乙烷加成数为 5～12。所述阳离子瓜尔胶还具有以下理化特性：摩尔取代度为 0.2～0.6，1%水溶液黏度为 3000～4500mPa·s，含氮量为 0.3%～0.6%。

产品特性

（1）本品具有良好的固色与防串色作用。

（2）本品带有聚氧乙烯基团，增强了阳离子瓜尔胶的水溶性，可使得阳离子瓜尔胶部分溶于洗涤液，以减少其再次吸附游离染料造成串色的影响。选用短碳链支链脂肪醇硫酸盐增溶阴阳离子的缔合物，可以增强阳离子瓜尔胶与配方中阴离子表面活性剂的配伍稳定性。

配方 7　防蚊虫洗衣液

原料配比

原料	配比（质量份）			
	1#	2#	3#	4#
橄榄油	1	15	5	10
苦参粉	11	15	12	13
皂基	15	30	20	25
柠檬酸	2	12	6	10
竹叶提取物	3	5	4	4
水	加至 100	加至 100	加至 100	加至 100

制备方法　将各组分原料混合均匀即可。

产品特性

（1）该技术方案成本较低，原料来源广泛；

（2）长时间使用后，对皮肤和衣服并没有腐蚀性，去油去污能力较强，能满足消费者的需要；

（3）本洗衣液具有防蚊虫效果，尤其适合颜色鲜艳的衣服。

配方 8 防蛀洗衣液

原料配比

原料	配比（质量份）			
	1#	2#	3#	4#
椰油酰胺丙基甜菜碱	17	16	18	20
椰子油脂肪酸二乙醇酰胺	4	5	6	8
脂肪醇聚氧乙烯醚硫酸钠	7	8	8	9
三乙醇胺	5	6	4	8
硅酸钠	7	8	9	12
十二烷基二甲基甜菜碱	4	3	5	8
水	77	76	78	80

制备方法 首先将反应釜中的水加热至 75～80℃，并保持温度不低于 75℃，将椰油酰胺丙基甜菜碱、椰子油脂肪酸二乙醇酰胺和脂肪醇聚氧乙烯醚硫酸钠置入水中，以 240～245r/min 的转速搅拌 8～12min，使其完全溶解，随后将液体降至 55～60℃，静置混合液体 25～30min 后，继续向混合液内加入三乙醇胺和硅酸钠，并以 470～490r/min 的转速搅拌 8～11min，最后将十二烷基二甲基甜菜碱倒入混合液中，继续搅拌直至所有原料完全混合，即可过滤除渣，灌装销售。

产品特性

（1）本品生产操作简单可靠，成本较低；

（2）本产品呈中性、具有使织物柔软和防蛀功能，同时本产品在配制、使用过程中不易分层、不易挥发，利于产品的物流运输和销售，经过本品洗涤的衣物，可在 8～10 个月内，无发霉、虫蛀现象发生，大大解决了人们易蛀衣物的存放难题。

配方 9 高效护色洗衣液

原料配比

原料		配比（质量份）								
		1#	2#	3#	4#	5#	6#	7#	8#	9#
多元表面活性剂		15	18	21	24	27	30	15	18	21
护色剂	聚 4-乙烯基吡啶氮氧化物	0.1	0.7	1.3	1.9	2.5	3	0.1	0.7	1.3
螯合剂	柠檬酸钠	1	1.8	2.6	3.4	4.2	5	1	1.8	2.6

续表

原料		配比（质量份）								
		1#	2#	3#	4#	5#	6#	7#	8#	9#
荧光增白剂	二苯乙烯联苯型	0.05	1	2	3	4	1	0.05	1	2
防腐剂		0.1	0.3	0.5	0.7	0.9	1	0.1	0.3	0.5
香精		0.1	0.3	0.5	0.7	0.9	1	0.1	0.3	0.5
增稠剂		0.1	0.3	0.5	0.7	0.9	1	0.1	0.3	0.5
去离子水		加至100	加至100	加至100	加至100	加至100	加至100	加至100	加至100	加至100
多元表面活性剂	阴离子表面活性剂	1	1	3	1	1	3	1	1	6
	非离子表面活性剂	1	3	1	—	—	—	1	3	3
	脂肪酸皂	—	—	—	1	3	1	1	6	1
防腐剂	卡松	—	—	—	1	1	3	1	1	3
	多元醇类	—	—	—	1	3	1	—	—	—
	苯氧乙醇	—	—	—	—	—	—	1	3	1
增稠剂	氯化钠	—	—	—	1	1	3	1	1	3
	硫酸钠	—	—	—	1	3	1	—	—	—
	聚丙烯酸类聚合物	—	—	—	—	—	—	1	3	1

制备方法 在配制釜中先加入部分去离子水，并将温度升至55～65℃，加入脂肪酸皂，搅拌至完全透明，加入螯合剂，搅拌溶解；按顺序加入阴离子表面活性剂、非离子表面活性剂，搅拌至全部溶解；然后加入余量去离子水，并将温度降至30℃以下，依次加入护色剂、荧光增白剂、防腐剂、香精、增稠剂，搅拌至完全溶解，过滤。

原料介绍 香精选用市售普通日用香精，如食品用柠檬香精或食品用花果香香精；增稠剂选用氯化钠、硫酸钠和聚丙烯酸类聚合物中的至少一种。

产品特性 本品不仅对织物有出色的护色功能，而且具有更好的洗涤去污能力，能够在满足消费者洗涤要求的同时，降低织物混合洗涤造成的相互串色影响。

配方 10 含中药提取物的洗衣液

原料配比

原料	配比（质量份）							
	1#	2#	3#	4#	5#	6#	7#	8#
去离子水	90	90	90	90	90	90	90	90
烷基糖苷	10	10	10	10	10	10	10	10
脂肪醇聚氧乙烯醚	12	12	12	12	12	12	12	12
脂肪酰胺丙基氧化胺	8	8	8	8	8	8	8	8
十二烷基二甲基苄基氯化铵	3	3	3	3	3	3	3	3
山梨酸钾	2	2	2	2	2	2	2	2
海藻酸钠	1	1	1	1	1	1	1	1
壳聚糖	1	1	1	1	1	1	1	1
艾叶提取物	3	—	—	—	—	—	—	—
冰片提取物	—	3	—	—	—	—	—	—
甘草提取物	—	—	3	—	—	—	—	—
黄柏提取物	—	—	—	3	—	—	—	—
黄芩提取物	—	—	—	—	3	—	—	—
金银花提取物	—	—	—	—	—	3	—	—
洋甘菊提取物	—	—	—	—	—	—	3	—
益母草提取物	—	—	—	—	—	—	—	3
乙二胺四乙酸二钠	0.2	0.2	0.2	0.2	0.2	0.2	0.2	0.2
柠檬酸	0.1	0.1	0.1	0.1	0.1	0.1	0.1	0.1
香精	0.1	0.1	0.1	0.1	0.1	0.1	0.1	0.1
工业盐	0.1	0.1	0.1	0.1	0.1	0.1	0.1	0.1

制备方法

（1）按质量份称取去离子水 90 份，分成等量的 3 份，取其中一份加入搅拌器中，加热至 45℃后，边搅拌边加入烷基糖苷 10 份、脂肪醇聚氧乙烯醚 12 份、脂肪酰胺丙基氧化胺 8 份、十二烷基二甲基苄基氯化铵 3 份，继续搅拌 35min，搅拌器转速为 100r/min；

（2）按质量份称取山梨酸钾 2 份、海藻酸钠 1 份、壳聚糖 1 份以及三分之一的去离子水加入搅拌器中，搅拌器转速为 80r/min，搅拌 20min；

（3）按质量份称取中药提取物 3 份以及余量的去离子水加入搅拌器中继续搅拌 35min，转速为 50r/min；

（4）搅拌器加热升温至 80℃，保温 20min，降温至 40℃，按质量份再加入乙二胺四乙酸二钠 0.2 份、柠檬酸 0.1 份、香精 0.1 份、工业盐 0.1 份，并加入 pH 调节剂，调节 pH 值至 6～7，即得洗衣液。

原料介绍 所述的香精为柠檬香精或玫瑰香精。

艾叶提取物制备方法如下。

（1）洗净新鲜的艾叶，将水分晾干，将晾干后的艾叶置于干燥机中，于 90～100℃下干燥 2～3min。

（2）将干燥后的艾叶放入粉碎机中粉碎，将粉碎后的艾叶过 200 目筛，得艾叶粉末。

（3）称取艾叶粉末 20 质量份，放入容器中，并加入 400 质量份蒸馏水在 120W 超声波处理器中处理 20min，再加入沸石，置于电热套中，于 120℃下沸腾 2h 后，第一次煎煮提取结束。将容器中的物质全部取出，降温至室温，用低温冷冻离心机过滤，转速为 3000r/min，离心 5min，收集上清液，下层艾叶再放入容器中，并加入 300 质量份的蒸馏水，进行第二次提取，于 120℃下沸腾 1.5h 后，第二次煎煮提取结束。将容器中的物质全部取出，降温至室温，用低温冷冻离心机过滤，转速为 3000r/min，离心 5min，收集上清液，下层艾叶再放入容器中，并加入 200 质量份的蒸馏水，进行第三次提取，于 120℃下沸腾 1h 后，第三次煎煮提取结束。将容器中的物质全部取出，降温至室温，用低温冷冻离心机离心，转速为 3000r/min，离心 5min，收集上清液。合并三次上清液，混合，过滤得艾叶提取物。

冰片提取物制备方法如下。

（1）称取冰片 30 质量份，粉碎成粗粉，过 60 目筛备用。

（2）加入冰片粗粉质量 15 倍的蒸馏水浸泡 2h，回流提取 1.5h，抽滤得滤液 1；向滤渣中加入 10 倍滤渣质量的蒸馏水，回流提取 1h，抽滤得滤液 2；再向滤渣中加入 8 倍滤渣质量的蒸馏水，回流提取 1h，抽滤得滤液 3；将滤液 1、滤液 2、滤液 3 合并，在温度为 50℃、真空度为 0.08Pa 条件下减压浓缩至冰片质量的 6 倍，用三层纱布过滤，即得冰片提取物。

甘草提取物制备方法如下。

（1）洗净甘草，将水分晾干后放入粉碎机中粉碎，粉碎后过 200 目筛，得甘草粉末。

（2）称取甘草粉末 20 质量份，放入容器中，并加入 400 质量份蒸馏水，再加入沸石，置于电热套中，于 120℃下沸腾 2h 后，第一次煎煮提取结束。将容器中的物质全部取出，降温至室温，用低温冷冻离心机过滤，转速为 3000r/min，离心 5min，收集上清液，下层甘草再放入容器中，并加入 300 质量份的蒸馏水，进行第二次提取，于 120℃下沸腾 1.5h 后，第二次煎煮提取结束。将容器中的物质全部取出，降温至室温，用低温冷冻离心机过滤，转速为 3000r/min，离心 5min，收集上清液，下层甘草再放入容器中，并加入 200 质量份的蒸馏水，进行第三次提取，于 120℃下沸腾 1h 后，第三次煎煮提取结束。将容器中的物质全部取出，降温至室温，用低温冷冻离心机过滤，转速为 3000r/min，离心 5min，收集上清液。合并三次上清液，混合，过滤得甘草提取物。

黄柏提取物制备方法如下。

（1）将黄柏进行清洗，并放置在通风干燥处进行风干，将风干后的黄柏置于 90℃条件下干燥 8min，将干燥后的黄柏，放入粉碎机中粉碎，将粉碎后的黄柏过 60 目筛，得黄柏粉。

（2）称取 2 质量份黄柏粉，置于盛有 100 体积份无水乙醇的广口瓶中，在 40℃温度条件下恒温提取 10h，将溶液过滤后取出滤渣，向滤渣中加入 50 体积份的无水乙醇并在 40℃条件下恒温提取 20min，再一次过滤后将两次滤液合并，并在 58℃条件下进行旋转蒸发，浓缩至总体积为 5 体积份，得黄柏提取物。

黄芩提取物制备方法如下。

（1）洗净新鲜的黄芩，将水分晾干。

（2）将晾干后的黄芩置于微波炉中，中火干燥 2～3min。

（3）将干燥后的黄芩，放入粉碎机中粉碎，将粉碎后的黄芩过 200 目筛，得黄芩粉末。

（4）称取黄芩粉末 100 质量份，浸泡 0.5h，加热煎煮提取 3 次，第 1 次加入 25 倍黄芩质量的水，煎煮提取 2h，过滤得滤液 1，第 2 次加入 20 倍滤渣质量的水，煎煮提取 1.5h，过滤得滤液 2，第 3 次加 15 倍滤渣质量的水，煎煮提取 1h，过滤得滤液 3，将滤液 1、2、3 合并，加热浓缩至滤液为 300～600 体积份，过滤即得黄芩提取物。

金银花提取物制备方法如下。

（1）将金银花置于干燥机中，于 60℃下干燥 30min。

（2）取干燥后的金银花整花，去除虫害、霉变部分后粉碎，过 80 目筛。

（3）按照 1∶10 料液比，用体积分数 80%的乙醇溶液在 50℃温度下超声浸提金银花，时间为 30min，所得溶液 5000r/min 离心处理 20min，取上清液过滤，再经减压旋蒸除去乙醇，得到金银花提取物。

洋甘菊提取物制备方法如下。

（1）取 25 质量份洋甘菊，粉碎成粗粉，经水蒸气蒸馏法去除挥发性成分，得到洋甘菊残渣，按料液比 1∶5 加入体积分数为 95%的乙醇，于 50℃条件下搅拌提取 3h，过滤取上清液，重复提取 2 次。

（2）将 2 次所得上清液合并，减压浓缩直至无乙醇为止，即得洋甘菊乙醇提取物。

（3）取洋甘菊乙醇提取物向其中加入 5 倍体积的去离子水制成悬浊液，向悬浊液中加 1 倍体积的石油醚在室温下萃取 3h，分层后将石油醚相减压浓缩去除石油醚后，即得洋甘菊提取物。

益母草提取物制备方法如下。

（1）将益母草在 45℃烘箱中烘干，用粉碎机破碎，过 60 目筛，得到益母草粉末。

（2）取 100 质量份益母草粉末、1 质量份 NaCl 及 1000 体积份蒸馏水，置于容器中混合均匀，并在 120W 超声波处理器中处理 20min，连接蒸馏装置，进行水蒸气蒸馏，保持微沸状态进行提取，提取 3h 后，停止加热并冷却至室温，过滤得提取液。

（3）向提取液中加入 0.5 质量份 NaCl，用 500 体积份石油醚对提取液进行萃取，然后加入 10g 无水 Na_2SO_4 对萃取液进行干燥，将萃取液密封保存在-18℃冰箱内，放置过夜，过滤得滤液，滤液在真空状态下用旋转蒸发仪进行浓缩，得益母草提取物。

产品特性

（1）本品添加的中药提取物具有良好的抑菌、杀菌的效果。

（2）本品具有广谱、高效的杀菌效果。

（3）本品性能温和，健康环保，能保护手部皮肤且制备方法简单，适合规模化生产且去污率高。

配方 11 含蚕丝水解蛋白酶和中药提取物的洗衣液

原料配比

原料		配比（质量份）		
		1#	2#	3#
蚕丝水解蛋白		1	3	2
精油		3	12	8
中药提取物		3	20	12
酶制剂		0.1	1	0.5
芳香剂		0.1	1	0.5
乳化剂		0.05	1	0.1
水		适量	适量	适量
中药提取物	蛇床子	20	10	15
	黄芩	10	20	15
	金银花	15	30	23
	茶树根	5	13	9
	石竹	12	20	18

续表

原料		配比（质量份）		
		1#	2#	3#
芳香剂	柠檬皮	1	1	1
	荷花	1	1	1

制备方法　先向蚕丝水解蛋白加入精油和乳化剂，再加入少量水混合搅拌进行乳化，乳化完成后依次加入中药提取物、酶制剂和芳香剂混合均匀，加剩余水稀释得到成品。乳化是通过高速搅拌进行，乳化时间为 20～40min。

原料介绍　所述蚕丝水解蛋白的制备方法为：将蚕丝加入搪瓷反应器中，再加入柠檬汁并升温进行水解、发酵，然后冷却至常温，调节 pH 值至中性、脱色、除杂、过滤、浓缩、灭菌后，得到蚕丝水解蛋白胶体。所述柠檬汁为直接使用柠檬鲜榨的柠檬汁，所述水解的温度为 90～120℃，水解的时间为 24～48h，所述发酵的时间为 1～5d，发酵温度为 70～90℃。

所述中药提取物的原料包括蛇床子、黄芩、金银花、茶树根、石竹，各组分质量比为（10～20）∶（10～20）∶（15～30）∶（5～13）∶（12～20）。

所述中药提取物的制备方法是先将各原料按照质量比称取之后，混合，加入发酵菌种，升温进行发酵，发酵过程中同时搅拌，发酵完成后将发酵液滤出，杀菌灭活后，进行进一步的菌种过滤，得到的黏稠状发酵液即为中药提取物。发酵时间为 12～48h，发酵温度为 40～60℃，杀菌采用的是紫外杀菌。

所述芳香剂为柠檬皮、荷花按照 1∶1 的质量比混合发酵后，过滤，使用酒精萃取所得。也就是发酵完成后过滤得到滤液，将滤液加入大量的酒精中，充分混合后静置，分层，将分层后的液体分离，将溶于酒精中的物质加热，待酒精挥发完全得到萃取物。

产品特性

（1）本品使用蚕丝水解蛋白酶和中药提取物复配进行灭菌，不再使用有害表面活性剂就可达到高效去污和防止织物出现有害物质残留的效果，减少了对人体皮肤的伤害。

（2）本品采用的芳香剂为柠檬皮和荷花混合发酵制备而成，两者组合具有清新醒神的芳香味，且采用植物直接发酵而成，保留了植物中的活性物质。

（3）本品杀菌抑菌效果和去污效果都很优异，且本洗衣液不伤手，采用纯天然的物质制备而成，具有护手功能，还能强力杀菌，避免细菌对皮肤的侵害，护肤的同时洁净力强。

配方 12　含酵母发酵产物提取物的内衣洗衣液

原料配比

原料		配比（质量份）				
		1#	2#	3#	4#	5#
APG 非离子表面活性剂		18	18	18	10	22
APG 非离子表面活性剂	月桂基葡糖苷	1	1	1	1	1
	癸基葡糖苷	1.5	1.5	1.5	1.5	1.5
椰油酰胺丙基甜菜碱		10	10	10	15	5
螯合剂		3	3	3	3	3
螯合剂	柠檬酸	1	1	1	1	1
	柠檬酸钠	4	4	4	4	4
PCMX（对氯间二甲苯酚）抑菌剂		—	0.25	—	—	—
酵母发酵产物提取物		1	—	—	1	1.15
酵母发酵产物提取物	酵母发酵提取物	40	—	—	40	40
	聚赖氨酸	0.03	—	—	0.03	0.03
	去离子水	60	—	—	60	60
杏鲍菇提取物		3	3	3	3	3
苯甲酸钠		0.4	0.4	0.4	0.4	0.4
香精		0.3	0.3	0.3	0.3	0.3
水		加至 100	加至 100	加至 100	加至 100	加至 100

制备方法

（1）称取 APG 非离子表面活性剂、椰油酰胺丙基甜菜碱、螯合剂混合均匀后投入反应釜，加入称量好的水，边搅拌边加热至 75℃，得到澄清透明液体；

（2）冷却至室温后加入酵母发酵产物提取物、PCMX 抑菌剂、杏鲍菇提取物、苯甲酸钠、香精，搅拌均匀，调节溶液 pH 值至 5~8 后即得。

原料介绍　所述酵母发酵产物提取物成分是由 30%~50% 的酵母发酵提取物、0.03% 的聚赖氨酸和 50%~70% 的去离子水组成，其中，酵母发酵提取物中含有 ≥95% 的生物糖脂；所述酵母发酵提取物是植物油和糖经过球拟假丝酵母菌株发酵和提纯获得。所述的生物发酵与提纯工艺，以植物油和糖作为原料，经过球拟假丝酵母菌株发酵，包括发酵和提纯两个工序，将所需发酵产物如生物糖脂从发酵液中分离和提纯的过程，包括醪液输送，过滤除杂，凝胶过滤，沉淀分离，以及后续的溶剂萃取，蒸发，结晶，最后获得生物糖脂含量大于 95% 的酵母发酵提取物。

所述杏鲍菇提取物，其中杏鲍菇多糖含量≥80%

所述的杏鲍菇提取物生产工艺：

（1）处理杏鲍菇原料，得到杏鲍菇粉末或匀浆；

（2）取步骤（1）得到的杏鲍菇粉末或匀浆与水混合，加热，离心和过滤，得到上清液；

（3）除去步骤（2）所得上清液中的溶剂，用乙醇溶液溶解，静置，离心和过滤，得到上清液；

（4）除去步骤（3）所得上清液中的乙醇并鼓风干燥得到杏鲍菇提取物，外观为粉状。

产品特性　本洗衣液采用的酵母发酵产物提取物，具有将微生物膜（顽固污渍和菌膜）分解和去除的功能，能对衣物（内衣）顽固污渍以及有害菌起到去除的作用，与普通洗衣液和化学杀菌剂相比，对衣物中由生物膜引发的顽固污渍的去除效果彻底，且温和无刺激，不损伤衣物和皮肤。

配方 13　含精油洗衣液

原料配比

原料	配比（质量份）	
	1#	2#
紫苏叶提取物	1	3
薰衣草精油	1	2
脂肪醇聚氧乙烯醚	10	15
椰子油脂肪酸二乙醇酰胺	10	15
烷基糖苷	10	20
羧甲基纤维素钠	1	2
烷基苯磺酸钠	2	8
乙烯基共聚物	0.1	0.2
柠檬酸	1	2
香精	0.1	0.3
水	40	60

制备方法　将各组分原料混合均匀即可。

产品特性　本品去污能力强，且杀菌效果好，不伤手部肌肤。

配方 14 含酶护色洗衣液

原料配比

原料	配比（质量份）	
	1#	2#
皂荚苷	10	1
脂肪醇聚氧乙烯醚硫酸钠	10	15
十二烷基硫酸钠	10	15
固色剂	2	3
野菊花提取液	3	8
椰子油	5	10
甘菊精油	1	3
月桂酰胺丙基甜菜碱	8	12
羟甲基纤维素钠	0.5	1
蛋白酶	1	2
纤维素酶	1	2
淀粉酶	1	2
椰油酰胺丙基甜菜碱	5	10
烷基糖苷	3	8
拉丝粉	0.02	0.05
柠檬酸钠	2	3
丙二醇	1	2
香精	1	2
水	加至 100	加至 100

制备方法　将各组分原料混合均匀即可。

产品特性　本品制作工艺简单，具有去污去渍力强，易漂洗，不伤手，令衣物颜色鲜艳持久等优点。

配方 15 含酶制剂的低泡易漂洗洗衣液

原料配比

原料	配比（质量份）				
	1#	2#	3#	4#	5#
LAS	20	12	18	20	20

续表

原料		配比（质量份）				
		1#	2#	3#	4#	5#
椰油酸甲酯乙氧基化物（CMEE）	CMEE-8	7.5	5	5	9	—
	CMEE-15	1.5	2	1.5	—	9
饱和脂肪酸	花生酸	1.5	1.8	1	1.5	1.5
	棕榈酸	0.5	0.6	0.5	0.5	0.5
酶制剂	蛋白酶	0.5	0.5	0.5	0.5	0.5
酶制剂稳定剂	丙二醇	3	3	3	3	3
增稠剂	氯化钠	1	1.5	0.8	1	1
氢氧化钾		1	0.8	0.5	1	1
防腐剂	甲基异噻唑啉酮	0.2	0.3	0.1	0.2	0.2
螯合剂	EDTA-2Na（乙二胺四乙酸二钠）	0.1	0.2	0.5	0.1	0.1
pH 调节剂	柠檬酸钠	0.3	0.2	0.1	0.3	0.3
去离子水		加至 100	加至 100	加至 100	加至 100	加至 100

制备方法

（1）取配方量的去离子水加入搅拌锅内，加热至 50～60℃，加入氢氧化钾；搅拌均匀，加入饱和脂肪酸，搅拌至溶解。

（2）继续依次加入 LAS 和椰油酸甲酯乙氧基化物，搅拌至溶解，加入 pH 调节剂调节物料 pH 值；降温至 40～45℃，加入增稠剂、酶制剂、酶制剂稳定剂、防腐剂和螯合剂，搅拌均匀，出料。

产品特性　本品通过加入两种不同 EO（环氧乙烷）数的 CMEE 与 LAS 复配，克服了单一 CMEE 与 LAS 混合后去污力低于 LAS 单独洗涤的技术难题，制备得到的洗衣液对各种污迹均具备良好的去污力，且具备一定抗污迹再沉淀效果。

配方 16　含氧洗衣液组合物

原料配比

原料			配比（质量份）				
			1#	2#	3#	4#	5#
多元表面活性剂	阴离子表面活性剂	脂肪酸钠	1	—	1	4	5
		直链烷基苯磺酸钠 LAS	9	7	7	—	—
		AES	—	6	5	9	—

续表

原料			配比（质量份）				
			1#	2#	3#	4#	5#
多元表面活性剂	非离子表面活性剂	脂肪醇聚氧乙烯醚 AEO-9	2	3	—	—	9
		脂肪醇聚氧乙烯醚 AEO-7	3	4	3	3	6
		FMEE	—	—	4	—	—
		棕榈仁油改性乙氧基化物	—	—	—	4	—
	两性表面活性剂	甜菜碱	2	2	—	2	—
		氨基酸盐	—	—	2	—	4
螯合剂		柠檬酸	1.5	—	—	—	—
		有机膦酸盐	—	1	—	—	—
		乙二胺四乙酸盐	—	—	3	—	—
		谷氨酸二乙酸盐	—	—	—	2	—
		甘氨酸二乙酸盐	—	—	—	—	1
过氧化氢（质量分数为27.5%）			5	5	5	5	5
稳定剂		二丁基甲苯酚	1	—	—	—	—
		柠檬酸	—	1	0.5	1	—
		亚硫酸钠	—	—	0.5	—	—
		叔丁基对羟基茴香醚	—	—	—	—	1
助剂		pH 调节剂	2	2	2	2	2
	增稠剂	氯化钠	1	0.5	1	—	—
		硫酸钠	—	1	0.5	—	—
		聚丙烯酸聚合物	—	—	—	1.5	1.5
		防腐剂	0.5	0.5	0.5	0.5	0.5
		荧光增白剂	0.5	0.5	—	0.5	0.5
		色素	—	0.01	0.02	0.05	0.1
		香精	0.1	—	0.2	0.5	1
水			加至 100	加至 100	加至 100	加至 100	加至 100

制备方法 在 55～65℃下将螯合剂和稳定剂与适量水混合，然后加入多元表面活性剂和剩余水，将混合体系温度降至 30℃，加入助剂和过氧化氢混合均匀，得到含氧洗衣液组合物。

产品应用 使用时与水的稀释比例为 1：500。

产品特性 本品可以有效去除茶渍、果菜渍、墨水渍和血渍等污渍。本品含氧量稳定，无需使用洗涤助剂即具有良好的去污效果，且抗异味、防霉性能优异，具有极高的使用价值且环保。

配方 17 含银离子抑菌剂的婴童洗衣液

原料配比

原料		配比（质量份）		
		1#	2#	3#
两性表面活性剂	月桂酰胺丙基羟磺基甜菜碱	20	24	22
悬浮剂（丙烯酸酯共聚物）		20	24	22
抑菌剂		12	16	14
护肤剂		12	16	14
植物提取液		40	46	43
去渍易漂因子		20	24	22
去离子水		80	100	90
抑菌剂	氯化银	5	5	5
	硫酸银	2	2	2
	磷酸钙银	1	1	1
护肤剂	黄胶原	2	2	2
	芦荟胶	1	1	1
	透明质酸	2	2	2
植物提取液	桑叶提取液	2	2	2
	牡丹皮提取液	1	1	1
	玫瑰提取液	1	1	1
去渍易漂因子	十二烷基葡糖苷	3	3	3
	肉豆蔻酸二乙醇酰胺	1	1	1
	椰子油脂肪酸二乙醇酰胺	1	1	1

制备方法

（1）搅拌：将两性表面活性剂、抑菌剂、护肤剂、植物提取液和去渍易漂因子和去离子水置于搅拌机内，进行加热搅拌，得到搅拌液；搅拌机的转速设置为50～70r/min，搅拌时间为20～25min，加热温度设置为50～55℃。

（2）过滤：将得到的搅拌液利用过滤网进行过滤，过滤完成后得到处理液；过滤网的目数设置为100～120目，降温的温度设置为20～30℃。

（3）悬浮处理：将处理液和悬浮剂置于搅拌机内，进行再次搅拌，完成后进行降温，得到洗衣液。

（4）检测包装：将得到的洗衣液进行检测，检测完成后将洗衣液进行分装。

产品特性 本品中的植物提取液由桑叶、牡丹皮和玫瑰提取液组成，能够抑菌，而且还具有一定的自然香味，对皮肤的刺激性小；两性表面活性剂和去渍易漂因子配合，能够提升清洗效果，护肤剂和抑菌剂配合，能够保护皮肤。

配方 18　含有甘草提取物的成人洗衣液

原料配比

原料	配比（质量份）					
	1#	2#	3#	4#	5#	6#
异构醇聚氧乙烯聚氧丙烯醚	3	6	4	4	4	4
脂肪醇聚氧乙烯醚硫酸钠	15	25	18	18	18	18
椰油酰胺丙基甜菜碱	5	8	7	7	7	7
椰子油脂肪酸二乙醇酰胺	1	3	2	2	2	2
十二烷基苯磺酸	1	4	3	3	3	3
氯化钠	0.5	1	0.6	0.6	0.6	0.6
柠檬酸	0.1	0.5	0.4	0.4	0.4	0.4
甘草提取物	3	7	6	6	6	6
双亲性聚丙烯酸酯改性纳米二氧化硅	0.3	1	0.7	0.7	0.7	0.7
甘油	0.5	2	1.2	1.2	1.2	1.2
防腐剂卡松	—	0.05	0.08	0.08	0.08	0.08
香精	—	0.5	0.2	0.2	0.2	0.2
去离子水	加至 100	加至 100	加至 100	加至 100	加至 100	加至 100

制备方法

（1）取配方量 45%～100% 的去离子水，加热至 70℃，然后依次加入脂肪醇聚氧乙烯醚硫酸钠、十二烷基苯磺酸、异构醇聚氧乙烯聚氧丙烯醚、椰子油脂肪酸二乙醇酰胺、椰油酰胺丙基甜菜碱、双亲性聚丙烯酸酯改性纳米二氧化硅，搅拌均匀；

（2）将温度降至 40℃，加入剩余的去离子水、氯化钠、柠檬酸、甘草提取物、甘油、防腐剂和香精，搅拌均匀，使用 10% 的 NaOH 水溶液调节 pH 值至 7～9，搅拌转速可控制在 20～30r/min，将搅拌好的料液进行真空脱气，去除在搅拌溶解过程中形成的气泡，降低物料的含气量，对混合液进行分装，即可得到所述的含有甘草提取物的成人洗衣液。

原料介绍　所述的甘草提取物的制备方法，包括以下步骤：以甘草为原料，采用溶剂温浸、渗漉、煎煮、回流、超声、微波或超临界流体提取法中的一种或几种方法提取（1g 甘草加入 5～10mL 溶剂；提取次数为 1～3 次，提取时间为每次 0.5～2h，多次提取时将提取液合并）；将提取得到的溶液进行浓缩，浓缩至 20℃相对密度为 1.05～1.20，得到所述的甘草提取物。所述的制备甘草提取物所使用的溶剂为以下溶剂中的任一种：水；甲醇和水的混合物，混合物中甲醇的含量为 10%～70%；乙醇和水的混合物，混合物中乙醇的含量为 10%～60%；丙酮和水的混合物，混合物中丙酮的含量为 10%～50%；氨和水的混合物，混合物中氨的含量为 0.1%～2%；乙醇和氨水的混合物，混合物中乙醇的含量为 10%～60%，其余为氨水，氨水中氨的含量为 0.1%～2%。

所述的异构醇聚氧乙烯聚氧丙烯醚的制备方法如下：

（1）将碳酸锶 20 质量份、硝酸钙 50 质量份混入至 500 质量份含氢氧化钾质量分数为 4% 的氢氧化钾水溶液中，在 30℃下充分搅拌后过滤，置于 120℃烘箱中干燥，在 900℃下煅烧 6h 成颗粒后过筛使用，过筛筛选出粒径等于或小于 0.1mm 的复合碱性催化剂 56 质量份。

（2）取含有 9～12 个碳原子的异构醇加入高压釜中，边搅拌边依次向高压釜中加入十二烷基二甲基苄基氯化铵、上述制备的复合碱性催化剂，所述的异构醇、十二烷基二甲基苄基氯化铵、上述制备的复合碱性催化剂的质量比为 250∶2∶1；高压釜用氮气置换三次，在氮气保护的条件下，升温至 120～125℃，在 0.01MPa 下向其中通入环氧丙烷，0.5h 内通完，继续反应 2h；待釜温上升至 175～180℃，向其中通入环氧乙烷，3h 内通完，继续反应 1h，含有 9～12 个碳原子的异构醇、环氧乙烷、环氧丙烷的摩尔比为 1∶（4～7）∶（1～2）。冷却至 70℃，放料，卸压，得到所述的异构醇聚氧乙烯聚氧丙烯醚。

所述的双亲性聚丙烯酸酯改性纳米二氧化硅的制备方法如下：

（1）按摩尔比为 4∶1∶10 取 4-羟基丁基丙烯酸酯、丙烯酸二甲氨基乙酯、丙烯酸甲酯，将其混合均匀，加入引发剂偶氮二异丁腈（其用量为丙烯酸系单体质量之和的 1%），将所得混合液缓慢滴加到甲苯溶剂中，于 70℃下反应 3h，升温至 80℃反应 2h，最后升温至 90℃反应 1～2h，直到最终单体转化率达 98% 以上，即得双亲性聚丙烯酸酯；

（2）取纳米二氧化硅将其分散在无水乙醇中，其中纳米二氧化硅和无水乙醇的质量比为 1∶50，向其中加入 N-β-（氨乙基）-γ-氨丙基甲基二甲氧基硅烷，所述的 N-β-（氨乙基）-γ-氨丙基甲基二甲氧基硅烷与纳米二氧化硅的质量比为 0.2∶1，恒温 50℃搅拌反应 24h，用无水乙醇离心洗涤 3 次后即可得硅烷偶联剂改性的纳米二氧化硅；

（3）将硅烷偶联剂改性的纳米二氧化硅超声分散于甲苯中，按硅烷偶联剂改性的纳米二氧化硅与双亲性聚丙烯酸酯的质量比为 1:3 的配比向其中加入双亲性聚丙烯酸酯，常温搅拌反应 2h，用甲苯离心洗涤 3 次后得到双亲性聚丙烯酸酯改性的纳米二氧化硅。

产品特性

（1）本品性质稳定，去污效果好，发泡力低，易漂洗，能有效节省水资源，并且还具有护理效果。

（2）本品通过各组分的协同作用，具有优良的稳定性，环境效益好，洗涤效果好，使洗涤后的织物颜色鲜艳，表面光洁，手感好，具有衣物护理效果，能有效抑制起球现象。甘草提取物的存在能增强体系稳定性、抑菌性以及衣物护理效果。

配方 19　含有橄榄油成分的防染色洗衣液

原料配比

原料	配比（质量份）		
	1#	2#	3#
月桂醇聚醚硫酸酯钠	20	10	1
脂肪醇聚氧乙烯醚	5	5	10
椰油酰胺 DEA	5	3	5
椰油酰胺丙基甜菜碱	4	5	10
PEG-7 橄榄油酸酯	3	3	5
聚二甲基二烯丙基氯化铵	1	0.8	2
乙二胺四乙酸二钠	0.1	0.15	0.05
氯化钠	2	1.4	3
香精	0.1	0.25	0.1
柠檬酸	0.3	0.25	0.1
卡松	0.2	0.15	0.2
水	59.3	71	63.55

制备方法

（1）先在搅拌锅内加入水和月桂醇聚醚硫酸酯钠，加热至 75～80℃，搅拌溶解均匀。

（2）在搅拌锅内分别加入乙二胺四乙酸二钠、脂肪醇聚氧乙烯醚、椰油酰胺 DEA、椰油酰胺丙基甜菜碱、PEG-7 橄榄油酸酯和聚二甲基二烯丙基氯化铵，搅拌溶解均匀。在加入 PEG-7 橄榄油酸酯和聚二甲基二烯丙基氯化铵时，要充分搅拌溶解均匀，以便充分发挥其效能。

（3）打开冷却水开始降温，降温至35℃左右，分别将氯化钠、香精、柠檬酸、卡松加入搅拌锅，搅拌溶解均匀，最后过滤出料，即可。

产品特性 本产品采用 PEG-7 橄榄油酸酯和聚二甲基二烯丙基氯化铵为重点原料，在洗涤时，其他衣服不会被褪色的衣服染色，既保护了衣服，又节约了能源，且本品配方合理，去污效果显著，安全无污染。

配方 20 含有岗松提取物的除菌洗衣液

原料配比

原料	配比（质量份）					
	1#	2#	3#	4#	5#	6#
岗松油	0.3	1	0.5	0.4	0.6	0.8
大叶桉油	0.2	0.5	0.3	0.3	0.4	0.5
千里光水提物	2	6	2	4	5	5
地肤子水提物	1	4	4	3	3	4
黄柏水提物	1	3	2	2	3	3
聚山梨酯-80	5	15	8	6	12	10
月桂醇聚醚硫酸酯钠	0.01	0.5	0.1	0.4	0.2	0.06
椰油酰胺 DEA	0.01	0.5	0.1	0.3	0.2	0.09
椰油酰胺丙基甜菜碱	0.01	0.5	0.2	0.4	0.4	0.5
脂肪醇聚氧乙烯醚	0.01	0.5	0.1	0.4	0.5	0.1
氯化钠	0.01	0.5	0.2	0.4	0.4	0.5
复合蛋白酶	0.01	0.5	0.3	0.4	0.2	0.1
柠檬酸	0.01	0.5	0.2	0.3	0.3	0.3
香精	0.01	0.5	0.1	0.2	0.3	0.1
纯净水	加至 100	加至 100	加至 100	加至 100	加至 100	加至 100

制备方法

（1）分别制备岗松油、大叶桉油及千里光水提物、地肤子水提物、黄柏水提物。

（2）在反应釜中按配比加入岗松油、大叶桉油，再加入聚山梨酯-80，开启搅拌，搅拌 10～15min。

（3）在搅拌状态下，按配比依次加入千里光水提物、地肤子水提物和黄柏水提物，加入总量50%的纯净水，继续在 10～22℃下搅拌 10～15min，搅拌速度为

125～225r/min。

（4）最后加入月桂醇聚醚硫酸酯钠、椰油酰胺 DEA、椰油酰胺丙基甜菜碱、脂肪醇聚氧乙烯醚、氯化钠、复合蛋白酶、柠檬酸、香精及余量的纯净水，搅拌15～20min 即得。

原料介绍 所述岗松油提取方法：将岗松叶干燥后粉碎至 40～100 目，采用水蒸气蒸馏法蒸馏 2～3h，蒸气冷凝后经油水分离器分离得到岗松油。

所述大叶桉油提取方法：将大叶桉叶干燥后粉碎至 40～100 目，采用水蒸气蒸馏法蒸馏 2～3h，蒸气冷凝后经油水分离器分离得到大叶桉油。

所述千里光、地肤子及黄柏水提物提取方法：分别取千里光、地肤子、黄柏干燥粉碎至 20～40 目，加纯净水煎煮两次，每次 1～1.5h，滤过，合并滤液，滤液浓缩至相对密度为 1.10～1.15（50℃）的清膏，放置 24h，再次滤过，滤液另器保存，滤液即水提物。

产品应用 本品是用于女性内衣手洗、含有岗松提取物的除菌洗衣液。

产品特性

（1）本品对女性内衣的多种病菌有很好的杀灭效果，同时含有多种药用植物精华，滋养肌肤、呵护双手，是专为女性内衣手洗而研发的产品；同时配方中添加复合蛋白酶，易于深入衣物纤维，轻松去除多种污渍（血渍、汗渍、奶渍、油渍等），易漂洗温和无刺激性，贴身衣物穿着更健康。还具有保护高档内衣的作用，用后倍感柔滑舒适。

（2）本品不含任何化学除污剂及有害健康的化学制品，有效成分为植物提取物质，对人体健康无害。

配方 21 含有硅藻土的抗菌洗衣液

原料配比

原料		配比（质量份）		
		1#	2#	3#
硅藻土粉	硅藻土一级原土、硅藻土二级原土，粒度为 160 目	20	—	—
	硅藻土三级原土、煅烧硅藻土，粒度为 200 目	—	25	—
	硅藻土二级原土，粒度为 240 目	—	—	30
表面活性剂	非离子表面活性剂	5	—	—
	阴离子表面活性剂	—	6	—
	阳离子表面活性剂	—	—	7
火龙果皮提取物		12	15	18

原料		配比（质量份）		
		1#	2#	3#
玉兰花茶水		12	15	18
皂角提取液		10	11	12
苦参提取液		3	4	5
高级脂肪酸	月桂酸、棕榈酸	0.5	—	—
	柠檬酸、硬脂酸	—	1	—
	油酸、亚油酸、肉豆蔻酸	—	—	1.5
白鲜皮提取物		8	9	10
增稠剂	羧甲基纤维素钠、羟乙基纤维素	1	—	—
	乙基羟乙基纤维素、脂肪酸聚乙二醇酯	—	2	—
	乙基羟乙基纤维素、脂肪酸聚乙二醇酯、聚乙烯吡咯烷酮	—	—	3
螯合剂	聚天门冬氨酸钠	0.1	—	—
	聚羧酸钠	—	0.15	—
	聚环氧琥珀酸钠	—	—	0.2
蛋白酶	生物蛋白酶	0.3	—	0.5
	复合蛋白酶	—	0.4	—
芦荟汁		20	25	30

制备方法

（1）将高级脂肪酸、蛋白酶和芦荟汁混合，加热搅拌至完全溶解，备用。加热温度为 60～90℃，搅拌速度为 500～1000r/min。

（2）将步骤（1）制得的溶液冷却至 25～45℃，依次加入增稠剂、螯合剂、硅藻土粉、火龙果皮提取物、玉兰花茶水、皂角提取液、苦参提取液、白鲜皮提取物、表面活性剂，同时搅拌至均匀（搅拌速度为 300～600r/min），静置，即得。

原料介绍 所述火龙果皮提取物，由以下方法制备获得：将火龙果皮晒干后粉碎成粉末，加 1～2 倍质量份的去离子水浸泡 1.5～2.5h，超声波提取 5～10min，过滤取滤液，离心，取上清液，将上清液加入 1～1.2 倍质量份质量分数为 55%～60%的乙醇加热回流，减压浓缩，干燥，即得。

产品特性 本品洗衣液中添加硅藻土，使洗衣液具有较强的抗菌能力，增加了洗衣液的洗涤能力，减少了洗涤过程中洗衣液的用量，从而减少了洗衣液表面活性剂的排放，减轻了环境污染。

配方 22　含有机硅季铵盐的长效抗抑菌洗衣液

原料配比

原料	配比（质量份）		
	1#	2#	3#
二甲基十二烷基[3-(三甲氧基硅基)丙基]氯化铵	3	5	6
丙二醇	2	4	5
含有 $C_{18}\sim C_{30}$ 碳链的二甲基烷基[3-(三甲氧基硅基)丙基]卤化铵	6	5	3
甘油	10	11	13
广谱漂白剂	8	9	11
拉丝粉	2	3	2
超级纳米乳化剂	11	9	8
橄榄油	11	9	8
防腐剂	5	3	5
香精	10	13	15
水	55	60	65

制备方法

（1）向搅拌罐中注入合适量的原料水，保持液位为搅拌罐容量的 3/4 左右；

（2）按配比将防腐剂加入搅拌罐中，并且搅拌均匀；

（3）按配比将二甲基十二烷基[3-(三甲氧基硅基)丙基]氯化铵、丙二醇、含有 $C_{18}\sim C_{30}$ 碳链的二甲基烷基[3-(三甲氧基硅基)丙基]卤化铵、甘油、广谱漂白剂、拉丝粉、超级纳米乳化剂、橄榄油、香精加入搅拌罐中，并且搅拌均匀；

（4）搅拌罐中加入合适量的盐来增稠，然后使用自动灌装机进行密封包装。

产品特性　该含有机硅季铵盐的长效抗抑菌洗衣液不仅可以洗干净污渍，而且具有持续长效的抑菌作用，提高了衣物的卫生性。

配方 23　含有酵素的植物洗衣液

原料配比

原料	配比（质量份）		
	1#	2#	3#
水果酵素	10	12	14
植物提取液	14	16	18
烷基糖苷	10	11	14

续表

原料		配比（质量份）		
		1#	2#	3#
乙二胺四乙酸二钠		1	1.2	1.5
改性羟乙基纤维素		2	2.1	2.2
香料		0.3	0.32	0.34
氯化钠		3	3.2	3.4
茶皂素		1	1.2	1.4
仙人掌提取液		0.5	0.6	0.8
防腐剂		0.2	0.3	0.35
去离子水		加至100	加至100	加至100
植物提取液	马齿苋提取液	3	4	5
	皂角提取液	5	6	7
香料	白兰精油	—	2	—
	百合精油	—	—	2
	玫瑰精油	1	—	1
	薄荷精油	1	—	1
	薰衣草精油	1	1	—
改性羟乙基纤维素	羟乙基纤维素	23	25	30
	乙醇	52	50	55
	丙烯酰胺	16	15	17
	过硫酸铵	0.4	0.5	0.8
	过硫酸钾	1	0.8	1.2
	环氧氯丙烷	9	8	10
	氢氧化钠	5	4	6
	硼酸钠	1	1	2
	蒸馏水	8	6	10
	十二烷基二甲基苄基氯化铵	12	12	16

制备方法　在植物提取液中加入烷基糖苷、水果酵素、去离子水，搅拌30～45min；然后加入乙二胺四乙酸二钠、茶皂素、仙人掌提取液、氯化钠、防腐剂、香料，待各物质充分溶解，调节pH值为7～7.3，加入改性羟乙基纤维素，搅拌1.5～3h后静置20～30h，得到所述含酵素的植物洗衣液。

原料介绍　所述马齿苋提取液按照以下工艺进行制备：将干燥后的马齿苋粉碎至60目，放入细纱布中严密包裹后放入去离子水中浸泡三次，每次浸泡后收集浸提液，合并三次得到的浸提液，静置沉淀 6～8h 后备用。每次浸泡过程中所用去离子水的质量是马齿苋质量的 3～5 倍，水温为 50～60℃，第一次浸泡时间为 4～5h，第二次浸泡时间为 3～4h，第三次浸泡时间为 2～3h。

所述皂角提取液按以下工艺进行制备：将皂角洗净后放入去离子水中浸泡三次，每次浸泡后收集浸提液，合并三次浸提液得到所述皂角提取液。在每次浸泡过程中，所用去离子水的质量是皂角质量的 2～4 倍，每次浸泡时间为 20～30h。

所述仙人掌提取液按以下工艺进行制备：将仙人掌去表刺后切成块状，放入榨汁机中加入去离子水榨成汁液，再将汁液取出放入离心机中离心两次，离心完成后，取上层清液抽滤，得到所述仙人掌提取液。榨汁过程中所用去离子水质量是仙人掌质量的 2～4 倍；离心过程中，第一次离心 15min，离心机转速为 2000r/min；取上层清液进行第二次离心，第二次离心 10min，离心机转速为 2000r/min。

所述改性羟乙基纤维素按以下工艺进行制备：按质量份将 25～33 份羟乙基纤维素加入 50～60 份乙醇中，搅拌均匀后通入氮气，加入 15～20 份丙烯酰胺、0.5～1.5 份过硫酸铵和 0.8～1.5 份过硫酸钾，在 52～58℃下搅拌反应 2～3h，然后除去过硫酸铵与过硫酸钾，再加入 8～12 份环氧氯丙烷和 4～7 份氢氧化钠，在氮气的保护下搅拌反应 5～6h（反应温度为 62～68℃），然后加入由 1～3 份硼酸钠与 6～12 份蒸馏水制得的混合溶液、12～20 份十二烷基二甲基苄基氯化铵，在 72～78℃下搅拌反应 6～7h 后，调节 pH 值为 7～8，抽滤，干燥后得到改性羟乙基纤维素。

所述水果酵素按照以下工艺进行制备：将橙子、苹果、猕猴桃去皮用水冲洗干净，然后将橙子放入质量分数为 0.01%～0.03% 的高锰酸钾溶液中浸泡 8～10min 后放入苹果和猕猴桃，再浸 15～20min 后取出，用水冲洗干净再沥干其表面水分，切片后加入带有纯净水的发酵罐中，再加入酵母菌、红糖发酵十个月得到所述水果酵素；其中，第一个月每隔一天打开发酵罐放气，后九个月密封静置发酵罐使其自然发酵。

所述防腐剂为异噻唑啉酮。

产品特性

（1）本品所采用的酵素成分和植物提取液配合能够达到很好的去污清洁以及杀菌抑菌的效果，而且配方温和，天然无菌，适合应用于婴幼儿衣物的洗护。

（2）本品所采用的改性羟乙基纤维素可以使洗衣液稳定性。

配方 24 含有溶菌酶的抑菌洗衣液

原料配比

原料		配比（质量份）				
		1#	2#	3#	4#	5#
阴离子表面活性剂	月桂酰肌氨酸钠 S-12	2.5	5	1	—	2.5
	脂肪酸甲酯磺酸盐（MES）	—	—	—	2.5	—
非离子表面活性剂	烷基糖苷 APG1214	7.5	5	9	7.5	—
	脂肪酸甲酯乙氧基化物（FMEE）	—	—	—	—	7.5
去离子水		70	70	70	70	70
溶菌酶		10	10	10	10	10
香料		1	1	1	1	1
乙二胺四乙酸		0.1	0.1	0.1	0.1	0.1

制备方法

（1）称取配方量的阴离子表面活性剂和非离子表面活性剂，加入适量去离子水，充分搅拌溶解；

（2）依次加入配方量的溶菌酶、香料和乙二胺四乙酸，充分搅拌溶解；

（3）继续加入余量的去离子水，即得。

产品特性 本品将溶菌酶与特定的阴离子表面活性剂和非离子表面活性剂组合使用，对于衣物抑菌具有协同增效的效果，且洗衣液中的抑菌成分选择来源天然的溶菌酶，安全性好，制备方法简单，适于工业化生产。

配方 25 含有生物蛋白酶的洗护合一洗衣液

原料配比

原料	配比（质量份）		
	1#	2#	3#
非离子表面活性剂	3.6	28	3
阴离子表面活性剂	6.2	30	2
两性离子表面活性剂	12	25	3
生物蛋白酶	1.5	6.5	0.8
脂肪酶	2.1	4.2	1.2
淀粉酶	3.5	6.5	0.8
纤维素酶	4.2	3.8	0.8

续表

原料		配比（质量份）		
		1#	2#	3#
水溶性溶剂		12	20	10
铁皮石斛浸膏		0.02	0.02	0.01
辣木籽萃离物		0.2	0.3	0.1
防腐剂		0.6	1	0.1
香精		0.2	0.3	0.1
酶稳定剂		10.8	20	1.2
杀菌剂		3.2	5	1
增稠剂		0～1	1	0.1
去离子水		适量	适量	适量
酶稳定剂	氯化钠	1	1	1
	烷基糖苷	4	4	4
	聚醚多元醇	2	2	2

制备方法

（1）将非离子表面活性剂、阴离子表面活性剂、2/3 两性离子表面活性剂、铁皮石斛浸膏、辣木籽萃离物、水溶性溶剂和去离子水置于容器中，加热至 52～68℃，搅拌至溶解、分散均匀；

（2）降温至 40～50℃，再在搅拌下依次加入防腐剂、香精、酶稳定剂、1/3 两性离子表面活性剂、杀菌剂、增稠剂，得到均匀的混合溶液；

（3）降温至 25～35℃，向混合溶液中依次加入生物蛋白酶、脂肪酶、淀粉酶、纤维素酶，搅拌均匀，得到含有生物蛋白酶的洗护合一洗衣液。

原料介绍　所述铁皮石斛浸膏的制备包括如下步骤：将干燥的铁皮石斛粉碎后，在温度 80～90℃、pH=8 的条件下，用铁皮石斛质量 4～6 倍的 70%～90% 乙醇浸取两次，分别浸取 3～5h，然后合并提取液，减压浓缩，得到铁皮石斛浸膏。

所述辣木籽萃离物的制备包括如下步骤：

（1）将辣木籽在萃取压力 12～30MPa、萃取温度 35～60℃、萃取时间 45～240min、CO_2 气体流量 6～50kg/h 条件下进行超临界 CO_2 萃取，得到萃取物。

（2）在分离压力 3～7MPa、分离温度 30～60℃条件下，对萃取物进行分离，得到辣木籽萃离物；萃取夹带剂选体积分数 85%～95% 的乙醇，用量是辣木籽总质量的 1%～15%。

所述酶稳定剂选自氯化钠、甘油、烷基糖苷、聚醚多元醇中的一种或两种以上。酶稳定剂能够大大地增加生物酶的稳定性，保持生物酶在洗衣液中的活性，进而延长洗衣液的存储周期。

所述阴离子表面活性剂包含氨基酸类表面活性剂和非氨基酸类表面活性剂。所述氨基酸类表面活性剂选自月桂酰肌氨酸钠、月桂酰丙氨酸钠、椰油酰谷氨酸钠、椰油酰甘氨酸钾、椰油酰甲基牛磺酸钠、椰油酰甘氨酸钠、椰油酰谷氨酸三乙醇胺、超分子氨基酸中的一种或两种以上。所述非氨基酸类表面活性剂选自十二烷基苯磺酸钠、脂肪酸钠、脂肪醇聚氧乙烯醚硫酸钠、仲烷基磺酸钠中的一种或两种以上。

所述非离子表面活性剂选自椰油脂肪酸二乙醇酰胺、脂肪酸甲酯与环氧乙烷的缩合物、脂肪醇聚氧乙烯醚、烷基葡萄糖苷、烷基二甲基氧化胺中的一种或两种以上。

所述两性离子表面活性剂选自十二烷基甜菜碱、椰油酰胺丙基甜菜碱、十二烷基二甲胺乙内酯、椰油酰胺丙基氧化胺的一种或两种以上。

所述增稠剂选自氯化钠、改性淀粉、聚丙烯酸类聚合物、羧甲基纤维素、瓜尔胶中的一种或两种以上。

所述杀菌剂选自卡松、氯间二甲苯酚中的一种或两种。

所述防腐剂选自异噻唑啉酮衍生物、纳米银、山梨酸、月桂酸单甘酯中的一种或两种以上。

所述香精选自醚类、醇类、饱和烃类香精中的一种或两种以上。

所述水溶性溶剂选自乙醇、乙二醇、异丙醇、乙二醇丁醚、乙二醇丙醚、丙二醇丁醚、乙醚、二乙二醇丁醚中的一种或两种以上。

产品特性　本品性质温和，无刺激，手感柔和，洗后无碱性残留，也不会导致皮肤过敏等症状，对织物也不会有损伤，同时又易溶于水，使用方便，用量便于控制，便于储存；功能性较强，具使织物柔软、杀菌和护色等多重功能。

配方 26　含有天然植物成分的抑菌洗衣液

原料配比

原料	配比（质量份）	
	1#	2#
无患子提取液	1.3	1
油茶籽提取液	0.8	1.3
氧化银粉末	0.4	0.7
脂肪醇聚氧乙烯醚	1.1	1.2
脂肪醇聚氧乙烯醚硫酸钠	1.1	1
辛基酚聚氧乙烯醚	0.3	0.5

续表

原料	配比（质量份）	
	1#	2#
酶	0.02	0.01
乙醇	2	3
柠檬酸钠	2	3
聚乙烯吡咯烷酮	0.12	0.2
乙二胺四乙酸	0.1	0.2
去离子水	加至100	加至100

制备方法

（1）称取无患子提取液、油茶籽提取液、氧化银粉末、脂肪醇聚氧乙烯醚、脂肪醇聚氧乙烯醚硫酸钠、辛基酚聚氧乙烯醚、酶、乙醇、柠檬酸钠、聚乙烯吡咯烷酮、乙二胺四乙酸、去离子水。

（2）将去离子水导入容器内，加热到65～75℃。

（3）将脂肪醇聚氧乙烯醚、脂肪醇聚氧乙烯醚硫酸钠、辛基酚聚氧乙烯醚、乙醇、柠檬酸钠、聚乙烯吡咯烷酮、乙二胺四乙酸混合搅拌并加热，得到混合液 A。

（4）将混合液 A 导入去离子水中，搅拌均匀，降温至30～45℃后，加入无患子提取液、油茶籽提取液、氧化银粉末、酶，搅拌均匀后，冷却至室温，静置消泡，得到抑菌洗衣液。

原料介绍 所述酶为碱性蛋白酶。

所述无患子提取液的制备方法包括以下步骤：

（1）将清洁干燥的无患子果皮破碎后，在去离子水中浸泡；浸泡的无患子果皮质量与去离子水的质量比为1:6，所述浸泡温度为20～30℃，浸泡时间为2～4h，浸泡次数为3～5次。

（2）浸泡完成后，在油浴恒温加热条件下使用乙醇对无患子果皮进行浸提，浸提后回收乙醇，并对浸提液进行过滤，得到滤液 A；油浴恒温加热的加热温度为110～125℃，加热时长为1～3h，乙醇体积分数为85%～95%。

（3）在酸性条件下对滤液 A 进行水解，水解完成后，进行酸洗并过滤，得到滤渣 A；水解溶液选取浓度为0.3～0.6mol/L 的 HCl 溶液，水解时间为1.5～3h，水解温度为60～75℃。

（4）在碱性条件下对滤渣 A 进行溶解，完全溶解后过滤，得到滤液 B。

（5）调节滤液 B 的 pH 值至中性后，使用正丁醇对滤液 B 进行萃取，得到萃取液。

（6）回收萃取液中的正丁醇后，蒸发浓缩，得到无患子提取液。

产品特性 本品不但能够起到清洁作用，同时在抑制病毒传播方面也起到了一定的作用。

配方 27 含有向日葵秆微胶囊的洗衣液

原料配比

原料		配比（质量份）		
		1#	2#	3#
烷基葡萄糖苷（APG12～APG14）		10	10	10
脂肪醇聚氧乙烯醚硫酸铵		10	12	13
脂肪醇聚氧乙烯醚（$n=9$）		3	2.5	3
辛基酚聚氧乙烯醚		2.5	2	1.5
椰子油脂肪酸二乙醇酰胺		3	2	2.5
植物提取液	黄芩、防风、栀子	4	—	—
	防风、栀子、金银花	—	5.5	—
	黄芩、防风、栀子和金银花	—	—	3
十八烷基二甲基苄基氯化铵		1	1.2	1.5
聚丙烯酸钠		0.15	0.15	0.15
有机硅消泡剂		0.15	0.2	0.25
对氯间二甲苯酚（适量丙二醇溶后加入）		0.1	0.1	0.1
椰油酰胺丙基甜菜碱		2	2.5	3
植物精油	佛手柑	0.01	—	—
	尤加利	—	0.01	—
	广藿香	—	—	0.01
色素（适量水溶后加入）		0.0014	0.0014	0.0014
聚乙烯吡咯烷酮		1.5	1.5	1.5
过碳酸钠		1	0.95	0.9
复合生物酶		0.2	0.2	0.2
向日葵秆提取物		0.25	0.2	0.15
去离子水		62	58	59
氯化钠和柠檬酸水溶液		适量	适量	适量

制备方法

（1）在向日葵秆提取物中加入总量 1/3 的去离子水并搅拌成胶状物，再加入聚乙烯吡咯烷酮并搅拌成发泡液体后，加入复合生物酶和过碳酸钠并搅拌，形成以向日葵秆提取物为载体的微胶囊。

（2）将总量 1/3 的去离子水加入搅拌乳化一体机中，并开启搅拌和均质功能，再缓慢加入脂肪醇聚氧乙烯醚硫酸铵，并根据泡沫的大小加入有机硅消泡剂，再加入剩余去离子水并保持均质乳化 5～10min 后，停止均质并继续搅拌；加入烷基葡萄糖苷、脂肪醇聚氧乙烯醚、辛基酚聚氧乙烯醚、椰子油脂肪酸二乙醇酰胺、植物提取液、十八烷基二甲基苄基氯化铵、聚丙烯酸钠、对氯间二甲苯酚、植物精油，再用柠檬酸水溶液调节 pH 值至 6～7，开启均质乳化功能，加入椰油酰胺丙基甜菜碱、氯化钠调节产品的黏稠度，再加入色素，继续乳化 5min，关闭均质功能；再加入步骤（1）获得的微胶囊并搅拌混合 5min，使产品呈悬浮微粒状，获得洗衣液。

原料介绍 所述的向日葵秆提取物通过下述方法获得：将向日葵秆及内芯进行干燥、粉碎，并在 65℃下用 75%乙醇进行回流提取，再依次进行抽滤、蒸馏、干燥、灭菌、粉碎、过滤，获得向日葵秆提取物。

产品应用 本品用于各种布草衣物的洗涤，且手洗机洗均适宜。

产品特性

（1）去污效率高，配方环保无毒、可降解，性质温和，泡沫低易漂洗，可使织物更柔软。

（2）采用微胶囊技术，保留了高活性成分因子，增加了对布草衣物的漂白增艳作用，引入的高聚物又可防止褪色、串色问题。

（3）采用植物提取液和植物精油，使得植物香氛持久，具有明显的驱虫害作用，兼具保健作用。

（4）采用冷制法加工而成，工艺简单，成本低，产品稳定性好，经济效益明显，洗涤、柔软、漂白、增艳、杀菌一次性完成，有效解决了以往洗衣液功效单一、洗衣机内壁霉菌滋生、交叉感染的问题，节约水资源。

配方 28 **含有小麦蛋白酶的酵素洗衣液**

原料配比

原料	配比（质量份）		
	1#	2#	3#
水果酵素	9	20	15
椰油酰胺丙基甜菜碱	8	15	12
烷基糖苷	7	10	8.5
乙二胺四乙酸二钠	1	1.5	1.25
防腐剂	0.1	0.3	0.2

续表

原料	配比（质量份）		
	1#	2#	3#
水解小麦蛋白	1	7	4
香料	0.1	0.3	0.2
芦荟提取液	0.5	1.5	1
去离子水	加至 100	加至 100	加至 100

制备方法

（1）在芦荟提取液中添加水果酵素、烷基糖苷并搅拌，加入去离子水，持续搅拌 30min。

（2）添加乙二胺四乙酸二钠、防腐剂、水解小麦蛋白以及香料并搅拌至充分溶解，得到混合液。

（3）向混合液中添加椰油酰胺丙基甜菜碱，调节混合液至中性并搅拌及静置。当混合液呈弱酸性时，在混合液中添加碳酸钠并搅拌，并将混合液的 pH 值调节至 7.0～7.5 之间。

原料介绍 所述的防腐剂为苯甲酸钠。

所述的水解小麦蛋白按照以下工艺制备：

（1）制备水解蛋白液，即虹吸释放得到清液，并利用离心机收集。虹吸是利用液面高度差的作用力现象，将液体充满一根倒 U 形的管状结构后，然后将开口高的一端置于装满液体的容器中，容器内的液体会持续通过虹吸管向更低的位置流出。

（2）向清液中加入活性炭并搅拌脱色，过滤并收集滤过液。

（3）沉淀分离上述滤过液得到上层清液。

（4）将上层清液进行季铵反应（季铵反应即季铵化反应，是利用含有季铵基的季铵盐在溶液中生成阳离子或两性离子的水溶性聚合物）并精滤，收集得到水解小麦蛋白。

所述的水果酵素按照以下工艺进行制备：

（1）将水果去皮并放置于氧化剂溶液中进行浸泡。

（2）冲洗、沥干并切片，并将水果片放置于发酵罐中密封静置（密封后的首个月定期打开发酵罐放气），得到水果酵素。

所述的香料优选植物精油，包括但不限于采用白兰精油、百合精油、薰衣草精油、玫瑰精油、薄荷精油、柠檬精油中的一种或多种。在具体使用过程中可以根据需要进行选配，如白兰精油与百合精油按照原料质量比 1∶1 进行配置；玫瑰精油、薄荷精油与柠檬精油按照原料质量比 1∶2∶1 进行配置。

产品特性　本品去污力强、泡沫丰富细腻、无毒、无害、对皮肤无刺激。

配方 29 含有皂荚皂素的洗衣液

原料配比

皂荚皂素普通型洗衣液

原料	配比（质量份）
谷氨酸二乙酸四钠	0.2
十二烷基醇醚硫酸钠	14
脂肪醇聚氧乙烯（9）醚	2
椰油酰胺 DEA	2
椰油酰胺丙基甜菜碱	2
丙烯酸均聚物	1
QT-182	2
皂荚皂素	1
硅油消泡剂	0.05
卡松	0.1
氯化钠	2
香精	0.3
氢氧化钠	0.4

皂荚皂素浓缩型洗衣液

原料	配比（质量份）
谷氨酸二乙酸四钠	0.2
十二烷基醇醚硫酸钠	18
脂肪醇聚氧乙烯（9）醚	8
生物降解型非离子表面活性剂	2
支链脂肪醇烷氧基	4
椰油酰胺丙基甜菜碱	2
疏水改性丙烯酸聚合物	1
皂荚皂素	1
硅油乳液	0.05
卡松	0.1
香精	0.3
氢氧化钾	0.4
氯化钠	2.2

制备方法 皂荚皂素普通型洗衣液配制方法为：70～75℃条件下，依次加入谷氨酸二乙酸四钠、十二烷基醇醚硫酸钠，搅拌至完全溶解；开始降温，依次加入脂肪醇聚氧乙烯（9）醚、椰油酰胺 DEA、椰油酰胺丙基甜菜碱，搅拌均匀；降温至 45℃，加入预稀释好的丙烯酸均聚物，搅拌均匀；加入 QT-182、皂荚皂素、硅油消泡剂、卡松、氯化钠、香精，搅拌均匀；加入氢氧化钠，调节 pH 值至 7.5 左右；测 pH 值和黏度，无菌罐装。

皂荚皂素浓缩型洗衣液配制方法为：将谷氨酸二乙酸四钠、十二烷基醇醚硫酸钠、脂肪醇聚氧乙烯（9）醚、生物降解型非离子表面活性剂、支链脂肪醇烷氧基于 70～75℃条件下完全溶解；开始降温，依次加入椰油酰胺丙基甜菜碱、疏水改性丙烯酸聚合物，搅拌均匀；加入适量氢氧化钾，调节 pH 值至 7.5；依次加入皂荚皂素、硅油乳液、卡松、香精、氯化钠，搅拌均匀；测 pH 值和黏度，无菌灌装。

产品特性

（1）皂荚具有良好的洗护能力，本品将皂荚皂素与其他表面活性剂和调理剂等进行复配，在保证成本较低且对人体无副作用、对环境友好等优点的前提下，可以充分发挥皂荚皂素洗涤优势，可以有效应对各类材质衣物，对各类常见污渍均有良好去除效果。

（2）本洗衣液具有易漂洗、温和低刺激、芳香怡人的特点，可以用于各类材质衣物，能有效清洗包括油污、血污与果蔬汁液在内的各类污渍。

配方 30 含樟油成分的洗衣液

原料配比

原料	配比（质量份）
AES	22
KF-88	0.1
EDTA	0.1
AEO-9	5
烷基糖苷 1214	20
烷基糖苷 0810	10
K12	2
柠檬酸钠	0.5
柠檬酸	0.55
液体蛋白酶	0.05
盐	0.5

续表

原料	配比（质量份）
桉叶油	0.06
油樟纯露	39.14

制备方法

（1）备料：称取 AES、KF-88、EDTA、AEO-9、烷基糖苷 1214、烷基糖苷 0810、K12、柠檬酸钠、柠檬酸、液体蛋白酶、盐、桉叶油、油樟纯露备用。

（2）将油樟纯露加入搅拌罐中加热至 60℃。

（3）不断搅拌并依次加入 AES、烷基糖苷 1214、烷基糖苷 0810、K12、EDTA、AEO-9、KF-88、桉叶油、液体蛋白酶。

（4）加入盐调节黏度，添加柠檬酸钠和柠檬酸调节 pH 值至 5～7。

（5）搅拌均匀后静置 24h 消泡，即得。

产品特性　本品与常规洗衣液的主要区别在于加入了桉叶油（从油樟叶中提取）成分，具有较好的抗菌活性，是所述洗衣液中主要的抗菌抑菌成分，对微生物有良好的灭杀作用，同时对人体皮肤的损伤小，可保证使用的安全性且绿色环保。

配方 31　护色除异味洗衣液

原料配比

原料	配比（质量份）				
	1#	2#	3#	4#	5#
皂角	60	55	50	45	40
非离子表面活性剂	10	9	7	6	5
阴离子表面活性剂	12	11	10	9	8
亲水基表面活性剂	12	11	10	9	8
抗静电剂	2	2	1.5	1	1
硅酸钠	6	5	4	3	2
乙醇	5	4	3	2	2
十二烷基苯磺酸钠	11	9	8	7	5
艾叶	12	11	10	9	8
桂花提取液	12	11	10	9	8
杀菌剂	6	5	4	3	2
洋葱提取液	6	5	4	3	2
食盐晶体	6	5	4	3	2
去离子水	加至 100	加至 100	加至 100	加至 100	加至 100

制备方法

（1）将去离子水加入反应釜中，加热至 70～90℃；

（2）加入非离子表面活性剂、阴离子表面活性剂、亲水基表面活性剂，搅拌，降温至 40～60℃；

（3）加入抗静电剂、硅酸钠、乙醇、十二烷基苯磺酸钠和杀菌剂，搅拌混合，将 pH 值调至 6.5～7.0，得到混合液；

（4）将皂角研磨成粉状，过 100 目筛网，然后加入 5 倍纯净水混合、搅拌，将混合液进行蒸馏，得皂角蒸馏液；

（5）将艾叶和食盐晶体研磨成粉末状，加入 2 倍纯净水搅拌，然后静置沉淀，取上层清液；

（6）将步骤（3）得到的混合液、步骤（4）得到的皂角蒸馏液和步骤（5）得到的上层清液充分混合，然后加入桂花提取液、洋葱提取液，搅拌，煮沸、浓缩，然后停火、冷却，得到洗衣液。

产品特性　本品中洋葱提取液和食盐晶体与其他原料配伍科学，使制得的洗衣液不仅具有良好的去污能力，而且护色效果好，不容易褪色，且本品在潮湿的情况下日晒一定的时间后依然具有良好的除异味效果。

配方 32　护色免刷洗衣液

原料配比

原料	配比（质量份）		
	1#	2#	3#
去离子水	41.5	54.3	67.1
异构十三醇聚氧乙烯醚	15	12.5	10
十二醇聚氧乙烯醚	12	10.5	9
碳八烷基糖苷	5	4	3
三乙醇胺	4	3	2
聚乙二醇单油酸酯	5	3.5	2
谷氨酸二乙酸四钠	6	4.5	3
α-葡庚糖酸钠	0.5	0.35	0.2
水解小麦蛋白和有机硅的共聚物	3	2	1
聚丙烯酸钠盐	3	2	1
二甲胺与环氧氯丙烷的聚合物	3	2	1
一水柠檬酸	1	0.75	0.5

续表

原料	配比（质量份）		
	1#	2#	3#
香精	0.5	0.3	0.1
苯氧乙醇	0.5	0.3	0.1

制备方法

（1）向去离子水中加入异构十三醇聚氧乙烯醚、十二醇聚氧乙烯醚和碳八烷基糖苷，混合均匀；

（2）向步骤（1）所得混合料中加入三乙醇胺、聚乙二醇单油酸酯、谷氨酸二乙酸四钠、α-葡庚糖酸钠、水解小麦蛋白和有机硅的共聚物、聚丙烯酸钠盐、二甲胺与环氧氯丙烷的聚合物和一水柠檬酸，升温至40～60℃，混合均匀；

（3）向步骤（2）所得混合料中加入香精和苯氧乙醇，混合均匀得所述护色免刷洗衣液。

原料介绍 所述护色免刷洗衣液的pH值控制在6.0～8.0。

所述水解小麦蛋白和有机硅的共聚物采用下述方法制备：

（1）将质量比为1：（3～5）的二甲基二烯丙基氯化铵和γ-甲基丙烯酰氧丙基三（三甲基硅氧基）硅烷溶于有机溶剂中，在惰性气氛条件下升温至63～67℃，滴加引发剂的有机溶剂溶液并保温反应9～11h，提纯得有机硅聚合物；所述引发剂的用量是γ-甲基丙烯酰氧丙基三（三甲基硅氧基）硅烷用量的2%～3%。

（2）将有机硅聚合物的水溶液与引发体系混合，并在38～42℃条件下搅拌反应25～35min，加入水解小麦蛋白的水溶液，在78～82℃下搅拌反应85～95min，提纯即得水解小麦蛋白和有机硅的共聚物。有机硅聚合物和水解小麦蛋白的质量比为1：（0.01～0.03）；所述引发体系是由氧化剂和还原剂组成的氧化还原体系，所述引发体系中的氧化剂和还原剂的总质量是有机硅聚合物质量的1%～3%，所述引发体系中的氧化剂和还原剂的质量比为2：（0.9～1.1）。

所述引发剂为偶氮二异丁腈。

所述有机硅聚合物水溶液的质量分数为10%～30%；所述水解小麦蛋白的水溶液的质量分数为20%～40%。

所述氧化剂为叔丁基过氧化氢，所述还原剂为焦亚硫酸钠。

所述有机溶剂为N,N-二甲基甲酰胺。

所述水解小麦蛋白采用下述方法制备：将谷朊粉配制成质量分数为3%～5%的谷朊粉水溶液，并调节温度为60℃以及pH值为8.5，然后加入碱性蛋白酶进行水解反应，灭酶，离心分离得到上清液，上清液经冷冻干燥后得水解小麦蛋白。

所述碱性蛋白酶的用量占谷朊粉质量的 1%～3%；所述水解反应时间为120～210min。

产品特性

（1）本品不仅具有高效的去污力，而且免刷洗，可避免衣物面料由于机械作用而造成损伤的情况发生。

（2）本品还具有护色增艳的作用，能够有效清洗易掉色衣物，避免洗涤事故的发生，洗后衣物很干净。

配方 33　护色浓缩洗衣液

原料配比

原料		配比（质量份）		
		1#	2#	3#
脂肪醇聚氧乙烯醚（AEO-9）		20	25	30
十二烷基葡糖苷		10	5	8
脂肪酸甲酯乙氧基化物磺酸盐（FMES）		30	20	30
十二烷基苯磺酸钠		10	15	12
三乙醇胺		3	5	4
植物多糖		—	—	0.1
植物多糖	魔芋多糖	0.05	—	—
	大豆多糖	—	0.15	—
小麦胚芽蛋白水解物		2	0.5	1.5
助溶剂	乙醇	5	—	—
	丙三醇	—	10	—
	乙二醇	—	—	4
防腐剂	甲基异噻唑啉酮	0.2	—	0.2
	卡松	—	1	—
香精		—	1	0.2
去离子水		加至100	加至100	加至100

制备方法

（1）将脂肪醇聚氧乙烯醚（AEO-9）、十二烷基葡糖苷、脂肪酸甲酯乙氧基化物磺酸盐（FMES）、十二烷基苯磺酸钠和助溶剂加入去离子水中，加热搅拌均匀；搅拌温度为45～50℃。

（2）向步骤（1）得到的物料中加入植物多糖、小麦胚芽蛋白水解物，加热搅拌均匀；搅拌温度为30～40℃。

（3）向步骤（2）得到的物料中加入其余原料，搅拌均匀，即得。

原料介绍 所述小麦胚芽蛋白水解物是小麦胚芽蛋白经过蛋白酶水解制得。蛋白酶为木瓜蛋白酶、菠萝蛋白酶、碱性蛋白酶中的至少一种。

所述小麦胚芽蛋白水解物的制备方法如下：

（1）将小麦胚芽蛋白充分溶解于水中，制得质量分数为3%～5%的小麦胚芽蛋白溶液；

（2）向所述小麦胚芽蛋白溶液中加入碱性蛋白酶，使碱性蛋白酶与小麦胚芽蛋白的质量比为（1～2）：100，然后在pH值为7.5～8.5、温度为40～55℃的条件下水解2～4h，灭酶、干燥后即得。

所述植物多糖为魔芋多糖、大豆多糖、海藻多糖、无患子多糖中的至少一种；所述植物多糖由魔芋多糖、海藻多糖、无患子多糖按质量比100：（20～30）：（5～10）组成。

产品特性 本品在高浓缩倍数下能够保持良好的稳定性，且具有低泡沫、去污能力强的特点和优良的染料固色、护色效果，还能起到抗皱、柔顺的作用。

配方 34 护色柔软洗衣液

原料配比

原料		配比（质量份）		
		1#	2#	3#
脂肪醇聚氧乙烯醚	脂肪醇聚氧乙烯（9）醚	5	—	10
	脂肪醇聚氧乙烯（7）醚	—	8	—
聚乙二醇6000双硬脂酸酯		3	5	5
烷基糖苷	C₁₂～C₁₆烷基糖苷	5	3	5
脂肪醇聚氧乙烯（3）醚硫酸钠		20	15	10
螯合剂	柠檬酸	1	0.6	1
聚二甲基二烯丙基氯化铵		1.5	2	2
三元共聚硅油	Magnasoft SRS	3	2	5
防腐剂	异噻唑啉酮	0.2	—	0.2
	对羟基苯甲酸甲酯	—	0.2	—
香精		0.5	0.5	0.5
去离子水		加至100	加至100	加至100

制备方法 在搅拌釜中加入适量的去离子水，将温度升到 60～70℃，加入脂肪醇聚氧乙烯醚、聚乙二醇 6000 双硬脂酸酯、烷基糖苷，搅拌至完全溶解，加入脂肪醇聚氧乙烯醚硫酸钠、螯合剂，搅拌至完全溶解；然后加入余量去离子水，并将温度降至 40℃ 以下，依次加入聚二甲基二烯丙基氯化铵、三元共聚硅油、防腐剂、香精，搅拌至完全溶解，过滤。

原料介绍 所述的脂肪醇聚氧乙烯（3）醚硫酸钠活性物含量为 65%～75%。

所述的三元共聚硅油选用迈图 Magnasoft SRS 氨基硅油，其活性物含量 58%～65%，pH 值为 5～7。

所述的香精为日化行业常用香精。

产品特性 本品不仅对衣物有较强的去污力，能够满足消费者日常生活中对洗涤效果的需求，并能保护衣物的色泽，赋予衣物舒适的柔软感觉。

配方 35 护色洗衣液

原料配比

原料		配比（质量份）			
		1#	2#	3#	4#
阴离子表面活性剂	脂肪醇聚氧乙烯醚硫酸钠	5	—	—	—
	脂肪酸甲酯乙氧基化物磺酸钠	—	7	—	—
	脂肪酸甲酯磺酸钠	—	—	10	—
	脂肪醇聚氧乙烯醚硫酸钠与脂肪酸甲酯乙氧基化物磺酸钠	—	—	—	10
非离子表面活性剂	脂肪醇聚氧乙烯醚	10	—	—	—
	腰果酚聚氧乙烯醚	—	15	—	—
	脂肪酸甲酯乙氧基化合物	—	—	20	—
	腰果酚聚氧乙烯醚与脂肪醇聚氧乙烯醚	—	—	—	20
	纤维素酶	0.5	1	2	2
	蛋白酶	0.5	1	2	1
酶稳定剂	氯化钙、四硼酸钠及丙二醇	0.01	—	1.5	—
	柠檬酸钠、乙醇胺	—	0.1	—	—
	氯化钙、四硼酸钠、柠檬酸钠、丙二醇及乙醇胺	—	—	—	1
	聚环氧氯丙烷二甲胺	0.1	0.5	1	1
助溶剂	甲苯磺酸盐、二甲苯磺酸盐及异丙醇	2	3	5	—

续表

原料		配比（质量份）			
		1#	2#	3#	4#
助溶剂	甲苯磺酸盐、异丙苯磺酸盐、二甲苯磺酸盐及异丙醇	—	—	—	4
	精油	1	2	5	3
	去离子水	70	50	30	60

制备方法 将各组分原料混合均匀即可。

产品特性

（1）本品能够有效地避免出现衣物褪色或串色的问题，具有较好的护色效果，还具有较好的除菌效果。

（2）该洗衣液具有较好的清洁能力。当护色洗衣液的 pH 值为 7.5～8.5 时，该护色洗衣液具有较好的去污、杀菌及护色效果。

配方 36 护衣护色机洗洗衣液

原料配比

原料	配比（质量份）
茶树籽提取物	1.4～1.9
苦参提取物	1.2～1.8
野槐根提取物	1～1.4
茶皂素	1.5～1.6
天来可 GL	1～1.5
山金车提取液	1.3～1.7
肉桂酸甲酯	1.2～1.7
葡萄籽油	1.2～1.5
AES	4.8～6.7
益生菌群	2.8～3.3
丹皮酚	1.2～1.3
侧柏提取液	1.5～1.8
柠檬酸	1.4～2.7
氨基酸	1.5～2.5
七叶树提取液	0.7～1.3
特乙胺油酸酯	1.3～1.9
酵素	1.9～2.6

续表

原料	配比（质量份）
酒石酸	2～2.4
香精	1.7～2.2
水	58.2～69.4

制备方法　将茶树籽提取物加入水中搅拌均匀，再加入苦参提取物、野槐根提取物、茶皂素高速搅拌 53min，再加入天来可 GL、山金车提取液、肉桂酸甲酯、葡萄籽油、AES、益生菌群、丹皮酚，在 31℃左右恒温均质搅拌 9h 后，将容器恒温在 33℃左右密封发酵 23h，再加入侧柏提取液、柠檬酸、氨基酸、七叶树提取液、特乙胺油酸酯、酵素、酒石酸、香精高速搅拌 4h，然后在 33℃左右恒温容器内静置 23h 即为成品。

产品特性　本品能有效去除污渍，不含磷、铝等化学成分，安全环保，更护衣护色，保护衣物纤维，使衣服柔软顺滑更舒适。

配方 37 护衣护色手洗洗衣液

原料配比

原料	配比（质量份）
茶树籽提取物	1.5～1.8
苦参提取物	1.4～1.6
野槐根提取物	1.3～1.5
茶皂素	1～1.4
硬脂酸	1～1.3
山金车提取液	1～1.7
肉桂酸甲酯	1.6～2
八角茴精油	1.3～1.5
AES	4.7～6.5
益生菌群	2.5～3.6
丹皮酚	1.6～1.7
侧柏提取液	1.5～2.2
柠檬酸	1.3～2.4
氨基酸	1～2.4
椰子油脂肪酸	0.7～1.3
多库酯钠	1.5～1.9
酵素	1.5～2.3

续表

原料	配比（质量份）
醋酸	1.8～2.9
香精	1.9～2.2
水	57.8～69.9

制备方法　将茶树籽提取物加入水中搅拌均匀，再加入苦参提取物、野槐根提取物、茶皂素高速搅拌42min，再加入硬脂酸、山金车提取液、肉桂酸甲酯、八角茴精油、AES、益生菌群、丹皮酚，加热恒温在27℃左右均质搅拌5.7h后，将容器恒温在27℃左右密封发酵21h，再加入侧柏提取液、柠檬酸、氨基酸、椰子油脂肪酸、多库酯钠、酵素、醋酸、香精高速搅拌5.7h，然后恒温在27℃左右容器内静置17h即为成品。

产品特性　本品针对手洗人群设计。更护肤，漂清无残留，避免引起皮肤不良反应；更护色，保护衣服原色让衣服持久鲜艳；更护手，中性温和配方，手接触时无刺激。

配方 38　基于植物提取物的洗衣液

原料配比

原料	配比（质量份）				
	1#	2#	3#	4#	5#
肉豆蔻酸谷氨酸钠	15	25	18	22	20
月桂基甘氨酸钾	25	15	22	18	20
甘油单吡咯烷酮羧酸酯	8	15	10	13	12
月桂基葡糖苷	8	3	7	5	6
N-酰基谷氨酸二酯	3	8	5	7	6
癸烷基二甲基羟丙基磺基甜菜碱	10	5	9	7	8
十二烷基二甲基磺丙基甜菜碱	3	8	5	7	6
咪唑啉两性二醋酸二钠	8	3	7	5	6
淀粉酶	0.5	1.5	0.8	1.2	1
甘露聚甜酶	1	0.3	0.8	0.5	0.6
卡拉胶	0.5	1.5	0.8	1.2	1
氯化钠	1.5	0.5	1.2	0.8	1
无患子提取液	1	3	1	3	2
山苜楂提取液	3	1	3	1	2
野菊花提取物	1	3	1	3	2

续表

原料	配比（质量份）				
	1#	2#	3#	4#	5#
柠檬香精	1	0.3	0.8	0.5	0.6
衣物消泡剂	0.3	1	0.5	0.8	0.6
月桂基咪唑啉甜菜碱	1	0.3	0.8	0.5	0.6
硼砂	0.5	1.5	0.8	1.2	1
去离子水	20	10	17	13	15

制备方法 将各组分原料混合均匀即可。

产品特性 本品中大量使用天然植物作为洗涤原料，这些原料不仅取材方便，成本低廉，绿色环保，洗涤后原料容易降解，不会对水质造成污染，而且这些原料洗涤过程中不会对衣物造成破坏，也不会对人体皮肤造成损伤。

配方 39　加酶护色洗衣液

原料配比

原料		配比（质量份）			
		1#	2#	3#	4#
皂角提取液		25	40	30	35
茶皂素		2	1	2	2
羧酸型表面活性剂		3	5	10	3
脂肪醇聚氧乙烯醚多元表面活性剂		10	2	2	10
聚4-乙烯基吡啶氮氧化物		1	0.1	0.5	1
液体蛋白酶		0.5	0.3	0.6	0.7
柠檬酸钠		1	5	3	5
二苯乙烯联苯类荧光增白剂		0.3	—	0.1	0.2
增稠剂	聚丙烯酸类聚合物	—	1	—	—
	氯化钠	1	—	—	0.8
	硫酸钠	—	—	0.1	—
防腐剂	异噻唑啉酮	0.1	—	—	—
	卡松	—	0.5	—	0.4
	苯氧乙醇	—	—	0.3	—
水		56.2	45.4	52	42.6

制备方法 将各组分原料混合均匀即可。

原料介绍 所述皂角提取液按以下工艺进行制备：将皂角洗净后放入去离子水中浸泡三次，每次浸泡后收集浸提液，合并三次浸提液得到所述皂角提取液。在每次浸泡过程中，所用去离子水的质量是皂角质量的2～4倍，每次浸泡时间为20～30h。

产品特性 本品采用的皂角提取液能够达到很好的去污清洁效果，而且配方温和，不伤皮肤和衣物，特别适合应用于婴幼儿衣物的洗护；添加的液体蛋白酶能够深入衣物纤维瓦解各种常见污渍（包括汗渍、草渍、油渍等），能洁净奶渍、血渍等顽固污渍；添加的护色剂聚4-乙烯基吡啶氮氧化物不仅对织物有出色的护色功能，还与羧酸型表面活性剂、脂肪醇聚氧乙烯醚多元表面活性剂和荧光增白剂有良好的相容性，具有更好的洗涤去污能力，能够在满足洗涤性能的同时，保护织物的色泽，减少织物颜色损失，降低织物混合洗涤造成的相互串色；添加的防腐剂可以保证皂角提取液和茶皂素不易发生变质。

配方 40 胶束渗透型浓缩快速洗衣液

原料配比

原料		配比（质量份）				
		1#	2#	3#	4#	5#
亚硫酸钠		8	10	6	12	5
二甲苯磺酸钠		5	6	4	3	8
柠檬酸三丁酯		5	12	3	15	2
三磷酸辛酯		10	16	8	25	5
蛋白酶	半胱氨酸蛋白酶	3	—	—	—	—
	丝氨酸蛋白酶	—	2	4	—	—
	天冬氨酸蛋白酶	—	—	—	6	1
纤维素醚	甲基纤维素醚	18	25	—	—	—
	羟乙基甲基纤维素醚	—	—	12	—	—
	羧甲基羟乙基纤维素醚	—	—	—	10	—
	羧甲基纤维素醚	—	—	—	—	30
烷基糖苷		10	8	15	18	6
磺基琥珀酸酯		12	15	10	16	8
乳化剂	月桂酸单异丙醇酰胺	9	—	—	—	—
	椰子油脂肪酸二乙醇酰胺	—	8	—	—	—
	椰子油脂肪酸甲酯二乙醇酰胺	—	—	10	—	—

续表

原料		配比（质量份）				
		1#	2#	3#	4#	5#
乳化剂	油酸二乙醇酰胺	—	—	—	—	10
	油酸甲酯二乙醇酰胺	—	—	—	6	—
溶剂	水	30	—	60	80	50
	丙三醇	—	20	—	—	—
螯合剂	柠檬酸	2	—	—	—	—
	氧联二醋酸钠	—	1	—	—	—
	羧甲基丙醇二酸钠	—	—	1	—	—
	氮川三醋酸钠	—	—	—	5	—
	乙二胺四乙酸钠	—	—	—	—	2
无机盐	硫酸镁	12	—	8	—	—
	氯化钙	—	6	—	—	—
	氯化钠	—	—	—	10	—
	硫酸钠	—	—	—	—	5
助溶剂	二甲苯磺酸钠	1	—	—	—	—
	尿素	—	2	4	—	8
	异丙醇	—	—	—	5	—
植物提取液	生姜提取液	12	—	—	—	—
	茶树提取液	—	6	—	—	—
	柠檬提取液	—	—	8	—	—
	橘皮提取液	—	—	—	3	—
	芦荟提取液	—	—	—	—	5

制备方法

（1）将亚硫酸钠、二甲苯磺酸钠、柠檬酸三丁酯、三磷酸辛酯、蛋白酶、纤维素醚在溶剂中分散均匀，形成胶束；所述分散的温度为20~45℃，分散时间为5~30min。

（2）向步骤（1）的胶束中加入烷基糖苷、磺基琥珀酸酯和乳化剂、螯合剂、无机盐、助溶剂、植物提取液，混合均匀后，即得到胶束渗透型浓缩快速洗衣液。

产品特性

（1）本品显著的优势是胶束对油污、汗渍具有渗透分解作用，烷基糖苷、磺基琥珀酸酯乳化作用下分解的油污汗渍快速脱离衣物。特别是在常温条件下洗涤，胶束对油污、汗渍具有同样的渗透分解作用，其不但达到了清洗的目的，而且对织物纤维具有保护作用。

（2）本品中，蛋白酶能够分解衣服中的血液等污渍。水中含有较多钙、镁离子，使得水质"变硬"，一般洗涤剂加入后，会产生浮渣，造成洗涤剂的浪费，本品在硬水中仍能够正常使用。无机盐能够增大洗衣液的黏稠度，提高洗衣液的手感。植物提取液具有一定的保健效果，保健的效果根据植物的种类改变，此外，植物提取液中的芳香气味也能够愉悦身心。

配方 41 酵素高浓缩洗衣液

原料配比

原料	配比（质量份）		
	1#	2#	3#
脂肪醇聚氧乙烯醚硫酸钠	20	27.5	32
脂肪醇聚氧乙烯醚	20	32.5	35
洗涤用复合酵素制剂	3	5	8
异己二醇	3	5	6
防腐剂	0.01	0.03	0.1
香精	0.06	0.1	1
去离子水	加至 100	加至 100	加至 100

制备方法 将各组分原料混合均匀即可。

产品特性 本品洗衣液有效表面活性剂高达 60%，主要表面活性剂成分为脂肪醇聚氧乙烯醚硫酸钠和脂肪醇聚氧乙烯醚，脂肪醇聚氧乙烯醚硫酸钠去污能力强，性能温和，成本较低，脂肪醇聚氧乙烯醚去油污效果好。该配方洗衣液的生产在不需要改变普通工艺的前提下，加入异己二醇作为助剂，充分发挥异己二醇高水溶性、高增溶性、高兼容性、抗冻性、低黏度、低表面张力以及优良的偶联剂作用，解决了传统洗衣液高浓缩过程中所有的技术难题，例如凝胶、流动性、分层等，同时解决了普通高浓缩洗衣液使用过程中遇水分散性差、容易成絮状或球状等问题。本品利用异己二醇的多功能性，在普通洗衣液的基础上非常容易地实现了高浓缩升级，同时在低温条件下仍然具有很强的洗涤能力，由于异己二醇的消泡作用使得漂洗更加容易，还对多种污渍具有极强的增容能力，配方非常简单，成本很低，由于高浓缩洗衣液使用量大大减少，不仅包材、运输等成本明显降低，同时非功效成分添加量也明显减少，生产成本明显降低。同时，本洗衣液还添加了洗涤专用复合酵素制剂，能更好地清洁衣物上残留的蛋白质污渍。

酵素洗衣液

原料配比

原料		配比（质量份）				
		1#	2#	3#	4#	5#
磺酸		110	100	120	115	106
氢氧化钠		15	10	20	16	14
	脂肪醇聚氧乙烯醚硫酸钠	25	20	30	27	23
表面活性剂	尼纳尔	7	5	10	8	6
	氯化钠	30	20	40	32	33
	烷基酚聚氧乙烯醚	40	30	50	40	40
	复合酶	25	20	30	27	27
酶稳定剂	甲酸钠、乙酸钠	3	—	—	4	4
	三乙醇胺	—	2	—	—	—
	二乙醇胺	—	—	5	—	—
烷基酚聚氧乙烯醚	烷基酚聚氧乙烯（7）醚	2	2	2	2	2
	烷基酚聚氧乙烯（9）醚	3	3	3	3	3
复合酶	碱性蛋白酶	3	3	3	3	3
	碱性脂肪酶	2	2	2	2	2
	碱性果胶酶	7	7	7	7	7
	淀粉酶	2	2	2	2	2
	纤维素酶	5	5	5	5	5
去离子水		2300	1800	2700	2400	2300

　　制备方法　将磺酸、氢氧化钠加去离子水后混合均匀，然后加入脂肪醇聚氧乙烯醚硫酸钠 40～60℃混合 30～50min，最后加入表面活性剂、氯化钠、烷基酚聚氧乙烯醚、复合酶与酶稳定剂，得到酵素洗衣液。

　　产品特性　本品中不含磷，而含有复合酶制剂，这样使污垢容易从织物上清洗下来，洗后的织物色泽鲜艳、柔软。本品还能有效去除棉织物表面的绒毛，使织物表面变得光洁顺滑。

精油酵素环保洗衣液

原料配比

原料	配比（质量份）
橙油	2.94

续表

原料	配比（质量份）
茶树精油	0.98
食品级吐温-80	9.8
环保酵素	56.86
椰油甜菜碱（CAB）	27.45
烷基糖苷（APG）	1.96

制备方法

（1）制备油相：将橙油和茶树精油按一定比例混合，搅拌后加入食品级吐温-80，搅拌制成橙油茶树精油吐温混合液；

（2）制备水相：将环保酵素、椰油甜菜碱和烷基糖苷按比例混合均匀；

（3）将水相缓慢加入油相混合液中；

（4）将步骤（3）制得的混合液搅拌均匀后，放置于磁力搅拌器上，以 2600r/min 的转速均速搅拌 1h 后，从磁力搅拌器拿开，静置 1h，再次使用磁力搅拌器以 2600r/min 的转速搅拌 1h，最后静置一夜；

（5）对步骤（4）静置完成后的精油酵素环保洗衣液消毒灭菌处理。

产品特性 该品对人体安全温和，因成分天然，洗衣后的废液不会污染水源，洗衣时精油的清新香气也会让使用者心情愉悦，且本品制备方法简单，适合大规模生产应用。

配方 44 具有防褪色功能的洗衣液

原料配比

原料	配比（质量份）					
	1#	2#	3#	4#	5#	6#
椰子油脂肪酸二乙醇胺	20	30	35	40	45	50
月桂醇硫酸钠	8	10	10	12	12	15
十二烷基苯硫酸	10	12	15	18	20	20
柠檬酸钠	2	2	2	3	3	5
蛋白酶	2	2	3	5	6	8
茶多酚	5	6	6	8	10	12
桑叶提取液	2	3	5	8	8	10
15%盐水	3	—	—	—	—	8
6%盐水	—	4	—	—	—	—
8%盐水	—	—	5	—	—	—

原料	配比（质量份）					
	1#	2#	3#	4#	5#	6#
10%盐水	—	—	—	4	—	—
12%盐水	—	—	—	—	6	—

制备方法

（1）将椰油酸二乙醇胺、月桂醇硫酸钠、十二烷基苯硫酸、柠檬酸钠、茶多酚、桑叶提取液和盐水混合均匀。

（2）添加入蛋白酶，继续搅拌 10～15min，静置。

（3）按所需的质量进行分装，得到具有防褪色功能的洗衣液。

原料介绍　所述桑叶提取液是将桑叶捣碎，并添加 10～30 倍的水熬煮制得的。

所述盐水的质量分数是 5%～15%。

产品特性　该洗衣液不含磷、去污能力强、对织物无损伤，具有柔顺、低残留、低刺激等优点；在洗衣液中添加天然的防褪色成分，能有效固色，保持织物的颜色艳丽；添加天然的茶多酚，其对色素具有保护作用，既可起到天然色素的作用，又可防止褪色，还具有抑菌作用，可以减少洗衣机内和洗后衣物上的细菌滋生。

配方 45 具有去污防沾色功能的洗衣液

原料配比

原料	配比（质量份）
脂肪醇醚羧酸盐	7
十三异构醇醚	8
腰果酚聚氧乙烯醚磺酸盐	5
防沾色剂	5
香精	0.2
水	加至 100

制备方法

（1）将脂肪醇醚羧酸盐、十三异构醇醚和腰果酚聚氧乙烯醚磺酸盐依次加入 50～60℃适量水中，搅拌溶解，边搅拌边冷却至室温，得到混合溶液；

（2）将马来酸酐-丙烯酸-烯丙醇聚氧烷基醚三元共聚物于 25～35℃溶解于水中，搅拌 20～30min，得到质量分数为 35%的防沾色剂；

（3）将上述防沾色剂加入步骤（1）所得混合溶液中，室温搅拌均匀，加入香精和剩余水，搅拌均匀即得所述洗衣液。

原料介绍　所述脂肪醇醚羧酸盐中的碳链为 C_{12}～C_{16}，环氧乙烷链段为 6～8 个，环氧丙烷链段为 1～3 个。其中，所述碳链为脂肪链。

所述十三异构醇醚含有 6～8 个环氧乙烷链段，1～3 个环氧丙烷链段。

所述腰果酚聚氧乙烯醚磺酸盐中环氧乙烷链段的个数为 10。

所述防沾色剂中马来酸酐-丙烯酸-烯丙醇聚氧烷基醚三元共聚物的制备过程为：将马来酸酐、丙烯酸和烯丙醇聚氧烷基醚按照 2：6：0.4 的质量比投料，引发剂添加量占三种单体总质量的 5%，于 80℃进行聚合反应 2h 即得上述马来酸酐-丙烯酸-烯丙醇聚氧烷基醚三元共聚物。

产品应用　本品主要用于天然纤维织物、化纤织物和混纺织物及棉织物、丝织物、毛织物、涤纶织物及涤棉织物的清洗。

产品特性

（1）本品中添加含有环氧丙烷链段的阴离子表面活性剂脂肪醇醚羧酸盐和非离子表面活性剂十三异构醇醚，具有良好的润湿、渗透、乳化、分散等作用，去污能力强，净洗效果好。

（2）本品利用马来酸酐-丙烯酸-烯丙醇聚氧烷基醚三元共聚物优异的分散、螯合、增溶性能，能分散染料，防止染料回沾到织物表面，可有效防止印染织物的沾色、串色。

（3）本品不含有难降解的组分，性能温和、绿色环保。

配方 46　具有使衣物柔软、去污和防沾色性能的毛织物专用洗衣液

原料配比

原料	配比（质量份）
脂肪醇醚羧酸盐	15
十三异构醇醚	5
十二烷基苯磺酸	5
防沾色剂	5
柔软剂	2
香精	0.2
水	加至 100

制备方法

（1）将脂肪醇醚羧酸盐和十三异构醇醚加入水中，于 50～60℃搅拌溶解；

（2）冷却后，再向步骤（1）所得溶液中加入十二烷基苯磺酸，室温搅拌均匀，得到溶液 A；

（3）将马来酸酐-丙烯酸-N-乙烯基咪唑三元共聚物于 25～35℃溶解于适量水中，搅拌 20～30min，得到防沾色剂（有效成分的质量分数为 40%）；

（4）将上述防沾色剂加入溶液 A 中，室温搅拌均匀；

（5）最后，再依次加入柔软剂、香精，补足水，室温搅拌均匀。

原料介绍　所述脂肪醇醚羧酸盐中的碳链为 C_{12}～C_{16}，环氧乙烷链段为 6～8 个，环氧丙烷链段为 1～3 个。所述碳链为脂肪链。

所述十三异构醇醚含有 6～8 个环氧乙烷链段，1～3 个环氧丙烷链段。

所述柔软剂为聚醚-胺-聚硅氧烷三嵌段硅油。

产品特性　本品具有良好的润湿、渗透、乳化、分散等作用，去污能力强，净洗效果好；在洗涤活性染料、酸性染料染色或印花毛织物的过程中，可有效防止印染毛织物的沾色、串色，还能实现络合金属离子、软化硬水的目标，避免水质造成的织物疵病。

配方 47　具有增加衣物柔顺性能的洗衣液

原料配比

原料	配比（质量份）		
	1#	2#	3#
脂肪醇聚氧乙烯（9）醚	5	4	4
脂肪醇聚氧乙烯（7）醚	5	5	5
十二烷基磺酸钠	7	7	7
对甲苯磺酸钠	2	6	6
阳离子烷基多糖苷	5	8	8
羧甲基纤维素	2.5	4	4
椰油酰胺丙基甜菜碱	1	3	3
蛋白酶	3.5	4	4
改性柔顺剂 C1	1.5	2.1	—
改性柔顺剂 C2	—	—	1.5
柠檬酸	3	2.5	2.5

续表

原料	配比（质量份）		
	1#	2#	3#
香精	0.3	0.5	0.5
丙二醇	35	45	45
去离子水	220	300	300

制备方法

（1）将脂肪醇聚氧乙烯（9）醚、脂肪醇聚氧乙烯（7）醚、十二烷基磺酸钠、对甲苯磺酸钠、阳离子烷基多糖苷以及50%的去离子水室温下混合均匀，接着缓慢升温至55～60℃，搅拌40～60min；

（2）降温至35～40℃，向步骤（1）所得溶液中加入椰油酰胺丙基甜菜碱、蛋白酶、改性柔顺剂以及丙二醇，保温搅拌混合30～45min；

（3）在步骤（2）的温度下，加入剩余的去离子水，搅拌10～15min后，依次加入柠檬酸、羧甲基纤维素和香精，搅拌均匀后即得到具有增加衣物柔顺性能的洗衣液。

原料介绍 所述的改性柔顺剂为改性柔顺剂 C1 或者改性柔顺剂 C2，具体的制备方法为：

（1）将 0.1mol 巴豆醇、10～15mmol $SnCl_2$ 加入反应釜中，通入氮气置换掉反应釜中的空气，升温至 65～70℃，逐滴滴加 0.11～0.15mol 环氧氯丙烷，滴加时间控制在 40～60min，滴加完毕后，保温搅拌反应 1～2h，反应结束后，减压蒸馏除去未反应的环氧氯丙烷，即得到化合物 A。

（2）向步骤（1）制备的化合物 A 中加入 0.10～0.11mol 1-[双（2-羟乙基）氨基]-2-丙醇和 200～300mL 溶剂无水乙醇，通入氮气置换掉反应釜中的空气，加热至 90～95℃，搅拌反应 8～10h，反应结束后，减压蒸馏除去溶剂乙醇和未反应的 1-[双（2-羟乙基）氨基]-2-丙醇，即得到化合物 B。

（3）向步骤（2）制备的化合物 B 中加入 0.10～0.12mol 七甲基三硅氧烷、催化剂以及溶剂，通入氮气置换掉反应釜中的空气，加热至 100～110℃，搅拌反应 5～6h，反应结束后，经减压蒸馏即得到改性柔顺剂 C1。所述的催化剂为 $RhCl(Ph_3P)_3$；催化剂的用量为 3～5mmol。所述的溶剂为叔戊醇，溶剂的添加量为 350～500mL。

（4）将 57～60g 硬脂酸加入反应釜中，加热升温至 80～85℃时，硬脂酸熔化为液态，加入催化剂和步骤（3）制备的改性柔顺剂 C1，接着升温至 180～190℃，保温反应 8～10h，反应结束后，冷却到室温，重结晶，即得到改性柔顺剂 C2。所述的催化剂为次磷酸,催化剂的加入量为40~50mmol。升温的速度为8~10℃/min。采用75%的乙醇水溶液重结晶。

产品特性 本品制备的改性柔顺剂具有4个亲水性官能基团羟基和N⁺,使得改性柔顺剂在水中具有高溶解度,增加了与洗衣液其他组分的配伍性,并加快了在洗涤过程中的分散速度,可全方位牢牢地吸附在洗涤物上,无需额外加入乳化剂,改性柔顺剂主链围绕Si—O键可以360°自由旋转,从而赋予织物优良的爽滑性。

配方 48 抗静电洗衣液

原料配比

原料	配比（质量份）				
	1#	2#	3#	4#	5#
耐水洗抗静电剂	12	13	13	16	20
十二烷基苯磺酸钠	34	40	31	32	25
椰子油脂肪酸二乙醇酰胺	12	8	10	14	11
椰油脂肪酸	5	1	3	4	3
脂肪醇聚氧乙烯醚硫酸钠	6	11	4.5	3	6
棕榈油柔软剂	6	3	4	4	1
增稠剂	4	5	3.5	4	2
乳化剂	2	1	2	4	5
水溶性香精	1	2	0.8	1.5	0.5
水	55	45	48	61	65

制备方法 将各组分原料混合均匀即可。

原料介绍 所述耐水洗抗静电剂为纳路特抗静电剂。

所述增稠剂为氯化钠。

所述乳化剂为聚山梨酯-40、烷基酚聚氧乙烯醚中的一种或一种以上。

所述水溶性香精为柠檬香精、苹果香精或薄荷香精。

产品特性 本品不仅具有显著的去污渍效果,同时具有显著的抗静电功效,对皮肤无毒、无刺激,安全、效果好。

配方 49　可柔化衣物洗衣液

原料配比

原料	配比（质量份）				
	1#	2#	3#	4#	5#
柠檬酸钠	6	10	7	8	9
甜菜碱	10	6	7	8	7
无水氯化钙	6	10	7	8	9
椰子油脂肪酸二乙醇酰胺	6	2	5	4	5
脂肪醇聚氧乙烯醚	2	6	4	4	5
抗皱剂	3	1	2	1	1
羊脂油	1	3	2	2	1
香精	2	0.5	1	1	2
活性剂	3	1	2	3	3
消泡剂	适量	适量	适量	适量	适量
去离子水	40	50	45	48	44

制备方法

（1）按照质量份要求分别称取柠檬酸钠、甜菜碱、无水氯化钙、椰子油脂肪酸二乙醇酰胺、脂肪醇聚氧乙烯醚、抗皱剂、羊脂油和去离子水，加入至高速搅拌机中搅拌混合，得到混合物Ⅰ。高速搅拌机的转速为90～100r/min，搅拌时间为20～40min。

（2）将混合物Ⅰ低温加热，依次向混合物Ⅰ中添加活性剂，低温加热5～10min后，停止加热，缓慢冷却至室温后，得到混合物Ⅱ。低温加热的温度为35～50℃。

（3）向混合物Ⅱ中加入香精、消泡剂，放入至低速搅拌机中均匀搅拌5～10min后，待泡沫消失即得到可柔化衣物洗衣液。低速搅拌机的转速为60～80r/min。

产品特性　本品可有效柔化衣物，并且不损害棉纤维。本产品还加入了羊脂油，可进一步加强柔化效果。本品洗衣液成分温和天然，不含有害化学成分，不伤手，不污染环境，成本低廉。

配方 50　亮白增艳机洗洗衣液

原料配比

原料	配比（质量份）
茶树籽提取物	1.3～1.7

原料	配比（质量份）
茶皂素	1.2～1.4
肉桂酸甲酯	1.7～2.1
益生菌群	2.5～3.5
柠檬酸	1.3～2.6
特乙胺油酸酯	1.2～2
香精	1.7～2
苦参提取物	1.4～1.9
天来可 GL	1.3～1.6
柠檬精油	1.3～1.5
丹皮酚	1.4～1.8
氨基酸	1～2.4
酵素	1.7～2.7
水	56.6～69.5
野槐根提取物	1.4～1.5
山金车提取液	1.5～1.8
AES	4.7～6.5
侧柏提取液	1.5～2.3
椰子油脂肪酸	0.5～1.2
醋酸	1.9～2.9

制备方法 将茶树籽提取物加入水中搅拌均匀，加入苦参提取物、野槐根提取物、茶皂素高速搅拌 39min，再加入天来可 GL、山金车提取液、肉桂酸甲酯、柠檬精油、AES、益生菌群、丹皮酚，加热恒温在 31℃左右均质搅拌 5.1h 后，将容器恒温在 31℃左右密封发酵 20.5h，再加入侧柏提取液、柠檬酸、氨基酸、椰子油脂肪酸、特乙胺油酸酯、酵素、醋酸、香精，高速搅拌 5.5h，然后恒温在 31℃左右容器内静置 20.5h 即为成品。

产品特性 本品含突破性高效洁净粒子，去污力更强，使用色彩调理技术，使白衣更洁白，彩衣更鲜艳。

配方 51 亮白增艳手洗洗衣液

原料配比

原料	配比（质量份）
茶树籽提取物	1.3～1.6

续表

原料	配比（质量份）
苦参提取物	1.4～1.8
野槐根提取物	1.4～1.5
茶皂素	1.1～1.5
三乙醇胺	1.2～1.4
山金车提取液	1～1.7
肉桂酸甲酯	1.5～2
柠檬精油	1.3～1.5
AES	4.6～6.4
益生菌群	2～3.4
丹皮酚	1.5～1.7
侧柏提取液	1～2.3
柠檬酸	1.3～2.5
氨基酸	1～2.4
椰子油脂肪酸	0.5～1.2
羟丙基倍他环糊精	1.2～2.3
酵素	1.6～2.6
醋酸	1.7～2.8
香精	1.5～1.9
水	57.5～71.9

制备方法　将茶树籽提取物加入水中搅拌均匀，加入苦参提取物、野槐根提取物、茶皂素高速搅拌35min，再加入三乙醇胺、山金车提取液、肉桂酸甲酯、柠檬精油、AES、益生菌群、丹皮酚，加热恒温在35℃左右均质搅拌4.5h后，将容器恒温在30℃左右密封发酵23h，再加入侧柏提取液、柠檬酸、氨基酸、椰子油脂肪酸、羟丙基倍他环糊精、酵素、醋酸、香精，高速搅拌4.9h，然后恒温在33℃左右容器内静置25h即为成品。

产品特性　本品易漂洗、温和无残留，对白色、白底花纹、粉色衣服有非常好的亮白增艳效果。

配方 52　磷酸锆洗衣液

原料配比

原料	配比（质量份）				
	1#	2#	3#	4#	5#
无患子果皮	60	70	50	70	70

续表

原料		配比（质量份）				
		1#	2#	3#	4#	5#
樟树叶		30	35	25	25	35
酵素		20	25	15	25	25
卵磷脂		10	12	8	12	12
橘皮		15	20	10	10	20
增稠剂		2.5	1	4	3	1
螯合剂		0.35	0.5	0.2	0.4	0.5
磷酸锆		5	8	3	6	8
天然芳香剂		0.3	0.3	0.5	0.4	0.3
水		1000	1000	1000	1000	1000
白醋		10	—	8	—	8
苏打粉		—	6	—	4	—
酵素	含柠檬的水果	3	2.5	3.5	2.5	2.5
	糖	1	1	1	1	1
	水	10	12	8	12	12

制备方法

（1）取无患子果皮、樟树叶与橘皮破碎后加入 780～850 份水中，煮沸后保温 20～40min 后过滤、洗涤，洗涤采用加热至 60～75℃的 80～100 份水，取液体冷却；

（2）取磷酸锆、卵磷脂、酵素加入剩余水中，混匀后加入冷却后的液体中，加热搅拌，保持温度为 35～45℃，再依次加入苏打粉（或白醋）、天然芳香剂、螯合剂，混合均匀后冷却至室温再加入增稠剂，混匀后得到产品。

原料介绍　所述的无患子果皮：樟树叶=2：1。

所述的酵素由包含柠檬的水果加上糖与水混合后发酵 4 个月后所得。所述的含柠檬的水果：糖：水=（2.5～3.5）：1：（8～12）。所述的含柠檬的水果中，柠檬含量不低于 50%。

产品特性　本品有效针对多种污渍，清洁能力强，且对皮肤无刺激。洗后的衣物可以长期抑菌、抗菌、抗螨虫，同时释放可以舒缓身心的气味；洗后的废水对环境无污染，无需处理，且制备方法简单、易于操作。

配方 53 硫黄洗衣液

原料配比

原料		配比（质量份）		
		1#	2#	3#
阴离子表面活性剂	脂肪醇聚氧乙烯醚硫酸钠	5	—	—
	脂肪酸甲酯磺酸钠	—	—	8
	脂肪酸钾皂	—	5	—
非离子表面活性剂	脂肪醇聚氧乙烯醚	10	15	10
	椰子油脂肪酸二乙醇酰胺	—	5	3
	烷基糖苷	10	—	—
硫黄		4	2	3
增稠剂	丙烯酸酯类共聚物	3	1.5	—
	聚乙二醇双硬脂酸酯	0.5	—	1
	黄原胶	—	0.5	1
稳定剂	柠檬酸钠	0.5	—	—
	乙二胺四乙酸二钠（EDTA-2Na）	—	1	—
	硅酸钠	—	—	1
香精		0.2	0.2	0.5
去离子水		66.8	69.8	72.5

制备方法

（1）将去离子水、阴离子表面活性剂、非离子表面活性剂和稳定剂混合，进行第一次搅拌，制备混合液 A。搅拌速度为 500～800r/min。

（2）于混合液 A 中加入所述增稠剂和香精，进行第二次搅拌，制备混合液 B，用三乙醇胺调节 pH 值为 6.5～7.5。搅拌速度为 1000～1500r/min，搅拌时间为 10～20min。

（3）于混合液 B 中加入所述硫黄，进行第三次搅拌，制备所述硫黄洗衣液。搅拌速度为 1000～1500r/min，搅拌时间为 25～35min。

原料介绍　所述硫黄选自 200～400 目的硫黄粉和粒径小于 50nm 的硫黄粉中的一种或多种。

所述的香精为天然植物提取香精。

产品特性　本品通过采用特定种类的增稠剂与阴离子表面活性剂、非离子表面活性剂、硫黄以及其余组分进行配伍，并合理调整各原料组分的配比，能够有效增加体系的黏度，使得硫黄能稳定悬浮于体系中，由此制得的硫黄洗衣液悬浮稳定性高、流动性佳，能更好地满足实际应用需求，具有显著的去污和抑菌除螨效果，并且该体系稠度增大，抑制了泡沫的形成，无需采用抽真空消泡的工艺，使生产条件更为简单，产品更加容易漂洗干净，不残留泡沫，无滑腻感，避免了洗衣液漂洗难、费水费时的问题。

配方 54　驱虫洗衣液

原料配比

原料	配比（质量份）		
	1#	2#	3#
石榴皮	1.3	1.4	1.5
使君子	1.1	1.2	1.3
贯众	1.2	1.3	1.4
增稠剂	4	6	8
漂白剂	1	2	3
表面活性剂	10	12	14
助洗剂	4	5	6
水	加至 100	加至 100	加至 100

制备方法

（1）取石榴皮、使君子、贯众分别进行超微粉碎后，过 200～300 目筛，然后在 70～80℃条件下蒸制 40～50min，蒸制完成后取出，得粉状驱虫添加剂，备用；

（2）先将水加入配料罐中，开启搅拌，加入增稠剂、漂白剂、表面活性剂、助洗剂、驱虫添加剂，加热至 60℃混合搅拌均匀；

（3）最后将配料罐的温度降至 20～30℃，并且沉降 12h 过滤即可。

原料介绍　所述增稠剂为有机膨润土、硅藻土、凹凸棒石土、硅凝胶研磨后的混合组成物。

所述漂白剂为汽巴精化增白剂。

所述表面活性剂为烷基苯磺酸、脂肪醇聚氧乙烯醚硫酸钠、脂肪醇聚氧乙烯醚的混合组成物。

所述助洗剂为由三聚磷酸钠、4A 沸石、碳酸钠组成的混合物。

产品特性　本品中加入石榴皮、使君子、贯众比较常见的中药驱虫添加剂，使得洗衣液具备驱虫的功能，且清洗衣物后可以在衣物上保留较长时间，达到长期驱动的效果，其工艺简单，生产制作成本较低。

配方 55 驱虫抑菌洗衣液

原料配比

原料		配比（质量份）		
		1#	2#	3#
植物精油		0.1	0.12	0.2
驱虫抑菌剂		20	24	30
增效剂		1	1.2	2
防腐剂		0.5	0.8	1
表面活性剂		30	35	40
去离子水		80	90	100
植物精油	薰衣草精油	1	1	1
	紫花香薷精油	2	3	3
防腐剂	水杨酸	3	3	4
	茶树油	1	1	1
表面活性剂	蔗糖酯	1	2	2
	茶皂素	0.5	0.5	0.5
	烷基糖苷	3	3～4	4
增效剂	EDTA	3～4	4	3～4
	羧甲基纤维素	1	1	1
驱虫抑菌剂	天竺葵	6	6.5	7
	花椒	3	3.5	4
	槟榔	8	9	10
	薄荷	6	6.5	7
	柠檬	1	1.5	2
	车前草	4	5	6
	茜草	0.5	0.8	1
	竹叶	3	3.4	4
	桑叶	3	3.5	4
	湿地松	1	1.2	2

制备方法 将去离子水加热至 60～65℃后，依次加入表面活性剂、增效剂搅拌均匀，保温 8～10min；然后降温至 40～45℃，依次加入驱虫抑菌剂、植物精油、防腐剂混合均匀，保温 4～5min，冷却后，灌装，即得到洗衣液。

原料介绍 所述植物精油由薰衣草精油、紫花香薷精油按 1：（2～3）的质量比组成；所述防腐剂由水杨酸、茶树油按（3～4）：1 的质量比组成。

所述表面活性剂由蔗糖酯、茶皂素、烷基糖苷按（1~2）∶0.5∶（3~4）的质量比组成。

所述驱虫抑菌剂的制备方法为：将天竺葵、花椒、槟榔、薄荷、柠檬混合粉碎，加入 10 倍 60%乙醇置于 30~35℃水浴锅中以 20~30kHz 的频率超声提取10~15min，过滤，制得滤液 A 和滤渣 A；将车前草、茜草、竹叶、桑叶、湿地松粉碎后与滤渣 A 混合均匀，加入其质量 0.01%~0.02%的球拟酵母混合均匀，在25~30℃下发酵 10~12h 后，再向发酵物中加入 10 倍水煎煮 4h，过滤，冷却，得到滤液 B；将滤液 A 与滤液 B 混合均匀，即得驱虫抑菌剂。

产品特性　本品具有良好的驱虫抑菌作用，能防止洁净衣物晾晒过程中蚊子、飞蛾等昆虫趴附在衣物上，抑制晾晒过程中霉菌、金黄色葡萄球菌等杂菌滋生，同时衣物能保持一定的清香味，而且渗透、去污作用较强，稳定性、乳化性好。

配方 56　驱蚊抑菌洗衣液

原料配比

原料		配比（质量份）		
		1#	2#	3#
月桂醇聚醚硫酸酯钠		14	20	8
脂肪醇聚氧乙烯醚		8	12	16
烷基糖苷		3	6	6
植物提取液	驱蚊香草精油和艾叶精油的混合物	5	—	—
	柑橘精油、香叶天竺葵精油和香樟精油的混合物	—	8	3
聚丙烯酸钠		1.5	3	1
柠檬酸钠		1	1	1
柠檬酸		1	1	1
防腐剂		0.2	0.2	0.2
色素		0.0003	0.0003	0.0003
增稠剂	氯化钠	1.5	—	—
	羟丙基甲基纤维素	—	1.5	—
	液体卡波	—	—	1.5
去离子水		加至 100	加至 100	加至 100

制备方法　在混合釜中，投入水，在搅拌条件下，加入月桂醇聚醚硫酸酯钠、脂肪醇聚氧乙烯醚、烷基糖苷、植物提取液、聚丙烯酸钠、柠檬酸钠、柠檬酸、

防腐剂、色素，再采用增稠剂进行黏度调节，即可得到驱蚊洗衣液。

原料介绍　所述的脂肪醇聚氧乙烯醚（AEO）是一种原料系列，为脂肪醇与环氧乙烷的缩合物，属于非离子表面活性剂，易溶于水，是液体洗涤剂的重要成分，有优良的渗透力和去污力，脱脂能力较强。环氧乙烷个数不同，AEO 后面加不同的数字。如 AEO-3、AEO-4、AEO-6 等，统称为脂肪醇聚氧乙烯醚，优选 AEO-9。

产品特性

（1）本品中植物提取液具有驱蚊作用，且可长时间附着在洗涤之后的衣物上，不会被驱蚊洗衣液中去污成分去除。

（2）本品不仅具备强的去污能力，同时具有很好的杀菌抑菌作用，真正实现驱蚊、抑菌、洗涤三效合一。

（3）本品绿色、环保，生物降解性好，对人体无害。

（4）本品具备均一的外观，长时间放置不会出现分层现象。

配方 57　去除甲醛的洗衣液

原料配比

原料	配比（质量份）		
	1#	2#	3#
碱性蛋白酶	10	15	12
沸石粉	10	20	15
硅藻土粉	5	10	8
稳定剂	1	5	2
芦荟汁	10	20	15
香精	1	5	2
皂角提取液	10	20	15
橘皮提取液	20	30	25
防腐剂	1	5	2
烷基苯磺酸钠	10	15	12
水	加至 100	加至 100	加至 100

制备方法

（1）首先将上述质量份的碱性蛋白酶与沸石粉以及硅藻土粉混合，然后加入水，并搅拌均匀，升温至 50℃，升温的过程中不断搅拌，搅拌时间为 30min，搅拌速度为 500r/min，然后自然冷却 30min，静止后过 500 目筛，得混合液 A；

（2）在步骤（1）中制得的混合液 A 内依次添加上述质量份的皂角提取液、烷基苯磺酸钠、稳定剂、香精以及防腐剂，然后升温至 50℃，搅拌 30min 后静止，得混合液 B；

（3）在步骤（2）中制得的混合液 B 内加入上述质量份的芦荟汁以及橘皮提取液，搅拌均匀后即得成品。

原料介绍 所述的碱性蛋白酶是由细菌原生质体诱变选育出的地衣芽孢杆菌 2709，经深层发酵提取而成的，碱性蛋白酶的酶活范围为 80000U/g。

所述的沸石粉为天然沸石粉，其粒度为 500 目以上。

所述的水为去离子水。

所述的硅藻土为氢氧化镁改性硅藻土，其粒度为 500 目以上。

所述的烷基苯磺酸钠为十二烷基苯磺酸钠。

所述的稳定剂为柠檬酸钠，所述的芦荟汁为天然芦荟汁，所述的香精为茶树香精。

所述的橘皮提取液是将干橘皮加入沸水中蒸馏提取制得的。

产品特性 本品含有活性极强的物质，可以破坏细菌和各种微生物细胞内的各种生物高分子和膜，使其丧失活性，并且能对甲醛起到很好的去除作用，同时呈现弱碱性，有助于细菌的杀死。本品温和无刺激，不仅能起到较好的清洁效果，还可以起到较好的杀菌、除甲醛作用，产品易漂洗，抗稀释能力强，具备抗菌、柔顺、漂白、去污力强等多重功效，能够深层洁净被洗物，无毒、无害、对皮肤无刺激，安全绿色环保。

配方 58 驱蚊洗衣液

原料配比

原料		配比（质量份）		
		1#	2#	3#
水		60	65	70
盐		0.6	0.8	1.2
增稠剂		1.2	1.5	1.6
去污粉		2.3	2.4	2.8
驱蚊液		4.5	5.6	6.5
驱蚊液	夜来香	16	16	16
	艾草	5	5	5
	藿香	3	3	3

续表

原料		配比（质量份）		
		1#	2#	3#
驱蚊液	菖蒲	12	12	12
	香茅	7	7	7
	水	适量	适量	适量

制备方法　将各组分原料混合均匀即可。

原料介绍　所述的驱蚊液通过以下方法得到：将夜来香、艾草、藿香、菖蒲、香茅按比例混合，洗净后浸没于水中，放入破碎机中破碎均匀，在水中回流2.5～4.5h，过滤得滤液，即为驱蚊液。

产品特性　本品通过各组分的合理配比，能够起到良好的去污和驱蚊效果。

配方 59　使衣物柔软的洗衣液

原料配比

原料	配比（质量份）	
	1#	2#
皂荚苷	10	20
椰子油	5	10
脂肪醇聚氧乙烯醚	10	15
椰子油脂肪酸二乙醇酰胺	5	15
烷基糖苷	10	20
甲基纤维素	1	2
氯化钠	2	4
皂脂	2	3
烷基醇酰胺	15	25
柠檬酸	1	2
酯基季铵盐	2	5
山梨酸	0.2	0.5
香精	0.1	0.3
水	40	60

制备方法　将各组分原料混合均匀即可。

产品特性　本品进一步提高了对衣物的洗涤去污能力，更令衣物柔软并有抑菌之效。

配方 60 柔顺二合一洗衣液

原料配比

原料		配比（质量份）
水性阳离子聚氨酯亲水共聚物		0.3
月桂醇聚醚硫酸酯钠		12
聚丙烯酸钠		2
烷基聚氧乙烯醚二胺（EO/PO）嵌段共聚物		0.12
椰油酰胺 DEA		0.5
$C_{12}\sim C_{16}$ 链烷醇聚醚-9		2.5
水溶助剂	山梨醇	5
	柠檬酸	0.1
	甲基异噻唑啉酮	0.005
去离子水		77.475

制备方法

（1）将设备容器清洁后用体积分数为 75%的酒精进行喷洒消毒，准确称料；

（2）在搅拌锅中加入去离子水，先加入水溶助剂，搅拌均匀后，再加入聚丙烯酸钠和烷基聚氧乙烯醚二胺（EO/PO）嵌段共聚物搅拌均匀，再缓慢加入水性阳离子聚氨酯亲水共聚物，35～45r/min 搅拌 8～12min；

（3）将椰油酰胺 DEA 和 $C_{12}\sim C_{16}$ 链烷醇聚醚-9 加入搅拌锅中，35～45r/min 搅拌 18～22min；

（4）将月桂醇聚醚硫酸酯钠加入搅拌锅中，35～45r/min 搅拌 18～22min；

（5）搅拌溶解完全后取样检测，技术指标：pH 值在 5.0～7.0 范围，黏度为 1000～2000mPa·s，合格后以 200 目规格滤布过滤出料。

产品特性 该二合一洗衣液在不影响去污力的同时，可超常发挥柔顺功效。

配方 61 柔顺护色洗衣液

原料配比

原料	配比（质量份）		
	1#	2#	3#
脂肪醇聚氧乙烯醚硫酸钠（AES）	5	7.5	10
脂肪醇聚氧乙烯醚（AEO-7）	2	4	6
十二烷苯磺酸（LAS）	2	4	6

续表

原料		配比（质量份）		
		1#	2#	3#
月桂酸酰胺丙基甜菜碱（CAB）		2	3	4
TexCare DFC 阳离子聚合物		0.1	0.5	1
HP66K 阳离子聚合物		0.1	0.5	1
氨基聚醚嵌段混合改性硅油		0.3	0.7	1
消泡剂	月桂酸	1	1.5	2
	油酸	1	1.5	2
酸碱调节剂	氢氧化钾	0.5	0.7	1
	氢氧化钠	0.5	1.2	2
水助性溶剂	柠檬酸	0.1	0.5	1
增稠剂	氯化钠	0.1	1	2
香精		0.1	0.5	1
防腐剂	卡松	0.05	0.5	0.1
弱阴离子性染料		0.05	0.3	0.5
去离子水		加至 100	加至 100	加至 100

制备方法

（1）将脂肪醇聚氧乙烯醚硫酸钠加入去离子水中，搅拌均匀，直至形成无色透明黏稠液体；

（2）向无色透明黏稠液体中加入十二烷苯磺酸和氢氧化钠，搅拌至中和反应完成，形成浅黄色透明溶液；

（3）继续向浅黄色透明溶液中加入脂肪醇聚氧乙烯醚和月桂酸酰胺丙基甜菜碱，搅拌均匀；

（4）继续向溶液中加入月桂酸、油酸、氢氧化钾，搅拌至中和反应完成，得到透明黏稠溶液；

（5）向步骤（4）的透明黏稠溶液中逐步加入 TexCare DFC 阳离子聚合物、HP66K 阳离子聚合物、氨基聚醚嵌段混合改性硅油、香精、卡松、弱阴离子性染料、水溶性助剂和增稠剂搅拌均匀得到柔顺护色洗衣液。pH 值为 7.0～8.0，黏度为 300～600mPa·s。

原料介绍 所述氨基聚醚嵌段混合改性硅油的分子量为 6000～10000，氨值为 0.5～0.8mmol/g。

产品特性 本品温和，不腐蚀衣物表面纤维，无论手洗机洗都很适合，可以有效去尘土、蛋白、油污等各类典型污渍，同时有固色防串色双重功效，能够使织物具有蓬松、柔软的手感，有效柔顺织物。

配方 62 生物绿色环保多功能特效洗衣液

原料配比

原料	配比（质量份）					
	1#	2#	3#	4#	5#	6#
椰子油	20	40	25	35	32	30
碱性蛋白酶	10	20	12	18	16	15
无患子皂乳	5	12	7	11	10	9
椰油酰胺丙基甜菜碱	8	18	9	17	15	13
乳化剂	4	10	5	9	8	7
二烯丙基三硫醚	3	9	4	8	4	6
黏度调节剂	1	5	2	4	2	3
甘草提取液	4	10	5	9	9	7
薄荷提取液	4	12	6	10	9	8
玫瑰花提取物	4	12	5	10	10	8
茶树香精	2	8	3	7	3	5
消泡剂	3	10	4	8	5	7

制备方法

（1）将椰子油、无患子皂乳、椰油酰胺丙基甜菜碱、乳化剂、二烯丙基三硫醚、黏度调节剂混合后加入加热罐中低温加热，加热温度为40～50℃，加热过程中加入碱性蛋白酶，继续加热10min后，缓慢冷却至室温，得到混合液A。

（2）在混合液A中加入甘草提取液、薄荷提取液、玫瑰花提取物、茶树香精，混合后加入搅拌罐中搅拌，得到混合液B；搅拌速率为1000～2000r/min，搅拌时间为5～15min。

（3）在混合液B中加入消泡剂，在常温下放置5～8h，即得到特效洗衣液。

产品应用 本品是用于麻织品、羊毛、混纺、化纤、纯棉等各种物料的一种生物绿色环保多功能特效洗衣液。

产品特性 本品制备方法简单，制得的洗衣液具有抗静电、防霉、防菌、防虫的特点，还具有性能温和、刺激性小、对皮肤无伤害、去污力强、生物降解性好等优点。

配方 63 生物酶洗衣液

原料配比

原料	配比（质量份）
脂肪醇聚氧乙烯醚硫酸钠	18
活化剂	2
氯化钠	2
酒精	1.5
烷基糖苷	5.5
生物酶	3
柠檬酸三钠	2
乳酸	2
聚乙烯吡咯烷酮	0.1
卡松	0.05
香精	0.4
水	加至 100

制备方法

（1）原料水溶液制备：取配方量的活化剂配一定量的水混合成活化剂水溶液；取配方量的氯化钠配一定量的水混合成氯化钠溶液；取配方量的烷基糖苷配一定量的水混合成烷基糖苷水溶液；取配方量的柠檬酸三钠配一定量的水混合成柠檬酸三钠水溶液；取配方量的聚乙烯吡咯烷酮配一定量的水混合成聚乙烯吡咯烷酮水溶液。

（2）加料混合：按比例称取脂肪醇聚氧乙烯醚硫酸钠，再依次加入上述的活化剂水溶液、上述的氯化钠溶液、配方量的酒精、上述的烷基糖苷水溶液、上述的柠檬酸三钠水溶液、配方量的乳酸、上述的聚乙烯吡咯烷酮水溶液、配方量的卡松、配方量的香精混合，获得混合溶液。

（3）获得成品：再向上述的混合溶液中加入生物酶和剩余量的水搅拌 20～30min，获得生物酶洗衣液成品。

原料介绍 所述的生物酶为蛋白酶、脂肪酶、纤维素酶和淀粉酶中的一种或几种。

产品应用 本品主要用于各种织物及衣物的洗涤，手洗和机洗皆宜。

产品特性 本品是低黏度易流动液体，对环境无污染。生产工艺简单，易于制备和批量生产。

生物酵素植物抑菌洗衣液

原料配比

原料	配比（质量份）		
	1#	2#	3#
生物酵素	3.0～5.0	3.0～4.0	4.0～5.0
生物碱	2.0～4.0	2.0～3.0	3.0～4.0
生物酶蛋白	2.0～5.0	2.0～4.0	3.0～5.0
生物活性酶肽	2.0～3.0	2.0～2.5	2.5～3.0
皂角提取物	1.0～2.0	1.0～1.5	1.5～2.0
椰子油提取物	2.0～4.0	2.0～3.0	2.5～4.0
甜菜碱	3.0～5.0	3.0～4.0	4.0～5.0
精油香氛	1.0～2.0	1.0～1.5	1.5～2.0
净化水	加至 100	加至 100	加至 100

制备方法

（1）在储备罐中加入生物酵素、生物碱、甜菜碱，充分搅拌均匀；

（2）在乳化罐中加入净化水，加热至40℃；

（3）将步骤（1）所得混合物缓慢地加入乳化罐中，搅拌20min；

（4）将生物酶蛋白、生物活性酶肽加入乳化罐中，搅拌15min；

（5）将皂角提取物加入乳化罐中，搅拌20min；

（6）停止加热，将椰子油提取物和精油香氛加入乳化罐中，搅拌15min；

（7）停止搅拌，冷却后分装。

原料介绍 精油香氛是从花、叶、水果皮、树皮等所抽出的一种挥发性油。它有植物特有的芳香及药理上的效果。精油香氛是萃取多种植物精华后通过复杂工艺复配而成，运用在洗涤液中可以使洗涤后的衣物持久留香。

产品特性

（1）本品对纺织品有很强的去污、护理效果，将多种成分有效地螯合，配方体系稳定。

（2）本品富含生物活性成分，能深入衣物纤维内部有效瓦解顽固奶渍、血渍、茶渍、油渍。

（3）萃取天然植物精华后与生物酶肽复配，使本品具有较强的抗菌作用，可快速杀灭致病菌，去除异味。

（4）本品低泡，易漂洗，洗后使衣物蓬松、柔软、有亮泽。

（5）本品添加草本精油香氛，洗后持久留香。

（6）本品呈中性，不伤衣物，不伤手，可降解，对环境无污染。

配方 65　石墨烯抑菌去渍洗衣液

原料配比

原料	配比（质量份）		
	1#	2#	3#
生物质石墨烯	5	7	9
丙二醇	5	7	8
烷醇聚醚硫酸钠	15	20	22
纤维素酶	3	5	8
乙二胺四乙酸	1	3	4
酸碱调节剂	0.5	1.2	1.5
乙氧基化烷基硫酸钠	23	25	30
十二烷基苯磺酸钠	3	5	7
支链烷基醇聚氧乙烯醚	5	6	11
4-甲酰基苯基硼酸	2	3	5
艾草精油	3	4	7
氯化钠	0.3	0.9	1
香精	0.03	0.04	0.05
苯氧乙醇	1	2	3
椰油酰胺丙基甜菜碱	10	12	15
牛油果树果提取物	3	5	7
氨基改性有机硅	1	2	3
去离子水	20	30	36

制备方法

（1）在反应釜中加入去离子水、丙二醇、烷醇聚醚硫酸钠、乙氧基化烷基硫酸钠、十二烷基苯磺酸钠、支链烷基醇聚氧乙烯醚、4-甲酰基苯基硼酸、椰油酰胺丙基甜菜碱、氨基改性有机硅和乙二胺四乙酸，转速 200～300r/min，搅拌 20～30min，充分分散；

（2）加入生物质石墨烯，转速 2500～3000r/min，搅拌 30～40min，将生物质石墨烯充分分散；

（3）加入纤维素酶、艾草精油、牛油果树果提取物，转速 200～300r/min，搅拌 30～40min，充分分散；

（4）加入酸碱调节剂调节 pH 值为 6～8，保持转速 200～300r/min，加入氯化钠调节黏度，搅拌 20～30min 后，再加入苯氧乙醇和香精，搅拌均匀，得到石墨烯抑菌去渍洗衣液。

原料介绍　所述酸碱调节剂为柠檬酸、氢氧化钾或氢氧化钠的水溶液。

所述脂肪醇聚氧乙烯醚硫酸钠采用活性物含量为 80%的脂肪醇聚氧乙烯醚硫酸钠。

产品特性

（1）该石墨烯抑菌去渍洗衣液不仅去污能力强，而且抑菌抗菌。

（2）本品呈中性，对手部皮肤比较温和，不会腐蚀衣物表面纤维。

配方66　含丝氨酸蛋白酶的多功能洗衣液

原料配比

原料	配比（质量份）		
	1#	2#	3#
烷基糖苷	30	42	50
椰子油脂肪酸二乙醇酰胺	10	12	15
水解小麦蛋白	4	7	9
丝氨酸蛋白酶	5	8	10
无患子皂苷	5	7	10
植物提取液	2	3	6
油橄榄果提取物	1	2	3
柠檬酸	0.2	0.4	0.5
香精	0.5	0.7	1
水	50	65	70

制备方法　将各组分原料混合均匀即可。

原料介绍　所述植物提取液为百里香提取液和鼠尾草提取液混合配制而成。

所述香精为柠檬香精、薰衣草香精和玫瑰香精中的任意一种。

产品特性　本品不含磷、色料、荧光剂、漂白剂，易冲洗，具有高生物分解度，能够有效地去除衣物上的污物，不伤衣物纤维，柔顺衣物，抗静电，同时还具有较强的杀菌、抑菌的功效，对皮肤无刺激。

配方 67 丝毛衣物专用抗菌洗衣液

原料配比

原料	配比（质量份）		
	1#	2#	3#
脂肪醇聚氧乙烯（9）醚	15	20	25
冰醋酸	1	2	3
纯净水	73.9	60.8	48.5
聚烯烃卡巴嘧啶	1	2	3
烷基酚聚氧乙烯（10）醚	3	5	6
十二烷基二甲基甜菜碱	3	5	8
椰子油脂肪酸二乙醇酰胺	3	5	6
乙二胺四乙酸二钠	0.1	0.2	0.5

制备方法

（1）将脂肪醇聚氧乙烯（9）醚提前放入水浴中预热至流动状态；水浴温度设定为 60℃。

（2）取 15～25 份预热后的脂肪醇聚氧乙烯（9）醚泵入反应釜，开启搅拌和加热，加热温度设定为 65℃。搅拌状态下滴加 1～3 份的冰醋酸，此时物料会迅速变黏稠，放慢搅拌速度，泵入 48.5～73.9 份的纯净水和 1～3 份聚烯烃卡巴嘧啶，加热至 65℃，恒温搅拌 1～1.5h 至反应完成。

（3）再依次泵入 3～6 份的烷基酚聚氧乙烯（10）醚（需提前预热），3～8 份的十二烷基二甲基甜菜碱，3～6 份椰子油脂肪酸二乙醇酰胺，0.1～0.5 份的乙二胺四乙酸二钠，继续搅拌 0.5～1h 至完全透明，得到丝毛衣物专用抗菌洗衣液。

产品应用　使用方法：取一定量的丝毛衣物专用抗菌洗衣液，按 6～8 件衣物使用 20g 为准，然后，以不高于 40℃的适量温水稀释，稀释后的温水没过丝毛衣物即可，浸泡 15～20min，将丝毛衣物轻轻揉搓后，以清水冲洗干净即可。

产品特性　本品能够同时满足衣物去污和杀菌的功能需求，适用于丝毛衣物，不伤害丝毛衣物本身的纤维结构，并且使用方便，不伤皮肤。

配方 68 锁色护理洗衣液

原料配比

原料	配比（质量份）			
	1#	2#	3#	4#
去离子水	90	70	70	70
脂肪醇聚氧乙烯（7）醚	15	18	20	16
椰子油脂肪酸二乙醇酰胺	1.5	1.5	2	1
柠檬酸	0.1	0.1	0.1	0.1
N-三乙烯氨基环氧丙烷基甲基硫酸铵	0.8	0.9	1	1.2
香精	0.3	0.2	0.5	0.6
聚二甲基硅氧烷乳液（DOW Xiameter AFE-2017）	0.01	0.01	0.01	0.01

制备方法 将去离子水、脂肪醇聚氧乙烯醚、椰子油脂肪酸二乙醇酰胺、硫酸铵衍生物与助洗剂混合，再加入香精与消泡剂，混合均匀即可得到锁色护理洗衣液；混合的时间为1~3h；合在温度15~25℃，湿度70%~80%的条件下进行。

原料介绍 所述脂肪醇聚氧乙烯醚选用脂肪醇聚氧乙烯（7）醚。

所述助洗剂选自柠檬酸和/或柠檬酸盐。所述柠檬酸盐优选柠檬酸钠。

所述消泡剂选自有机硅类消泡剂。更优选为聚二甲基硅氧烷乳液。

产品特性 本品中添加的脂肪醇聚氧乙烯醚、椰子油脂肪酸二乙醇酰胺与硫酸铵衍生物相互协同作用，同时添加了助洗剂，从而使洗衣液去污力强，且硫酸铵衍生物可溶于水中形成类似网状结构，能够迅速与衣物纤维上的色素分子结合并牢固吸附在织物纤维上，使本品具有较高的吸附性能，进而具有较强的锁色功能。

配方 69 含天然皂角液的多功能洗衣液

原料配比

原料	配比（质量份）
AEO-9	2
AES	3
磺酸	5.5
6501	5
防腐剂	1

续表

原料	配比（质量份）
氢氧化钠	0.5
柠檬酸	0.5
精盐	2.5
天然皂角液	5
去离子水	加至 100

制备方法　把去离子水加入容器中，依次加入 AEO-9、AES、磺酸、6501、防腐剂、氢氧化钠、柠檬酸、精盐、天然皂角液等搅拌均匀，过滤装桶即可。

产品特性　本品多功能洗衣液由于添加了天然皂角液使产品的去污、清洁效果更好，产品更环保。

配方 70　无患子酵素洗衣液

原料配比

原料	配比（质量份）
无患子	25～30
皂角	15～25
茶籽粉	15～25
黑糖	10～30
果皮	5～15
水	适量

制备方法

（1）制备天然酵素：将果皮清洗干净、消毒，加入发酵罐，加水没过果皮，加入黑糖，搅拌均匀，发酵 6 个月，前 1 个月每天打开发酵罐搅拌和放气，后 5 个月密封静置发酵罐让其自然发酵；加入黑糖的量为其总用量的二分之一。

（2）制备洗衣液：将步骤（1）所得天然酵素过滤，将无患子、皂角洗净并消毒，加入发酵罐，倒入过滤好的天然酵素，加入茶籽粉、剩余的黑糖，搅拌均匀，发酵 3～12 个月，在发酵前一个月每天打开发酵罐搅拌和放气，之后密封静置发酵罐让其自然发酵，发酵完成后过滤，取其滤液即得无患子酵素洗衣液。

注意：本品在发酵时，装入发酵罐的量不能过多，要为发酵留出余量，以防止发酵过程中出现炸裂，造成经济损失，在制备时，要随时观察发酵罐的状态，对于发臭的要及时补救。

原料介绍　所述果皮为柠檬皮、橙皮、百香果皮、苹果皮、柚子皮、火龙果皮、香蕉皮、西瓜皮中的一种或者几种。

产品特性 本品采用果皮发酵制取的酵素来制作无患子酵素洗衣液，不仅能有效去除污渍，且不含荧光剂、增白剂，无色素添加，对人体皮肤无伤害，也不会造成环境的污染。

配方 71 无患子洗衣液

原料配比

原料	配比（质量份）		
	1#	2#	3#
十二烷基醇醚硫酸钠	4	3	5
直链烷基苯磺酸	4	3	5
月桂酰胺丙基甜菜碱	30	20	40
单硬脂酸甘油酯	4	3	5
聚季铵盐-7	0.3	0.2	0.5
柠檬酸钠	3.5	3	4
无患子提取物	2	0.5	3
防腐剂	0.03	0.01	0.05
去离子水	60	50	70

制备方法

（1）取出无患子种子，将其果皮置入烘箱中，80～100℃烘干后，粉碎至60～100目；

（2）将经过烘干、粉碎的无患子果皮粉末与2倍质量的水混合，浸泡22～26h，得到无患子果皮混合液；

（3）将无患子果皮混合液蒸煮4～6h，加入相当于无患子果皮混合液3～5倍质量的乙醇，回流提取2～4h，回流提取温度为50～70℃；

（4）待回流提取的提取液中的乙醇完全挥发后，得到无患子提取物；

（5）将得到的0.5～3份无患子提取物作为原料与3～5份十二烷基醇醚硫酸钠，3～5份直链烷基苯磺酸，20～40份月桂酰胺丙基甜菜碱，3～5份单硬脂酸甘油酯，0.2～0.5份聚季铵盐-7，3～4份柠檬酸钠，0.01～0.05份防腐剂，50～70份去离子水混合均匀，制得无患子洗衣液。

产品特性 本品将十二烷基醇醚硫酸钠、直链烷基苯磺酸、单硬脂酸甘油酯、月桂酰胺丙基甜菜碱、聚季铵盐-7按照特定比例混合，并加入特定量的无患子提取物，通过合理的配比降低直链烷基苯磺酸的刺激性，将酸碱度调至中性，温和不伤皮肤，通过多种化学制剂的配合，使洗衣液具有优异的乳化、发泡性能，以及消泡性能，相比传统的洗衣液具有更强的去污能力和抗菌能力，且具有易漂洗的特点。

配方 72 无患子皂苷洗衣液

原料配比

原料	配比（质量份）	
	1#	2#
无患子皂苷	5	6
柠檬酸	31	28
小苏打	25	23
发泡剂	2	2.6
氯化钠	10	12
脂肪醇	30	32
助剂	0.12	0.15
去离子水	1000～3000	1000～3000

制备方法

（1）称取无患子皂苷、柠檬酸、小苏打、发泡剂、氯化钠、脂肪醇、助剂，备用；

（2）将无患子皂苷、柠檬酸、发泡剂、脂肪醇放入搅拌罐中，加入去离子水进行搅拌，搅拌速率为50～70r/min，搅拌10～15min，得到混合液；

（3）在步骤（2）所得的混合液中加入小苏打、氯化钠和助剂，边加入边搅拌，搅拌至均匀混合后，静置消泡8h，然后进行过滤检测、灌装成袋，即得成品。

原料介绍 所述助剂包含香精1%～3%、黄原胶80%～90%、山梨酸钾6%～15%。

产品特性 本品通过合理的配比降低了洗衣液的刺激性，温和不伤皮肤，相比传统的洗衣液具有更强的去污能力和抗菌能力，还具有易分解、不污染环境的特点。

配方 73 无磷护色洗衣液

原料配比

原料	配比（质量份）			
	1#	2#	3#	4#
皂角提取液	25	40	30	35

续表

原料		配比（质量份）			
		1#	2#	3#	4#
茶皂素		2	1	2	2
羧酸型表面活性剂		3	5	10	3
脂肪醇聚氧乙烯醚多元表面活性剂		10	2	2	10
聚4-乙烯基吡啶氮氧化物		1	0.1	0.5	1
柠檬酸钠		1	5	3	5
二苯乙烯联苯类荧光增白剂		0.3	—	0.1	0.2
增稠剂	聚丙烯酸类聚合物	—	1	—	—
	氯化钠	1	—	—	0.8
	硫酸钠	—	—	0.1	—
防腐剂	异噻唑啉酮	0.1	—	—	—
	卡松	—	0.5	—	0.4
	苯氧乙醇	—	—	0.3	—
水		56.2	45.4	52	42.6

制备方法　将各组分原料混合均匀即可。

原料介绍　所述皂角提取液按以下工艺进行制备：将皂角洗净后放入去离子水中浸泡3次，每次浸泡后收集浸提液，合并3次浸提液得到所述皂角提取液。在每次浸泡过程中，所用去离子水的质量是皂角量的2～4倍，每次浸泡时间为20～30h。

产品特性

（1）本品采用的皂角提取液能够达到很好的去污清洁效果，而且配方温和，不伤皮肤和衣物，特别适合应用于婴幼儿衣物的洗护；添加的护色剂聚4-乙烯基吡啶氮氧化物不仅对织物有出色的护色功能，还与羧酸型表面活性剂、脂肪醇聚氧乙烯醚多元表面活性剂和荧光增白剂有良好的相容性，具有更好的洗涤去污能力，能够在满足洗涤性能的同时，保护织物的色泽，减少织物颜色损失，降低织物混合洗涤造成的相互串色；添加的防腐剂可以保证皂角提取液和茶皂素不易发生变质。

（2）本品无磷护色洗衣液洗涤效果好，可减少织物颜色损失、防止织物洗涤串色，而且不含磷，更加环保、安全。

配方 74 银离子抗菌洗衣液

原料配比

原料		配比（质量份）			
		1#	2#	3#	4#
去离子水		66.5	67	53.8	55.7
混合型非离子表面活性剂	椰子油脂肪酸二乙醇酰胺	6	9	4	12
	脂肪醇聚氧乙烯（9）醚	12	15	16	16
	脂肪醇聚氧乙烯（7）醚	12	6	20	12
助洗剂	柠檬酸钠	1	1.5	2	1
香精	薰衣草香精	0.5	—	—	0.3
	玫瑰香精	—	0.5	0.2	0.3
银离子抗菌剂		2	1	4	3

制备方法

（1）将去离子水加热后加入混合型非离子表面活性剂，得到初始混合物；加热的温度为 30～100℃。

（2）将所述初始混合物冷却后依次加入助洗剂和香精，最后加入银离子抗菌剂。

原料介绍 所述银离子抗菌剂包括聚乙烯亚胺、银盐和水。银盐为硝酸银或醋酸银。所述聚乙烯亚胺、银盐和水的质量比为（5～30）∶1∶（100～700）。

产品特性

（1）本品将三种非离子型表面活性剂混合使用，去污能力强，且添加的银离子抗菌剂为无机抗菌剂与有机抗菌剂的复合产物，兼顾了两者的优势，弥补了两类抗菌剂的不足，同时该复合抗菌剂具有协同作用，使其抗菌性能得到提高。

（2）本品不易产生耐药性，制备方法简单，无毒无刺激，安全环保。

配方 75 多功能抗再沉积洗衣液

原料配比

原料	配比（质量份）		
	1#	2#	3#
脂肪醇聚氧乙烯醚	30	20	25
月桂酰胺	8	12	10

续表

原料	配比（质量份）		
	1#	2#	3#
C₁₂直链烷基苯磺酸钠	15	10	12
椰子油脂肪酸二乙醇酰胺	2	10	5
聚丙烯酰胺	20	10	15
皂角	8	16	10
烷醇酰胺	8	5	7
甲基异噻唑啉酮	6	8	7
尿素	1	3	2
三聚磷酸钠	5	2	4
牛油基伯胺	3	5	4
羧甲基菊粉钠	—	1	—
硼砂	5	—	2
柠檬酸	5	1	4
脂肪酶	—	1	—
蛋白酶	—	—	2
防腐剂	—	—	4
水	加至1000	加至1000	加至1000

制备方法 将各组分原料混合均匀即可。

产品应用 本品是一种适用于各种衣物、床上用品、毛巾等的多功能洗衣液。

产品特性 本品中添加高分子聚合物作为助剂，利用长链高分子的分散、阻垢能力，吸附、包裹污物，配合各种表面活性剂的作用，可以有效地去除污物并防止污物的再沉积，防串色，实现洁净、柔顺、抗静电、对肌肤无刺激等效果。

配方76 长效驱蚊洗衣液

原料配比

原料		配比（质量份）			
		1#	2#	3#	4#
阴离子表面活性剂	烷基苯磺酸钠	4	9	2	9
	α-烯烃磺酸钠	—	—	10	—
	月桂醇醚硫酸钠	1	18	8	8
	椰油酸钾	—	3	10	10

续表

原料		配比（质量份）			
		1#	2#	3#	4#
非离子表面活性剂	烷基糖苷	5	1	—	1
	脂肪醇聚氧乙烯醚-9	10	0.5	1	1
	异构醇醚 Berol 609	25	—	3	3
孟二醇胶囊微乳液		5	8	10	10
悬浮稳定剂	丙烯酸酯共聚物	3	6	9	6
	羧甲基纤维素钠	0.9	0.5	0.98	1
	瓜尔胶羟丙基三甲基氯化铵	0.1	0.05	0.02	0.1
助洗剂	防腐剂	0.01	0.3	0.5	0.3
	螯合剂 GLDA（谷氨酸二乙酸四钠）	0.01	0.15	0.2	0.2
水		加至 100	加至 100	加至 100	加至 100

制备方法　依次加入所述孟二醇胶囊微乳液、阴离子表面活性剂、非离子表面活性剂、悬浮稳定剂、助洗剂和水，搅拌均匀，即得长效驱蚊洗衣液。

原料介绍　所述孟二醇胶囊微乳液是聚脲树脂包裹孟二醇形成的胶囊微乳液。

产品特性

（1）本品采用安全环保、低气味的驱蚊剂——孟二醇胶囊微乳液，使所得长效驱蚊洗衣液具有安全环保、无刺激气味的特点及抑制蚊虫吸血的作用。

（2）本品能达到高效去污和长效驱蚊的效果，且搭配由丙烯酸酯共聚物、羧甲基纤维素钠和瓜尔胶羟丙基三甲基氯化铵组成的特定的悬浮稳定剂，能使孟二醇胶囊微乳液稳定悬浮在该长效驱蚊洗衣液中，使所得长效驱蚊洗衣液的体系稳定，能进一步确保该长效驱蚊洗衣液的长效驱蚊效果。

配方 77　真丝面料衣物洗衣液

原料配比

原料	配比（质量份）		
	1#	2#	3#
烷基糖苷	8~13	13	10
烷基酚聚氧乙烯醚	10	15	13
α-烯基磺酸盐	10	15	13
椰子油酸钾皂	5	10	8

原料	配比（质量份）		
	1#	2#	3#
异构十三醇聚氧乙烯醚	8	13	10
十二烷基蔗糖酯	3～8	8	5
椰子油脂肪酸二乙醇酰胺	1	5	4
壳聚糖	1	5	4
柠檬酸钠	0.1	5	0.4
D-柠檬烯	1	5	5
乙二醇	1	5	3
去离子水	加至 100	加至 100	加至 100

制备方法

（1）按照洗衣液配方，配置好相关原料；

（2）在反应釜中加入烷基酚聚氧乙烯醚、α-烯基磺酸盐、异构十三醇聚氧乙烯醚、十二烷基蔗糖酯，混合搅拌 5～10min 后得到混合溶液 A；

（3）往反应釜中继续加入烷基糖苷、壳聚糖，搅拌 5～10min，继续加入椰子油脂肪酸二乙醇酰胺、椰子油脂钾皂、乙二醇，保温 5～10min，继续加入 D-柠檬烯，搅拌均匀后得到混合溶液 B；

（4）将混合溶液 B 降温至室温后，加入去离子水，搅拌均匀，加入柠檬酸钠调节至中性，用 200 目尼龙筛网过滤，即得到所述的真丝面料衣物洗衣液。

原料介绍　所述烷基糖苷为烷基碳原子数为 12 和烷基碳原子数为 14 的烷基糖苷中的任一种。

产品特性

（1）本品能够有效地去除真丝面料衣物上存在的黄斑、色素等污渍。

（2）本品洗衣液中各成分之间具有协同作用，能够有效地去除衣物上的污渍，在同等的条件下，去污效果非常好。

（3）本品具有更优的抗再沉积性能，有利于保持衣物的清新洁净。

（4）本品对皮肤温和无刺激，安全性高。

配方 78　植物酵素内衣洗衣液

原料配比

原料	配比（质量份）			
	1#	2#	3#	4#
脂肪醇聚氧乙烯醚	8	7	10	8

续表

原料		配比（质量份）			
		1#	2#	3#	4#
脂肪酸甲酯乙氧基化物		10	10	15	10
脂肪醇聚氧乙烯醚硫酸钠		6	5	8	6
椰油酰胺丙基甜菜碱		5	2	5	3
天然植物酵素	蛋白酵素	6	3	6	5
	脂肪酵素	2	1	2	1.5
	纤维酵素	2	1	2	1.5
稳定剂	柠檬酸钙	2	2	0.4	1.5
	烷基葡萄糖苷 APG0810	2	2	0.4	1.5
	烷基葡萄糖苷 APG1214	1	1	0.2	0.5
杀菌剂	对氯二甲苯酚	1	1	5	3
水软化剂		3	0.6	3	2.5
色素		2	0.4	2	0.5
香料		5	1	5	4
乙二胺四乙酸		2	1	2	1.5
去离子水		加至100	加至100	加至100	加至100

制备方法 将各组分原料混合均匀即可。

产品特性

（1）本品中加入了三种植物酵素，不仅能够去除汗渍等蛋白污垢，还能够去除油污等脂肪污垢，不伤织物，同时酵素成分还具有杀菌作用；

（2）采用了三种表面活性剂复配，使得洗衣液整体的去污能力增强；

（3）加入了稳定剂，能够保持植物酵素的活性；

（4）加入了香料成分，能够使洗衣液保持清香味道。

配方 79 植物驱蚊洗衣液

原料配比

原料	配比（质量份）				
	1#	2#	3#	4#	5#
植物提取液	23	28	17	12	20
十二烷基苯磺酸钠	45	41	34	30	33

续表

原料		配比（质量份）				
		1#	2#	3#	4#	5#
椰子油脂肪酸二乙醇酰胺		10	15	15	20	18
椰油脂肪酸		5	7	5	1	3
乙氧基月桂酯		4	3	7	9	14
增稠剂		2	5	3	8	6
乳化剂		2	1	3.5	5	4
水溶性香精		0.5	1.5	0.8	2	0.5
水		55	50	58	70	65
植物提取液	艾叶	14	10	16	22	25
	白芷	3～8	3～8	4	3～8	3
	苏叶	2	1	1.5	2	4
	藿香	4	1	2	1	2
	薄荷	13	10	11	16	13
	菖蒲	9	15	14	5	12
	薰衣草	18	30	26	15	22
	水	适量	适量	适量	适量	适量

制备方法 将各组分原料混合均匀即可。

原料介绍 所述植物提取液是通过以下方法得到：将艾叶、白芷、苏叶、藿香、薄荷、菖蒲及薰衣草按比例混合，洗净后浸没于水中，放入破碎机中破碎均匀，在水中回流 2～4h，过滤得滤液，即为植物提取液。

所述增稠剂为氯化钠。

所述乳化剂为聚山梨酯-40、烷基酚聚氧乙烯醚、脂肪醇聚氧乙烯醚硫酸钠中的一种或一种以上的混合物。

所述水溶性香精为柠檬香精、苹果香精或薄荷香精。

产品特性 本品含有由草药提取的植物提取液，不含杀虫剂，不仅具有显著的去污渍效果，还具有防蚊虫的功效，对皮肤无毒、无刺激，安全、效果好。

配方 80 生物环保多功能特效洗衣液

原料配比

原料	配比（质量份）			
	1#	2#	3#	4#
APG（烷基糖苷）	36	40	30	50

续表

原料	配比（质量份）			
	1#	2#	3#	4#
椰子油脂肪酸二乙醇酰胺	20	11	15	10
碱性蛋白酶	6.8	8	5	10
无患子皂乳	9	11	5	15
苦参碱	1.6	1.5	1	5
天然皂粉	8	6	5	10
杀虫菊精油	0.69	0.8	0.5	1
水溶性羊毛脂	0.8	1.5	0.5	1
椰子油酰胺丙基氧化胺	5	8	10	10
乳化硅油柔顺剂	4.8	2.8	2	5
乙二胺四乙酸二钠	0.15	0.18	0.1	0.5
海藻酸钠	0.86	0.8	0.5	1
杰马（防腐剂）	0.18	0.15	0.1	0.5
荷花精油	0.66	0.8	0.5	1
柠檬酸	适量	适量	适量	适量
去离子水	加至100	加至100	加至100	加至100

制备方法

（1）按配方量取碱性蛋白酶加入75～85℃热水中，搅拌溶解后，再加入APG（烷基糖苷）、椰子油脂肪酸二乙醇酰胺、苦参碱、乙二胺四乙酸二钠、天然皂粉，搅拌反应20～30min；

（2）继续加入无患子皂乳、椰子油酰胺丙基氧化胺、助剂，搅拌均匀，降温至35～45℃；

（3）继续加入防腐剂、香精，加入适量的去离子水，调节洗衣液黏度至6000～10000mPa·s，加柠檬酸调节pH值至6～7，35～45℃搅拌均匀，静置，灌装即得成品。

原料介绍 所述助剂由杀虫菊精油、水溶性羊毛脂、乳化硅油柔顺剂、海藻酸钠组成。

产品应用 本品主要用于麻织品、羊毛、混纺、化纤、纯棉等各种物料的洗涤。

产品特性

（1）本产品以烷基糖苷（APG）和天然植物原料为主要成分。烷基糖苷，是由再生资源天然醇和葡萄糖、淀粉合成的一种非离子植物表面活性剂，兼有非离子和阴离子表面活性剂的特性，既具有良好的环保绿色生态安全活性，又有多功能表面活性，无毒、无害、对皮肤无刺激，具有广谱抗菌活性。同时，本品不含对人体有害的有机物，安全绿色环保，不会造成污染环境。

（2）本产品综合洗涤性能优异，能同时去除多种顽固污渍，如油渍、血渍、汗渍、奶渍、锈渍、墨渍等，使用后衣物不褪色、颜色鲜艳、柔软，且能有效抗静电、防霉、防菌、防虫、留香。

配方 81　添加纳米银的强力杀菌和持久抗菌洗衣液

原料配比

原料	配比（质量份）
油酸	5
棕榈酸	2
脂肪醇聚氧乙烯（3）醚硫酸钠	10
脂肪醇聚氧乙烯（9）醚	8
无患子提取液	4
氢氧化钾	1.2
载纳米银沸石抗菌剂	0.05
壳聚糖-纳米银溶液	0.01
氯化钠	2
卡松	0.2
香料	0.15
去离子水	加至 100

制备方法

（1）按上述配比称取原料；

（2）向反应釜中加入去离子水，升温到 50～70℃，然后开始搅拌，并依次加入氢氧化钾、油酸和棕榈酸；所述搅拌速度为 100～200r/min，搅拌时间为 20min。

（3）向反应釜中依次加入脂肪醇聚氧乙烯（3）醚硫酸钠、脂肪醇聚氧乙烯（9）醚和无患子提取液，搅拌 30min 后，调节反应釜内反应液的 pH=7～8；所述的搅拌速度为 100～200r/min，所述的调节反应釜内反应液 pH 值所用试剂为柠檬酸。

（4）将反应釜降温至 35℃，加入壳聚糖-纳米银溶液并搅拌 10min，然后加入载纳米银沸石抗菌剂再搅拌 10min；所述搅拌速度为 100～200r/min。

（5）依次向反应釜中加入氯化钠、卡松和香料，搅拌 20min，所得产物即为添加纳米银的强力杀菌和持久抗菌洗衣液；所述搅拌速度为 100～200r/min。

原料介绍　载纳米银沸石抗菌剂和壳聚糖-纳米银溶液的抗菌和杀菌主要通过纳米银来实现。极微量的纳米银即可强效杀菌，同时壳聚糖-纳米银溶液中壳聚糖本身就具有杀菌能力，壳聚糖上大量的羟基和部分未质子化的氨基对银离子有螯合作用，从而提高了纳米银粒子的杀菌稳定性，并使纳米银粒子均匀分散。纳米银与病原体的细胞壁或膜结合后，能直接进入菌体，迅速与氧代谢酶的巯基结合，使酶失活，阻断其呼吸代谢使其窒息而死，因此低浓度纳米银就可迅速杀死致病菌。纳米银虽然可以附着于衣物上，但易脱落，而与壳聚糖复合可使其长久附着在衣物上，达到持久抗菌效果。载纳米银沸石抗菌剂利用沸石的多孔结构及强离子交换能力使银离子吸附于孔内，存放过程中缓慢释放纳米银，达到长期高效抑菌的效果。

所述壳聚糖-纳米银溶液按如下方法制备：以 0.2mol/L 乙酸溶液作为溶剂，配制质量分数为 0.5%的壳聚糖溶液，然后取质量分数为 0.5%的壳聚糖溶液 50 体积份，并向其中加入 0.3 体积份的 0.05mol/L 硝酸银溶液，在搅拌速度为 800r/min 下搅拌 15min，然后滴加 0.1 体积份的 0.2mol/L 硼氢化钠溶液，此时溶液呈淡黄色，最后在搅拌速度为 800r/min 下搅拌 1h，即得壳聚糖-纳米银溶液；所述的壳聚糖的黏均分子量为 1.33×10^5，脱乙酰度为 90%。

所述载纳米银沸石抗菌剂按如下方法制备：将沸石放置于 400℃的热处理炉中煅烧 2h，以去除沸石孔道中残留的有机物和水分，得到活化沸石；取 10 质量份活化沸石分散到 100 体积份去离子水中得到沸石分散液，用质量分数为 69%稀硝酸溶液调节沸石分散液至 pH=4～6，然后在 50℃水浴条件下向沸石分散液中加入 5 体积份的 0.03mol/L 硝酸银溶液进行离子交换，反应结束后，进行过滤和分离得到滤饼，用去离子水洗涤滤饼，以去除滤饼中的 HNO_3；洗涤完成后，将滤饼在105℃干燥 12h，最后将干燥后的滤饼研磨至 325 目以下，即得到载纳米银沸石抗菌剂。

产品特性

（1）本产品通过载纳米银沸石抗菌剂和壳聚糖-纳米银溶液复配使用，从而达到强效杀菌、持久抑菌的双重效果；

（2）本产品去污力强，具有环保、抗菌美容和柔嫩肌肤等特点；

（3）本产品中不含荧光增白剂，对皮肤刺激。

配方 82　涂层面料或高密面料羽绒制品的高效去油护绒洗衣液

原料配比

原料	配比（质量份）			
	1#	2#	3#	4#
脂肪醇聚氧乙烯醚硫酸钠（AES）	10	20	15	14

原料		配比（质量份）			
		1#	2#	3#	4#
脂肪醇聚氧乙烯醚（AEO-7）		10	7	9	7
乙醇		10	10	5	5
月桂酰单乙醇胺		3	5	4	4
氯化钠		0.5	2	1	4
防腐剂	卡松	0.05	—	—	0.1
	尼泊金酯	—	0.2	—	—
	卡松+尼泊金酯（2∶1）	—	—	0.1	—
柠檬酸	柠檬酸	0.01	0.05	0.03	—
	柠檬酸水溶液（50%）	—	—	—	0.03
香精	薰衣草香精	—	0.5	—	0.2
	百合香精	—	—	0.4	—
色素	亮蓝色素	—	0.05	—	—
	绿色素	—	—	0.03	0.02
水		加至100	加至100	加至100	加至100

制备方法

（1）在混合釜中投入一定量的水（通常投入总水量 1/4 的水），加入稀释好的脂肪醇聚氧乙烯醚硫酸钠（AES）搅拌至溶液分散均匀，时间约为 20～30min。

（2）依次慢慢加入其他表面活性剂脂肪醇聚氧乙烯醚（AEO-7）、月桂酰单乙醇胺，搅拌至均匀，时间约为 20min。

（3）加入乙醇、防腐剂、香精（自选）和色素（自选），每加一种料都要有 3～5min 的时间间隔。

（4）再加入氯化钠来调节黏度，加入其余水，最后用柠檬酸或 50% 的柠檬酸水溶液调节 pH 值为 7.0，即可得到所需的涂层羽绒制品的高效去油护绒洗衣液。

原料介绍 所述的脂肪醇聚氧乙烯醚硫酸钠（AES）采用质量分数为 70% 的 AES 水溶液。

所述的防腐剂为卡松、尼泊金酯中的一种或两种。尼泊金酯、卡松均为市售产品。卡松是 5-氯-2-甲基-4-异噻唑啉-3-酮和 2-甲基-4-异噻唑啉-3-酮的混合物，固含量为 1.5%～15%。

所述的香精选用日化用化学纯级别花香、果香类水溶性香精。本产品的香精可以根据需要添加，选用诸如薰衣草香精、百合香精、玫瑰香精、柠檬香精、柑橘香精等日化用花香、果香类化学纯级别水溶性香精。

所述的色素选用水溶性色素。本产品的色素可以根据需要添加，选用诸如亮蓝色素、黄色素、红色素、绿色素、橙色素、紫色素等水溶性色素。

产品应用 使用方法是：

（1）先将洗衣液放入水中，搅拌均匀后将衣物浸泡，浸泡 10～15min 左右效果最佳。

（2）重点污垢部位适当刷洗或揉搓即可清洗。

（3）漂洗 2～3 次，挤压除去多余水分，切勿拧干或洗衣机高速旋转脱水。

（4）涂层制品衣物切勿暴晒，应在通风处平铺或挂起晾干，也可在全自动干衣机上烘干。晾干后，轻轻拍打，使羽绒恢复蓬松柔软。

对于沾染上重污垢的衣服可事先进行洗前局部预处理，即在衣服干燥状态下，涂抹适量本产品洗衣液于局部油污处，可选用软毛刷轻轻刷 1～3min 后，再按常规洗涤方式进行水洗；若冬天洗水温度较低可适当提高温度，但不要超过 40℃，洗衣液用量可参照 1kg 织物用 10～20g 洗衣液进行水洗。

产品特性 本产品在高效润湿、分散油污以及防止油斑再迁移等方面具有明显特性，兼具除味、加香、抑菌、护绒的功能；同时用本品洗涤后的涂层面料或高密面料羽绒制品后期养护简单方便。本品还具有环保安全、成本低廉，长期保持涂层不发硬，易去除油污，使羽绒蓬松、柔软、不板结、不易霉变的特点。

配方83 温和不伤手去静电洗衣液

原料配比

原料	配比（质量份）	
	1#	2#
去离子水	70	100
橄榄油	50	80
金银花	60	90
香精	30	60
色素	70	100
白醋	20	50
白砂糖	20	50
表面活性剂	30	60
水软化剂	20	50
防腐剂	10	30
拉丝粉	20	50
抑菌剂	30	60
抗紫外线溶剂	30	70
抗静电剂	20	50

制备方法

（1）将去离子水加入反应釜中，加热至80℃；

（2）在步骤（1）反应釜中加入表面活性剂、白醋、水软化剂、防腐剂、抑菌剂、抗紫外线溶剂、抗静电剂，进行搅拌，降温至30℃，将pH值调至6.8~7.3；

（3）将橄榄油、金银花、香精、色素、白砂糖、拉丝粉混合后捣碎；

（4）将步骤（3）所得产物与步骤（2）所得液体产物进行充分混合，得到洗衣液。还可加入柠檬酸剂。

产品特性　本产品安全有效，在使用过程中对人体伤害非常小，且能够有效去除静电。该洗衣液效果良好，不会对人体的皮肤造成任何影响，且还能够有效去除衣服上的静电。

配方84　稳定的防缩水洗衣液

原料配比

原料	配比（质量份）	
	1#	2#
脂肪醇聚氧乙烯醚	6	11
脂肪酸钠盐	3	10
防风提取物	3	8
三氯生（DP-300）	0.2	1
十二烷基二甲基苄基溴化铵	4	10
角鲨烷	2	7
甘油	5	9
苄索氯铵	1	3
硫酸钠	3	6
十二烷基苯磺酸钠	2	8
十二烷基苯磺酸镁	1	5
赖氨酸	1	4
甲基椰油酰基牛磺酸钠	7	10
野菊花提取物	1	5
去离子水	加至100	加至100

制备方法　将各组分原料混合均匀即可。

产品特性　本产品性能稳定，能够有效减少衣物缩水，同时使衣物更加亮泽。

配方 85 洗涤柔软二合一洗衣液

原料配比

原料		配比（质量份）		
		1#	2#	3#
阳离子柔软剂：二（棕榈羧乙基）羟乙基甲基硫酸甲酯铵		3	3	3
非离子表面活性剂	AEO-7：脂肪醇聚氧乙烯（7）醚	10	8	12
	AEO-9：脂肪醇聚氧乙烯（9）醚	10	20	2
	APG：烷基多糖苷	—	3	3
	6501：烷基醇酰胺	2	—	—
增稠剂	PEG-6000DS：聚乙二醇二硬脂酸酯	2	1.5	—
	羟乙基纤维素	—	—	0.5
	乙二醇双硬脂酸酯	1	1.5	1.5
蛋白酶 Savinase Ultra 16XL		0.5	0.5	0.5
荧光增白剂 CBS-X		0.1	0.1	0.1
荧光增白剂 31#		0.1	0.1	0.1
防腐剂 Kathon CG		0.1	0.1	0.1
色素		0.00001	0.00001	0.00001
香精		0.3	0.3	—
去离子水		加至 100	加至 100	加至 100

制备方法 将各组分原料混合均匀即可。

产品特性

（1）本产品将洗涤和柔软两种功能合二为一，不需要另外加入柔顺剂就可以达到使衣物柔顺的效果。

（2）本产品使用方便，成本低，对环境友好。

配方 86 洗护二合一洗衣液

原料配比

原料		配比（质量份）	
		1#	2#
阳离子烷基多糖苷		2	6
阴离子表面活性剂	脂肪醇聚氧乙烯醚硫酸钠（AES）	10	—
	脂肪酸甲酯磺酸钠（MES）	—	1

续表

原料		配比（质量份）	
		1#	2#
阴离子表面活性剂	α-烯烃磺酸钠（AOS）	3	—
	仲烷基磺酸钠（SAS）	—	13
非离子表面活性剂	烷基糖苷（APG）	3	—
	脂肪醇聚氧乙烯（7）醚（AEO-7）	—	2
	脂肪醇聚氧乙烯（9）醚（AEO-9）	2	3
两性表面活性剂	椰油酰胺丙基甜菜碱（CAB）	2	—
	十二烷基二甲基胺乙内酯（BS-12）	—	2
防腐剂	2-甲基异噻唑-3(2H)-酮（MIT）	0.1	0.1
螯合剂	聚丙烯酸盐	0.2	—
	柠檬酸钠	—	0.5
	液体蛋白酶（16XL）	0.3	0.3
酶稳定剂	丙二醇	5	5
	香精	0.1	0.1
	氯化钠	1.5	1
	去离子水	70.8	66

制备方法

（1）先加入部分称量好的去离子水，然后分别加入阴离子表面活性剂、两性表面活性剂、非离子表面活性剂、酶稳定剂，开启高剪切均质搅拌，使物料变成乳状颗粒；

（2）加入剩余的去离子水，开启普通搅拌，加入阳离子烷基多糖苷，搅拌使之溶解；

（3）加入防腐剂、螯合剂、液体蛋白酶、香精、氯化钠，搅拌使之溶解；

（4）用 300 目滤网过滤后包装。

产品特性

（1）本产品采用新型阳离子表面活性剂阳离子烷基多糖苷，该原料具有烷基糖苷的绿色、天然、低毒及低刺激特点，易生物降解，对环境友好，兼具季铵盐的各种阳离子特性；同时还能和阴离子表面活性剂复配混溶，少量加入即产生较好的协同增效效果，解决了普通阳离子表面活性剂不能与阴离子复配的难题。

（2）本产品 pH 值为 6～8，接近中性，刺激性低，洗后衣物柔软度好，去污力强，冷水及温水中均具有良好去污效果。

配方 87　洗护合一易漂洗的洗衣液

原料配比

原料	配比（质量份）		
	1#	2#	3#
阳离子烷基多糖苷	2.2	3.5	2.3
脂肪醇聚氧乙烯醚硫酸钠	10.5	12	10.6
α-烯烃磺酸钠	1	3	1.4
烷基糖苷	1	3	2
脂肪醇聚氧乙烯醚	2.1	4	2.2
椰子油脂肪酸二乙醇酰胺	2.1	2.8	2.3
聚丙烯酸盐	0.12	2.8	0.18
液体蛋白酶（16XL）	0.2	0.4	0.3
4-甲酰基苯基硼酸	0.55	4.8	2.6
2-甲基异噻唑-3(2H)-酮（MIT）	0.3	0.5	0.4
氯化钠	1.2	3.4	1.8
二甲基硅油	0.55	1.45	1.2
去离子水	77.98	58.35	72.72

制备方法　将各组分原料混合均匀即可。

产品特性

（1）本产品采用新型阳离子表面活性剂阳离子烷基多糖苷，该原料具有烷基糖苷的绿色、天然、低毒及低刺激特点，易生物降解，对环境友好，兼具季铵盐的各种阳离子特性；同时还能和阴离子表面活性剂复配混溶，少量加入即产生较好的协同增效效果，解决了普通阳离子表面活性剂不能与阴离子复配的难题。

（2）本产品采用 4-甲酰基苯基硼酸作为酶稳定剂，可以有效地与酶活性位匹配，其与酶形成的复合物分解常数很低，具有极高的效率。

（3）本产品 pH 值为 6～8，接近中性，刺激性低，洗后衣物柔软度好，去污力强，冷水及温水中均具有良好去污效果。

配方 88 洗衣房专用生物除菌洗衣液

原料配比

原料	配比（质量份）		
	1#	2#	3#
海洋生物 α-螺旋杀菌肽	2.0～3.0	2.5～3.0	2.0～2.7
碱性蛋白酶	1.0～2.0	1.5～2.0	1.0～1.8
纳米硅酸盐-丙烯酸共聚物复合无磷助洗剂	4.0～5.0	4.5～5.0	4.0～4.8
多羧基氧化淀粉	1.0～2.0	1.5～2.0	1.0～1.6
EDTA-2Na	1.0～1.5	1.5～1.5	1.0～1.3
氯化钠	1.0～2.0	1.5～2.0	1.0～1.7
阳离子聚氧乙烯胍	4.0～5.0	4.5～5.0	4.0～4.8
去离子水	加至 100.0	加至 100.0	加至 100.0

制备方法

（1）可变速混合器中按配比将阳离子聚氧乙烯胍缓缓加入适量去离子水中混合均匀；

（2）依次加入海洋生物 α-螺旋杀菌肽、纳米硅酸盐-丙烯酸共聚物复合无磷助洗剂和多羧基氧化淀粉、剩余去离子水，搅拌均匀；

（3）再按配比加入氯化钠、EDTA-2Na，搅拌，以避免产生大量的气泡，进行乳化反应；

（4）冷却后加碱性蛋白酶搅拌均匀；

（5）检测合格后，分装。

产品应用 本品主要用于洗衣房，专门针对高档、可水洗的衣料，如棉织物、毛织物、丝织物和高级混纺织物等，不仅具有超凡的洁净能力，还具有良好的除菌消毒作用。

产品特性

（1）去污能力强；

（2）对常见的有害微生物尤其是致病菌有强烈的杀灭作用，洗涤后保证织物不含菌；

（3）洗涤后柔软蓬松效果好；

（4）使用浓度低，对织物和皮肤均无损伤，稳定性好；

（5）无磷无铝的中性配方，对环境无污染；

（6）织物防静电性和再湿润性好，并且无损伤泛黄变形。

配方 89 柔顺强力洗衣液

原料配比

原料	配比（质量份）
30%的烧碱水溶液	84
无水柠檬酸	30
月桂酸	30
十二烷基醇聚氧乙烯醚硫酸钠	100
烷基糖苷	20
脂肪醇聚氧乙烯醚	160
甘油	10
60%的有机膦酸水溶液	3
甲酸钠	5
硫代硫酸钠	5
荧光增白剂 CBS-X	0.4
KF-88	1
液体蛋白酶（16XL）	2
薰衣草香型香精	2
杀菌中药提取物	0.3
去离子水	547.6

制备方法 将各组分原料混合均匀即可。

原料介绍 所述的杀菌中药提取物是由下述质量份的原料制得：玫瑰花 2～4、薄荷 2～4、竹叶 3～5、金银花 1～2、苦参 3～5、赤芍 2～4、龙爪叶 1～2。

制备方法为：将各原料混匀后煎煮去渣，浓缩干燥后即得。

产品特性 本产品用量少，去污能力强，使用方便，温和安全，具有洗涤和柔顺的功能。

配方 90 防霉变异味洗衣液

原料配比

原料	配比（质量份）			
	1#	2#	3#	4#
AES（质量分数为 70%的月桂醇聚醚硫酸酯钠水溶液）	6	2	8	10

续表

原料	配比（质量份）			
	1#	2#	3#	4#
6501（月桂酰胺 MEA）	2.5	1	4	5
十二烷基苯磺酸	5	3	6	8
AEO-9（脂肪醇聚氧乙烯醚）	3	1	5	6
NPA-50N	1.5	1	3	4
月桂基两性羧酸盐咪唑啉	1	0.5	2	3
氢氧化钠	0.5	0.1	1.5	2
氯化钠（NaCl）	0.5	0.1	1.5	2
荧光增白剂	0.05	0.01	1	1
香精	0.8	0.1	1.5	2
卡松	0.1	0.01	1	2
色粉水溶液	0.5	0.1	1.5	2
去离子水	100	50	80	90

制备方法

（1）将部分去离子水加入乳化罐中开启搅拌，缓慢加入十二烷基苯磺酸，搅拌 5min 后投入用去离子水溶解好的氢氧化钠溶液搅拌 3min 使溶液的酸碱中和。

（2）按顺序分别将 AES（质量分数为 70% 的月桂醇聚醚硫酸酯钠水溶液）、AEO-9（脂肪醇聚氧乙烯醚）、6501（月桂酰胺 MEA）、NPA-50N、月桂基两性羧酸盐咪唑啉加入乳化罐中搅拌均匀。要求加入原料时需要缓慢加入，每加完一样原料需搅拌 5～10min 后再加入另外的原料；所有原料加入完毕在搅拌情况下开启均质 2～4 次，每次 20s，使原料充分溶解。

（3）待上述原料溶解完全，如罐内温度超过 40℃ 需用冷水将罐内温度降到 40℃ 以下，加入荧光增白剂，搅拌 3min 使分散均匀。

（4）边搅拌边加入香精、卡松、色粉水溶液，加入完毕继续搅拌 3min。

（5）加入氯化钠（NaCl）水溶液搅拌 8～10min 后停止搅拌。

（6）取样检验合格即可出料，按要求进行分装、包装。

原料介绍　AES（质量分数为 70% 的月桂醇聚醚硫酸酯钠水溶液）：主表活，去污；

6501（月桂酰胺 MEA）：辅助表活，增稠去污；

十二烷基苯磺酸：主表活，去污；

AEO-9（脂肪醇聚氧乙烯醚）：主表活，去污；

NPA-50N：具有抗再沉积作用，防止洗衣过程中污垢再次吸附在衣物上，减少发生霉变的基础；

月桂基两性羧酸盐咪唑啉：为两性离子化合物，吸附性强，在衣物清洗完过水后可以吸附在衣物上，在阴雨天潮湿的环境下也可以达到抗霉变和产生异味的能力，可以防止细菌滋生。

产品特性　本产品通过添加 NPA-50N、月桂基两性羧酸盐咪唑啉两种原料，可以避免在长期阴雨天气中或湿气大的地区衣服发霉、产生异味，使用方便，安全。

配方 91　消毒洗衣液

原料配比

原料		配比（质量份）			
		1#	2#	3#	4#
十二烷基二甲基苄基溴化铵		10	15	12	10
双十八烷基二甲基氯化铵		5	10	8	10
亚乙基油酸酰胺乙二胺盐酸盐		5	10	8	5
脂肪醇聚氧乙烯醚		8	15	12	15
增稠剂	卡波姆	0.1	—	—	—
	卡拉胶	—	—	—	0.1
	羧甲基纤维素钠	—	0.5	—	—
	黄原胶	—	—	0.3	—
螯合剂	柠檬酸钠	—	0.5	—	0.5
	羟基亚乙基二膦酸	0.1	—	0.3	—
增白剂	乙二胺四乙酸钠	—	—	0.4	0.2
去离子水		80	95	90	95

制备方法

（1）取去离子水总量的 30%～40% 加入搅拌釜中，加热至 70～80℃，边搅拌边依次加入十二烷基二甲基苄基溴化铵 10～15 份、双十八烷基二甲基氯化铵 5～10 份、亚乙基油酸酰胺乙二胺盐酸盐 5～10 份和脂肪醇聚氧乙烯醚 8～15 份，溶解后搅拌 0.5～1h 使之混合均匀，得到表面活性剂原液；

（2）取去离子水总量的 30%～40% 加入搅拌釜中，加热至 50～60℃，边搅拌边加入增稠剂，持续搅拌至溶液均匀透明，得到增稠剂原液；

（3）将表面活性剂原液和增稠剂原液混合，补足余量的去离子水，加入螯合剂和增白剂，全部溶解后，再调节 pH 值至 6.0～8.0，即为消毒洗衣液。

产品特性 本产品采用三种阳离子表面活性剂和非离子表面活性剂进行复配，且通过独特的配比，达到协同抗菌的效果，不仅能有效杀灭革兰氏阳性菌和革兰氏阴性菌，还能杀灭真菌，杀菌效果好。

配方 92 羊毛衣物用彩漂洗衣液

原料配比

原料	配比（质量份）		
	1#	2#	3#
过碳酸钠	20	16	15
过硼酸钠	11	8	7
七水亚硫酸钠	30	25	24
柠檬酸钠	5	3.5	3
硅酸钠	4	3	2.6
过氧化氢	5	4	3.5
超级增白剂	0.5	0.4	0.38
水溶性香精	1	0.8	0.7
聚丙烯酸钠	1	0.6	0.5
丙二醇	6	5	4
水	130	115	110

制备方法

（1）将反应釜中加入水，升温至 50～60℃后，加入柠檬酸钠、硅酸钠和聚丙烯酸钠，搅拌混合均匀；

（2）将反应釜降温至 30～40℃后，加入过碳酸钠、过硼酸钠、七水亚硫酸钠和丙二醇，搅拌 0.5h；

（3）向反应釜中加入超级增白剂和水溶性香精，搅拌均匀后加入过氧化氢，继续搅拌均匀，即得羊毛用彩漂洗衣液。

产品特性 本产品性能温和，能够去除羊毛制品上的茶锈、汗迹、血迹、咖啡等各种污渍，去污力强，同时不会损伤羊毛纤维。

配方 93 阴阳离子表面活性剂复合型的消毒洗衣液

原料配比

原料		配比（质量份）				
		1#	2#	3#	4#	5#
脂肪醇聚氧乙烯（9）醚羧酸钠（AEC-9）		15	10	10	10	5
脂肪醇聚氧乙烯醚	脂肪醇聚氧乙烯（7）醚	1	—	5	2	—
	脂肪醇聚氧乙烯（9）醚	—	5	—	3	5
烷基糖苷		3	1.5	1.5	1.5	5
短支链型脂肪醇聚氧乙烯（8）醚（XL-80）		2	1.5	1.5	1.5	3
聚六亚甲基双胍（pHMB）（20%）		1	1	1	1	2
十二烷基二甲基苄基氯化铵（1227）（45%）		0.5	1	1	1	1
双癸基二甲基氯化铵（80%）		10	7	7	7	8
盐酸溶液		0.01～0.1	0.01～0.1	0.01～0.1	0.01～0.1	0.01～0.1
香精	柠檬香精	0.2	0.2	0.2	0.2	0.2
去离子水		67.3	72.8	72.8	72.8	70.8

制备方法

（1）将 65～75℃所述去离子水总量的 40%～50%加入化料釜中，然后加入上述配比的脂肪醇聚氧乙烯（9）醚羧酸钠、脂肪醇聚氧乙烯醚、烷基糖苷、短支链型脂肪醇聚氧乙烯（8）醚，搅拌均匀，得到溶液 A；

（2）溶液 A 的温度降至 45～50℃时，按照上述配比加入聚六亚甲基双胍、十二烷基二甲基苄基氯化铵、双癸基二甲基氯化铵、剩余的去离子水，搅拌均匀，得到溶液 B；

（3）溶液 B 的温度降至 35～40℃时，按照上述配比加入盐酸溶液调节溶液 B 的 pH 值至 6～8，再按照上述配比加入香精，得到溶液 C；

（4）溶液 C 搅拌均匀后进行过滤处理，得到消毒洗衣液，静置，采用 200 目尼龙筛网过滤处理。

（5）将消毒洗衣液进行检测、灌装、贴标、装箱，即得成品。

产品特性

（1）本产品采用阴阳离子复合，通过特殊渗透促进剂作用，能有效作用于病菌，提高杀菌力，并能稳定地贮存。

（2）本产品将多种阳离子杀菌剂进行复合，并合理地运用非离子表面活性剂的协同作用，使产品的杀菌力达到消毒技术规范要求。

（3）本产品复合了双弧类杀菌剂和渗透剂、乳化剂、阴离子表面活性剂和非离子表面活性剂，将杀菌和清洁功能融为一体，洗衣杀菌同时完成。

配方 94　增白洗衣液

原料配比

原料		配比（质量份）	
		1#	2#
表面活性剂		35	15
酯基季铵盐	1-甲基-1-油酰胺乙基-2-油酸基咪唑啉硫酸甲酯铵	3	1
	烷基糖苷	5	2
皂粉		1.5	0.3
鱼腥草提取物		3	1
防腐剂		0.4	0.2
增稠剂		2	1
柠檬酸钠		1	0.5
改进荧光增白剂		0.5	0.02
抗皱剂	丁烷四羧酸	4	—
	聚合多元羧酸	—	0.6
酶制剂		1.2	0.6
去离子水		加至100	加至100
改进荧光增白剂	4-二甲氨基苯甲酰氯	100	80
	对氯邻氨基苯酚	120	100
	掺杂 SO_4^{2-}/ZrO_2-Fe_2O_3-SiO_2 型混晶固体超强酸催化剂	5	3
	乙二醇单丁醚	180	150
	氢氧化钠	10	5

制备方法　将各组分原料混合均匀即可。

原料介绍　所述改进荧光增白剂由以下步骤制备：将 4-二甲氨基苯甲酰氯、对氯邻氨基苯酚掺杂 SO_4^{2-}/ZrO_2-Fe_2O_3-SiO_2 型混晶固体超强酸催化剂、乙二醇单丁醚混合，升温至 160～180℃，回流反应 2～3h，静置，分离催化剂，加入氢氧化钠 5～10 份，再升温至 100～120℃继续搅拌 1～2h，静置、分离除去下层溶液，上层反应产物用减压法蒸馏出溶剂，使反应物呈胶状物，加入 10℃以下的水洗涤，过滤，得到所述改进荧光增白剂。

所述表面活性剂选自脂肪酸聚氧乙烯酯、椰子油脂肪酸二乙醇胺、脂肪醇聚氧乙烯醚硫酸钠和十二烷基甜菜碱中的至少一种。

所述抗皱剂为丁烷四羧酸、柠檬酸、马来酸、聚马来酸和聚合多元羧酸中的至少一种。

产品特性 本产品对天然纤维织物衣物进行柔化，减少其起皱，对人体无刺激同时具有高效增白的效果。

配方 95 织物纤维护理型生物酶洗衣液

原料配比

原料	配比（质量份）				
	1#	2#	3#	4#	5#
非离子表面活性剂	1	10	20	30	40
阴离子表面活性剂	40	30	20	10	1
纤维素酶	0.001	0.5	1	1.5	2
高聚物护理剂	0	5	5	2	5
水溶性溶剂	20	15	10	5	—
pH 调节剂	0.01	0.2	4	4	5
两性离子表面活性剂	—	20	40	20	40
防腐剂	—	—	—	1	1
香精	—	—	—	—	0.5
水	加至 100	加至 100	加至 100	加至 100	加至 100

制备方法

（1）按以上质量份配方准备原料；

（2）将非离子表面活性剂、阴离子表面活性剂置于混合器中，选择性加入两性离子表面活性剂和水溶性溶剂，加热至 55～60℃，搅拌至溶解、分散均匀，停止加热；

（3）在搅拌情况下加入 55～60℃水至完全溶解、均匀；

（4）在搅拌情况下加入纤维素酶、高聚物护理剂；

（5）在搅拌情况下加入 pH 调节剂，控制和调节 pH 值为 7.0～10.0；

（6）在搅拌情况下，待液料温度降至 35℃以下，选择性加入防腐剂及香精，搅拌至均匀；

（7）抽样检测、成品包装。

原料介绍 所述非离子表面活性剂为脂肪醇聚氧乙烯醚、烷基葡萄糖苷、脂肪酸二乙醇酰胺、烷基二甲基氧化胺、月桂酰胺丙基氧化胺或失水山梨醇单月桂酸酯聚氧乙烯醚-20。

所述阴离子表面活性剂为脂肪醇聚氧乙烯醚硫酸钠、仲烷基磺酸钠、烷基硫酸酯钠、α-烯基磺酸钠、脂肪酸甲酯磺酸钠、脂肪酸盐或十二烷基苯磺酸钠。

所述两性离子表面活性剂为十二烷基甜菜碱或椰油酰胺丙基甜菜碱。

所述纤维素酶为内切葡聚糖纤维素酶或纤维二糖水解酶。

所述高聚物护理剂为丙烯酸聚合物钠盐、丙烯酸/马来酸共聚物钠盐、马来酸共聚物钠盐或聚乙烯吡咯烷酮。

所述水溶性溶剂为乙醇、异丙醇、1,2-丙二醇、乙二醇丁醚、乙二醇丙醚、丙二醇丁醚、二乙二醇乙醚、二乙二醇丁醚、二丙二醇丙醚或二丙二醇丁醚。

所述的 pH 调节剂为氢氧化钠、氢氧化钾、三乙醇胺、二乙醇胺、单乙醇胺、碳酸钠、碳酸氢钠、柠檬酸，或其可溶性盐，调节洗衣液 pH 值为 7～10。

所述防腐剂为异噻唑啉酮衍生物、1,2-苯并异噻唑啉-3-酮、苯甲酸/钠、山梨酸/山梨酸钾、三氯羟基二苯醚或对氯间二甲苯酚。其中，异噻唑啉酮衍生物为5-氯-2-甲基-4-异噻唑啉-3-酮和2-甲基-4-异噻唑啉-3-酮的混合物。

产品应用 本品用于提高对织物纤维的白度维护，并达到护理效果。

产品特性

（1）本产品中按特定比例加入纤维素酶与高聚物护理组分，两者协同作用，不仅提高洗衣液的去污作用，而且提供了对织物纤维的护理作用。本产品具有用量少、效能高的特点，明显提高了织物的清洁去污、白度维护、抗灰、抗褪色、抗起球的纤维护理效果。

（2）本产品具有去污性能好、生物降解性好、绿色环保，同时浓缩高效、节省和替代大量表面活性剂的作用，具有优异的洗涤清洁效果，节能减排，减少资源浪费。

配方 96 新型织物用增白去污洗衣液

原料配比

原料	配比（质量份）			
	1#	2#	3#	4#
十二烷基苯磺酸钙	12	23	15	18
三甲基丁酸苯酯甲酸胺	2	8	4	5

续表

原料	配比（质量份）			
	1#	2#	3#	4#
聚丙烯酸钠	0.5	3	1	1.6
异丙醇	1	4	2	2.5
过碳酸钠	10	20	13	16
一缩二丙二醇	10	20	13	15
葡萄糖三乙酸酯	10	20	12	14
硫酸钠	18	30	22	25
乙基溶纤剂	1	3.6	1.5	2.2
棕榈酸异丙酯	2	5	3	3.5
双缩脲	0.4	1.8	0.8	1
荧光增白剂	0.3	0.7	0.4	0.5
水	2	7	3	4.5

制备方法 将十二烷基苯磺酸钙和三甲基丁酸苯酯甲酸胺溶于水中，加热至
80～90℃，待完全溶解后加入聚丙烯酸钠、异丙醇、过碳酸钠、一缩二丙二醇、
葡萄糖三乙酸酯、硫酸钠、乙基溶纤剂和棕榈酸异丙酯，搅拌混合均匀后加入双
缩脲和荧光增白剂，混合均匀即得洗衣液。

产品特性 本产品对织物的去污效果好，同时具有优异的洁白效果，清洗后
的织物不易缩水（织物的缩水率在0.7%以下），也不易变形。

配方97 植物酵素洗衣液

原料配比

原料	配比（质量份）
去离子水	1581.5
乙二胺四乙酸四钠	1
氢氧化钠	10
烷基苯磺酸	140
二甲苯磺酸钠	10
月桂醇醚硫酸酯钠	65
月桂醇聚醚-7	40
月桂醇聚醚-9	20
丙基甜菜碱	42
椰油酸单乙醇酰胺	25

续表

原料	配比（质量份）
葡萄糖苷	40
植物天然酵素	20
甲基乙噻唑啉酮	2
香料	4
色素	0.052

制备方法

（1）取 1.5 份的去离子水与 0.052 份的色素进行溶解混合，待用。

（2）将 1580 份的去离子水加入至锅中，加入 1 份的乙二胺四乙酸四钠搅拌 10min；再加入 10 份的氢氧化钠搅拌 15min，再加入 140 份的烷基苯磺酸搅拌 40min；再依次加入 10 份的二甲苯磺酸钠、65 份的月桂醇醚硫酸酯钠、40 份的月桂醇聚醚-7、20 份的月桂醇聚醚-9、42 份的丙基甜菜碱搅拌 80min。

（3）再依次加入 25 份的椰油酸单乙醇酰胺、40 份的葡萄糖苷搅拌 20min；然后再依次加入 20 份的植物天然酵素、2 份的甲基乙噻唑啉酮、4 份的香料搅拌 10min；再加入步骤（1）中混合后的色素搅拌 10min；然后取样送检，检验合格后用 100 目过滤网过滤后进行灌装。

产品特性　本品中植物天然酵素能有效去除污渍，能够高效地杀菌，无色素添加，对皮肤无刺激性。

配方 98　植物型防褪色洗衣液

原料配比

原料	配比（质量份）		
	1#	2#	3#
迷迭香提取物	5	7	9
脂肪醇聚氧乙烯醚硫酸钠（AES）	2	4	6
甘油	2	2.5	3
脂肪酸钠盐	4	6	8
氯化钠	3	5	7
抗氧化剂	6	7	9
水	78	68.5	67

制备方法　将这些原料按比例混合在一起，将混合物充分混合均匀后进行分装即可。

原料介绍　所述的迷迭香提取物是一种从迷迭香植物中提取出来的天然抗氧化剂。它内含鼠尾草酸、迷迭香酸、熊果酸等；它不但能提高洗衣液的稳定性和延长储存期，同时具有高效、安全无毒、稳定耐高温等特性。

所述的抗氧化剂为抗坏血酸、D-异抗坏血酸钠、甘草抗氧物、乙二胺四乙酸二钠钙、抗坏血酸钙中的一种或几种。

产品特性　本品能够在最低程度上减少衣物的褪色问题，不伤手，无毒害，能去污。

本品能够很好地去除污垢，刺激性很低，还能保持衣物的光鲜；在手洗衣物的过程中也不会伤害皮肤，能起到一定的杀菌作用。

3

通用型洗衣液

不凝胶无析出的高浓缩洗衣液

原料配比

原料		配比（质量份）			
		1#	2#	3#	4#
阴离子表面活性剂	脂肪醇聚氧乙烯醚硫酸钠	10	15	12	10
	油脂乙氧基化磺酸盐	—	2	—	—
	椰子油酸钾	3.9	3.9	8	3.9
	α-烯基磺酸钠	2	—	—	2
非离子表面活性剂	脂肪醇聚氧乙烯醚	20	25	30	20
	异构脂肪醇聚氧乙烯醚	8	6	9	10
	脂肪酸甲酯乙氧基化物	8	3	3	2.5
	烷基糖苷	—	3	—	—
2-甲基-2,4-戊二醇		5	8	8	5
酶制剂	蛋白酶	0.6	0.8	1.0	0.6
	淀粉酶	—	0.2	—	—
	纤维素酶	0.4	—	—	0.4
香精		0.5	0.1		0.5
防腐剂		0.1	0.1	—	0.1
水		41.5	32.9	29	45

制备方法

（1）按配方量称取阴离子表面活性剂、非离子表面活性剂、2-甲基-2,4-戊二醇、酶制剂、香精、防腐剂和水；

（2）将 2-甲基-2,4-戊二醇、脂肪酸甲酯乙氧基化物和异构脂肪醇聚氧乙烯醚加入配方量的水中搅拌均匀，然后加入其余非离子表面活性剂并搅拌均匀后，加入阴离子表面活性剂并搅拌均匀；

（3）选择性地加入酶制剂、香精和防腐剂，搅拌均匀后制得一种不凝胶无析出的高浓缩洗衣液。

产品特性　本品低温流变性能好，在−5～40℃的黏度变化平缓，取用方便，改善了高浓缩洗衣液在冬天时的使用性能，解决了高浓缩洗衣液的黏度容易受温度影响，且受温度的影响波动大的问题。使用阴离子表面活性剂与非离子表面活性剂配合，有效提高了高浓缩洗衣液对极性污垢的去除能力。本品总活性物含量达到45%以上，具有良好的经济性、卓越的漂洗性，进行配料不凝胶、溶解迅速，长期放置不析出、不分层。

配方 2　草本弱碱性洗衣液

原料配比

原料	配比（质量份）		
	1#	2#	3#
石碱草提取液	20	21	19
黄金水杉香精	7	8	6
椰子油脂肪酸二乙醇酰胺	3	4	2
水	70	67	73

制备方法

（1）称取石碱草提取液、黄金水杉香精，混合均匀，备用；

（2）往步骤（1）混合物中加入椰子油脂肪酸二乙醇酰胺并使用乳化机混合；

（3）称取水，备用；

（4）取步骤（3）中水，加入步骤（2）中的乳化机内，混合，得到混合物，加入混合物质量8倍的蒸馏水，浸泡12h，过滤，减压浓缩10min，即得洗衣液。

原料介绍　所述石碱草提取液的制备方法包含下述步骤：称取石碱草的块根，捣碎，加入其10倍质量且浓度为75%的乙醇溶液中，回流提取3次，回流时间为3h，过滤，得到滤液，减压蒸馏回收乙醇，即得石碱草提取液。

所述黄金水杉香精的制备方法包含下述步骤：称取黄金水杉的树皮和叶子，捣碎，加入其8倍质量且浓度为50%的乙醇溶液中，蒸馏获得黄金水杉香精。

产品特性　本品中的石碱草提取液具有良好的洗涤作用，配合黄金水杉提取出的挥发性精油以及抗菌成分，可以提供清新的味道以及杀菌抗菌效果。

配方 3 超高浓缩型洗衣液

原料配比

原料		配比（质量份）	
		1#	2#
非离子表面活性剂	AEO-7	36	36
	AEO-12	10	10
	APG	4	4
	甘油聚醚-26	2	2
椰油酸		5	5
碱	氢氧化钾	3	3
	十水硼酸钠	1	1
醇类	丙二醇	4	—
	甘油	3	—
	己二醇	2	2
	乙醇	4	4
香精		0.3	0.3
色素		适量	适量
防腐剂		适量	适量
生物酶	蛋白酶	0.6	0.6
	淀粉酶	0.4	0.4
	柠檬酶	0.5	0.5
水		加至 100	加至 100

制备方法 将水、醇类混合在一起，然后加入非离子表面活性剂、椰油酸混合均匀，再加入碱、生物酶进行处理，最后加入香精、色素、防腐剂，搅拌均匀即可制得超浓缩型洗衣液。

产品特性

（1）本品原料来源广，生物可再生，绿色环保，生物降解性高，丰富了以可再生资源为原料的高性能洗衣液的种类。

（2）本品将大量的表面活性剂与生物酶浓缩在洗衣液中，达到非常好的洗衣效果。通过将非离子表面活性剂与生物酶复配，成功制备了超高浓缩型洗衣液，使得衣物在浸入水中更易驱赶油污，极大地提高了洗衣效率，节约了人力成本。

配方 **4** 超浓缩绿色低泡洗衣液

原料配比

原料	配比（质量份）
椰子油	50
二乙醇胺	55
环氧乙烷	68
低碳天然醇	93
乙二胺四乙酸	3
过氧化氢	3
柠檬酸	3
氢氧化钾	2
皂粒	15
去离子水	45
香精	0.4
卡松	1

制备方法

（1）将椰子油和二乙醇胺按 1∶1.1 的比例打入不锈钢反应釜，升温至 95℃反应 180min，通入质量分数为 1%～2%的过氧化氢 95℃保持 60min，然后加入柠檬酸调节 pH 值到 7，得到半成品 A；

（2）另取低碳天然醇和环氧乙烷打入另一反应釜中，加入催化剂氢氧化钾，加热后抽离空气和水分进行聚合反应，得到半成品 B；

（3）将乙二胺四乙酸、去离子水以及皂粒混合后进行搅拌溶解，并升温到 60～70℃，时间为 60min，然后加入半成品 A 和半成品 B，保持温度 60～70℃维持 60min，取样检测 pH 值为 6～8，固含量大于 85%，然后降温到 30℃，加入香精和卡松制得成品。

产品特性 本品便于运输、存储、包装，资源利用率高且环保易降解、低泡易漂洗。本品采用超浓缩配方，节能降耗，减少包装、物流、仓储等多方向对资源的浪费；绿色安全，使用植物原料对人体皮肤、衣物具有更高的安全性能，中性无刺激，易降解，对环境更友好；低泡易漂洗，可节水、节能、省时、省工，不易残留，更安全卫生；可直接使用，也可稀释再用；可以深层清除重油污、顽固油斑，而且洗涤后衣物柔软蓬松。

配方 5 超浓缩无助剂添加洗衣液

原料配比

原料	配比（质量份）						
	1#	2#	3#	4#	5#	6#	7#
烷基糖苷 0810	40	40	40	45	50	15	10
EO、PO 嵌段聚醚	25	30	35	25	25	30	35
EO、PO 嵌段聚醚琥珀酸单酯磺酸钠	15	10	5	10	10	15	15
去离子水	20	20	20	20	20	20	20

制备方法 先将烷基糖苷 0810，EO、PO 嵌段聚醚，EO、PO 嵌段聚醚琥珀酸单酯磺酸钠按比例抽入反应釜中，开启搅拌器混合搅拌均匀后，再按比例在反应釜中加入去离子水，搅拌混合均匀，即得超浓缩无助剂添加洗衣液。

原料介绍 所述 EO、PO 嵌段聚醚为异构醇 EO、PO 嵌段聚醚，EO、PO 嵌段聚醚琥珀酸单酯磺酸钠为异构醇 EO、PO 嵌段聚醚琥珀酸单酯磺酸钠，其中，EO 聚合度为 8，PO 聚合度为 3。

产品特性 本品为中性洗衣液，区别于传统碱性洗衣液，无刺激性；不使用常规原料 LAS 和一些碱性助剂及其他洗涤助剂即可达到国家标准去污力的 4～12 倍；仅用表面活性剂不添加任何助剂，从而降低了洗衣液中助剂的副作用，减少了对人体的伤害，提高了洗衣液的安全性；具有高效能、高浓度，可节约大量包装材料和运输能耗，也可用于制备小包装超浓缩洗衣液和洗衣凝珠。

配方 6 带花香味的洗衣液

原料配比

原料	配比（质量份）
玫瑰花汁	10
牡丹花汁	2
花卉提取物	3
苏打粉	30
直链烷基苯磺酸钠	20
过氧化氢	5
酒石酸钾钠	3
乙醇	15

原料	配比（质量份）
烷基酸性磷酸酯	3
三聚氰胺	3
酶制剂	1
硅酸钠	6
无水碳酸钠	8
磺酸盐清净剂	3
纯净水	加至 100

制备方法　将各组分原料混合均匀即可。

原料介绍　所述酶制剂为蛋白酶、脂肪酶、淀粉酶或纤维素酶中的一种。

产品特性　本品去污能力强、安全，不含强碱，长期使用也不会造成手部皮肤的脱水；本品洗衣液泡量少，洗衣效果好，特别是去除衣服上的油渍效果特别明显。

配方 7　带珠光的护衣洗衣液

原料配比

原料	配比（质量份）		
	1#	2#	3#
椰油皂基	32	32	32
AES	2	5	4
液碱	4	6	5
磺酸	10	12	11
AEO-9	2	5	3
KOH	0.5	1	0.8
月桂酸	2	5	4
香精	0.2	0.5	0.4
柠檬酸钠	2	3	4
碱性蛋白酶	0.5	1	0.8
珠光剂	0.1	0.3	0.2
遮光剂 OP-301	0.1	0.3	0.2
防腐剂尼泊金甲酯	0.05	0.1	0.07
卡松	0.1	0.3	0.2
水	加至 100	加至 100	加至 100

制备方法

（1）向配料锅中加入水，边搅拌边加热至 50℃，依次加入 AES、液碱、磺酸、AEO-9，待溶解分散均匀后，继续搅拌 30min，形成备用溶液；

（2）向椰油皂基中加入 KOH 和月桂酸，且在 40～50℃ 的温度下，搅拌至完全溶解，制备成椰油皂基混合溶液备用；

（3）将步骤（1）配料锅中备用溶液的温度降至室温，再加入步骤（2）制备的椰油皂基混合溶液，搅拌 15min，然后加入香精至完全溶解均匀，形成混合溶液；

（4）最后用柠檬酸钠调节混合溶液 pH 值，边搅拌边加入碱性蛋白酶，再加入氯化钠调节混合溶液的黏度，再加入珠光剂和遮光剂 OP-301，再加入尼泊金甲酯和卡松，搅拌 25～35min 至完全溶解，过滤，即得带珠光的护衣洗衣液。将溶液 pH 值调节至 8～9。采用 200 目的滤网过滤或者静置沉淀。

产品特性　本品工艺简单、成本较低，其中的珠光剂可以增加洗衣液的黏度，稳定表面活性剂。本品不伤手，可以滋润皮肤，养护衣物，持久留香。

配方 8　低成本环保洗衣液

原料配比

原料	配比（质量份）			
	1#	2#	3#	4#
烷基苯磺酸钠	13	14	16	17
脂肪醇聚氧乙烯醚硫酸钠	5	4	6	8
碳酸钠	6	5	7	9
硅酸钠	4	6	5	6
聚丙烯酸	2	3	3	4
甘油	4	3	7	4
硼砂	3	4	4	5
氯化钙	2	5	5	4
茉莉花香精	3	3	3	4
水	79	81	80	83

制备方法　首先将反应釜中的水加热至 88～110℃，并保持温度不低于 88℃，将烷基苯磺酸钠、脂肪醇聚氧乙烯醚硫酸钠和碳酸钠置入水中，以 320～370r/min 的转速搅拌 6～11min，使其完全溶解，随后将液体降至 40～45℃，静置混合液体 30～38min 后，继续向混合液内加入硅酸钠、聚丙烯酸、甘油和硼砂，并以 450～480r/min 的转速搅拌 4～8min，最后将氯化钙和茉莉花香精倒入混合液中，继续搅拌直至所有原料完全混合，即可过滤、灌装。

产品特性

（1）本品制备操作简单可靠，成本较低，有利于企业降低生产成本；

（2）本产品与传统洗衣液相比，不含磷利于环保，对衣物无腐蚀，对人体皮肤无刺激，所含原料对钙、镁等金属离子有较强的络合能力，可软化硬水，显著提高产品的洗涤效果和去污力，使用本品后，衣服表面在留香持久的同时，可长时间抑制细菌的再生。

配方 9 低成本去污洗衣液

原料配比

原料	配比（质量份）		
	1#	2#	3#
薰衣草香精	7	8	7
羟乙基纤维素	5	14	11
十二烷基苯磺酸钠	10	13	11
直链烷基苯磺酸钠	8	12	13
甘油	5	7	11
水	35	55	60

制备方法 将上述原料组分混合在一起，充分搅拌并对其加热，加热至 70～85℃，冷却至常温即得洗衣液成品。

产品特性 本品去污能力强、效率高，有效地减少了每次洗衣时洗衣液的投入量，增加了洗衣液的使用时间，降低了洗衣成本。

配方 10 低刺激洗衣液

原料配比

原料	配比（质量份）
茶皂素晶体	7
椰子油脂肪酸二乙醇酰胺	6
十二烷基苯磺酸钠	8
烷基糖苷	6
杀菌精油	2
黄瓜汁提取液	6
去离子水	加至 100

制备方法 将各组分原料混合均匀即可。

原料介绍 所述的杀菌精油为尤加利精油、丁香精油、柠檬精油、薰衣草精油中的一种。

产品特性 本品洁净度高，性能温和无刺激，使用方便，并具有杀菌护肤不伤手的特点，且价格低廉。

配方 11 低泡超浓缩洗衣液

原料配比

原料	配比（质量份）
水	30
椰油酸钾	15
异构脂肪醇聚醚	60
椰油酰胺 DEA	4
丙二醇	3
蛋白酶	0.6
纤维素酶	0.6
EDTA	0.6
柠檬酸	0.4
防腐剂	0.5
香精	0.5

制备方法

（1）按照配方量称量各原料；

（2）将称量的原料水、椰油酸钾、非离子表面活性剂、椰油酰胺 DEA 和丙二醇加入乳化锅内混合，搅拌并升温至 80～85℃，保温搅拌至完全溶解；搅拌速度为 15r/min；

（3）将完全溶解后的混合液降温；

（4）待混合液降温至 45℃以下后依次加入称量的原料蛋白酶、纤维素酶、EDTA、柠檬酸、防腐剂和香精，搅拌均匀；

（5）检验经过步骤（4）搅拌均匀后的混合液是否符合要求，如符合要求，降温、过滤、出料，完成超浓缩洗衣液的制备。

原料介绍 所述非离子表面活性剂为异构脂肪醇聚醚。

产品特性

（1）传统浓缩洗衣液有效物含量为 25%～30%，本品的超浓缩洗衣液有效物含量达到 60%以上，极低用量即可达到理想去污效果，低泡且易漂洗，节水节能、环保。

（2）本品通过合理的原料比例搭配，在低温 5℃时仍有较好流动性；而非离子表面活性剂异构脂肪醇聚醚作为主要成分，有效解决了 50%有效物含量以上洗衣液低温果冻现象，使用更方便。

配方 12 低泡低黏度洗衣液

原料配比

原料	配比（质量份）	
	1#	2#
植物型表面活性剂	6～34	4～22
十二烷基硫酸钠	2～5	2～5
螯合剂	0.01～2	0.01～2
防腐剂	0.01～1	0.01～1
pH 调节剂	0.01～2	0.01～2
香精和色素	0.01～1	0.01～1
水	加至 100	加至 100

制备方法

（1）植物型表面活性剂溶解：将质量分数为 2%～10%的间十五烯基酚聚氧乙烯醚硫酸盐和 2%～12%的间十五烯基酚聚氧乙烯聚氧丙烯醚磺基琥珀酸酯两种组分分别加入反应容器中，边加热边进行搅拌混合（搅拌状态下从室温加热至50℃，然后维持温度恒定，再搅拌 30～45min），然后加入配方量的水，继续搅拌形成均匀的透明溶液；

（2）原料混合：待步骤（1）中得到的溶液冷却至常温后，先向其中加入十二烷基硫酸钠，搅拌溶解并形成均匀的透明溶液，再加入螯合剂，搅拌溶解并形成均匀的透明溶液；

（3）调节 pH 值：向步骤（2）得到的混合溶液中加 pH 调节剂，使混合溶液的 pH 值在 6.5～7.5 之间；

（4）防腐及调色处理：向步骤（3）中调节 pH 值后的混合溶液中加入防腐剂和香精及色素，搅拌均匀，得到低黏度透明液体。

原料介绍 所述植物型表面活性剂包括间十五烯基酚聚氧乙烯醚硫酸盐和间十五烯基酚聚氧乙烯聚氧丙烯醚磺基琥珀酸酯。

所述螯合剂为乙二胺四乙酸或乙二胺四乙酸钠盐以任意比例的混合物。

所述酸碱调节剂为柠檬酸、氢氧化钾或氢氧化钠的水溶液。

产品特性　本品通过在配方中添加环境友好型植物表面活性剂，在保证洗衣液出色的去污能力的前提下，赋予其低泡、低黏度和可生物降解的性能，有效降低了洗衣液的漂洗难度，有助于节约水资源。

配方 13　低泡洗衣液

原料配比

原料	配比（质量份）		
	1#	2#	3#
甘油	5	2	3
烷基糖苷	20	10	15
椰子油脂肪酸二乙醇酰胺	5	2	3
酰基丙基甜菜碱	20	10	15
脂肪醇聚氧乙烯醚	10	6	8
十六醇	15	5	10
去离子水	60	40	50

制备方法　将各组分原料混合均匀即可。

产品特性　本品洗衣液去污力可达到国家标准要求，低泡，易漂洗，节水节能，且洗涤后的衣物清洁度高。

配方 14　低泡易漂洗环保洗衣液

原料配比

原料	配比（质量份）	
	1#	2#
柠檬香精	1	8
脂肪醇聚氧乙烯醚	2	9
椰油酰胺丙基甜菜碱	6	12
乳化剂	4	13
烷基多苷	0.9	1.5
椰子油脂肪酸二乙醇酰胺	0.5	1.5
皂基	0.05	3.5
二甲基聚硅氧烷	1	5
水	50	60

制备方法 将各组分原料混合均匀即可。

产品特性 本品味道清香，泡沫少，易漂洗。

配方 15 低泡易漂洗型洗衣液

原料配比

原料	配比（质量份）				
	1#	2#	3#	4#	5#
LAS	20	12	18	20	20
CMEE-8	7.5	5	5	9	—
CMEE-15	1.5	2	1.5	—	9
花生酸	1.5	1.8	1	1.5	1.5
棕榈酸	0.5	0.6	0.5	0.5	0.5
氯化钠	1	1.5	0.8	1	1
氢氧化钾	1	0.8	0.5	1	1
甲基异噻唑啉酮	0.2	0.3	0.1	0.2	0.2
EDTA-2Na	0.1	0.2	0.5	0.1	0.1
柠檬酸钠	0.3	0.2	0.1	0.3	0.3
去离子水	加至 100	加至 100	加至 100	加至 100	加至 100

制备方法

（1）取配方量的去离子水加入搅拌锅内，加热至 50～60℃，加入氢氧化钾，搅拌均匀，加入饱和脂肪酸，搅拌至溶解。

（2）继续依次加入 LAS 和椰油酸甲酯乙氧基化物，搅拌至溶解，加入 pH 调节剂调节物料 pH 值；降温至 40～45℃，加入增稠剂、防腐剂和螯合剂，搅拌均匀，出料。

原料介绍 所述饱和脂肪酸选自花生酸、棕榈酸和月桂酸。

所述椰油酸甲酯乙氧基化物选自 CMEE-8 和 CMEE-15。

所述增稠剂为氯化钠；所述防腐剂选自甲基异噻唑啉酮、甲基氯异噻唑啉酮和卡松。

所述螯合剂选自 EDTA-2Na 和 EDTA-4Na。

所述 pH 调节剂为柠檬酸或柠檬酸钠。

产品特性

（1）本品通过加入饱和脂肪酸达到低泡的效果，同时采用椰油酸甲酯乙氧基化物与饱和脂肪酸盐复配，显著改善了洗衣液的易漂性，符合低泡易漂洗的需求。

（2）本品通过加入两种不同 EO 数的 CMEE 与 LAS 复配，克服了单一 CMEE 与 LAS 混合后去污力低于单加 LAS 的技术难题，制备得到的洗衣液去污力强，对各种污迹均具备良好的去除力，且具备一定抗污迹再沉淀效果。

配方 16 低温具有良好流动状态的洗衣液

原料配比

原料	配比（质量份）								
	1#	2#	3#	4#	5#	6#	7#	8#	9#
阴离子表面活性剂	7.5	5	3.75	3.33	3	3.75	3.75	3.75	3.75
AES	7.5	10	11.25	11.67	12	3.75	5.63	7.5	—
AOS	—	—	—	—	—	7.5	5.635	3.75	11.25
脂肪酸皂	—	1	3	0.5	—	1	2	2.5	—
非离子表面活性剂	—	2	3	4	5	2.5	3.5	4.5	—
防腐剂	适量	适量	适量	适量	适量	适量	适量	适量	适量
NaCl	适量	适量	适量	适量	适量	适量	适量	适量	适量
水	加至100	加至100	加至100	加至100	加至100	加至100	加至100	加至100	加至100

制备方法 将各组分原料混合均匀即可。

原料介绍 阴离子表面活性剂为直链烷基苯磺酸异丙胺盐与脂肪醇聚氧乙烯醚硫酸钠和/或 α-烯基磺酸钠的复配物。

所述非离子表面活性剂可为烷基醇聚氧乙烯醚、油脂乙氧基化物、脂肪酸甲酯乙氧基化物中的一种或多种。所述的烷基醇聚氧乙烯醚选自巴斯夫的 Lutensol TO-10、Lutensol TO-8、Lutensol XP-80、Lutensol XL-80，以及陶氏化学的 SA-9、SA-7、EH-9、EH-7。所述的脂肪酸甲酯乙氧基化物为亨斯迈的 TERIC ME240-60。所述的油脂乙氧基化物为中国日化院的 SOE-60。

产品特性 本品降低了产品中烷基苯磺酸盐的含量，可大比例地应用 AES，生产成本较低；产品在低温状态下具有良好的流动状态，不会出现果冻现象，且容易增稠。

配方 17 低用量浓缩洗衣液

原料配比

原料		配比（质量份）			
		1#	2#	3#	4#
氨基酸类表面活性剂		20	20	20	5
天然表面活性剂		10	10	10	20
液体酶制剂		0.5	0.5	0.5	0.8
天然柔顺成分	小麦蛋白改性产物	1	0.5	—	—
	蚕丝蛋白改性产物	—	—	0.3	0.5
螯合剂	谷氨酸二乙酸四钠	0.5	0.5	0.5	0.5
防腐剂	辛酰羟肟酸	0.5	0.2	0.2	0.5
香精		0.05	0.05	0.05	0.2
有机溶剂	丙二醇	2	2	2	5
柠檬酸		适量，将 pH 值调整至 7.5 即可	适量，将 pH 值调整至 8 即可	适量，将 pH 值调整至 7 即可	适量，将 pH 值调整至 6 即可
去离子水		加至 100	加至 100	加至 100	加至 100
氨基酸类表面活性剂	椰油酰谷氨酸钠	10	10	10	—
	油酰谷氨酸钠	10	—	—	—
	椰油酰丙氨酸钠	—	10	10	5
天然表面活性剂	椰油基烷基葡糖苷	5	—	—	—
	椰油酰胺丙基甜菜碱	3	—	—	—
	椰油酸钠	2	—	—	—
	$C_8 \sim C_{14}$ 烷基葡糖苷	—	10	—	—
	癸基葡糖苷	—	—	10	20

制备方法 将配方量的氨基酸类表面活性剂、天然表面活性剂、液体酶制剂、天然柔顺成分和去离子水以及任选的柠檬酸、螯合剂、防腐剂、香精和有机溶剂混合均匀，得到所述浓缩洗衣液。pH 值为 6~8。

原料介绍 所述液体酶制剂选自蛋白酶、纤维素酶、淀粉酶、脂肪酶、果胶酶或甘露聚糖酶中的任意一种或至少两种的组合。

所述天然柔顺成分选自小麦蛋白提取物、蚕丝蛋白提取物、小麦蛋白改性产物、蚕丝蛋白改性产物、褐藻多糖、墨藻多糖和银耳多糖中的任意一种或至少两种的组合。

产品特性

（1）本品中含有的氨基酸类表面活性剂较其他普通表面活性剂更亲肤，不伤手，手洗机洗皆可。同时氨基酸类表面活性剂与其他天然表面活性剂的配合使用，一方面可以避免二噁烷在洗衣液中的存留，洗后衣物更健康；另一方面，可以增加本品提供的浓缩洗衣液的去污能力。本品添加液体酶制剂和天然柔顺成分，二者协同增效，可以达到护衣护色，洗后衣物柔软柔顺的效果。

（2）本品的使用量较低，去污能力较好，且洗后的衣物柔软度、柔顺度明显增强；尤其是对奶渍、血渍、豆浆等蛋白类污渍，去污效果非常好。

配方 18　对环境友好的洗衣液

原料配比

原料	配比（质量份）					
	1#	2#	3#	4#	5#	6#
脂肪酸甲酯乙氧基化物磺酸钠	5	7	8	6	10	9
烷基糖苷	4	6	4	4	4	5
直链烷基苯磺酸钠	8	6	5	8	3	4
碳酸钠	1	1.5	1.6	1.2	1.5	1.2
硅酸钠	1	0.6	0.7	0.6	0.8	1
乙二胺四乙酸二钠	0.5	0.2	0.15	0.3	0.4	0.3
氯化钠	0.1	0.2	0.2	0.2	0.25	0.2
香精	0.3	0.2	0.4	0.4	0.5	0.5
卡松	0.2	0.2	0.1	0.1	0.15	0.1
去离子水	79.9	78.1	79.45	79.2	79.4	78.7

制备方法　将各组分原料混合均匀即可。

产品特性　本品采用新型阴/非离子表面活性剂脂肪酸甲酯乙氧基化物磺酸钠（FMES）以及非离子表面活性剂烷基糖苷（APG）为主要原料，经复配得到的洗衣液去污性能优异且原料易降解。产品澄清透亮，去污效果明显，在相同用量的条件下，去污能力强于国家标准洗衣液，且所使用原料的生物降解性能好，对人体、环境无危害。

配方 19 防串色洗衣液

原料配比

原料		配比（质量份）				
		1#	2#	3#	4#	5#
表面活性剂	脂肪醇聚氧乙烯醚硫酸钠（AES）	20	—	10	—	—
	烷基糖苷	5	—	—	10	10
	脂肪醇聚氧乙烯（9）醚	5	—	—	11	10
	脂肪醇聚氧乙烯（7）醚	—	10	—	—	—
	脂肪酸甲酯磺酸钠	—	7	—	—	—
	烷基酰胺甜菜碱	—	8	—	—	—
	脂肪酸二乙醇酰胺	—	—	3	—	—
	异构十三醇聚氧乙烯醚	3	—	8	—	—
	异构十醇聚氧乙烯醚	—	5	—	—	—
抗再沉积剂	改性丙烯酸聚合物（Acusol 845）	4	—	4	4	—
	改性丙烯酸聚合物（TexCare SRN）	—	3	—	—	3
护色剂	脂肪酸聚胺衍生物	2	2	4	5	2
液体酶	液体复合酶	0.5	0.3	—	0.5	—
	液体蛋白酶	—	—	0.3	—	0.3
	液体脂肪酶	—	—	0.2	—	—
	液体纤维素酶	—	0.3	0.2	—	0.3
螯合剂	甲基甘氨酸二乙酸四钠	0.5	—	0.3	0.5	—
	乙二胺四乙酸钠盐	—	0.2	—	—	0.2
	MDM 乙内酰脲	—	0.1	—	—	0.1
	甲基氯异噻唑啉酮	0.1	—	0.2	0.1	—
香精	薰衣草精油	0.1	—	—	0.1	—
	依兰精油	—	0.2	—	—	0.2
	茶树精油	—	—	0.2	—	—
增稠剂	氯化钠	1	1.5	2	1	1.5
	去离子水	68.8	62.4	67.6	68.8	62.4

制备方法

（1）在反应釜中依次加入去离子水、主表面活性剂，搅拌并升温至 50～60℃，再加入辅表面活性剂，搅拌使之溶解，搅拌时间 30～40min，转速 60r/min；

（2）降温至 30℃以下，依次加入抗再沉积剂、护色剂、液体酶、螯合剂、香精，搅拌使之溶解后加入增稠剂，搅拌时间 10～20min，转速 60r/min；

（3）用 300 目滤网过滤后包装。

原料介绍　所述表面活性剂包括主表面活性剂和辅表面活性剂。所述主表面活性剂选自脂肪醇聚氧乙烯醚硫酸钠、脂肪酸甲酯磺酸钠、烷基糖苷、烷基酰胺甜菜碱和脂肪酸二乙醇酰胺中的至少一种；所述辅表面活性剂为脂肪醇聚氧乙烯（7）醚、脂肪醇聚氧乙烯（9）醚和异构醇聚氧乙烯醚中的至少一种。

产品特性　本品的特点在于液体酶能够轻松去除织物上的特殊污渍，为中性，刺激性低，不伤衣物不伤手；添加护色剂，有效防止衣物褪色；添加抗再沉积剂，防止衣物变黄发灰，阻止衣物间串色；表面活性剂采用主表面活性剂和辅表面活性剂共同配合且添加异构醇醚非离子表面活性剂，洗涤时泡沫丰富，易漂洗。本产品中，真正起到作用的成分为护色剂、抗再沉积剂、包含异构醇醚的主辅表面活性剂体系。护色剂和抗再沉积剂起到护色和防串色的作用，包含异构醇醚的主辅表面活性剂体系起到低泡易漂洗的作用。

配方 20　防起皱收缩洗衣液

原料配比

原料	配比（质量份）									
	1#	2#	3#	4#	5#	6#	7#	8#	9#	10#
改性膨润土	0.2	1	0.4	0.8	0.6	0.6	0.6	0.6	0.6	0.6
椰油酸二乙醇酰胺	15	18	16	17	16.5	16.5	16.5	16.5	16.5	16.5
脂肪酸甲酯乙氧基化物	12	15	13	13.5	14	14	14	14	14	14
脂肪醇聚氧乙烯醚硫酸钠	15	20	16	18	17	17	17	17	17	17
平均粒径为 50nm 的纳米 ZnO	0.5	1	0.6	0.7	0.6	0.6	0.6	0.6	0.6	0.6
丝胶	0.8	1.2	0.8	0.9	1	1	1	1	1	1
聚氨酯	0.5	0.7	0.6	0.7	0.8	0.8	0.8	0.8	0.8	0.8
2,4-二羟基二苯甲酮	1	1.8	1.5	1.8	2	2	2	2	2	2
二氯化锡	—	—	—	—	—	0.06	0.07	0.08	—	—

续表

原料		配比（质量份）									
		1#	2#	3#	4#	5#	6#	7#	8#	9#	10#
去离子水		加至100	加至100	加至100	加至100	加至100	加至100	加至100	加至100	加至100	加至100
改性膨润土	膨润土	1	1	1	1	1	1	1	1	1	1
	十二烷基三甲基溴化铵	1	1	1	1	1	1	1	1	1.5	2

制备方法 将各组分原料混合均匀即可。

产品特性 本品配方合理，成本较低，去污能力强，不仅能有效避免衣物起皱收缩，同时还能有效缓解衣物泛黄现象，并通过聚氨酯、丝胶以及衣物纤维之间发生化学交联反应，形成网状结构来提高衣物的抗皱和抗收缩能力。

配方 21 复合洗衣液

原料配比

原料		配比（质量份）						
		1#	2#	3#	4#	5#	6#	7#
丙烯醇聚氧乙烯醚硫酸酯盐	丙烯醇聚氧乙烯醚硫酸钠	5	7.5	10	12.5	15	17.5	20
双烷基化壳聚糖硫酸酯盐	N,N-双十烷基壳聚糖硫酸钠	3	—	3	9	—	4.5	6
	N,N-双十二烷基壳聚糖硫酸钠	—	5	6	—	11	7.5	9
非离子表面活性剂	烷基糖苷	5	—	5	—	15	7.5	10
	醇醚糖苷	—	6	5	12.5	—	7.5	10
皂角提取液		9	10	11	12	13	14	15
柠檬香精		2	2.5	3	3.5	4	4.5	5
硅酸钠		0.9	1	1.1	1.2	1.3	1.4	1.5
抗再沉积剂	羧甲基纤维素钠	1	1.25	1.5	1.75	2	2.25	2.5
螯合剂	乙二胺四乙酸四钠	0.25	0.5	0.75	1	1.25	1.5	1.75
去离子水		74.85	66.25	53.65	46.55	37.45	31.85	34.25

制备方法 将去离子水加入反应釜中，将其温度加热至 60℃，加入皂角提取液，搅拌至完全溶解；随后升温到 70～95℃加入丙烯醇聚氧乙烯醚硫酸酯盐、双烷基化壳聚糖硫酸酯盐、非离子表面活性剂，搅拌直至全部溶解；冷却后加入柠

檬香精、硅酸钠、抗再沉积剂、螯合剂，调 pH 值在 6～7，静置即可得到高效环保型复合洗衣液。

产品特性 本品利用丙烯醇聚氧乙烯醚硫酸酯盐和双烷基化壳聚糖硫酸酯盐的多功能性来制备环保型复合洗衣液。丙烯醇聚氧乙烯醚硫酸酯盐通过在碳链上引入双键，有效改善了产品的低温洗涤性能，且低刺激、可生物降解，从而代替传统的脂肪醇聚氧乙烯醚硫酸酯盐。双烷基化壳聚糖硫酸酯盐属于低泡型表面活性剂，将其引入洗衣液配方中可减少产品的泡沫量，减少水资源的消耗。将丙烯醇聚氧乙烯醚硫酸酯盐和双烷基化壳聚糖硫酸酯盐复配用于环保型复合洗衣液，有利于节能降耗，符合人们对洗衣液节水、节能、高效、安全、环保的要求。

配方 22 改良的洗衣液

原料配比

原料	配比（质量份）		
	1#	2#	3#
十二烷基苯磺酸钠	5	15	10
脂肪醇聚氧乙烯醚	20	40	30
去污粉	5	15	10
柚子皮粉	5	12	7
甘油	0.5	2	1.5
羟乙基纤维素	0.5	2	1
去离子水	30	90	60

制备方法 将各组分原料混合均匀即可。

产品特性 该种洗衣液以脂肪醇聚氧乙烯醚为主要成分，又适当增加了十二烷基苯磺酸钠、去污粉、柚子皮粉、甘油、羟乙基纤维素、去离子水等助剂，可快速将污渍去除，去污力强，安全温和，不伤手。

配方 23 高浓缩洗衣液

原料配比

原料	配比（质量份）			
	1#	2#	3#	4#
环保型溶剂	1	20	10	10

续表

原料		配比（质量份）			
		1#	2#	3#	4#
C_{12}～C_{15}烷醇聚醚硫酸钠		20	25	22	22
C_{12}～C_{13}链烷醇聚醚		10	40	25	25
C_{12}～C_{14}烯烃磺酸钠		10	20	15	15
柠檬酸钠		—	2	1	1
水		25	40	40	40
香精		—	2	1	1
甲基异噻唑啉酮		—	0.2	0.1	0.1
柠檬酸		—	—	1	1
环保型溶剂	异己二醇	10	10	10	10
	碳酸二乙基己酯	1	1	1	1
C_{12}～C_{13}链烷醇聚醚	C_{12}～C_{13}链烷醇聚醚-9	20	20	25	15
	C_{12}～C_{13}链烷醇聚醚-7	15	15	10	10
	C_{12}～C_{13}链烷醇聚醚-3	3	3	1	2

制备方法　将配方量的环保型溶剂、C_{12}～C_{14}烯烃磺酸钠、C_{12}～C_{13}链烷醇聚醚、C_{12}～C_{15}烷醇聚醚硫酸钠加入水中，搅拌均匀后加入柠檬酸钠、香精、甲基异噻唑啉酮、柠檬酸。

产品特性　本品生产过程中不易产生凝胶，所使用的环保型溶剂及其他主要成分及辅料，在废水处理过程中均可以有效地生物降解，对水生物不具有毒性，对环境安全。该浓缩型洗衣液在使用过程中具有易分散溶解、作用时间短、使用方便、用量少、刺激性小、去污能力强、对人体无伤害等优点；适合民用及公共场所广泛使用。

配方 24　高渗透高活性洗衣液

原料配比

原料	配比（质量份）		
	1#	2#	3#
仲烷基磺酸钠（SAS）	18	30	24
AEO-9	7.5	12	10
K12	7.5	2	10
混合脂肪酸钠皂	2	5	4
香精	1	2.5	1.5

原料		配比（质量份）		
		1#	2#	3#
柠檬酸钠		1	2.5	1.5
碱性蛋白酶		—	1	0.5
氯化钠		—	1	0.5
防腐剂		适量	适量	适量
去离子水		加至100	加至100	加至100
磷酸化银耳多糖	银耳粉末	2	2	2
	纯化多糖	0.4	0.4	0.4
	二甲亚砜	20（体积份）	20（体积份）	20（体积份）
	尿素	7.2	7.2	7.2
	磷酸	3（体积份）	3（体积份）	3（体积份）
	去离子水	4（体积份）	4（体积份）	4（体积份）

制备方法

（1）向配料锅中加入去离子水，边搅拌边加热至65℃，加入仲烷基磺酸钠（SAS）、AEO-9，待溶解分散均匀后，继续搅拌30min，形成混合溶液一；

（2）将K12、混合脂肪酸钠皂在40~50℃的温度下搅拌至完全溶解，形成混合溶液二备用；

（3）将步骤（1）中配料锅内的混合溶液一温度降至室温，加入步骤（2）制备的混合溶液二，搅拌15min，然后加入香精至完全溶解均匀，形成混合溶液三；

（4）用柠檬酸钠对混合溶液三pH值进行调节，然后边搅拌边加入碱性蛋白酶，再加入氯化钠调节溶液的黏度，搅拌25~35min，过滤，最后加入磷酸化银耳多糖和防腐剂，搅拌25~35min，过滤，即得高活性物洗衣液。溶液pH值调节至7~9。过滤是采用200目的滤网过滤。

原料介绍 所述混合脂肪酸钠皂的制备方法为：将月桂酸45~60份、肉豆蔻酸12~20份、棕榈酸5~10份、油酸10~15份进行混合反应，形成混合脂肪酸，然后再将混合脂肪酸与氢氧化钠反应，制备成混合脂肪酸钠皂。

所述磷酸化银耳多糖制备步骤为：银耳→粉碎→热水浸提→过滤→上清液真空浓缩→乙醇沉淀→静置过夜→离心、烘干→粗多糖→纯化→磷酸修饰。具体的制备方法为：取2质量份银耳粉末置于锥形瓶中，加400体积份去离子水，于90℃恒温水浴箱中提取8h；过滤收集上清液，残渣再加400体积份去离子水之后，重复提取一次，收集上清液；合并两次收集的上清液，通过旋转蒸发器浓缩制成浓缩液，旋转蒸发的温度为60℃，旋转速度为85r/min；取浓缩液，加入三倍体积无水乙醇，搅拌后于4℃冰箱中静置过夜；再以转速为3500r/min，离心5min，离心操作完成后收集沉淀物，于 50℃烘箱中烘干，即得到银耳粗多糖。然后再取 0.1 质量份银耳粗多糖溶于 100 体积份去离子水中，上样于 DEAE-纤维素色谱柱中，用去离子水、0.1mol/L NaCl、0.3mol/L NaCl、0.5mol/L NaCl 溶液依次分阶段洗脱，流速为 1mL/min，分别收集洗脱液，每管 10mL；再取 0.1mol/L NaCl、0.3mol/L NaCl 溶液的洗脱液，通过旋转蒸发器浓缩制成浓缩液，旋转蒸发器的温度为 60℃，旋转速度为 85r/min，用去离子水透析 3d，冷冻干燥 2d，得到纯化的银耳多糖；然后再取 0.4 质量份的纯化多糖加入 20 体积份的二甲亚砜中，混合后于 60℃加热 60min 使其溶解；随后加入 7.2 质量份的尿素和 3 体积份的磷酸；反应混合物于 80℃反应 4h 后，加入 4 体积份的去离子水终止反应，得到反应液；用 1mol/L NaOH 溶液中和所得的反应液，蒸馏水透析 3d 后，通过旋转蒸发器浓缩制成浓缩液，旋转蒸发器的温度为 60℃，旋转速度为 85r/min，最后将浓缩液冷冻干燥得到磷酸化银耳多糖。

产品特性　本品工艺简单、成本较低，具有去血渍、护衣护手的功效；活性较高的活性物，强效的配方，使得污渍更容易去除；洗后衣物干净蓬松，香气更加持久，同时添加天然提取成分可以提高产品的抗氧化性、有效防霉。

配方 25　高效安全洗衣液

原料配比

原料	配比（质量份）							
	1#	2#	3#	4#	5#	6#	7#	8#
皂角	9	12	10	12	16	14	15	8
杀菌提取物	11	14	12	15	20	17	19	20
天然酵素	5	12	6	12	16	13	14	4
阳离子调理剂	9	10	10	10	12	10	10	12
非离子表面活性剂	7	8	8	8	10	7	8	10
羟乙基纤维素	7	7	7	7	8	7	7	6
环氧丙烷改性氨基硅油	5	5	5	6	7	5	6	7
甜菜红	4	5	6	6	7	4	6	7
硬脂酸甘油酯	7	8	8	11	12	7	11	12
泡叶藻提取物	0.6	1.5	1.5	2.1	2.5	2	2.3	2.5
柠檬酸	0.07	0.08	0.09	0.09	0.1	0.09	0.08	0.1
氯化钠	2	2	2	2	3	2	2.8	3

续表

原料		配比（质量份）							
		1#	2#	3#	4#	5#	6#	7#	8#
防腐剂		2	3	2	2	5	2	4	5
香精		4	4	4	3	5	4	4.5	5
甘油		4	5	4	3	7	4	6	7
水		60	75	55	80	70	65	75	80
杀菌提取物	菊花提取液	1	1	1	1	1	1	1	1
	金银花提取液	1.2	2	2	1.5	1.8	1.2	1.8	2

制备方法 将水加入电加热真空搅拌器中，常压加热到 70～80℃；加入皂角，再加入阳离子调理剂、非离子表面活性剂、羟乙基纤维素、环氧丙烷改性氨基硅油、硬脂酸甘油酯搅拌，转速为 30～40r/min，搅拌时间为 20～30min；再加入杀菌提取物、泡叶藻提取物恒温搅拌，转速为 15～25r/min，搅拌时间为 10～20min；再加入甘油、香精、天然酵素、天然色素、柠檬酸、防腐剂、氯化钠搅拌，转速为 45～65r/min，搅拌 20～30min 即可。

原料介绍 所述天然色素为甜菜红。

产品特性 本品具有高效、安全、去油效果好等优点。

配方 26 高效清洁洗衣液

原料配比

原料	配比（质量份）
十二烷基苯磺酸钠	17
脂肪醇聚氧乙烯醚硫酸钠	10
脂肪醇聚氧乙烯醚	10
枧油	5
盐基黄染料	1
柠檬酸钠	1
蒸馏水	加至 100

制备方法 取十二烷基苯磺酸钠、脂肪醇聚氧乙烯醚硫酸钠、脂肪醇聚氧乙烯醚混匀。再把枧油和蒸馏水加入其中，搅拌至形成淡黄色胶状透明液为止，然后加入盐基黄染料和柠檬酸钠，混匀后即成。

产品特性 本品具有高效的去污能力，其去污指数大于 1.4。

配方 27 高效去污洗衣液（一）

原料配比

原料	配比（质量份）	
	1#	2#
表面活性剂	19	14
二甲苯磺酸钠	1.5	0.5
氢氧化钠	3	2
羧甲基纤维素钠（CMC）	1.5	0.5
EDTA-2Na	0.5	0.2
四乙酰乙二胺（TAED）	2.5	1
过碳酸钠	2.5	2
去离子水	80	66

制备方法 将各组分原料混合均匀即可。

原料介绍 所述表面活性剂为非离子表面活性剂椰子油脂肪酸二乙醇酰胺和椰子油烷醇酰胺磷酸酯盐中的至少一种。

产品特性 本品去污能力强，且不伤手不伤衣。

配方 28 高效去污洗衣液（二）

原料配比

原料	配比（质量份）	
	1#	2#
脂肪醇聚氧乙烯醚	20	30
固色剂	2	3
椰子油脂肪酸二乙醇酰胺	0.5	1
焦磷酸钾	0.8	1.2
月桂酰胺丙基甜菜碱	3	5
羟甲基纤维素钠	0.2	0.6
烷基糖苷	1	2
香精	1	2
水	加至 100	加至 100

制备方法 将各组分原料混合均匀即可。

产品特性 本品制作工艺简单，能高效去污、抑菌，对衣物有固色作用。

配方 29 高效去油洗衣液

原料配比

原料	配比（质量份）			
	1#	2#	3#	4#
甘油	5	11	6	7
大蒜提取液	11	15	12	15
皂基	20	30	27	28
杀菌剂	5	11	7	9
水	加至 100	加至 100	加至 100	加至 100

制备方法 将各组分原料混合均匀即可。

产品特性

（1）该技术方案成本较低，成分来源广泛；

（2）长时间使用后，对皮肤和衣服并没有腐蚀性，去油去污能力较强，满足消费者的需要；

（3）该技术方案所述的洗衣液污水排出后，不会造成二次污染，便于进一步推广应用；

（4）该技术方案中添加了大蒜提取液，起到杀菌的作用，对预防疾病起到一定的效果。

配方 30 高效洗衣液

原料配比

原料	配比（质量份）		
	1#	2#	3#
70%脂肪醇聚氧乙烯醚硫酸钠	5	20	10
直链烷基苯磺酸	3	15	5
脂肪醇聚氧乙烯醚	3	6	4
35%椰油酰胺丙基甜菜碱	3	8	5
17%月桂酸钾水溶液	3	10	6
5%油酸钾水溶液	3	10	6
氢氧化钠	1	10	2
复合酶	0.1	2	0.5
防腐剂	0.05	0.2	0.1

续表

原料		配比（质量份）		
		1#	2#	3#
乙二胺四乙酸二钠		0.1	0.5	0.1
柠檬酸		0.05	0.5	0.1
氯化钠		0.5	3	1.5
香精		0.15	0.5	0.35
去离子水		78.05	14.3	59.35
防腐剂	5-氯-2-甲基-4-异噻唑啉-3-酮	3	3～5	4
	2-甲基-4-异噻唑啉-3-酮	10	8～10	9
复合酶	蛋白酶	4	7	5
	脂肪酶	4	2	3
	淀粉酶	6	4	5
	纤维素酶	3	1	2

制备方法

（1）取去离子水总质量的 95%，加入直链烷基苯磺酸和氢氧化钠预先中和，待反应完全依次加入乙二胺四乙酸二钠、70%脂肪醇聚氧乙烯醚硫酸钠、脂肪醇聚氧乙烯醚、35%椰油酰胺丙基甜菜碱、17%月桂酸钾水溶液、5%油酸钾水溶液，搅拌至完全溶解，得均匀体系；

（2）向步骤（1）所得均匀体系中加入复合酶、防腐剂、柠檬酸、氯化钠、香精，搅拌至体系均匀，加入剩余量的去离子水，搅拌均匀调节 pH 值至 7.5～8.5，即得。

原料介绍 所述蛋白酶为微胶囊化蛋白酶。

所述微胶囊化蛋白酶的制备方法为：

（1）向蛋白酶中加入质量分数为 2%的阿拉伯胶水溶液（阿拉伯胶水溶液与蛋白酶的质量比为 5∶1），得阿拉伯胶-蛋白酶溶液；

（2）将壳聚糖溶于质量分数为 6%的乙酸水溶液中，配制成质量分数为 1.2%的壳聚糖乙酸溶液，加入氯化钙（氯化钙的加入量为上述壳聚糖质量的 1/10），搅拌至完全溶解，得壳聚糖-氯化钙溶液；

（3）将步骤（2）所得壳聚糖-氯化钙溶液加入步骤（1）所得阿拉伯胶-蛋白酶溶液中，且壳聚糖-氯化钙溶液与阿拉伯胶-蛋白酶溶液的质量比为 1∶5，搅拌均匀，得混合液；

（4）将步骤（3）所得混合液干燥，粉碎，即得。

产品特性

（1）本品采用多种表面活性剂复配，在不添加额外的杀菌剂的情况下，达到除菌目的，具有良好的抑菌杀菌和去污功能，易生物降解，安全性高，无污染。

（2）本品采用复合酶来提升整体的去污力。本品中的复合酶能有效去除蛋白类、淀粉类、油脂类污渍，同时作用于棉纤维，有抗污渍的再沉积、去毛球、维护织物颜色等功能。另外，本品将蛋白酶进行了微胶囊化，使之与其他酶隔离，且具有良好的配伍性，保持复合酶体系的稳定性，以保证复合酶的活力，使所得产品具有优异去污能力的同时高效稳定。

（3）本品无刺激，洗后无碱性残留，不会导致皮肤过敏等症状，对织物也不会有损伤。

配方 31 高性能的环保型洗衣液

原料配比

原料		配比（质量份）		
		1#	2#	3#
皂粉		24	28	26
有机膨润土		14	16	15
表面活性剂		28	32	30
羟乙基纤维素		26	28	27
中药提取物		20	24	22
二氧化硅微球		16	18	17
生物酶		8	10	9
精油		1	3	2
去离子水		12	14	13
表面活性剂	二辛基琥珀磺酸钠	7	7	7
	月桂醇硫酸钠	3	3	3
中药提取物	白芍	7	11	9
	五味子	5	9	7
	乌梅	3	5	4
	麻黄	1	1	1
	水	适量	适量	适量
精油	玫瑰精油	2	2	2
	薄荷精油	1	1	1

制备方法

（1）按要求称量各组分原料。

（2）将羟乙基纤维素、中药提取物、皂粉、有机膨润土、去离子水按顺序依

145

次加入高速搅拌机中，搅拌转速为 100～110r/min，搅拌时间为 35～45min，得到混合物 A；将制得的混合物 A、二氧化硅微球送入反应釜中，反应温度为 55～65℃，反应时间为 1～2h，得到混合物 B。

（3）将步骤（2）中制得的混合物 B、表面活性剂、生物酶、精油按顺序依次加入高速混合机中，搅拌转速为 350～450r/min，搅拌时间为 45～55min，即得高性能的环保型洗衣液。

产品特性

（1）本品通过加入二氧化硅微球作为载体，二氧化硅微球比表面积大，将中药提取物成分吸附在表面，作用于衣服，起到杀菌效果；加入的生物酶可以起到去污作用；羟乙基纤维素可以将原料分散开，生物酶可以充分地融入原料中，进一步提高去污能力。

（2）本品杀菌消毒性能优异，同时具有优异的去污能力，此外绿色环保，无污染。

配方 32 高黏度洗衣液

原料配比

原料		配比（质量份）				
		1#	2#	3#	4#	5#
非离子表面活性剂	脂肪醇聚氧乙烯（7）醚（AEO-7）	6	5	10	5	6
	脂肪醇聚氧乙烯（9）醚（AEO-9）	—	3	8	5	6
	烷基糖苷（APG 1214）	6	—	—	—	—
	异构醇醚（XL-80）	—	3	—	—	—
阳离子表面活性剂	聚六亚甲基双胍盐酸盐（IB）	—	—	5	5	5
	十二烷基二甲基苄基氯化铵（1227）	4	8	—	—	—
	N,N-二癸基-N,N-二甲基氯化铵（2280）	4	—	—	—	—
两性离子表面活性剂	椰油酰胺丙基甜菜碱（CAB-35）	—	—	—	—	1
阴离子表面活性剂	脂肪醇聚氧乙烯醚羧酸钠（AEC-9Na）	—	—	—	4	—
增稠剂	脂肪醇聚氧乙烯醚丙烯酸共聚物（AMS-95）	4	3	1.5	2	6
	羧甲基纤维素	1	1	0.5	2	2
酵素	蛋白酵素	—	0.2	—	—	—
	纤维酵素	—	—	0.5	—	—

续表

原料		配比（质量份）				
		1#	2#	3#	4#	5#
消泡剂	改性硅乳液消泡剂（Y-14865）	0.1	—	—	—	—
	聚醚消泡剂（LA-667）	—	0.1	0.1	0.1	0.1
防腐剂	卡松	—	—	—	0.2	—
香精		0.4	0.2	0.2	0.2	0.2
去离子水		加至 100	加至 100	加至 100	加至 100	加至 100

制备方法 将所述各表面活性剂溶解在去离子水中，然后加入增稠剂，搅拌至溶解，再加入液体洗涤剂中允许的其他辅料，去离子水补齐至 100%，过滤即得所述高黏度洗衣液。

产品特性 本品通过在非离子和阳离子体系中加入特定的增稠剂，得到具有较高黏度的洗衣液，并且去污力不会因黏度增加而降低，同时具有优异的杀菌力。本品制备方法简单，不需要特殊设备，有利于进行工业化生产。

配方 33 工业洗衣液

原料配比

原料	配比（质量份）		
	1#	2#	3#
脂肪醇醚硫酸钠盐	15	17	20
苯甲酸钠	20	25	30
表面活性剂	5	8	10
乙二胺四乙酸二钠	5	6	8
氯化钠	5	6	8
小苏打粉	10	11	12
增稠剂	6	8	10
柠檬酸提取物	5	8	10
天然皂粉	20	25	30
草本提取液	10	12	15

制备方法

（1）将脂肪醇醚硫酸钠盐、苯甲酸钠、乙二胺四乙酸二钠、氯化钠、轻苏打粉和天然皂粉在 60～70℃的环境下搅拌 10～15min，得到混合物 A；

（2）在混合物 A 中加入表面活性剂、柠檬酸提取物和草本提取液，升温至

70～80℃的环境下搅拌 5～10min，得到混合物 B；

（3）在混合物 B 中加入增稠剂，升温至 60～70℃的环境下搅拌 15～20min，得到所述洗衣液。

产品特性　本洗衣液能迅速分解油污，清洁能力强，而且没有磷残留，对环境友好；制备方法简单，只需要控制搅拌的温度和搅拌的时间，即可完成制备，便于推广。

配方 34　桂花洗衣液

原料配比

原料	配比（质量份）		
	1#	2#	3#
桂花精油	8	6	5
橄榄油	10	11	12
色素	4	3	2
非离子表面活性剂	5	6	7
全透明增稠粉	10	9	8
纳米除油乳化剂	6	7	8
防腐剂	0.3	0.2	0.1
去离子水	70	75	80

制备方法

（1）先向搅拌釜内加入桂花精油和橄榄油进行搅拌，搅拌时间为 10～20min，再将去离子水分 4～5 次加入搅拌釜，升温至 40～50℃；加入一次去离子水后搅拌 10min，直至将去离子水全部加入后再搅拌 10～20min。

（2）将搅拌釜内进行降温，降温后加入非离子表面活性剂进行搅拌，搅拌后进行静置 10～20min；降温温度为 15～20℃，搅拌时间为 30～40min。

（3）向搅拌釜内加入全透明增稠粉，升温至 45～55℃，然后进行搅拌，搅拌时间为 1.5～2.5h；全透明增稠粉分 5 次等量加入，每次加入全透明增稠粉后搅拌 30min，共搅拌 2.5h。

（4）先向搅拌釜内加入一半的纳米除油乳化剂，升温至 60℃，搅拌 45min后，静置 20～30min 后，再加入另一半的纳米除油乳化剂搅拌 45min。

（5）向搅拌釜内加入色素，升温至 65～70℃，搅拌 30min，再加入防腐剂搅拌 20min，成混合溶液。

（6）将上述步骤（5）中制成的混合溶液进行冷却处理，冷却至常温后出料。

原料介绍 所述非离子表面活性剂为高碳脂肪醇聚氧乙烯醚、脂肪酸甲酯乙氧基化物、醇醚磷酸盐和蔗糖酯中的任意一种。

所述桂花精油由金桂的花提炼萃取。

产品特性 本品中含有的桂花精油可以起到抗菌香薰的作用，洁净衣物的同时可以进行消毒杀菌，降低了洗衣成本，且桂花精油由天然桂花提取而成，天然环保无毒害。本品洁净污渍和杀菌效果较好，同时洗衣液不含磷易漂清，植物精油可以蓬松衣物，令衣物柔软、光滑亮泽，对衣物和皮肤伤害小，且本品的废液可以在自然界降解，不会造成水质污染。本品制备方法简单，生产成本较低。

配方 35 海藻洗衣液

原料配比

原料	配比（质量份）		
	1#	2#	3#
海藻提取液	45	35	55
柠檬精华	6	3	8
绿茶精华	9	6	12
甘油	4	3	6
甲壳素	5	3	6
海藻酸	3	2	4
十二烷基苯磺酸钠	7.5	5	10
羧甲基纤维素钠	2	1	3
去离子水	35	30	40
乙醇	15	10	20

制备方法

（1）将海藻提取液加入柠檬精华和绿茶精华中以 300～400r/min 的速度进行搅拌，得混合物 A。

（2）将甲壳素、十二烷基苯磺酸钠、羧甲基纤维素钠、去离子水和乙醇进行混合，缓慢搅拌均匀（搅拌速率为 200～300r/min），得混合物 B。

（3）将混合物 A 和混合物 B 进行混合，加入海藻酸，搅拌 10～15min 后，加入甘油搅拌均匀（搅拌速率为 600～700r/min），消毒杀菌后包装即得成品。

产品特性 本品中的海藻提取物是一种纯天然的海洋生物产品，所有的特征均来自这种特殊的海藻本身。它含有藻胶酸、粗蛋白、多种维生素、酶和微量元素。将这些活性物质与传统洗衣液相结合，制成具有一定清洁、保护、杀菌功效的海藻洗衣液，加工方式简单合理，抑制细菌滋生；洁净力和杀菌力同时作用，迅速带走污渍和细菌；抗氧化能力强，绿色环保；可有效修护衣服损伤，发泡快，低泡、易漂洗，无残留，护色亮彩，持久清香，深层洁净，温和无刺激，不伤手，成本低。

配方 36　含酶环保洗衣液

原料配比

原料		配比（质量份）				
		1#	2#	3#	4#	5#
十二烷基苯磺酸钠		8	8	8	8	8
椰油酰胺丙基甜菜碱		2	2	2	2	2
月桂醇硫酸酯铵盐		2	2	2	2	2
钾皂		5	5	5	5	5
甘油		2	2	2	2	2
螯合剂 EDTA-4Na		0.4	0.4	0.4	0.4	0.4
纤维素酶		0.3	0.3	0.3	0.3	0.3
中性蛋白酶		0.2	0.2	0.2	0.2	0.2
酶活性保护剂 2-羟甲基苯硼酸		6	6	6	6	6
吸附剂		—	3	3	3	3
清凉剂		—	—	3	3	3
水		加至 100	加至 100	加至 100	加至 100	加至 100
混合液 A	正硅酸乙酯	—	—	3	3	3
	3-氨基丙基三乙氧基硅烷	—	—	2	2	2
	乙醇	—	—	6	6	6
	水	—	—	10	10	10
混合液 B	单琥珀酸薄荷酯	—	—	3	10	—
	反式-对薄荷烷-3,8-二醇	—	—	7	—	10
	乙醇	—	—	60	60	60
清凉剂	混合液 A	—	—	5	5	5
	混合液 B	—	—	1	1	1

制备方法　按比例称取洗衣液各组分，将水加热至 60～80℃，100～500r/min 的转速搅拌条件下加入表面活性剂十二烷基苯磺酸钠、椰油酰胺丙基甜菜碱、月桂醇硫酸酯铵盐和钾皂，再加入酶活性保护剂和甘油，然后在 60～80℃下以 300～

800r/min 的转速搅拌 1～3h，降温至 30～40℃，加入螯合剂、纤维素酶、中性蛋白酶、吸附剂和清凉剂，在 30～40℃下以 300～500r/min 转速搅拌 20～60min，得到环保洗衣液。

原料介绍 所述吸附剂的制备方法如下：将 5～15 质量份尿素、8～24 质量份氢氧化钠加入 80～240 质量份水中，在 25～35℃下搅拌 20～60min，冷却至 -10～-5℃，加入 3～12 质量份纤维素，在 -10～-5℃下搅拌 2～8h，升温至 25～35℃，加入 0.2～2 质量份碳酸钠、5～20 质量份硅藻土，在 25～35℃下搅拌 20～60min，加入浓度为 0.5～5mol/L 的盐酸 0.5～5 体积份，在 25～35℃搅拌 38h，过 100～500 目筛，将滤饼用 30～100 质量份乙醇、30～100 质量份水冲洗后在 35～55℃下干燥 12～36h，将干燥所得产物、酒石酸、乙醇、水按质量比为（5～15）：（1～5）：（40～60）：（8～12）的比例混合均匀，在 25～35℃下搅拌 20～60min，在 50～80℃下干燥 12～36h，得到所述吸附剂。其中所述搅拌的转速均为 100～500r/min。

所述清凉剂的制备方法为：在 40～70℃水浴加热条件下，将正硅酸乙酯、3-氨基丙基三乙氧基硅烷、乙醇、水按质量比为（1～5）：（1～3）：（5～7）：10 混合均匀，得到混合液 A；在 40～70℃水浴加热条件下，将单琥珀酸薄荷酯、反式-对薄荷烷-3,8-二醇与乙醇按质量比为（1～10）：（6～10）：60 混合均匀，得到混合液 B；将混合液 A 与混合液 B 按质量比为 5：（1～3）混合均匀，然后在 25～35℃、相对湿度为 85%～90% 的环境中敞口放置 2～6h，形成凝胶，将凝胶离心，将离心所得沉淀在 35～70℃干燥 12～36h，粉碎后过 20～100 目筛，得到所述清凉剂。其中所述离心时的转速为 3000～10000r/min，离心时间为 20～60min。

产品特性

（1）洗衣液配方中含有大量的水，因此对于蛋白酶、纤维素酶来说，必须要有稳定剂以阻止酶在产品储存期内的分解。本品的酶活性保护剂和酶之间通过氢键作用结合，利于保持酶的稳定存活，在洗衣液被稀释时又能释放出酶，从而加强去污洗涤效果。

（2）本品中添加的吸附剂是纤维素和硅藻土的复合微粒，经过酒石酸改性后能更好吸附污垢、染料，实现提高洗涤效果的同时避免衣服被染色的效果。

（3）本品中含有清凉剂，能解决手洗衣物时的灼热、发痒感觉，具有清凉、镇静作用，呵护双手。

（4）本品能有效去除污垢，洗涤效率高，还具有防止不同颜色衣物混洗引起的染色问题。

配方 **37** 荷叶香型洗衣液

原料配比

原料	配比（质量份）		
	1#	2#	3#
荷叶提取液	30	50	40
荷花提取液	20	30	25
野菊花提取液	1	5	3
金银花提取液	3	10	7
香草提取液	2	10	6
栀子花提取液	3	10	7
椰子油脂肪酸二乙醇酰胺	22	66	44
月桂醇硫酸钠	20	40	30
十二烷基苯磺酸	15	30	23
蛋白酶	5	15	10

制备方法

（1）将椰子油脂肪酸二乙醇酰胺、月桂醇硫酸钠、十二烷基苯磺酸混合均匀；

（2）加入荷叶提取液、荷花提取液、野菊花提取液、金银花提取液、香草提取液、栀子花提取液，继续搅拌混合；

（3）添加入蛋白酶，继续搅拌 10～30min，静置；

（4）按所需的质量进行分装，得到洗衣液。

产品特性　本品不含磷、去污能力强、对织物无损伤，具有柔顺、低残留、低刺激特点，且无环境污染、安全无毒、无刺激，具有高效杀菌消毒功能。洗净的衣服具有淡淡的清香。

配方 **38** 护手洗衣液

原料配比

原料	配比（质量份）		
	1#	2#	3#
表面活性剂	20	35	25
荷荷巴油	0.1	0.3	0.2
海藻胶	5	6	5.5

续表

原料	配比（质量份）		
	1#	2#	3#
氨基酸保湿剂	5	7	6
芦荟提取物	1	3	2
椰子油	0.5	1.5	1
柠檬酸	0.5	5	0.6
玫瑰香精	0.1	0.3	0.2
水	35	70	40
乳化剂	3	5	4

制备方法

（1）将表面活性剂、荷荷巴油、海藻胶、氨基酸保湿剂及芦荟提取物、水常温搅拌得到混合物料 A。搅拌时间为 30～60min。

（2）向步骤（1）制得的混合物料 A 中加入椰子油、柠檬酸及乳化剂，常温搅拌得到混合物料 B。搅拌时间为 30～60min。

（3）向步骤（2）制得的混合物料 B 中加入玫瑰香精常温搅拌，即得。搅拌时间为 30～60min。

原料介绍 所述的表面活性剂为十二烷基苯磺酸钠。

所述的乳化剂为 OP-10。

产品特性 该洗衣液含有护手成分荷荷巴油及椰子油，不伤手，清洁力度高。

配方 39 环保高效洗衣液

原料配比

原料	配比（质量份）		
	1#	2#	3#
月桂酸	1.3	1.5	0.8
阴离子表面活性剂脂肪酸甲酯乙氧基化物磺酸盐	9	8	12
异构醇醚表面活性剂	5	4.5	4
非离子表面活性剂脂肪醇聚氧乙烯（9）醚	2	3	3
烷基糖苷	4	3	5
两性离子表面活性剂椰油酰胺丙基氧化胺	2	5	4
增稠剂羟乙基纤维素	1	1	1
螯合剂谷氨酸二乙酸四钠盐	0.1	0.1	0.1
氢氧化钠	0.26	0.26	0.16

续表

原料	配比（质量份）		
	1#	2#	3#
苯并异噻唑啉酮	0.1	0.1	0.1
香精	0.25	0.25	0.25
生物酶	1	1	1
去离子水	76.99	73.29	69.59

制备方法

（1）取所述去离子水的一半加入化料釜中，加热升温至 65℃；

（2）加入氢氧化钠和月桂酸搅拌 10min；

（3）依次加入阴离子表面活性剂、异构醇醚表面活性剂、非离子表面活性剂、烷基糖苷、两性离子表面活性剂搅拌至完全溶解，得到混合液 A；

（4）向所述混合液 A 中加入螯合剂、苯并异噻唑啉酮、香精、剩余去离子水，搅拌均匀，得到混合液 B；

（5）向所述混合液 B 中加入生物酶，搅拌均匀，得到混合液 C；

（6）向所述混合液 C 加入羟乙基纤维素，搅拌均匀，得到混合液 D；

（7）将混合液 D 进行过滤处理（300 目滤网过滤），得到所述的无助溶剂的高倍浓缩洗衣液。

原料介绍　所述生物酶为蛋白酶。

所述异构醇醚表面活性剂为异构十醇烷氧化非离子表面活性剂（HIC 2109）、异构十三醇烷氧化非离子表面活性剂（HIF 4100）中的至少一种。

产品特性　本品不添加溶剂、消泡剂，通过环保型表面活性剂之间的合理复配，加以生物降解率极高的助剂，得到一个稳定的环保高效低泡体系，使得在使用量很低的情况下达到甚至在某方面远超洗涤标准要求，环保、泡沫低、酶活性稳定。

配方 40　环保洁净洗衣液

原料配比

原料	配比（质量份）	
	1#	2#
皂基	15	20
脂肪醇聚氧乙烯醚硫酸钠	10	15

续表

原料	配比（质量份）	
	1#	2#
固色剂	2	3
野菊花提取液	3	8
椰子油	5	10
甘菊精油	1	3
月桂酰胺丙基甜菜碱	8	12
羟甲基纤维素钠	0.2	0.6
蛋白酶	0.5	1.5
氯化钠	1	2
烷基糖苷	3	8
香精	1	2
水	加至 100	加至 100

制备方法 将各组分原料混合均匀即可。
产品特性 本品制作工艺简单，去污去渍力强的同时不伤害手部肌肤。

配方 41 环保洗衣液（一）

原料配比

原料	配比（质量份）		
	1#	2#	3#
椰子油脂肪酸二乙醇酰胺	5	8	6
改性膨润土	3	5	4
薰衣草精油	2	3	2
甘油	20	15	12
绿茶提取液	10	20	15
薄荷醇	3	8	5
双烷基季铵盐	5	10	8
橄榄油	2	8	5
皂基	15	25	20
透明质酸钠	1	3	2
苯扎溴铵	8	15	12
表面活性剂	8	15	12
去离子水	20	60	40

制备方法 将各组分原料混合均匀即可。

产品特性 本品具有杀菌、抑菌能力，长期使用不伤手，且使用后残留洗衣液对环境无污染。

配方42 环保洗衣液（二）

原料配比

原料	配比（质量份）							
	1#	2#	3#	4#	5#	6#	7#	8#
烷基磺酸钠	2	2	1	4	4	3.5	8	1
脂肪醇聚乙烯醚	2	3	3	1	3	4	1	7
烷基糖苷	2	1	1.5	1	1.5	1	3	3
烷基苯磺酸钠	4	3	1.5	3	4	4	2	8
碳酸钠	1.1	1	1.5	1.5	1.5	1	2	1.5
硅酸钠	1	1		0.5	1.5	1	1.5	1
乙二胺四乙酸二钠	0.5	0.5	0.5	0.5	0.5	0.5	0.5	0.5
氯化钠	0.3	0.3	0.2	0.1	0.2	0.2	0.2	0.2
香精	0.6	0.6	0.6	0.6	0.6	0.6	0.6	—
异噻唑啉酮	0.2	0.2	0.2	0.2	0.2	0.2	0.2	0.05
去离子水	加至100	加至100	加至100	加至100	加至100	加至100	加至100	加至100

制备方法

（1）向去离子水中加入烷基磺酸钠、脂肪醇聚乙烯醚和烷基糖苷，并用玻璃棒搅拌至表面活性剂完全溶解；

（2）向步骤（1）的溶液中加入烷基苯磺酸钠，搅拌至完全溶解；

（3）向步骤（2）的溶液中加入碳酸钠、硅酸钠及乙二胺四乙酸二钠，搅拌至完全溶解；

（4）向步骤（3）的溶液中加入氯化钠，搅拌至溶液黏稠；

（5）向步骤（4）的溶液中加入香精及异噻唑啉酮，搅拌至完全溶解，静置至溶液澄清透亮，即得所述洗衣液。

产品特性

（1）本品采用特定的非离子表面活性剂和阴离子表面活性剂，利用其优良的润滑力、乳化力和发泡去污性能，对污垢进行润湿、渗透、乳化、分散、增溶等，从而去除衣物上的污渍。经多种表面活性剂复配得到的洗衣液，去污能力优异且原料易降解，对环境友好。

（2）本品制备工艺简单，制备成本低，易于推广使用。

配方 43　环保型高浓缩洗衣液

原料配比

原料		配比（质量份）				
		1#	2#	3#	4#	5#
表面活性剂	异丙基苯磺酸钠	10	13	10	8	12
	月桂醇聚氧乙烯醚	8	8	8	8	8
	脂肪酸甲酯乙氧基化物磺酸盐	6	6	6	6	6
	二辛基琥珀酸磺酸钠	1.5	1.5	1.5	1.5	1.5
杀菌剂	十二烷基二甲基氧化胺	2	2	2	2	2
	椰油酰胺丙基甜菜碱	5	5	5	5	5
螯合剂	柠檬酸钠	3	3	3	3	3
络合剂	乙二胺四乙酸二钠	0.2	0.2	0.2	0.2	0.2
分解剂	碱性蛋白酶	0.5	0.5	0.5	0.5	0.5
消泡剂	有机硅	0.2	0.2	0.2	0.2	0.2
茶皂素		0.5	0.5	0.5	0.5	0.5
甘露糖赤藓糖醇酯		2	2	2	2	2
着色剂	色素	0.002	0.002	0.002	0.002	0.002
增香剂	香精	0.1	0.1	0.1	0.1	0.1
水		加至100	加至100	加至100	加至100	加至100

制备方法

（1）将表面活性剂和杀菌剂加入水中，搅拌至完全溶解；

（2）将螯合剂和络合剂加入步骤（1）的溶液中，搅拌至完全溶解；

（3）将分解剂、消泡剂、茶皂素、甘露糖赤藓糖醇酯、着色剂、增香剂加入步骤（2）的溶液中，搅拌均匀即可。

产品特性

（1）本品通过茶皂素和甘露糖赤藓糖醇酯等活性成分的添加，形成了一个高度稳定的体系。其不仅能有效提升洗衣液的去污能力以及抗菌效果，而且在高浓缩倍数下能保持良好的稳定性和溶解性。

（2）本品兼具高去污能力以及优良的抗菌效果，而且稳定性高、溶解性好，具有更好的亲肤、环保性。

配方 44 酵素高效洗衣液

原料配比

原料		配比（质量份）				
		1#	2#	3#	4#	5#
酵素		2	2.5	3	3.5	4
水溶性聚合环糊精		0.5	0.7	0.9	1.4	1.5
表面改性蛭石粉		1	1.5	2	2.7	3
N-羟乙基亚胺二乙酸/月桂胺二亚丙基二胺缩聚物		10	12	15	18	20
2-氯乙基磺酸钠离子化改性硬脂酸二乙醇胺		5	5.5	6.5	7.5	8
分散剂	聚丙烯酸钠	0.7	—	1	1.1	—
	聚乙二醇	—	0.8	—	—	1.2
增稠剂	黄原胶	0.5	—	—	—	—
	角叉菜胶	—	—	0.9	—	—
	氯化钠	—	—	—	1.4	1.5
	卡拉胶	—	0.7	—	—	—
香精	薄荷油	0.1	—	—	0.28	—
	桉树油	—	0.15	—	—	—
	茉莉精油	—	—	0.2	—	—
	丁香油	—	—	—	—	0.3
去离子水		加至100	加至100	加至100	加至100	加至100
2-氯乙基磺酸钠离子化改性硬脂酸二乙醇胺	2-氯乙基磺酸钠	100	100	100	100	100
	硬脂酸二乙醇胺	194	194	194	194	194
	四氢呋喃	900	1000	1100	1400	1500
N-羟乙基亚胺二乙酸/月桂胺二亚丙基二胺缩聚物	N-羟乙基亚胺二乙酸	100	100	100	100	100
	月桂胺二亚丙基二胺	169	169	169	169	169
	二甲亚砜	800	900	1000	1100	1200
	2-乙氧基-1-乙氧碳酰基-1,2-二氢喹啉	30	40	45	55	60
表面改性蛭石粉	蛭石粉	10	10	10	10	10
	乙醇	50	60	75	90	100
	N-(三甲氧基硅丙基)乙二胺三乙酸钠盐	0.1	0.15	0.2	0.25	0.3

制备方法　将各原料按比例混合，在温度为 60～90℃，搅拌速度为 500～1100r/min 条件下搅拌 20～30min，再在 20～30℃，搅拌速度为 200～600r/min 条件下搅拌 20～30min，静置，得到所述高效洗衣液。

原料介绍　所述 2-氯乙基磺酸钠离子化改性硬脂酸二乙醇胺的制备方法为：将 2-氯乙基磺酸钠、硬脂酸二乙醇胺加入四氢呋喃中，在 40～60℃下搅拌反应 4～6h 后旋蒸除去四氢呋喃，用乙醚洗涤产物 3～5 次后旋蒸除去乙醚，得到所述 2-氯乙基磺酸钠离子化改性硬脂酸二乙醇胺。

所述 N-羟乙基亚胺二乙酸/月桂胺二亚丙基二胺缩聚物的制备方法为：将 N-羟乙基亚胺二乙酸、月桂胺二亚丙基二胺溶于高沸点溶剂中形成溶液，然后加入 2-乙氧基-1-乙氧碳酰基-1,2-二氢喹啉，在 30～50℃下搅拌反应 15～20h，反应结束后旋蒸除去溶剂，得到所述 N-羟乙基亚胺二乙酸/月桂胺二亚丙基二胺缩聚物。

所述表面改性蛭石粉的制备方法为：将蛭石粉分散于乙醇中，再向其中加入 N-(三甲氧基硅丙基)乙二胺三乙酸钠盐，在 50～70℃下搅拌反应 4～6h 后旋蒸除去乙醇，得到表面改性蛭石粉。

产品特性

（1）本品制备方法简单，操作方便，反应条件温和，对反应设备依赖性小，制备效率和成品合格率高，使用和制备过程绿色安全环保，适合连续规模化生产。

（2）本品克服了传统洗衣液很难达到抗菌、柔顺、护色、防静电的功效，去污力不强，对环境还存在污染的缺陷，具有去污能力强，杀菌效果好、效率高，性能稳定性佳，配方温和，不伤及皮肤和衣物，柔顺、护色和防静电功效优异，使用安全环保的优点。

配方 45　洁净无残留洗衣液

原料配比

原料		配比（质量份）		
		1#	2#	3#
混合物 A	水解小麦蛋白和有机硅的共聚物	1	3	2
	漂白剂	4	8	6
	螯合剂	0.1	0.3	0.2
	化学驱虫剂	0.1	3	1.5
	氯化钠	1	6	4
	碳酸钠	1	3	2
	硫代硫酸钠	0.2	0.5	0.35

续表

原料		配比（质量份）		
		1#	2#	3#
混合物 A	纤维素	0.1	0.3	0.2
	去离子水	50	100	75
混合物 B	表面活性剂	10	30	20
	接枝型季铵盐阳离子抗菌剂	7	10	8.5
	烷基聚葡糖苷	3	5	4
	去离子水	50	100	75
助洗剂		1	3	2

制备方法

（1）按照配比分别称取水解小麦蛋白和有机硅的共聚物 1～3 份、漂白剂 4～8 份、螯合剂 0.1～0.3 份、化学驱虫剂 0.1～3 份、氯化钠 1～6 份、碳酸钠 1～3 份、硫代硫酸钠 0.2～0.5 份、纤维素 0.1～0.3 份、去离子水 50～100 份，置于搅拌釜中，边搅拌边加入表面活性剂 10～30 份，搅拌均匀得到混合物 A。

（2）按照配比分别称取接枝型季铵盐阳离子抗菌剂 7～10 份、烷基聚葡糖苷 3～5 份、去离子水 50～100 份，混合后加热，并且保温搅拌得到混合物 B；加热温度为 50～80℃，搅拌时间为 1～6h。

（3）将混合物 B 加入混合物 A 中，并继续搅拌，加入助洗剂 1～3 份，搅拌均匀后得到洗衣液。

原料介绍　所述的表面活性剂包括脂肪醇聚氧乙烯醚、椰子油脂肪酸二乙醇酰胺、仲烷醇聚氧乙烯醚、醇醚羧酸盐中的一种或几种。

所述的水解小麦蛋白和有机硅的共聚物的制备方法为：

（1）将质量比为 1：（3～5）的二甲基二烯丙基氯化铵和 γ-甲基丙烯酰氧丙基三（三甲基硅氧基）硅烷溶于有机溶剂中，在惰性气氛条件下升温至 60～70℃。

（2）滴加引发剂的有机溶剂溶液并保温反应 10～12h，提纯得有机硅聚合物；引发剂的用量是 γ-甲基丙烯酰氧丙基三（三甲基硅氧基）硅烷用量的 1%～3%。

（3）将有机硅聚合物的水溶液与引发体系混合，并在 40～50℃ 条件下搅拌反应 30～40min，加入水解小麦蛋白的水溶液，在 80～90℃ 下搅拌反应 90～100min，提纯即得水解小麦蛋白和有机硅的共聚物。

所述的有机硅聚合物和水解小麦蛋白的质量比为 1：（0.01～0.03）。

所述的引发体系为由氧化剂和还原剂组成的氧化还原体系，引发体系中的氧化剂和还原剂的总质量是有机硅聚合物质量的 1%～3%，引发体系中的氧化剂和还原剂的质量比为 2：（0.9～1.1）。

所述的有机硅聚合物的水溶液的质量分数为10%～30%；水解小麦蛋白的水溶液的质量分数为20%～40%。

产品特性 本品采用弱酸性配方，洁净无残留，安全环保，产品性质纯净温和，不仅可以让衣物更清洁，有效预防皮肤疾病，减少细菌滋生，同时还能够有效保护双手，温和不刺激，不含荧光剂。

配方46 抗静电洗衣液

原料配比

原料		配比（质量份）		
		1#	2#	3#
阴离子表面活性剂		9.8	10.3	10.8
非离子表面活性剂		1.5	1.7	1.6
pH调节剂		0.3～0.4	0.3～0.4	0.3～0.4
香精		0.1	0.1	0.2
防腐剂		0.05	0.15	0.1
色素		0.001	0.001	0.001
氯化钠		2.5～2.8	2.5～2.8	2.5～2.8
水		加至100	加至100	加至100
阴离子表面活性剂	活性物含量为70%的脂肪醇聚氧乙烯醚硫酸钠	7	7.5	8
	活性物含量为96%的十二烷基苯磺酸	2.8	2.8	2.8
非离子表面活性剂	活性物含量为99%的椰子油脂肪酸二乙醇酰胺	0.9	1.1	1
	脂肪醇聚氧乙烯醚	0.4	0.4	0.4
	聚氧乙烯醚S-15	0.2	0.2	0.2

制备方法

（1）在搅拌罐内加入经过水处理器处理过的水，开动搅拌机，按照配比依次加入阴离子表面活性剂、非离子表面活性剂，匀速搅拌10～15min，再加入pH调节剂，将混合溶液的pH值调节至6～8；

（2）在步骤（1）得到的混合溶液中，按照配比依次加入香精、防腐剂、色素，匀速搅拌，直至搅拌罐内原料全部溶解且混合均匀；

（3）在步骤（2）得到的混合溶液中，按照配比加入氯化钠，匀速搅拌10min，从搅拌罐最底部阀门放出由于氯化钠未溶化好呈白色的洗衣液，将放出的洗衣液重新倒入搅拌罐内，继续搅拌直至氯化钠溶解，搅拌均匀后，即可得到洗衣液。

原料介绍 所述 pH 调节剂为氢氧化钠溶液；

所述防腐剂为甲基氯异噻唑啉酮、甲基异噻唑啉酮中的一种或多种的混合物；

所述香精为薰衣草香精、柠檬香精、茉莉香精中的一种或多种的混合物。

产品特性 本品所选原材料配方合理，成本低，去污洁净效果优于一般洗衣液产品，通过优化配方，省去了一些常用原材料，节省成本。此外，本品对皮肤无任何刺激和伤害，健康环保。

配方 47 快干洗衣液

原料配比

原料			配比（质量份）									
			1#	2#	3#	4#	5#	6#	7#	8#	9#	10#
表面活性剂	主表面活性剂	脂肪醇聚氧乙烯醚硫酸钠（AES）	10	—	—	10	—	—	—	—	—	—
		烷基糖苷	8	—	—	—	—	3	5	5	6	
		脂肪酸甲酯磺酸钠	—	7	—	—	10	10	2	5	5	2
		烷基酰胺甜菜碱	—	10	5	10	—	—	—	—	—	—
		脂肪酸二乙醇酰胺	—	—	5	10	—	3	—	—	—	—
	辅表面活性剂	脂肪醇聚氧乙烯（9）醚	7	10	—	—	5	15	—	—	13	—
		脂肪醇聚氧乙烯（7）醚	3	—	5	—	3	—	15	15	—	16
	液体蛋白酶		0.5	0.3	0.1	1	0.1	0.1	0.1	0.5	0.1	0.6
有机溶剂	丙二醇		8	—	—	—	20	10	10	8	8	9
	异丙醇		—	5	—	—	—	—	—	—	—	—
	乙醇		—	—	15	10	—	—	—	—	—	—
抑菌剂	对氯间二甲基苯酚		0.5	—	—	—	0.2	0.2	0.2	0.2	0.2	0.2
	4,4'-二氯-2-羟基联苯醚		—	0.6	5	2	—	—	—	—	—	—
增稠剂	氯化钠		1.5	2	3	0.5	5	0.2	0.2	0.5	0.2	0.5
防腐剂	甲基氯异噻唑啉酮		0.1	0.1	0.3	0.1	1	1	1	0.5	—	0.11
	甲基异噻唑啉酮		—	—	—	—	—	—	—	—	0.5	—
螯合剂	柠檬酸钠		0.2	—	—	—	—	—	—	—	—	—
	聚丙烯酸钠		—	0.5	0.1	0.5	—	1	—	—	—	—
	乙二胺四乙酸钠盐		—	—	—	—	—	—	—	0.5	0.5	0.5
香薰精油	薰衣草精油		0.1	—	—	—	—	—	—	—	—	—

原料		配比（质量份）									
		1#	2#	3#	4#	5#	6#	7#	8#	9#	10#
香薰精油	茶树精油	—	0.2	—	—	—	—	—	0.3	0.2	—
	依兰精油	—	—	0.5	0.8	1	1	0.6	—	—	0.6
去离子水		61.1	64.3	61	55.1	53.7	58.5	57.4	69.5	67.3	64.2

制备方法

（1）依次加入去离子水、有机溶剂、主表面活性剂，搅拌并升温至50～60℃，再加入辅表面活性剂，搅拌使之溶解；搅拌时间30～40min，转速60r/min。

（2）降温至30℃以下，依次加入抑菌剂、液体蛋白酶、螯合剂、防腐剂、香薰精油，搅拌使之溶解后加入增稠剂；搅拌时间10～20min，转速60r/min。用300目滤网过滤后包装。

原料介绍 所述液体蛋白酶为诺维信Progress®Uno 100L蛋白酶。

产品特性

（1）本品的特点在于蛋白酶能够轻松去除织物上的污渍，pH值为中性，刺激性低，不伤衣物不伤手；添加抑菌剂，洗后洁净清新；添加香薰精油，持久留香。

（2）本品洗涤效果优良，对人体和环境友好，绿色环保。

（3）本品解决了织物在室内晾干产生异味的问题。

配方 48 快速洁净无残留洗衣液

原料配比

原料	配比（质量份）		
	1#	2#	3#
脂肪醇醚硫酸钠	18	10	18
脂肪醇聚氧乙烯醚	13	10	15
十二烷基硫酸钠	8	5	10
烷基糖苷	8	4	8
椰子油脂肪酸二乙醇酰胺	8	5	8
聚丙烯酸钠	2	2	2
柠檬酸钠	1	1	1
柠檬酸	2.5	2.5	1.5
柑橘精油	3	3	3
天然苏打	1.5	1.5	1.5
茶树精油	3	3	3

续表

原料	配比（质量份）		
	1#	2#	3#
卡松	0.3	0.5	0.3
色素	0.0003	0.0001	0.0003
氯化钠	2	1	2
去离子水	加至100	加至100	加至100

制备方法 将各组分原料混合均匀即可。

原料介绍 所述天然苏打为天然碱。

产品特性

（1）本品为高浓度植物洗净配方，主打快速洁净，用量少，易漂易洗，洁净无残留。

（2）本品中柑橘精油中天然的柑橘洁净因子配合天然苏打，有效深入去除衣物纤维内部的污渍，快速深层洁净。

（3）本品含天然的茶树精油和柑橘精油，可全面抑制衣物有害细菌，去黄除臭，使衣物亮丽如新。

（4）本品绿色环保，生物降解性好，中性，保护皮肤。

配方 49 快速洁净洗衣液

原料配比

原料	配比（质量份）		
	1#	2#	3#
树脂	10	10	10
水	100	110	120
脂肪酸钠皂	2	3	5
十二烷基磺酸钠	10	11	12
AEO-9溶液	3	4	5
TX-10去污剂	3	4	5
AEO-9分散剂	3	4	5
蛋白酶	3	4	5
磷酸化银耳多糖	1	1.5	2
一水合柠檬酸	0.3	0.4	0.5
香精	0.1	0.15	0.2
氯化钠	1	2	3

制备方法

（1）将 10 质量份的树脂与 100～120 质量份的水进行搅拌乳化；

（2）向步骤（1）得到的溶液中投入 2～5 质量份的脂肪酸钠皂搅拌乳化；

（3）向步骤（2）得到的溶液中投入 10～12 质量份的十二烷基磺酸钠进行乳化；

（4）向步骤（3）得到的溶液中投入 3～5 质量份的 AEO-9 溶液进行搅拌；

（5）向步骤（4）得到的溶液中投入 3～5 质量份的 TX-10 去污剂进行乳化；

（6）向步骤（5）得到的溶液中投入 3～5 质量份的 AEO-9 分散剂进行乳化；

（7）向步骤（6）得到的溶液中投入 3～5 质量份的蛋白酶进行乳化；

（8）向步骤（7）得到的溶液中投入 1～2 质量份的磷酸化银耳多糖进行乳化；

（9）向步骤（8）得到的溶液中投入 0.3～0.5 质量份的一水合柠檬酸进行乳化；

（10）向步骤（9）得到的溶液中投入 0.1～0.2 质量份的香精进行乳化；

（11）向步骤（10）得到的溶液中投入 1～3 质量份的氯化钠进行搅拌乳化，即得到洗衣液。

整个工艺过程控制在 60～85℃温度下进行。

产品特性　本品具有良好的洁净效果，洗衣服更加干净。

配方 50　快速去污浓缩洗衣液

原料配比

原料	配比（质量份）							
	1#	2#	3#	4#	5#	6#	7#	8#
乙二胺四乙酸二钠	0.05	0.075	0.1	0.06	0.075	0.09	0.07	0.08
氢氧化钠	1	1.5	2	1.2	1.5	1.8	1.35	1
磺酸	8	11.5	15	10	11	12	10.8	11.2
脂肪醇聚氧乙烯（9）醚	6	9	12	8	9	10	8.5	9
脂肪醇聚氧乙烯醚硫酸酯钠	18	15	32	22	24	28	24	24
改性有机硅乳液	0.05	0.185	0.3	0.1	0.18	0.25	0.15	0.17
卡松	0.05	0.125	0.2	0.1	0.12	0.15	0.12	0.13
香精	0.3	0.65	1	0.5	0.7	0.8	0.6	0.65
盐	2	3	4	2.5	2.8	3.5	3	3.1
去离子水	加至100	加至100	加至100	加至100	加至100	加至100	加至100	加至100

制备方法　将各组分原料混合均匀即可。

产品特性 本品去污效果明显,在相同去污洗涤情况下,用量为国家标准洗衣液用量的三分之一,可以快速去除多种顽固污渍,适应性强。

配方 51 蓝莓酵素洗衣液

原料配比

原料	配比（质量份）		
	1#	2#	3#
聚乙二醇	30	25	34
蓝莓酵素	10	5	16
蓝莓酵素稳定剂	0.15	0.1	0.2
柠檬酸	4	3	5
月桂酸	2	1	3
偏硅酸	0.3	0.2	0.4
乙二胺四乙酸二钠	0.3	0.1	0.5
分散剂	0.15	0.1	0.2
抗再沉积剂	1.5	1	2
螯合剂	0.7	0.5	1
氯化钠	6	5	7
去离子水	66	60	73

制备方法 将各成分混合均匀后于 15~20℃保温反应 1~2h 即得。

产品特性 本品去污能力强,同时抗菌、柔顺、护色、防静电、易漂洗、抗再沉淀,安全环保。

配方 52 芦荟护手洗衣液

原料配比

原料	配比（质量份）		
	1#	2#	3#
芦荟提取液	10	20	12
分子筛粉	0.5	0.8	0.5
硬脂酸	10	12	11
脂肪醇聚氧乙烯醚	15	18	16
十二烷基苯磺酸钠	8	9	8

续表

原料	配比（质量份）		
	1#	2#	3#
α-烯基磺酸钠	8	9	9
牛蒡提取液	1	3	3
火龙果籽油	1	3	3
水	30	40	40

制备方法 将各组分原料混合均匀即可。

产品特性 本品利用分子筛粉特殊的孔隙结构，通过分子筛颗粒在洗衣液体系中的吸附作用和粒子机械"拍打"作用实现被洗物表面污渍的去除，提高浓缩洗衣液的洗涤能力。本品中引入的分子筛粉对染料具有强大的吸附能力，因此能有效吸附洗涤过程中的褪色染料物质，有效防止了褪色衣物对其他衣物的污染。同时添加了芦荟提取液、牛蒡提取液和火龙果籽油，这些营养成分为手部肌肤提供足够的营养，避免手洗后出现的手部肌肤干燥、开裂等问题。

配方 53 绿色环保洗衣液

原料配比

原料		配比（质量份）		
		1#	2#	3#
皂粉		30	33	35
多元表面活性剂	阴离子表面活性剂磺酸盐型表面活性剂和非离子表面活性剂脂肪醇聚氧乙烯醚	32	—	—
	阴离子表面活性剂硫酸型表面活性剂和非离子表面活性剂脂肪醇聚氧乙烯醚	—	34	—
	阴离子表面活性剂羧酸型表面活性剂和非离子表面活性剂改性乙氧基化物	—	—	36
羟乙基纤维素		26	27	28
二烯丙基三硫醚		3	7	9
甘草提取液		4	8	10
薄荷提取液		8	10	12
玫瑰花提取物		3	5	8
生物酶		12	14	16
消泡剂		3	5	7
去离子水		15	17	20

制备方法

（1）按要求称量各组分原料。

（2）将羟乙基纤维素、皂粉、二烯丙基三硫醚、去离子水按顺序依次加入高速搅拌机中混合，得混合物 A；搅拌转速为 95r/min，搅拌时间为 30min。

（3）将所述的混合物 A 低温加热，加热过程中加入生物酶和多元表面活性剂，继续加热 10min 后，缓慢冷却至室温，得到混合物 B；低温加热的温度为 45℃。

（4）在混合物 B 中加入甘草提取液、薄荷提取液、玫瑰花提取物，搅拌均匀后加入消泡剂，即得到绿色环保洗衣液；搅拌转速为 120r/min，搅拌时间为 20min。

原料介绍 所述多元表面活性剂包括阴离子表面活性剂和非离子表面活性剂。

所述阴离子表面活性剂选用磺酸盐型表面活性剂、硫酸型表面活性剂和羧酸型表面活性剂中的至少一种。

所述非离子表面活性剂选用脂肪醇聚氧乙烯醚和改性乙氧基化物中的至少一种。

产品特性 本品以皂粉为主要基料，加入包括阴离子表面活性剂和非离子表面活性剂的多元表面活性剂，使洗衣液的性能更佳，此外制备方法合理，经济可行。另外，本品中添加的二烯丙基三硫醚具有持久抗菌抑菌的功效；添加的甘草提取液、薄荷提取液、玫瑰花提取物，能够使织物持久清香。

配方 54 毛竹剑麻洗衣液

原料配比

原料	配比（质量份）		
	1#	2#	3#
聚氧乙烯烷基醇醚	30	32	34
硬脂酸酰胺	28	29	33
脂肪酸甘油酯	15	17	20
硬脂酸	20	25	28
聚丙烯酰胺	15	16	18
甘油	10	13	16
二甲苯磺酸钠	25	27	30
羧甲基纤维素钠	25	28	30
三乙醇胺	18	23	27
羧甲基纤维素	16	22	25
去离子水①	30	32	35

原料	配比（质量份）		
	1#	2#	3#
十二烷基苯磺酸钠	16	18	20
毛竹剑麻提取物	20	25	29
三聚磷酸钠	15	16	18
去离子水②	38	39	40
香料	14	17	18
柠檬酸	18	19	28
纳米银颗粒	13	15	16

制备方法

（1）按配比取 30～34 份聚氧乙烷基醇醚、28～33 份硬脂酸酰胺、15～20 份脂肪酸甘油酯、20～28 份硬脂酸、15～18 份聚丙烯酰胺以及 10～16 份甘油混合搅拌，35℃水浴加热，得第一混合物；

（2）按配比取 25～30 份二甲苯磺酸钠、25～30 份羧甲基纤维素钠、18～27 份三乙醇胺、16～25 份羧甲基纤维素以及 30～35 份去离子水①，混合搅拌，并向其中缓慢加入所述第一混合物，置于超声环境 20min，得第二混合物；

（3）向第二混合物中按配比加入 16～20 份十二烷基苯磺酸钠、20～29 份毛竹剑麻提取物、15～18 份三聚磷酸钠以及 38～40 份去离子水②混合搅拌，超声振动 30min，并在超声过程中向其中逐步缓慢加入 14～18 份香料、18～28 份柠檬酸以及 13～16 份纳米银颗粒，1200r/min 快速搅拌 2h，得所述洗衣液。

原料介绍 所述毛竹剑麻提取物的提取过程为：

（1）提供一捶打装置，其包括：

容器，呈圆柱状，其内壁两侧对称竖直设置一滑槽；所述容器底部开设出液口。

放置盘，圆弧状，其水平内置于所述容器内，且两侧分别通过凸耳可滑动卡设在两个所述滑槽之间，实现所述放置盘沿着两个所述滑槽上下滑动；所述放置盘由不锈钢材料制成，表面布满滤孔，当所述放置盘滑至所述滑槽的最低端时，放置盘的底部与所述容器的底部直接接触。

多个弹簧，呈环状分布在所述容器内，且位于所述放置盘下方；每个所述弹簧一端固定于容器底部，另一端固定于所述放置盘底部靠近边缘的位置。

捶打棒，其在电机驱动下沿着所述容器的高度方向上下往复运动；所述捶打棒包括圆形的捶打板以及垂直固设在其表面的多个圆柱状结构，其中，沿着径向远离所述捶打板中心的方向，圆柱状结构的高度逐步降低；每个圆柱状结构表面设置多个圆弧状凸起，包括位于中心的第一凸起以及环绕在其周围的多个第二凸起；每个所述圆柱状结构的侧壁下端环绕贴附一浸满无水乙醇的海绵。

（2）按质量比 1∶1 取毛竹叶与剑麻，并均匀交错置于所述捶打装置的放置盘中，捶打 30min，得捶打浆液；去除固体纤维渣，得液体纤维渣，往其中加入聚乙烯吡咯烷酮研磨，去除固体杂质，得研磨液。

（3）减压蒸馏去除研磨液中的乙醇，直至研磨液中乙醇含量低于 3%，得提纯液。

（4）按质量比 3∶5 将所述提纯液与超临界二氧化碳置于压力容器中，调节初始压力为 7.8MPa，萃取 2h，得一次萃取液；按质量比 2∶5 将所述一次萃取液与超临界二氧化碳置于压力容器中，调节初始压力为 6.9MPa，萃取 3h，得二次萃取液，即所述毛竹剑麻提取物。

产品应用　本品是一种具有护色和杀菌消毒功能的洗衣液。

产品特性　本品制备工艺方法简单易于操作，具有很好的护色功能，而且由于其制备过程中还掺入了具有杀菌消毒功能的纳米银颗粒，使该洗衣液具有很好的杀菌消毒效果。

配方 55　玫瑰香型柔顺洗衣液

原料配比

原料	配比（质量份）
表面活性剂十二烷基苯磺酸钠	35
竹叶黄酮	0.03
玫瑰提取物浓缩液	2
酯基季铵盐	3
皂粉	1.5
柠檬酸钠	1
无水氯化钙	0.05
抗皱剂	4
烷基糖苷	5
茶皂素	1.5
丙二醇	2
酶制剂	0.6
防腐剂	0.2
增稠剂	2
薰衣草精油	0.4
去离子水	加至 100

制备方法 将各组分原料混合均匀即可。

原料介绍 所述玫瑰提取物浓缩液由下述过程制备：

（1）取成熟玫瑰，洗净剥皮、切片，用 pH 值为 4.0～4.5 的酸溶液浸泡，再用 95～100℃热水热烫，冷却，加入一定量的水打浆，浆液备用；

（2）浆液温度保持在 42～45℃，用酸调 pH 值至 2.0～2.5，加入胃蛋白酶或果胶酶，搅匀后，维持 pH 值至 2.0～2.5，温度为 42～45℃的条件下水解；

（3）用碱将水解后的浆液调 pH 值至 8.5～9.0，加入胰酶，搅匀后，维持 pH 值至 8.5～9.0，42～45℃的条件下水解，酶解结束后加热升温进行酶灭活，降温至室温；

（4）用酸调 pH 值至 6.0～7.0，进行固液分离，除去玫瑰肉残渣，收集滤过液，备用；

（5）将滤过液用 DEAE 色谱柱进行吸附，用酸性磷酸盐缓冲液洗脱；

（6）洗脱液用滤膜进行超滤，收集滤出液，即得玫瑰提取物浓缩液。

所述酯基季铵盐为 1-甲基-1-油酰胺乙基-2-油酸基咪唑啉硫酸甲酯铵。

产品特性 本品可对天然纤维织物衣物进行柔化减少其起皱，对人体无刺激同时具有杀菌的功效，具有玫瑰的香味。

配方56 迷迭香洗衣液

原料配比

原料	配比（质量份）
椰子油脂肪酸二乙醇酰胺	12
十二烷基苯磺酸钠	4
迷迭香提取液	15
迷迭香精油	1
椰子油精华	1.3
棕榈仁精华	1.3
乳木果精华	0.9
蛋白酶	0.8
淀粉酶	0.4
脂肪酶	0.4
酶活性保护剂	2
去离子水	加至 100

制备方法

（1）向配料锅内加入去离子水，加热至 70℃，将椰子油脂肪酸二乙醇酰胺和十二烷基苯磺酸钠加入配料锅内混合，搅拌升温至 80～85℃，保温搅拌至完全溶解，得到混合液 A；搅拌过程均采用低速搅拌。

（2）将完全溶解的混合液 A 静置冷却。

（3）将迷迭香精油、椰子油精华、棕榈仁精华和乳木果精华加入迷迭香提取液中，边搅拌边加热至 45℃，保温搅拌至完全溶解，得到混合液 B。

（4）将步骤（3）得到的混合液 B 静置冷却，加入步骤（2）已冷却的混合液 A 中，搅拌混合。

（5）调节步骤（4）得到的混合溶液的 pH 值，边搅拌边加入蛋白酶、淀粉酶、脂肪酶和酶活性保护剂，搅拌 25～35min，得到迷迭香洗衣液；调节混合溶液 pH 值至 9～10。酶活性保护剂的添加调节最终迷迭香洗衣液的浓度，在加入后浓度升高，重新加入适量去离子水混合搅拌。

（6）将迷迭香洗衣液进行取样化验，化验合格即可出料包装。

原料介绍 所述蛋白酶、淀粉酶和脂肪酶的添加比例为 2∶1∶1。

所述迷迭香提取液和迷迭香精油的原材料为迷迭香的茎和枝叶，迷迭香提取液和迷迭香精油通过蒸馏冷却方式生产。

所述酶活性保护剂成分主要为氯化钠和甘油。

产品特性 本品通过对洗衣液的复配成分的改进，使洗衣液的清洁能力增加，且不容易失活，洗涤后的衣物不会造成皮肤损伤。

配方 57　棉织物专用洗衣液

原料配比

原料		配比（质量份）		
		1#	2#	3#
非离子表面活性剂	烷基酚聚氧乙烯醚	30	30	30
两性表面活性剂	十二烷基乙氧基磺基甜菜碱	14	14	14
阴离子表面活性剂	十二烷基苯磺酸钠	18	18	18
改性添加剂		16	16	16
植物精油	薰衣草油	6	6	6
去离子水		50	50	50

续表

原料			配比（质量份）		
			1#	2#	3#
改性添加剂	1号添加剂	沸石粉末	1	—	1
		水	15	—	15
		纤维素酶	0.06	—	0.06
	2号添加剂	椰壳活性炭粉末	1	1	—
		无水乙醇	15	15	—
		纳米二氧化钛	1.6	1.6	—
	处理液	谷朊粉	1	1	1
		水	15	15	15
	1号添加剂		1	—	1
	处理液		8	3	8
	2号添加剂		0.96	0.25	0.8

制备方法 依次称取 25～30 份非离子表面活性剂、10～14 份两性表面活性剂、13～18 份阴离子表面活性剂、12～16 份改性添加剂、3～6 份植物精油和 45～50 份去离子水，先将非离子表面活性剂、两性表面活性剂、阴离子表面活性剂、改性添加剂和植物精油于温度为 50～65℃，转速为 260～280r/min 的条件下搅拌 15～35min，得混合液，再将混合液与去离子水于温度为 40～55℃，转速为 220～260r/min 的条件下混合搅拌 30～45min，得纯棉织物专用洗衣液。

原料介绍 所述改性添加剂的制备方法为：

（1）将沸石于温度为 250～350℃的条件下，加热处理 2～3h，得预处理沸石；将预处理沸石于粉碎机中粉碎，过 60～120 目筛，得沸石粉末；将沸石粉末与水按质量比（1：10）～（1：15）混合于烧杯中，并向烧杯中加入沸石粉末质量 3%～6%的纤维素酶，将烧杯移入数显测速恒温磁力搅拌器，于温度为 28～40℃，转速为 260～300r/min 的条件下，搅拌混合 60～80min 后，将烧杯移入超声振荡仪，于频率为 45～50kHz 的条件下，超声振荡 8～12min，得混合物；将混合物过滤，得滤饼，将滤饼移入鼓风干燥箱，于温度为 35～40℃的条件下，鼓风干燥 1～2h，得 1 号添加剂。

（2）将椰壳活性炭于粉碎机中粉碎，过 80～120 目筛，得椰壳活性炭粉末，将椰壳活性炭粉末与无水乙醇按质量比（1：12）～（1：15）混合于烧瓶中，并向烧瓶中加入椰壳活性炭粉末质量 0.9～1.6 倍的纳米二氧化钛，将烧瓶移入超声振荡仪，于频率为 55～60kHz 的条件下，超声振荡 10～18min 后，过滤，得滤渣，将滤渣移入干燥箱，于温度为 55～65℃的条件下，干燥 55～70min，得 2 号添加剂。

（3）将谷朊粉与水按质量比（1∶4）～（1∶15）混合，于温度为 35～45℃，转速为 160～220r/min 的条件下搅拌 30～40min，得处理液；将 1 号添加剂与处理液按质量比（1∶4）～（1∶8）混合，并加入处理液质量 0.08～0.12 倍的 2 号添加剂，于温度为 40～50℃，转速为 200～240r/min 的条件下，搅拌混合 20～40min 后，得混合添加剂，将混合添加剂冷冻粉碎，过 80～120 目筛，得改性添加剂。

所述非离子表面活性剂为烷基酚聚氧乙烯醚、高碳脂肪醇聚氧乙烯醚和脂肪酸聚氧乙烯酯中的任意一种。

所述两性表面活性剂为十二烷基乙氧基磺基甜菜碱、十二烷基羟丙基磺基甜菜碱和十二烷基二甲基氧化胺中的任意一种。

所述阴离子表面活性剂为十二烷基苯磺酸钠和十二烷基硫酸钠中的任意一种。

所述植物精油为薰衣草油、迷迭香油或丁香油中的任意一种。

产品特性　本品兼备优异的去污性能及抗菌性能。

配方 58　敏感肌肤专用洗衣液

原料配比

原料	配比（质量份）
茶树籽提取物	1.5～1.9
苦参提取物	1～1.7
野槐根提取物	1.3～1.6
茶皂素	1.3～1.7
三乙醇胺	1.1～1.6
山金车提取液	1～2
6502 增稠剂	2～3
二乙醇酰胺	1.4～1.5
AES	4.5～6.3
益生菌群	2～3
丹皮酚	1.5～1.8
侧柏提取液	1～2.5
柠檬酸	1.3～2.4
氨基酸	1～2.3
椰子油脂肪酸	0.5～1

续表

原料	配比（质量份）
羟丙基倍他环糊精	1～2.7
酵素	1.4～2.4
醋酸	1.7～2.7
香精	1.2～1.8
水	56.1～72.3

制备方法 将茶树籽提取物加入水中搅拌均匀，再加入苦参提取物、野槐根提取物、茶皂素高速搅拌 53min，并配以三乙醇胺、山金车提取液、6502 增稠剂、二乙醇酰胺、AES、益生菌群、丹皮酚，加热恒温在 34℃左右均质搅拌 4.3h 后，将容器恒温在 34℃左右密封发酵 21.3h，再加入侧柏提取液、柠檬酸、氨基酸、椰子油脂肪酸、羟丙基倍他环糊精、酵素、醋酸、香精高速搅拌 4.3h，然后恒温在 34℃左右容器内静置 24h 即为成品。

产品特性 本品具有活性催化剂的特性，能够快速定位蛋白类污渍，并迅速将其分解成小分子，瓦解污渍，而且酵素成分天然，没有刺激，对皮肤没有伤害。

配方 59 牡丹洗衣液

原料配比

原料	配比（质量份）		
	1#	2#	3#
牡丹酚	15	18	20
植物精油	8	6	5
橄榄油	10	11	12
色素	4	3	2
非离子表面活性剂	5	6	7
全透明增稠粉	10	9	8
纳米除油乳化剂	6	7	8
防腐剂	0.3	0.2	0.1
去离子水	70	75	80

制备方法

（1）先向搅拌釜内加入牡丹酚和橄榄油进行搅拌，搅拌时间为 10～20min，再将去离子水分 4～5 次加入搅拌釜，加入一次去离子水后搅拌 10min，直至将去离子水全部加入后再搅拌 10～20min；升温至 40～50℃，搅拌 1～1.2h。

（2）降低搅拌釜内温度后加入非离子表面活性剂进行搅拌，搅拌后静置 10～20min；降温温度为 15～20℃，搅拌时间为 30～40min。

（3）向搅拌釜内加入全透明增稠粉，进行升温，升温至为 45～55℃，然后进行搅拌，搅拌时间为 1.5～2h；所述全透明增稠粉分 5 次等量加入，每次加入全透明增稠粉后搅拌 30min，共搅拌 1.5h。

（4）先向搅拌釜内加入一半的纳米除油乳化剂搅拌 40min 后，静置 20～30min 后，再加入另一半的纳米除油乳化剂搅拌 40min，升温至 60℃，进行搅拌，搅拌时间为 1.5～2h。

（5）先向搅拌釜内加入植物精油和色素，升温至 65～70℃，搅拌 30min，再加入防腐剂搅拌 20min，升温至 65～70℃，搅拌 50～60min，制成混合溶液。

（6）将上述步骤（5）制成的混合溶液进行冷却处理，冷却至常温后出料。

原料介绍　所述非离子表面活性剂为高碳脂肪醇聚氧乙烯醚、脂肪酸甲酯乙氧基化物、醇醚磷酸盐和蔗糖酯中的任意一种。

所述植物精油为牡丹精油。

所述色素为牡丹花色素。

产品特性　本品中含有的牡丹酚可以起消毒杀菌作用，洁净衣物的同时可以进行消毒杀菌，降低了洗衣成本，且本洗衣液的废液可以在自然界降解，不会造成水质污染；植物精油和色素均为天然牡丹提取物，天然环保无毒害，植物精油和橄榄油可以保护手部肌肤的油脂平衡，手洗衣物时手部皮肤不会被伤害。同时本洗衣液不含磷易漂清，植物精油可以蓬松衣物，令柔软、光滑亮泽，通过非离子表面活性剂可以调节洗衣液的酸碱度接近中性，中性洗衣液属于温和型洗衣液，对衣物和皮肤伤害小，长期使用不会造成衣服破碎粉化。

配方 60　耐硬水的含醇醚羧酸盐的洗衣液

原料配比

原料		配比（质量份）		
		1#	2#	3#
醇醚羧酸盐		10	20	15
脂肪醇聚氧乙烯醚		3	8	5
甘油		1	3	2
聚乙二醇	分子量为 400	1	—	—
	分子量为 1000	—	3	—
	分子量为 70	—	—	2

续表

原料		配比（质量份）		
		1#	2#	3#
聚丙烯酸钠	分子量为400	1	—	—
	分子量为4000	—	3	—
	分子量为2000	—	—	2
纤维素酶		0.3	1	0.5
蛋白酶		0.3	1	0.6
脂肪酶		0.3	1	0.6
增稠剂	氯化钠	0.1	1	—
	羧甲基纤维素	—	—	0.3
乙二胺四乙酸钠		0.1	0.5	0.3
去离子水		100	200	150

制备方法 将各组分原料混合均匀即可。

原料介绍 所述醇醚羧酸盐的制备包括如下步骤：

（1）将2-烷氧基环丙烷加入水中，在酸性条件下加热反应，得到3-烷氧基-1,2-丙二醇；所述酸性条件的形成是在水中加入1%～3%的酸。

（2）将3-烷氧基-1,2-丙二醇在碱性条件下，与$Cl(CH_2)_n COONa$反应，生成粗产物；所述碱性条件的形成是在水中加入1%～3%的碱。

（3）将粗产物过柱并减压蒸馏，得到产物。所述过柱所用的淋洗剂为石油醚和醇的混合溶剂。所述醇选自甲醇、乙醇、正丙醇、异丙醇、正丁醇和异丁醇。

产品特性 本品具有优异的耐硬水洗涤效果。

配方61 耐硬水洗衣液

原料配比

原料		配比（质量份）									
		1#	2#	3#	4#	5#	6#	7#	8#	9#	10#
表面活性剂	脂肪醇聚氧乙烯醚硫酸钠（AES）	10	—	9	—	11	—	9	—	10	—
	椰子油脂肪酸二乙醇酰胺（6501）	3	—	4	—	2	—	3	—	2	—
	脂肪醇聚氧乙烯（9）醚	2	7	2	8	—	6	3	6	3	7

续表

原料		配比（质量份）									
		1#	2#	3#	4#	5#	6#	7#	8#	9#	10#
表面活性剂	脂肪醇聚氧乙烯（7）醚	—	3	—	3	—	3	—	4	—	4
	烷基糖苷（APG）	—	5	—	4	—	6	—	5	—	4
碱性蛋白酶	微单胞菌素碱性蛋白酶	0.11	0.4	0.4	0.4	0.4	0.4	0.4	0.4	0.4	0.4
酶稳定剂	氯化钙	0.1	0.1	0.1	0.1	0.1	0.1	0.1	0.1	0.1	0.1
杀菌剂	西吡氯铵	0.8	—	0.8	—	0.8	—	0.8	—	0.8	—
	聚六亚甲基双胍	—	0.8	—	0.8	—	0.8	—	0.8	—	0.8
增稠剂	氯化钠	3	3	3	3	3	3	3	3	3	3
复配防腐剂	甲基异唑啉酮+甲基氯异噻唑啉酮	0.15	0.15	0.15	0.15	0.15	0.15	0.15	0.15	0.15	0.15
	香精	0.1	0.1	0.1	0.1	0.1	0.1	0.1	0.1	0.1	0.1
去离子水		80.45	80.45	80.45	80.45	80.45	80.45	80.45	80.45	80.45	80.45

制备方法

（1）将去离子水升温至 60～70℃，搅拌同时加入表面活性剂、酶稳定剂，搅拌使之溶解；

（2）降温至 40℃以下，加入碱性蛋白酶、杀菌剂、复配防腐剂、香精、增稠剂，搅拌使之溶解。

产品应用　本品是一种含微单胞菌素碱性蛋白酶的消毒洗衣液。

产品特性　本品的特点在于能够轻松去除衣物上顽固污渍的同时，耐硬水性好，高温稳定性和 pH 稳定性好，刺激性低，不伤衣物不伤手，适用范围广，杀菌性好。

配方 62 内衣裤洗衣液

原料配比

原料	配比（质量份）			
	1#	2#	3#	4#
去离子水	76.8	78.2	78.85	79.7
NaOH	0.55	0.75	0.65	0.89
磺酸	4	6	5	7

原料	配比（质量份）			
	1#	2#	3#	4#
AES	8	9	10	11
脂肪醇聚氧乙烯醚（AEO-9）	1	1	1	1
KF-88	0.2	0.4	0.1	0.3
6501	2	5	3	4
三氯生（DP-300）	0.4	0.3	0.2	0.1
碱性蛋白酶	0.5	0.4	0.3	0.25
HK153216	0.3	0.4	0.2	0.15
盐	0.6	0.9	0.8	0.7

制备方法

（1）称量：根据洗衣液制备配方中各组分按质量份通过称量设备称取，备用。

（2）溶解：将称取的去离子水添加在反应釜中，将称取的 NaOH 和磺酸添加在反应釜中，搅拌加热溶解形成混合物 A；加热温度控制在 40～45℃，溶解时间为 25～30min，搅拌转速为 135r/min，搅拌时间为 10～15min。

（3）一次混合：将称取的 AEO-9、KF-88、DP-300 添加在装有混合物 A 的反应釜中，搅拌均匀形成混合物 B；搅拌转速为 120r/min，搅拌时间为 20～25min。

（4）二次混合：将称取的碱性蛋白酶、HK153216、6501、AES、盐添加在装有混合物 B 的反应釜中，搅拌均匀形成混合物 C（低温加热混合，加热温度为 40℃，搅拌转速为 95r/min，搅拌时间为 30～35min），冷却。

（5）过滤：采用过滤设备对混合物 C 过滤，完成内衣裤洗衣液的制备，包装存放。洗衣液的 pH 值在 6.5～7.8 之间。

产品特性　本品制备方法简单易行，易于实现工业化生产。本品有优异的贮藏稳定性，对皮肤无刺激性，添加的 AES、AEO-9、净洗剂 6501 等多种表面活性剂，可提高去污能力，AEO-9 和 DP-300 均具有持久抗菌抑菌的功效，对皮肤温和无刺激，避免过敏现象，稳定性强。

配方63　内衣草药洗衣液

原料配比

原料	配比（质量份）
软化水	62.0757

续表

原料		配比（质量份）
表面活性剂	LAS	5.5
	AES	9
	AM66	1
	AEO-7	4
液碱		2.02
中和剂	KOH	4
助洗剂		2
复合酶	蛋白酶、纤维素酶	2
多功能增效剂		1.7
抑菌剂		0.4
增稠剂	氯化钠	1
蓝色素	C161585	0.0043
草药提取液		5
香精		0.3

制备方法 将各组分原料混合均匀即可。

原料介绍 所述表面活性剂包括 LAS、AES、AM66、AEO-7。

所述中和剂采用 KOH。

所述助洗剂和多功能增效剂的成分主要包括柠檬酸钠和 CAB。

所述复合酶为蛋白酶以及纤维素酶。

所述草药提取液为苦参、蛇床子、黄柏各三份，车前子、茵陈、苍术、栀子、蒲公英各一份，粉碎成粉末状并搅匀，取纯净水均匀淋湿粉末，浸泡 3h 后，通过提取机的波导发射穿透破壁萃取草药的有效成分。所述均匀淋湿粉末的纯净水为苦参、蛇床子、黄柏、车前子、茵陈、苍术、栀子和蒲公英总质量的百分之九十。

所述蓝色素为 C161585。

产品应用 使用方法：使用时先用水润湿内衣，根据内衣污渍程度取 5～8mL 涂抹在污迹处，静置 3min 后搓洗，洗衣液内的优质表面活性剂、蛋白酶、纤维素酶能充分溶解污渍，同时洗衣液所含有的草药提取液成分充分抑制消杀衣物细菌、妇科疾病病菌，如衣物污渍时间较久，可以将衣物静置 5～8min 后搓洗。

产品特性

（1）本品中所含有的草药提取液成分能有效针对妇科病菌进行消杀；

（2）通过精细选取有效成分（主要成分柠檬酸钠、CAB），利用合理配比方案合成助洗剂及多功能增效剂有效地将洗衣洁净功能与草药提取液护理抑菌功能完美兼容，洗护二合一，并保证液体体系的稳定，不会出现絮状漂浮、分层、沉淀等现象；

（3）本品性能温和，无残留，可降低对皮肤的刺激，不损伤衣物纤维，保持衣物鲜亮簇新；

（4）采用速溶洗涤技术，冷水、硬水中均能快速溶解，使衣物更易漂洗；

（5）具有防污渍再附着功能，避免污渍在洗涤过程中重新沾染衣物；

（6）能有效去除衣物上的汗味及其他异味，对常见细菌、病菌有抑制消杀作用，保护家人健康。

配方 64　内衣专用酸性洗衣液

原料配比

原料	配比（质量份）	
	1#	2#
去离子水	97.07	42.96
十二烷基苯磺酸	0.75	15.00
月桂基聚氧乙烯醚硫酸钠	0.50	11.00
脂肪醇聚氧乙烯醚	0.35	6.30
柠檬酸	0.30	6.00
甘油	0.25	5.00
乙醇	0.20	3.15
单乙醇胺	0.15	2.50
乳酸	0.10	1.78
月桂酸	0.05	1.25
月桂基葡糖苷	0.05	1.25
二乙烯三胺五乙酸	0.05	0.90
香精	0.04	0.70
烧碱	0.05	0.65
聚乙烯亚胺乙氧基化合物	0.03	0.32
羟基二氯二苯醚	0.01	0.04
蛋白酶	0.02	0.30
淀粉酶	0.01	0.20
脂肪酶	0.01	0.20
益生菌提取物	0.01～0.50	0.50

制备方法 将除酶、益生菌提取物外的上述组分依次加入乳化搅拌罐内搅拌至所有物质充分混合，溶解或乳化，同时加热至50℃促使混合过程快速完成；完全溶解分散后停止加热使其慢速冷却至常温；混合物冷却至常温后再依次加入酶、益生菌提取物，搅拌混合，即可得到本品。

原料介绍 所述去离子水用作溶剂、清洁剂；十二烷基苯磺酸用作表面活性剂、清洁剂、酸剂；月桂基聚氧乙烯醚硫酸钠用作表面活性剂、清洁剂；脂肪醇聚氧乙烯醚用作表面活性剂、清洁剂。柠檬酸用作 pH 调节剂；甘油用作增溶剂、护肤剂；乙醇用作溶剂；单乙醇胺用作酸度调节剂、中和剂、护色剂；乳酸用作益生菌营养剂、pH 调节剂；月桂酸用作消泡剂、酸度调节剂；月桂基葡糖苷用作表面活性剂、清洁剂；二乙烯三胺五乙酸用作螯合剂、护色剂；香精用作香氛；烧碱用作 pH 调节剂；聚乙烯亚胺乙氧基化合物用作洗涤增效剂、污垢分散剂；羟基二氯二苯醚用作促进抑菌剂；蛋白酶、淀粉酶、脂肪酶用作生物酶素；益生菌提取物用于改善贴身衣物益生环境。

洗衣液本身的 pH=2.5～6.5。

产品应用 本品是用于棉、丝、合成纤维、混纺等各种质地的衣物的一种内衣专用酸性洗衣液。

使用方法：对于重度污渍，可将所得酸性洗衣液原液直接涂抹在污渍处，静置 5min 后适当揉搓再正常洗涤。

产品特性

（1）突破性的纳米洁净因子，深入衣物纤维，轻松瓦解多种顽固污渍，爆发超强去渍力。专用于贴身衣物的清洗，无残留，温和。

（2）长期使用碱性洗涤产品会导致类似"水垢"一样的沉积物。沉积物不干净，促使有害微生物的滋生，使衣服变僵硬。酸性洗衣液有效清除有害沉积物，提供衣物柔顺效果。

（3）酸性内衣洗衣液，保持与皮肤生态环境最接近的条件，避免了碱性洗涤产品对皮肤生态系统平衡的破坏，保持内衣接触皮肤，特别是女性隐私部位的酸性环境，有助于维持正常的微生物组群中益生菌的生长，抑制致病性微生物的生长和侵入。

（4）添加益生菌提取物，提升皮肤微生物组群益生条件。

（5）采用先进生物酶（酵素）稳定复配技术，利用益生蛋白酶、淀粉酶、脂肪酶大幅度提高清洁能力。

（6）无磷、无铅、无防腐剂、无荧光增白剂，安全环保。

（7）本品适用于棉、丝、合成纤维、混纺等各种质地的衣物，对内衣、贴身衣物有针对性清洁、无残留、除异味等效果。

配方65 柠檬香精洗衣液

原料配比

原料	配比（质量份）		
	1#	2#	3#
柠檬香精	10	15	20
醇醚	10	12.5	15
十二烷基苯磺酸	14	17	20
乳化剂	16	17	18
硬脂基二甲基氧化胺	10	12	14
烷基多苷	2	3	4
皂基	1	1.5	2
水	加至100	加至100	加至100

制备方法 将各组分原料混合均匀即可。

产品特性 本品具有较高的去污能力，并能有效抑螨灭螨，味道清香，效果显著，不伤手，不伤皮肤。

配方66 柠檬汁洗衣液

原料配比

原料	配比（质量份）		
	1#	2#	3#
增稠剂	10	15	20
脂肪醇聚氧乙烯醚	5	6	7
对氯间二甲苯酚	0.5	1.5	2.5
去离子水	75	90	90
柠檬汁	10	15	20
液碱	8	10	12
增白剂	5	6	7
杀菌剂	7	10	13
椰子油脂肪酸单乙醇酰胺	3	4	5
卡松	4	6	8
香精	0.5	1	1.5

制备方法 将各组分原料混合均匀即可。

产品特性 本品具有抑菌去污、温和清香、抗硬水，阴雨天使用预防细菌再生等优点，且成本较低，适合工业化生产。

配方 67 浓缩低泡高效洗衣液

原料配比

原料	配比（质量份）
非离子表面活性剂（AEO-7）	25～30
助剂（乙醇/乙二醇/甘油）	0.5～2
单乙醇胺三乙醇胺氢氧化钠（32%）水溶液	5～8
酶制剂	0.5～1
抗再沉淀剂	1～2
改性聚硅氧烷	0.5～1
柔软剂	0.5～1
增稠剂	2～4
防腐剂	0.2～0.5
香精	0.3～0.6
水	加至100

制备方法 在加热的条件下，将表面活性剂完全溶解在水中，将酶制剂预分散在溶剂里，并搅拌均匀后添加到表面活性剂的水溶液中，在搅拌的条件下依次加入其他成分，搅拌均匀，产品的最终外观为淡黄色清澈透明液体，pH值7～7.5。

产品特性 本品泡沫低，易漂洗，去污力强，对各种污渍都有很好的去除效果，洗衣液基本是中性的，对皮肤无刺激，柔顺效果明显，护色效果明显，甩干与拧干的衣服褶皱不明显。衣物干后柔软、洁净，颜色鲜亮。

配方 68 浓缩洗衣液（一）

原料配比

原料		配比（质量份）			
		1#	2#	3#	4#
阴离子表面活性剂	脂肪醇聚氧乙烯醚硫酸钠	10	—	30	—
	月桂酰基谷氨酸钠	—	10	—	28
异构醇醚表面活性剂	异构十醇烷氧化非离子表面活性剂（HIC 2109）	13	—	22	—

原料		配比（质量份）			
		1#	2#	3#	4#
异构醇醚表面活性剂	异构十二醇烷氧化非离子表面活性剂（HIF 4100）	—	18	—	22
非离子表面活性剂	脂肪醇聚氧乙烯（3）醚	15	12	12	18
两性离子表面活性剂	椰油酰胺丙基甜菜碱	5	—	9	—
	椰油酰胺丙基氧化胺	—	8	—	12
生物酶	锦程优诺 100L 酶	0.8	0.8	1.5	1.8
苯并异噻唑啉酮		0.1	0.15	0.1	0.15
香精		0.2	0.25	0.35	0.5
去离子水		加至 100	加至 100	加至 100	加至 100

制备方法

（1）将适量去离子水加入化料釜中，然后分别按照一定的质量配比依次加入阴离子表面活性剂、异构醇醚表面活性剂、非离子表面活性剂、两性离子表面活性剂搅拌至完全溶解，得到混合液 A；

（2）向所述混合液 A 中加入苯并异噻唑啉酮、香精、剩余去离子水，搅拌均匀，得到混合液 B；

（3）向所述混合液 B 中加入生物酶，搅拌均匀，得到混合液 C；

（4）将混合液 C 进行过滤处理（用 300 目滤网过滤），得到所述的无助溶剂的高倍浓缩洗衣液。

原料介绍 所述生物酶为锦程优诺 100L 酶。

产品应用 本品是一种无溶剂加酶低泡浓缩洗衣液。

产品特性 本品的配方节水，且不加溶剂的同时添加酶制剂，对环境友好。本品在原料中不添加溶剂，通过表面活性剂之间的合理复配，得到一个稳定的高浓缩体系，使得在使用量很低的情况下达到甚至在某方面远超洗涤标准要求，解决了高含量表面活性剂的溶解问题，泡沫少、酶活性稳定。

配方 69 浓缩洗衣液（二）

原料配比

原料	配比（质量份）
去离子水	45～65
表面活性剂	20～30
聚乙二醇	15～25

续表

原料		配比（质量份）
椰子油脂肪酸二乙醇酰胺		10～15
无水柠檬酸钠		10
栀子花香精		3～6
抑菌剂		3～6
防腐剂		2～4
表面活性剂	烷基糖苷	10～15
	月桂酰肌氨酸钠	10～15

制备方法

（1）将去离子水、表面活性剂、聚乙二醇、椰子油脂肪酸二乙醇酰胺和无水柠檬酸钠加入配制罐中，加热至50～60℃，启动搅拌将原料搅拌混合均匀；

（2）待原料温度冷却至30℃以下后，将栀子花香精、抑菌剂和防腐剂加入配制罐中，继续搅拌10～15min，泡沫消除之后出料即可得到成品浓缩洗衣液。

产品特性　通过添加烷基糖苷，可以提高洗衣液的去污力和配伍性，并且产生的泡沫丰富细腻、对皮肤无刺激。本品中的月桂酰肌氨酸钠是一种非常温和的天然表面活性剂，生物降解性好，对环境无污染。

配方70　浓缩型光解洗衣液

原料配比

原料	配比（质量份）			
	1#	2#	3#	4#
脂肪醇聚氧乙烯醚硫酸钠	12	15	17	18
脂肪醇聚氧乙烯醚（AEO-7）、脂肪醇聚氧乙烯醚（AEO-9）和异构醇聚氧乙烯醚的混合物	16	14	13	12
椰油脂肪酸	0.5	1	1.3	1.5
椰油酰胺丙基甜菜碱	3	4	5	6
光催化剂	0.1	0.2	0.2	0.2
悬浮分散剂	1	1.5	2	2
污垢抗再沉积剂	0.3	0.6	0.9	0.8
植物除螨剂	0.1	0.2	0.4	0.3
液体蛋白纤维素复合酶	0.3	0.6	0.8	0.7
氢氧化钠	0.1	0.15	0.18	0.2
氯化钠	2.5	2	2.2	1.6

续表

原料	配比（质量份）			
	1#	2#	3#	4#
防腐剂	0.1	0.1	0.1	0.1
香精	0.35	0.35	0.35	0.35
去离子水	加至100	加至100	加至100	加至100

制备方法

（1）用软化水处理设备，制备去离子水，在烧杯中加入去离子水，并根据烧杯中去离子水的质量，按比例称取其他组分。

（2）向步骤（1）中的烧杯中加入氢氧化钠搅拌溶解均匀，并升温至70～80℃，加入椰油脂肪酸，搅拌至完全均匀分散。

（3）将步骤（2）中的复配物温度降至60～70℃，随后加入脂肪醇聚氧乙烯醚硫酸钠，搅拌至完全溶解。

（4）向步骤（3）中的复配物中先后加入脂肪醇聚氧乙烯醚和异构醇聚氧乙烯醚的混合物、椰油酰胺丙基甜菜碱，搅拌至完全分散均匀。

（5）待步骤（4）中的复配物温度降至45℃以下，加入悬浮分散剂，搅拌15min，然后加入光催化剂、污垢抗再沉积剂、液体蛋白纤维素复合酶，继续搅拌15～20min，再加入植物除螨剂、防腐剂、香精、氯化钠，搅拌20～25min，静置消泡30～35min，得到浓缩型光解洗衣液。浓缩型光解洗衣液置于储料罐中静置6～7h后可进行灌装。

产品特性

（1）该浓缩型光解洗衣液，利用天然无机光催化材料强大的光催化性能，配伍性好，且无机物材料在清洗衣物后排放的污水不会污染环境，产品在使用过程中可有效去除细菌、异味，防止霉菌滋生，达到安全除菌、除异味、防霉的目的，且抑菌时效长久。

（2）该浓缩型光解洗衣液的制备方法，通过利用天然光解材料分散技术，简单易操作，易于工业化，提高了生产效益，且制备的浓缩型光解洗衣液在可见光的条件下，实现持续除菌、除味、防霉，对环境和人体安全友好。

配方 71　泡沫柔细高效洗衣液

原料配比

原料	配比（质量份）
烷基磷酸酯二乙醇胺盐	5

续表

原料	配比（质量份）
脂肪酸甲酯磺酸钠	15
香精	5
甲壳素抗菌剂	4
椰油酰胺丙基甜菜碱	10
十二烷基聚氧乙烯醚硫酸钠	12
氨基酸络合铜	0.6
冰醋酸	0.5
去离子水	100

制备方法　将各组分原料混合均匀即可。

产品特性　本品温和，泡沫柔细，能迅速分解污渍，比普通洗衣液有更强的去污能力，可有效彻底清洁。

配方 72　菩提子洗衣液

原料配比

原料	配比（质量份）
脂肪酸甲酯磺酸钠	5
月桂酰肌氨酸钠	21
癸基葡糖苷	5
椰油酰胺丙基羟磺基甜菜碱	4
咪唑啉两性二醋酸二钠	8
蛋白酶	1.5
纤维素酶	0.6
黄原胶	0.9
海藻酸钠	1
芦荟提取物	3
菩提子提取物	3
柠檬酸钠	0.6
荧光增白剂 CBS-X	0.3
羟甲基甘氨酸钠	0.6
硼砂	0.5
去离子水	10～20

制备方法　将水投入搅拌罐内，加入其余各组分，混合均匀即可。

产品特性　本品去污性能好，洗涤后可使衣物更洁白。

配方 73　强力去污型洗衣液

原料配比

<table>
<tr><th colspan="2" rowspan="2">原料</th><th colspan="6">配比（质量份）</th></tr>
<tr><th>1#</th><th>2#</th><th>3#</th><th>4#</th><th>5#</th><th>6#</th></tr>
<tr><td>非离子表面活性剂</td><td>脂肪醇聚氧乙烯醚（AEO-9）</td><td>30</td><td>25</td><td>26</td><td>28</td><td>26</td><td>26</td></tr>
<tr><td>阴离子表面活性剂</td><td>脂肪醇聚氧乙烯醚硫酸钠（AES）</td><td>16</td><td>13</td><td>14</td><td>15</td><td>14</td><td>14</td></tr>
<tr><td colspan="2">KF-88</td><td>0.2</td><td>0.8</td><td>0.4</td><td>0.6</td><td>0.4</td><td>0.4</td></tr>
<tr><td colspan="2">乙二胺四乙酸</td><td>1.2</td><td>2</td><td>1.5</td><td>1.8</td><td>1.5</td><td>1.5</td></tr>
<tr><td colspan="2">糖苷</td><td>1.5</td><td>3</td><td>1.8</td><td>2.5</td><td>—</td><td>1.8</td></tr>
<tr><td colspan="2">十二烷基硫酸钠</td><td>3</td><td>6</td><td>4</td><td>5</td><td>4</td><td>4</td></tr>
<tr><td colspan="2">柠檬酸钠</td><td>1</td><td>0.5</td><td>0.6</td><td>0.8</td><td>0.6</td><td>0.6</td></tr>
<tr><td colspan="2">柠檬酸</td><td>1.5</td><td>0.5</td><td>0.8</td><td>1.2</td><td>0.8</td><td>0.8</td></tr>
<tr><td colspan="2">液体蛋白酶</td><td>1.2</td><td>0.2</td><td>0.6</td><td>1</td><td>0.6</td><td>—</td></tr>
<tr><td colspan="2">脂肪酶</td><td>0.5</td><td>0.1</td><td>0.2</td><td>0.4</td><td>0.2</td><td>—</td></tr>
<tr><td rowspan="3">芳香油</td><td>柠檬油</td><td>3</td><td>—</td><td>—</td><td>—</td><td>—</td><td>—</td></tr>
<tr><td>茶树油</td><td>—</td><td>1</td><td>—</td><td>—</td><td>—</td><td>—</td></tr>
<tr><td>桉叶油</td><td>—</td><td>—</td><td>2</td><td>3</td><td>2</td><td>2</td></tr>
<tr><td colspan="2">氯化钠</td><td>0.6</td><td>1.2</td><td>0.8</td><td>1.2</td><td>0.8</td><td>0.8</td></tr>
<tr><td colspan="2">氯化钙</td><td>0.2</td><td>0.6</td><td>0.4</td><td>0.5</td><td>0.2</td><td>0.4</td></tr>
<tr><td colspan="2">去离子水</td><td>24</td><td>16</td><td>19</td><td>23</td><td>30</td><td>19</td></tr>
</table>

制备方法

（1）备料：按照质量份称取 AEO-9、AES、KF-88、乙二胺四乙酸、糖苷、十二烷基硫酸钠、柠檬酸钠、柠檬酸、液体蛋白酶、脂肪酶、芳香油、氯化钠、氯化钙和去离子水备用；

（2）将去离子水加热至 40～50℃后，加入 AEO-9、AES、KF-88 搅拌均匀，再加入乙二胺四乙酸、糖苷、十二烷基硫酸钠、柠檬酸钠混合均匀，降温至 15～25℃，得到混合液；

（3）向混合液中加入液体蛋白酶、脂肪酶、芳香油、氯化钠和氯化钙搅拌均匀，最后加入柠檬酸调节 pH 值至 5～7 即可。

产品特性

（1）本品洗衣液中添加的液体蛋白酶、脂肪酶能够显著提升洗衣液对于衣物上的顽固油渍，蛋白污渍如汗渍、血渍等的清除效果，能够一次性将具有顽固污渍的衣物清洗干净，适用于机洗，无需配合手洗。

（2）本品在洗衣液中添加了糖苷、氯化钙，并适度降低洗衣液的含水率，有效提高了洗衣液的稳定性，避免液体蛋白酶、脂肪酶在长期保存后失去生物活性，延长了洗衣液的保质期。

配方 74 青蒿油洗衣液

原料配比

原料	配比（质量份）
青蒿油	0.25
十二醇聚氧乙烯醚硫酸钠	10
磺酸	3
椰子油脂肪酸二乙醇酰胺	2
聚氧乙烯辛基苯酚醚-10	4
乙二胺四乙酸	0.2
十二烷基硫酸铵	2
卡松	0.1
氯化钠	1
去离子水	77.435
叶绿素	0.015

制备方法

（1）取配方比例的乙二胺四乙酸和十二烷基硫酸铵加至搅拌锅中，并加入适量的去离子水将乙二胺四乙酸和十二烷基硫酸铵配制成混合溶液；去离子水的用量约占配方比例的 12.5%，搅拌时间为 20～30min。

（2）将青蒿油、十二醇聚氧乙烯醚硫酸钠、磺酸、椰子油脂肪酸二乙醇酰胺、聚氧乙烯辛基苯酚醚-10 按配方比例加入另一搅拌锅中，搅拌均匀。

（3）倒入装有适量去离子水的烧杯中，搅拌使之溶解并成为白色乳状即可；去离子水的用量约占配方比例的 62.5%。

（4）加入乙二胺四乙酸和十二烷基硫酸铵的混合溶液，充分搅拌均匀，静置消除泡沫。

（5）使用柠檬酸溶液调节溶液酸碱度，调节后静置消泡；加入 50%柠檬酸溶液调节样品溶液酸碱度的 pH 值为 4～6，静置时间为 3h 以上。

（6）加入配方比例的氯化钠、卡松，搅拌均匀，以增加产品的黏稠度。

（7）加去离子水至所配制的规格含量，并搅拌稀释均匀。

（8）静置 24h 以上，直至产品溶液上层无泡沫。

产品特性 本品通过在配方中添加适量的采用植物提炼技术制成的青蒿油，使洗涤后的衣物更适宜人体肌肤，有利于自然降解，具有绿色清洁的效果，不会对土地造成污染，且黏稠度较低，易于倾倒，泡沫较少，便于清理，可减少漂洗次数，实用性更强。

配方 75 去除多种污渍洗衣液

原料配比

原料		配比（质量份）		
		1#	2#	3#
去离子水		80	80	80
分散剂		0.2	0.2	0.2
碳酸氢钠		0.7	0.7	0.7
氢氧化钠		0.1	0.1	0.1
生物酶		4	4	4
磺酸		4	4	4
AES		8	8	8
卡松		0.1	0.1	0.1
盐		2.2	2.4	2.3
香精		0.1	0.3	0.2
色精		0.3	0.1	0.2
定香剂		0.3	0.1	0.2
色精	亮蓝	69	69	69
	碳酸氢钠	1	1	1
	食盐	30	30	30

制备方法

（1）开启水处理设备，向反应釜中按质量份注入去离子水；

（2）向反应釜中按质量份加入分散剂、碳酸氢钠，打开设备加热装置同时进行剪切搅拌，将反应釜中温度加热至 40℃停止加热，然后按质量份加入氢氧化钠，持续搅拌将混合物 pH 值调至 6～8；

（3）按质量份加入生物酶，并剪切搅拌 4min；

（4）按质量份加入磺酸，并剪切搅拌 3min；

（5）按质量份加入 AES，再次加热使反应釜中温度为 40℃停止加热，持续进行搅拌使反应釜中的原材料完全溶解；

（6）按质量份加入卡松，待其完全溶解，然后按质量份加入色精、定香剂，待其完全溶解，再按质量份加入盐，调制稠度便可得到洗衣液。

原料介绍 所述分散剂主要成分为三乙基己基磷酸、十二烷基硫酸钠、古尔胶、脂肪酸聚乙二醇酯。

产品特性 本品有较强的去除血渍、汗渍、奶渍、顽固污渍、重油污等的能力，避免衣服被氧化，且不伤手，发泡效果好，特别是对纯棉衣物有保色及增加柔软度的作用。

配方 76 去除矿物油渍洗衣液

原料配比

原料	配比（质量份）	
	1#	2#
脂肪醇聚氧乙烯醚硫酸钠	51.5	52
磺酸	16	15
氢氧化钠	2.8	3
脂肪醇聚氧乙烯醚	11	10
咪唑啉	9	10
乙二胺四乙酸二钠	2.2	2
卡松	0.9	1
香精	1.1	1
色素	0.4	0.5
柠檬酸	0.6	0.5
氯化钠	4.5	5
水	加至 100	加至 100

制备方法

（1）水处理：将自来水净化处理，去除其中的杂质、矿物质和金属离子；

（2）原料准备：将脂肪醇聚氧乙烯醚放入 38～42℃的热水中进行充分溶解，将氢氧化钠用水溶解；

（3）剪切：在处理水中按配比加入脂肪醇聚氧乙烯醚硫酸钠、磺酸、咪唑啉、乙二胺四乙酸二钠、卡松、香精、色素、氯化钠，进行剪切处理，将原料由块状剪切成细小颗粒状剪切过程中，加入氢氧化钠溶液，将混合液的 pH 值调节到 7～8；

（4）乳化：将步骤（3）所得混合物乳化处理，加入柠檬酸，调节混合液的 pH 值至 5.8～6.2，使其充分溶解；

（5）搅拌：充分搅拌 15～20min，灌装。

产品特性 本品可强力去除矿物油渍，使用效果好，温和，不伤手，安全无毒，原料来源丰富，成本低，制备工艺简单，不污染环境。

配方 77　去除顽固污渍环保洗衣液

原料配比

原料	配比（质量份）									
	1#	2#	3#	4#	5#	6#	7#	8#	9#	10#
烷基苯磺酸钠	1.5	1.5	1.5	3	3.5	1.5	1.5	1.5	3	3.5
甘油	3	3.5	4	3	3	3	3.5	4	3	3
香精	3	3.5	4	3	3	3	3.5	4	3	3
脂肪醇聚氧乙烯醚硫酸钠	1.5	1.5	1.5	3	3.5	1.5	1.5	1.5	3	3.5
速溶耐酸碱透明增稠粉	3	3	3	3	3	3	3	3	3	3
十二烷基磺酸钠	2	2	2	2	2	2	2	2	2	2
硫酸亚铁	6	5	4	3	2	6	5	4	3	2
去离子水	80	80	80	80	80	80	80	80	80	80

制备方法

（1）首先加入去离子水，并且无需加完，要留有少量的去离子水，之后再将烷基苯磺酸钠、甘油、香精、脂肪醇聚氧乙烯醚硫酸钠、速溶耐酸碱透明增稠粉、十二烷基磺酸钠、硫酸亚铁加入混合反应器中；

（2）将剩余的去离子水加入，搅拌混合均匀。

产品特性 本品能够对多种顽固污渍进行去除，并且具有良好的抗菌性能，洗涤后原料更加容易降解，不会造成污染；在保证清洁效果的同时，对于衣物还具有很好的颜色保护作用，进而不会对衣物造成损坏；对于皮肤和衣物的黏附性较低，更容易漂洗，节约水资源，并且对于人身体和衣物具有很好的保护功能。

配方 78 去除油性污渍的洗衣液

原料配比

原料		配比（质量份）			
		1#	2#	3#	4#
烷基糖苷		5	10	7	8
脂肪醇聚氧乙烯醚		15	20	17	17
异构十三醇聚氧乙烯醚		10	15	17	13
十二烷基蔗糖酯		5	10	9	6
椰子油脂肪酸二乙醇酰胺		1	5	3	3
柠檬酸钠		1	5	2	2
D-柠檬烯		5	10	4	7
聚乙二醇	分子量为200	1	—	—	—
	分子量为1000	—	5	—	—
	分子量为400	—	—	3	—
	分子量为200~1000	—	—	—	2
蛋白酶		0.2	0.4	0.3	0.3
脂肪酶		0.2	0.4	0.3	0.3
淀粉酶		0.2	0.4	0.3	0.3
纤维素酶		0.2	0.4	0.3	0.3
过氧化氢酶		0.2	0.4	0.3	0.3
去离子水		加至100	加至100	加至100	加至100

制备方法

（1）按照洗衣液配方，配置好相关质量的原料；

（2）在反应釜中，加入聚乙二醇、脂肪醇聚氧乙烯醚、异构十三醇聚氧乙烯醚、十二烷基蔗糖酯，混合搅拌2~5min后得到混合溶液A；

（3）往反应釜中加入烷基糖苷、椰子油脂肪酸二乙醇酰胺，升温到30~35℃，搅拌保温5~8min，加入柠檬酸钠，保温5~10min，加入D-柠檬烯，搅拌均匀后得到混合溶液B；

（4）将混合溶液B降温至室温后，加入去离子水，搅拌均匀，加入蛋白酶、脂肪酶、淀粉酶、纤维素酶、过氧化氢酶，均匀搅拌20~30min，用200目尼龙筛网过滤，即得到所述的去除油性污渍的洗衣液。

原料介绍 所述烷基糖苷为烷基碳原子数为12、14的烷基糖苷中的任一种。所述聚乙二醇分子量为200~1000。

产品特性 本品中的多种表面活性剂以及酶之间具有协同作用，能够有效地去除衣物中的污渍，而且去污效果受存放时间的影响小。本品具有更优的抗再沉积性能，有利于保持衣物的清新洁净。本品对皮肤温和无刺激，安全性高。

配方 79 去污护手洗衣液

原料配比

原料	配比（质量份）	
	1#	2#
羟乙基尿素	10	20
柠檬酸	15	15
阳离子表面活性剂	5	5
增稠剂	5	5
椰子油	20	15
植物精油	15	15
去离子水	20	20

制备方法 将各组分原料混合均匀即可。

原料介绍 所述植物精油为玫瑰精油、洋甘菊精油、金盏花精油、薰衣草精油中的一种或多种的混合物。

所述阳离子表面活性剂为 N-脱氢枞基-N, N, N-三甲基硫酸甲酯铵、N-脱氢枞基-N, N-二甲基-N-羟乙基氯化铵和 N-脱氢枞基-N, N-二甲基-N-苄基氯化铵中的一种或多种的混合物。

所述增稠剂为海藻酸钠、甲壳胺和瓜尔胶中的一种或几种。

所述护手洗衣液的 pH 值为 7～12。

产品特性 本品具有较高的去污能力，容易漂洗，并有效保护双手，且稳定性好，节水环保。

配方 80 去污环保洗衣液

原料配比

原料	配比（质量份）		
	1#	2#	3#
烷基苯磺酸钠	15～20	16～18	17

续表

原料		配比（质量份）		
		1#	2#	3#
甘油		8～15	12～14	13
十二烷基苯磺酸		6～12	8～10	9
二甲基硅油		10～15	11～13	12
天然皂粉		15～25	18～22	20
脂肪醇聚氧乙烯醚硫酸钠		10～15	11～14	13
防紫外线剂		2～7	3～5	4
护肤剂		4～7	5～6	6
硫酸钠		25～35	30～32	31
油茶籽		25～35	28～30	29
有机膨润土		14～18	15～17	16
表面活性剂		28～32	29～31	30
水		35～70	45～60	55
防紫外线剂	二氧化硅	50	60	70
	沸石	2	5	8
	有机硅改性丙烯酸树脂	7	10	12
	N,N-二正丁基二硫代氨基甲酸镍	7	9	12
	胍类抗菌剂	3	4	5
	脂肪醇聚氧乙烯醚	3	6	8
	水溶性耦合剂	2	4	6
护肤剂	甘油	8	10	15
	皂角精华液	20	25	30
	表面活性剂	15	18	20
	液体石蜡	2	3	4
	玫瑰香精	2	4	5
	胶原蛋白	3	5	7
	硫酸软骨素	4	6	10
	聚氨酯树脂	3	4	5
	去离子水	20	30	40

制备方法

（1）选料：选取烷基苯磺酸钠、天然皂粉和油茶籽。

（2）清洗：将选取的原料分别放入清洗机内进行清洗处理。

（3）干燥：将清洗后的原料以及硫酸钠和有机膨润土分别放入干燥箱内进行

干燥处理；干燥温度控制在 60～80℃之间，干燥时间控制在 40～60min 之间。

（4）粉碎：将干燥完成的原料分别放入粉碎机内进行粉碎处理；粉碎粒径在 100～200 目之间。

（5）搅拌：按质量份将粉碎后的原料以及甘油、十二烷基苯磺酸、二甲基硅油、脂肪醇聚氧乙烯醚硫酸钠、防紫外线剂、护肤剂、表面活性剂和水投入搅拌机内进行搅拌处理；搅拌转速控制在 100～200r/min 之间，搅拌时间控制在 30～40min 之间，同时搅拌机还配套设有加热装置，且加热装置为电加热石墨炉、电子束加热器和高频介质加热器中的一种，同时加热温度控制在 50～60℃之间。

（6）过滤：采用滤网袋对混合液进行过滤处理。

（7）装罐：用灌口机将滤除杂质后的混合液装入洗衣液瓶内或洗衣液袋内。

（8）检验合格后包装入库。

产品特性　本品能够对多种顽固污渍进行去除，具有良好的抗菌性能，且洗涤后原料容易降解，不会对水质造成污染，同时所选用的原料易得、价格低廉，生产工艺简单。

配方 81　去污能力强的浓缩洗衣液

原料配比

原料		配比（质量份）		
		1#	2#	3#
提取液	珍珠草	33	36	39
	木通	22	24	26
	山薄荷	11	13	16
	百蕊草	4	6	8
	乙醇溶液	120	130	150
乙二胺四乙酸		0.1	0.2	0.1～0.3
提取液		18	22	25
N-辛基二氨乙基甘氨酸盐酸盐		12	13	15
苄基三甲基碘化铵		4	6	8
脂肪酸甲酯乙氧基化物磺酸盐		34	40	46
乙二胺基丙磺酸钠		21	23	26
烷基糖苷		13	15	16
香荚兰豆		0.1	0.2	0.3
硬脂酰乳酸钠		11	13	16
复合液体酶		0.8	1	1.1
去离子水		70	80	90

制备方法

（1）按质量份计，将 33～39 份珍珠草、22～26 份木通、11～16 份山薄荷、4～8 份百蕊草洗净后，放入 120～150 份乙醇溶液中，然后采用超声波辅助提取 100～120min 后，过滤得到提取液；乙醇溶液的质量分数为 85%，超声波辅助提取时，超声波的频率为 28～32kHz。

（2）按质量份计，将 50～60 份去离子水加入至搅拌釜中，将水温升至 55～65℃后，向其中加入 0.1～0.3 份乙二胺四乙酸，混合搅拌均匀后，依次向其中加入 18～25 份提取液、12～15 份 N-辛基二氨乙基甘氨酸盐酸盐、4～8 份苄基三甲基碘化铵、34～46 份脂肪酸甲酯乙氧基化物磺酸盐、21～26 份乙二胺基丙磺酸钠、13～16 份烷基糖苷、0.1～0.3 份香荚兰豆、11～16 份硬脂酰乳酸钠、0.8～1.1 份复合液体酶，开启搅拌处理 30～40min 后，再向其中加入余下的去离子水，继续搅拌 10～15min 后，制得成品；搅拌处理时，搅拌桨的转速为 300～400r/min。

原料介绍　所述的复合液体酶包括纤维素酶、淀粉酶、脂肪酶、甘露聚糖酶及蛋白酶。

产品特性　本品综合去污能力强、泡沫少，稳定性强、易溶于水，并且作用温和，不会损伤衣服，具有一种独特的清香味。

配方 82　去油植物洗衣液

原料配比

原料	配比（质量份）			
	1#	2#	3#	4#
皂基	35	55	50	58
油茶粉	8	10	7	9
杏仁粉	6	10	8	7
碳酸钠	15	20	16	11
碳酸氢钠	15	20	18	11
活性蛋白酶	5	8	7	6
乳化剂	10	10	16	12
柠檬香精	6	10	7	6
去离子水	60	60	68	73

制备方法

（1）按照质量份要求分别称取各组分原料。

（2）将皂基、碳酸钠、碳酸氢钠、乳化剂、去离子水依次加入至高速搅拌机中搅拌混合，得到混合物Ⅰ；高速搅拌机的转速为 90～100r/min，搅拌时间为 20～40min。

（3）将混合物Ⅰ低温加热，依次向混合物Ⅰ中添加活性蛋白酶、柠檬香精，低温加热 5～10min 后，停止加热，缓慢冷却至室温后，得到混合物Ⅱ；低温加热的温度为 35～50℃。

（4）向混合物Ⅱ中依次添加油茶粉、杏仁粉，并将混合物Ⅱ放入至低速搅拌机中均匀搅拌 5～10min 后，加入消泡剂待泡沫消失即得到去油植物洗衣液；低速搅拌机的转速为 60～80r/min。

产品特性　本品通过加入碳酸钠、碳酸氢钠可有效去除油污，通过加入植物去油污成分油茶粉、杏仁粉可进一步加强去污能力，且本品洗衣液成分天然，不含有害化学成分，不伤手，不污染环境，成本低廉，易推广。

配方 83　全天然植物精华原浆香氛洗衣液

原料配比

原料		配比（质量份）		
		1#	2#	3#
无患子		40	30	2
茶麸		40	30	2
皂角		5	10	15
木瓜酶		5	3	2
植物精油	茶树精油	0.5	—	—
	玫瑰精油和茉莉精油的混合物	—	0.3	—
	茉莉精油、茶树精油和薰衣草精油的混合物	—	—	0.2

制备方法

（1）将无患子、茶麸、皂角混合打粉，采用水煮提取法，加水煎煮两次，每次 1h，加水量为混合物的两倍，将两次煎煮后的浓缩液混合，提取浓缩成 1∶1 的精华原浆；

（2）在精华原浆中加入木瓜酶和植物精油，制成所述植物精华原浆香氛洗衣液。

原料介绍　所述的精华原浆提取方法可为水煮提取法、酒精提取法、蒸馏法、超临界萃取提取法和高效高压差低温连续式提取分离浓缩技术中任选一种。采用超临界萃取法和高压差低温连续式提取分离技术提取法分离都是低温提取，可以使有效成分不被破坏。

产品特性 本品由全天然原料制备，提取浓缩制成的植物精华原浆洗衣液，不采用任何化学合成的表面活性剂、香精等化学成分，解决了皮肤刺激和环境污染等问题。

配方 84 全效洗衣液

原料配比

原料	配比（质量份）		
	1#	2#	3#
脂肪醇聚氧乙烯醚	20	30	25
脂肪醇醚硫酸钠	40	30	35
十二烷基二甲基甜菜碱	8	15	10
直链烷基苯磺酸	20	10	15
椰子油脂肪酸二乙醇酰胺	5	1	3
十二烷基苯磺酸钠	10	20	15
皂角	16	10	12
烷醇酰胺	5	8	7
甲基异噻唑啉酮	8	6	7
三聚磷酸钠	2	5	3
牛油基伯胺	5	3	4
对氯间二甲苯酚	1	3	2
活性炭	5	3	4
羧甲基菊粉钠	—	1	—
硼砂	5	—	—
柠檬酸	5	1	—
脂肪酶	—	1	—
蛋白酶	—	—	4
香料	—	—	2

制备方法 将各组分原料混合均匀即可。

产品应用 本品是用于各种衣物、床上用品、毛巾等的一种全效洗衣液。

产品特性 本品中添加高分子聚合物作为助剂，利用长链高分子的分散、阻垢能力，吸附、包裹污物，配合各种表面活性剂的作用，可以有效地去除污物并防止污物的再沉积，防串色，实现洁净、柔顺、抗静电、对肌肤无刺激等效果。

配方 **85** 溶剂型高效浓缩洗衣液

原料配比

原料		配比（质量份）		
		1#	2#	3#
天然脂肪醇聚氧乙烯醚	椰油基脂肪醇聚氧乙烯醚	30	20	—
	棕榈油基脂肪醇聚氧乙烯醚	—	—	25
异构十三醇聚氧乙烯醚		10	20	15
异构十醇聚氧乙烯醚		10	15	15
天然脂肪醇聚氧乙烯醚硫酸盐	棕榈油基脂肪醇聚氧乙烯醚硫酸钠	25.5	—	—
	椰油基脂肪醇聚氧乙烯醚硫酸钠	—	30	18
有机碱	一乙醇胺	0.5	—	—
	三乙醇胺	—	0.2	1
杀菌剂	2, 4, 4′-三氯-2′-羟基二苯醚	0.6	—	—
	邻苯基苯酚	—	1	—
	4, 4-二氯-2-羟基联苯醚	—	—	0.8
酶制剂	Savinase 16XL	0.5	—	—
	Progress® Uno 100L	—	1	1
有机溶剂	乙二醇	22.9	—	—
	乙醇	—	22.8	—
	丙二醇丁醚	—	—	24.2

制备方法

（1）按上述各组分质量配比备料；

（2）向配置罐中依次加入有机溶剂、天然脂肪醇聚氧乙烯醚、异构十三醇聚氧乙烯醚、异构十醇聚氧乙烯醚，开启搅拌；

（3）在搅拌的情况下，加入天然脂肪醇聚氧乙醚硫酸盐，时间控制在 10min；

（4）并在持续搅拌的情况下，依次加入有机碱、杀菌剂和酶制剂，时间控制在 5min；

（5）半成品进行陈化处理；

（6）抽样检测、成品包装。

原料介绍　所述天然脂肪醇聚氧乙烯醚为源自椰子油、棕榈油以及椰子油与棕榈油任意比例混合物的乙氧基化物，环氧乙烷的平均加成数为 6～10。

所述异构十三醇聚氧乙烯醚环氧乙烷的平均加成数为 6～10。

所述异构十醇聚氧乙烯醚环氧乙烷的平均加成数为4～8。

所述天然脂肪醇聚氧乙烯醚硫酸盐为源自椰子油、棕榈油以及椰子油与棕榈油任意比例混合物的乙氧基化物硫酸盐，环氧乙烷的平均加成数为2～4，反离子为铵、钠、钾、一乙醇胺、三乙醇胺及任意一种或两种及两种以上的混合物。

所述有机碱为一乙醇胺、二乙醇胺、三乙醇胺中的任意一种或两种及两种以上的混合物。

所述杀菌剂为邻苯基苯酚、对氯间二甲苯酚、4,4-二氯-2-羟基联苯醚、2,4,4'-三氯-2'-羟基二苯醚中的任意一种或两种及两种以上的混合物。

所述有机溶剂为乙醇、乙二醇、丙二醇、丙三醇、丙二醇甲醚、丙二醇乙醚、丙二醇丙醚、丙二醇丁醚、二丙二醇甲醚、二丙二醇乙醚、二丙二醇丙醚、二丙二醇丁醚中的任意一种或两种及两种以上的混合物。

所述酶制剂为脂肪酶、蛋白酶、淀粉酶、纤维素酶中的任意一种或两种及两种以上的混合物，商品名为：Lipex Evity 100L 脂肪酶；Savinase 16L、Savinase 16XL及 Progress Uno® 100L 蛋白酶；Medley Core 200L 蛋白酶和淀粉酶的混合物及 Medley Advance 200L 蛋白酶、淀粉酶和纤维素酶的混合物。

产品应用　本品是一种溶剂型高效浓缩洗衣液，适用于对棉、麻、丝、毛、尼龙、涤纶、腈纶等衣物面料的日常清洗。

产品特性

（1）溶剂型配方：减少对水资源的消耗；

（2）高效浓缩：不仅用量省，而且提高了产品的性价比，同时节约了包装材料和运输费用等；

（3）绿色低碳：采用的原料以植物源（椰子油或棕榈油的衍生物原料）为主；

（4）节能减排：采用常温配制工艺，制作过程无"三废"排放，且工艺时间短；

（5）性价比高：不仅提高了酶制剂的利用率，而且降低了配方的成本，利于产品市场化；

（6）本品表面活性剂的含量超过65%，具有高效去污的特点，且不含防腐剂，中性配方，酶的稳定性好，同时制备过程简单易操作。

配方 86　柔和洗衣液

原料配比

原料	配比（质量份）	
	1#	2#
脂肪醇聚氧乙烯醚硫酸钠	10	20

续表

原料		配比（质量份）	
		1#	2#
提取物	蔷薇提取液和石竹提取液的混合物，比例为2:1	2	10
脂肪酸甲酯磺酸钠		5	15
薰衣草香精		3	7
百合花香精		2	6
玫瑰花香精		4	6
三乙醇胺		2	6
月桂醇硫酸酯钠		5	15
卵磷脂		4	8
斯盘-80		3	5
水		适量	适量

制备方法　将各组分原料混合均匀即可。

产品特性　本品中不含有碳酸钠与三聚磷酸钠，添加了天然提取物蔷薇提取液与石竹提取液，成分天然，具有良好的杀菌作用，且可有效保护皮肤在洗涤过程中不受伤害，安全，环保。

配方 87　散发香味洗衣液

原料配比

原料		配比（质量份）				
		1#	2#	3#	4#	5#
皂基	油脂	25	27	29	33	35
	碱	11	11.5	12	13	14
	无水乙醇	18	19	20	21	23
	水	加至100	加至100	加至100	加至100	加至100
皂基		88	89	90	91	92
十二烷基磺酸钠		2.5	3	3.25	3.5	4
香精		0.01	0.02	0.03	0.04	0.05
色素		0.01	0.02	0.03	0.04	0.05
桂花粉		0.5	0.6	0.7	0.8	1

原料	配比（质量份）				
	1#	2#	3#	4#	5#
白糖	0.05	0.06	0.07	0.08	0.1
水	加至100	加至100	加至100	加至100	加至100

制备方法

（1）将各组分按比例混合；

（2）搅拌并加热至80～85℃；

（3）冷却后得到洗衣液成品。

原料介绍　所述皂基的组分及各组分的质量分数是：油脂，25%～35%；碱，11%～14%；无水乙醇，18%～23%；水，余量。

所述的碱可以为氢氧化钠、氢氧化钾、碳酸钠等常用碱。

所述桂花粉的制备方法：先取出称量好的桂花，用清水浸泡洗涤，除去盐分；利用脱水机将桂花甩干脱水，再将甩干后的桂花同研磨介质一起放入密封的超细粉碎机中，进行粉碎。

所述油脂为桂花通过水剂法提取的产物。所述水剂法的提取工艺为：先通过榨汁机将桂花内的油脂榨取出来，再通过离心法分离成乳油相、固相、液相，再经过加工处理，分别从乳油相和液相中得到油脂。

所述皂基的制备方法如下：

（1）将油脂、碱、无水乙醇按比例混合；

（2）搅拌并加热10～30min，加热温度控制在50～80℃；

（3）冷却后得到皂基成品。

产品特性

（1）本品通过在配方中加入桂花粉成分，使得洗衣液散发清香味，同时，通过提取桂花油脂来作为皂基的油脂，从而可进一步增加洗衣液的香味；本品可使得洗涤的衣物清香味足郁，同时，能长时间保持香味，有效遮盖人体异味。

（2）本品去污力强。皂基作为洗衣液的主要原料，由油脂、碱、乙醇、水混合反应而成，其洗净力强；十二烷基磺酸钠为阴离子表面活性剂，与皂基复配性好、溶解速度快，具有良好的乳化、发泡、渗透、去污和分散性能，从而提高洗衣液的去污能力。

（3）本品具有低泡、易清洗的特点。皂基的加入，可起到控泡效果，减少泡沫的高度，从而在清洗衣物时可降低水耗，节约水资源。

配方 88 商用洗衣液

原料配比

原料		配比（质量份）					
		1#	2#	3#	4#	5#	6#
非离子表面活性剂	Plurafac®LF401	3	4	6	6	7	8
	70%FMEE	7.2	8.6	7.1	8	8.6	10
阴离子表面活性剂	96%直链十二烷基苯磺酸	10	5	4	—	8	8.5
	32%液碱（中和直链十二烷基苯磺酸）	3.9	1.85	1.6	—	3.2	3.7
	35%椰油脂肪酸钾皂	8	10	8	12	4	6
	70%AES	5	9	10	12	2.5	—
悬浮剂	羟乙基纤维素	0.2	0.3	0.4	0.3	0.2	0.5
增溶剂	乙醇	3	4	—	6	1	5
	二乙二醇丁醚	4	2	5	1	2	—
消泡剂	Formasil 4865PCG	0.1	0.1	0.2	0.3	0.2	0.1
其他助剂	钙基膨润土	6	5	6.5	7	7.5	8
	柠檬酸	2	2.5	2	2.5	1.5	2
	Tinopal®CBS-X	0.1	0.1	0.1	0.1	0.1	0.1
	GLDA	1	1	1	1	1	1
	卡松防腐剂	0.1	0.1	0.1	0.1	0.1	0.1
	Progress®Uno 100L	0.1	0.1	0.1	0.1	0.1	0.1
水		加至100	加至100	加至100	加至100	加至100	加至100

原料		配比（质量份）					
		7#	8#	9#	10#	11#	12#
非离子表面活性剂	Plurafac®LF401	0.3	12.4	2.9	8.1	5.9	8
	70%FMEE	1	18	3	17	3	10
阴离子表面活性剂	96%直链十二烷基苯磺酸	0.58	8.7	1.41	—	6.75	12.6
	32%液碱（中和直链十二烷基苯磺酸）	0.23	2.96	0.56	—	2.7	5.5
	35%椰油脂肪酸钾皂	0.47	16	2.83	21	3.38	8.9
	70%AES	0.29	14.4	13.53	21	2.1	—
悬浮剂	羟乙基纤维素	1	0.01	0.1	0.8	0.2	0.5
增溶剂	乙醇	5	0.3	—	8	1	5
	二乙二醇丁醚	5	0.2	2	—	2	2
消泡剂	Formasil 4865PCG	1	0.01	0.05	0.5	0.1	0.3

续表

原料		配比（质量份）					
		7#	8#	9#	10#	11#	12#
钙基膨润土		10	3	4	9	5	8
其他助剂	柠檬酸	6	0.2	0.5	5	1	4
	Tinopal®CBS-X	0.4	0.1	0.1	0.2	0.2	0.5
	GLDA	3	0.1	0.3	2	0.5	2
	卡松防腐剂	0.3	0.05	0.05	0.05	0.15	0.2
	Progress®Uno 100L	0.3	0.05	0.05	0.05	0.15	0.3
软水		加至100	加至100	加至100	加至100	加至100	加至100

制备方法

（1）将非离子表面活性剂、阴离子表面活性剂、增溶剂、消泡剂和其他助剂与水混合溶解，获得 A 相溶液，具体步骤如下：

① 将工艺软水加入搅拌锅，将阴离子表面活性剂加入水中，继续搅拌至完全溶解，获得第一溶液；所述阴离子表面活性剂是先在搅拌锅中加入直链十二烷基苯磺酸，然后加入 32%液碱与所述直链十二烷基苯磺酸进行酸碱中和反应后，再向搅拌锅中添加阴离子表面活性剂中的剩余成分得到。

② 将非离子表面活性剂加入步骤①的第一溶液中，继续搅拌至完全溶解，获得第二溶液。

③ 将增溶剂和消泡剂加入步骤②的第二溶液中，继续搅拌至完全溶解，获得第三溶液。

④ 将其他助剂加入步骤③的第三溶液中，继续搅拌至完全溶解，获得 A 相溶液。

（2）将钙基膨润土和悬浮剂加入热水中，混合搅拌，获得 B 相溶液；所述热水的温度为 70℃，搅拌的转速为 800r/min，搅拌的时间为 30min。

（3）将步骤（2）中的 B 相溶液缓慢加入步骤（1）中的 A 相溶液充分搅拌 5～15min 至分散完全，获得商用洗衣液。

原料介绍 所述非离子表面活性剂为 C_8～C_{18} 直链和/或支链烷基端封闭、环氧乙烷/环氧丙烷嵌段共聚的脂肪醇缩合物。

所述阴离子表面活性剂为直链十二烷基苯磺酸钠、椰油脂肪酸钾皂、脂肪醇聚氧乙烯醚硫酸钠中至少两种的混合物。

所述悬浮剂为羟乙基纤维素。

所述增溶剂为乙醇和二乙二醇丁醚中的一种或两种的混合物。

所述消泡剂为有机硅消泡剂。

所述其他助剂为柠檬酸、荧光增白剂、螯合剂、卡松防腐剂和生物酶。

所述钙基膨润土制备过程如下：水洗工艺提纯至蒙脱石含量≥90%，经过干燥且研磨至90%的粉末颗粒度≥300目。

产品应用 本品是用于酒店客房布草的洗衣液。

产品特性

（1）用所制得的洗衣液对酒店布草进行洗涤，主洗及排水过程均为低泡，洗后布草柔顺洁白、黄变低，洁净效果好。

（2）本商用洗衣液通过烷基端封闭、环氧乙烷/环氧丙烷嵌段共聚的脂肪醇缩合物与脂肪酸甲酯乙氧基化物的复配，可发挥两者各自的优点。既进一步有效减少了主洗时隧道式洗衣机洗衣仓内的泡沫以及可用废水排水的泡沫，又保证了对布草的洗净力。

配方 89 深层洁净的洗衣液

原料配比

原料		配比（质量份）		
		1#	2#	3#
植物原料		20	15	20
植物杀菌剂		12	8	12
表面活性剂	壬基酚聚氧乙烯醚和卵磷脂	15	—	20
	卵磷脂	—	10	—
甘油		5	5	6
透明质酸钠		15	10	15
发泡剂	偶氮二甲酰胺	3	—	3
	二亚硝基五亚甲基四胺	—	2	—
稳定剂	硬脂酸、硬脂酸锌、硬脂酸钙、硬脂酸铅、聚乙烯吡咯烷酮、氯化钠和海藻酸	8	—	10
	硬脂酸锌、硬脂酸钙、硬脂酸铅、氯化钠和海藻酸	—	5	—
增白剂	柠檬精华和橘皮精华	2	—	3
	柠檬精华	—	1	—
增香剂	留香珠粉	2	—	—
	留香珠粉和薰衣草精华	—	1	3
水	去离子水	加至100	加至100	加至100

续表

原料		配比（质量份）		
		1#	2#	3#
植物原料	皂荚粉	20	20	25
	茶麸粉	10	8	12
	无患子提取液	18	15	20
	草木灰提取液	8	5	10
	瓜蒌提取液	5	4	8
植物杀菌剂	黄芩提取液	10	5	10
	洋甘菊提取液	5	5	8
	茶叶提取液	13	10	15
	油橄榄果提取液	3	3	6
	苦艾提取液	3	2	5

制备方法

（1）制备植物原料混合液：将皂荚粉和茶麸粉以及一定量的水放置到反应釜中进行搅拌，其温度为 40～60℃，搅拌时间为 10～20min，至其全部融合，随即加入无患子提取液、草木灰提取液和瓜蒌提取液进行搅拌，其温度为 40～60℃，搅拌时间为 30～60min，转速为 800～2000r/min，直至其全部融合，制得植物原料混合液；

（2）制备植物杀菌剂：将黄芩提取液、洋甘菊提取液、茶叶提取液、油橄榄果提取液和苦艾提取液放置到反应釜中进行搅拌，其温度为 40～60℃，搅拌时间为 20～40min，转速为 800～2000r/min，直至其全部融合，制得植物杀菌剂；

（3）制备助剂：将发泡剂、稳定剂、增白剂、增香剂和适量水放置到反应釜中进行搅拌，其温度为 40～50℃，搅拌时间为 20～30min，转速为 800～2000r/min，直至其全部融合，制得助剂；

（4）制备洗衣液溶液：将余量水和制得的植物原料混合液、植物杀菌剂、表面活性剂、甘油、透明质酸钠和助剂依次加入反应釜中进行搅拌，其温度为 40～50℃，搅拌时间为 20～40min，转速为 1500～3000r/min，直至其全部融合，制得洗衣液溶液；

（5）成品：对制得的洗衣液溶液进行取样检测，检测合格后进行出料，制得洗衣液成品，对洗衣液进行封装保存。

原料介绍　所述植物原料由皂荚粉、茶麸粉、无患子提取液、草木灰提取液和瓜蒌提取液混合制成，且其质量配比如下：皂荚粉 20～25 份、茶麸粉 8～12 份、无患子提取液 15～20 份、草木灰提取液 5～10 份和瓜蒌提取液 4～8 份。

所述植物杀菌剂由黄芩提取液、洋甘菊提取液、茶叶提取液、油橄榄果提取液和苦艾提取液混合制成，且其质量配比如下：黄芩提取液5～10份、洋甘菊提取液4～8份、茶叶提取液10～15份、油橄榄果提取液3～6份和苦艾提取液2～5份。

所述表面活性剂是壬基酚聚氧乙烯醚和卵磷脂中的任意一种或两种混合制成。

所述发泡剂为偶氮二甲酰胺和二亚硝基五亚甲基四胺中的任意一种。

所述稳定剂是硬脂酸、硬脂酸锌、硬脂酸钙、硬脂酸铅、聚乙烯吡咯烷酮、氯化钠和海藻酸中的任意一种或几种混合制成。

所述增白剂是柠檬精华和橘皮精华中的任意一种或两种混合制成。

所述增香剂是留香珠粉和薰衣草精华中的任意一种或两种混合制成。

所述水为去离子水。

产品特性

（1）通过使用皂荚粉、茶麸粉、无患子提取液、草木灰提取液和瓜蒌提取液植物原料作为基料，减少化学物质的添加，利用纯天然植物来实现对衣物的洗涤，且采用多种植物原料混合，使泡沫更加细小，以此来提高洗衣液的去油除污能力，提高洗涤效率，且对衣物和皮肤无刺激，更加环保。

（2）通过使用黄芩提取液、洋甘菊提取液、茶叶提取液、油橄榄果提取液和苦艾提取液植物原料杀菌，在保证其无化学物质添加、环保的基础上，增加洗衣液的抑菌杀菌能力，进一步优化洗衣液的使用效果。

（3）通过对植物原料混合液、植物杀菌剂和助剂进行独立制备，再与水、表面活性剂、甘油和透明质酸钠进行混合，保证其制备的稳定性，优化制备的匀质效果，且降低制备的难度，可根据制备需求进行配比。

（4）该洗衣液去油除污能力强，洗涤效率高，无刺激性，绿色环保，抑菌杀菌效果好，制备方法简单且稳定性高。

配方90 深层洁净手洗洗衣液

原料配比

原料	配比（质量份）
茶树籽提取物	1.2～1.7
苦参提取物	1.3～1.9
野槐根提取物	1.1～1.4
茶皂素	1.3～1.6
三乙醇胺	1.2～1.5

续表

原料	配比（质量份）
山金车提取液	1～1.8
肉桂酸甲酯	1.6～2
甜杏仁精油	1.3～1.5
AES	4.7～6.5
益生菌群	2.2～3.5
丹皮酚	1.6～1.8
侧柏提取液	1.5～2.4
柠檬酸	1.3～2.4
氨基酸	1～2.4
椰子油脂肪酸	0.5～1.2
多库酯钠	1.5～2
酵素	1.5～2.4
醋酸	1.7～2.8
香精	1.8～2
水	57.2～70.7

制备方法 将茶树籽提取物加入水中搅拌均匀，再加入苦参提取物、野槐根提取物、茶皂素高速搅拌 41min，加入三乙醇胺、山金车提取液、肉桂酸甲酯、甜杏仁精油、AES、益生菌群、丹皮酚，加热恒温在 25℃ 左右均质搅拌 4.5h 后，将容器恒温在 28℃ 左右密封发酵 20h，再加入侧柏提取液、柠檬酸、氨基酸、椰子油脂肪酸、多库酯钠、酵素、醋酸、香精高速搅拌 5h，然后恒温在 29℃ 左右容器内静置 16h 即为成品。

产品特性 本品针对手洗人群设计，易漂洗、温和无残留，适用于所有颜色衣物，深层洁净，高效洗涤。

配方 91 生态环保健康型浓缩洗衣液

原料配比

原料	配比（质量份）		
	1#	2#	3#
去离子水	30	38	35
脂肪醇聚氧乙烯醚硫酸钠	3	8	5
脂肪醇聚氧乙烯醚	3	8	5

续表

原料	配比（质量份）		
	1#	2#	3#
α-烯烃磺酸钠溶液	40	52	48
脂肪酸甲酯磺酸盐	0.5	2	0.15
柠檬酸	2	5	3
氯化钠	0.1	0.3	0.2
亚硝酸盐或二氧化硫	0.1	0.3	0.2
精油香料	0.15	0.3	0.2

制备方法

（1）将 30～38 份的去离子水放入反应罐中，加入脂肪醇聚氧乙烯醚硫酸钠 3～8 份搅拌 4min。

（2）随后加入脂肪醇聚氧乙烯醚 3～8 份搅拌 3min；在冬季使用脂肪醇聚氧乙烯醚应先经过预热处理，且预热温度不超过 80℃。

（3）当原料充分搅拌均匀后加入 α-烯烃磺酸钠溶液 40～52 份并搅拌 4min。

（4）加入柠檬酸 2～5 份搅拌 1min。

（5）随后分别将氯化钠 0.1～0.3 份、亚硝酸盐或二氧化硫 0.1～0.3 份和精油香料 0.15～0.3 份放入反应罐中，搅拌 5～8min，观察有无沉淀、杂质，透明度和黏稠度情况，若符合要求则进行灌装，若不符合生产要求，则适当增加 1～3min 的搅拌时间。

产品特性 本品不含刺激物、磺酸、烧碱和荧光增白剂等有害物，清洁力是普通洗衣液的 3 倍以上，更加节省资源，并且在手洗时还可以滋润手部，使皮肤滋润、顺滑。

配方 92 生物酵素洗衣液

原料配比

原料	配比（质量份）
去离子水	78
三聚磷酸钠	1
氢氧化钠	0.4
磺酸	3
分子量为 310～350 的乙氧基化烷基硫酸钠	10
椰子油脂肪酸二乙醇酰胺	2.5

续表

原料	配比（质量份）
分子量为580～600的脂肪醇聚氧乙烯醚	9.3
增稠剂羧甲基纤维素	0.3
碱性蛋白酶	0.2
脂肪酶	0.1
纤维素酶	0.1
烷基糖苷	3
分子量为900～1000的聚丙二醇（聚醚多元醇）	1
卡松	0.1
香精	0.2
黏度调节剂氯化钠	0.8～0.9

制备方法

（1）在去离子水中依次加入三聚磷酸钠和氢氧化钠，搅拌溶解后，加入磺酸搅拌均匀，得到混合液。

（2）在混合液中加入乙氧基化烷基硫酸钠、椰子油脂肪酸二乙醇酰胺和脂肪醇聚氧乙烯醚搅拌均匀后，进行均质；均质时间为4～5min。

（3）在均质状态下撒入羧甲基纤维素并搅拌均匀。

（4）依次加入碱性蛋白酶、脂肪酶、纤维素酶、烷基糖苷、聚丙二醇、卡松和香精，搅拌均匀。

（5）加入氯化钠调节黏度，得到生物酶素洗衣液。

产品特性

（1）本品不仅能够去除血液等蛋白污垢成分，还能去除油脂等污垢，提升了洗衣液的综合洗涤性能。

（2）本品中加入了纤维素酶，纤维素酶可去毛球，增加衣物光泽度，提升清洁能力的同时增加了衣物亮度和抗起球功能。

（3）本品采用烷基糖苷和聚醚多元醇的复合稳定方案，提升了生物酶蛋白的稳定性，保持了生物酶蛋白在洗衣液中的活性，从而降低了使用量，同时，延长了洗衣液的保存时间。

（4）本品对生物酶原料要求低，大大降低了原料成本。另外，本品产品稳定性高，从而降低了生物酶的添加用量。

（5）经本品洗衣液洗涤后的衣物柔软度、白度和光泽度都非常高。

配方 93 食用级洗衣液

原料配比

原料		配比（质量份）				
		1#	2#	3#	4#	5#
摩擦剂	碳酸钙颗粒	3	—	3	—	7
	氢氧化铝颗粒	—	10	—	5	—
聚硅氧烷二(甲乙醚基)甜菜碱		15	20	35	25	30
助表面活性剂	十八烷基二羟乙基甜菜碱	4	—	1	—	2
	十二烷基二羟乙基甜菜碱	—	3	—	5	—
增香剂	迷迭香	1.2	—	—	—	1.5
	檀香	—	1	—	—	—
	橙子	—	—	0.7	—	—
	薄荷	—	—	—	0.5	—
润湿剂	芦荟提取物	0.5	0.4	0.2	0.25	0.1
中药防腐剂	山苍子提取物	0.2	—	0.3	—	0.4
	丁香提取物	—	0.1	—	0.5	—
去离子水		加至100	加至100	加至100	加至100	加至100

制备方法

（1）在搅拌器中加入去离子水，升温至 50～80℃，搅拌过程中加入 15%～35%的聚硅氧烷二(甲乙醚基)甜菜碱和 1%～5%的助表面活性剂，搅拌使其充分溶解后，冷却至室温得到 S1 溶液；

（2）再向 S1 溶液中加入 0.1%～0.5%的润湿剂、0.5%～1.5%的增香剂和0.1%～0.5%的中药防腐剂充分搅拌均匀后，最后加入 3%～10%的摩擦剂，充分搅拌使摩擦剂均匀分散在上述溶液中。

原料介绍 本品采用聚硅氧烷二(甲乙醚基)甜菜碱作为表面活性剂，此表面活性剂是聚硅氧烷与甜菜碱的共聚物，聚硅氧烷基具有优良的亲油性，甜菜碱提取自天然植物的根、茎、叶及果实，天然环保，甜菜碱中的季铵基和羧基具有优良的亲水性，在季铵基上的甲基被醚基取代，进一步增大了季铵基的亲水性，因此聚硅氧烷二(甲乙醚基)甜菜碱作为表面活性剂，具有更高的活化性能，更强的去污能力，因此可以降低表面活性剂的用量，从而降低表面活性剂的排放，同时，聚硅氧烷二(甲乙醚基)甜菜碱能够在短时间内完全降解，避免对水和环境造成污染。

所述中药防腐剂为山苍子提取物或丁香提取物。

产品特性 该食用级洗衣液洗涤去污能力强，洗涤过程中减少了洗衣液的用量，从而减少了洗衣液中表面活性剂的排放，且降解完全降低环境污染，同时，洗衣液的配方均使用食品级材料，不含有含磷助剂，无毒无害，安全环保，不会对人体和环境造成伤害。

配方94 手洗洗衣液

原料配比

原料	配比（质量份）		
	1#	2#	3#
十三烷醇聚醚硫酸钠	6	12	9
N-月桂酰基肌氨酸钠	5	1	3
椰油脂肪酸三乙醇胺皂	1	4	2.5
异构十三醇聚氧乙烯（8）醚	10	5	7.5
月桂基葡糖苷	1	3	2
甘油椰油酸酯（PEG-7）	1	0.3	0.65
赤藓醇	0.1	2	1
吡咯烷酮羧酸钠	1	0.1	0.6
谷氨酸二乙酸四钠	0.1	0.2	0.15
羟甲基甘氨酸钠	0.6	0.2	0.4
水	74.2	72.2	73.2

制备方法

（1）在反应釜中加入水，开启搅拌，控制转速和水温；搅拌转速为60～90r/min，搅拌时间为30～60min，温度为40～50℃。

（2）调节搅拌转速，依次在反应釜中加入谷氨酸二乙酸四钠、异构十三醇聚氧乙烯（8）醚、十三烷醇聚醚硫酸钠、N-月桂酰基肌氨酸钠、椰油脂肪酸三乙醇胺皂、月桂基葡糖苷、甘油椰油酸酯（PEG-7），继续搅拌，制得混合溶液；搅拌转速为30～60r/min。

（3）调节搅拌速度，对所述步骤（2）的混合溶液进行冷却水降温，直至体系温度降低在40℃以下，停止降温；搅拌时间为10～20min。

（4）保持搅拌速度，依次向所述步骤（3）的溶液中加入赤藓醇、吡咯烷酮羧酸钠、羟甲基甘氨酸钠，加入完毕后继续搅拌，制得手洗洗衣液。

产品特性

（1）本品具有较强的去污能力和清洁能力，且降低了对皮肤的刺激性。

（2）本品中吡咯烷酮羧酸钠、赤藓醇、甘油椰油酸酯（PEG-7）协同发挥对皮肤的保湿和油脂平衡作用，改善洗涤过程中的舒适感。其中，甘油椰油酸酯（PEG-7）可以用于表面活性剂体系补充皮肤油脂，进而维持皮肤的油脂平衡，防止手部水分蒸发，改善干燥感觉。赤藓醇为1,2,3,4-丁四醇，具有较好的保湿性，安全性。吡咯烷酮羧酸钠（PCA钠）为皮肤天然保湿因子的重要成分之一，能赋予皮肤较好的润湿性、柔软性和弹性。本手洗洗衣液对皮肤温和无刺激，安全性高。

配方 95　速溶易漂的柔顺洗衣液

原料配比

原料		配比（质量份）		
		1#	2#	3#
AES		8	8	8
AEO-9		10	10	10
APG		2	2	2
椰油酸钾		1	2	1
阳离子表面活性剂	Praepagen HY	0.2	0.5	0.5
	Supracare 141	0.5	0.3	0.1
	Stepantex SP-90	0.1	—	0.2
氨基改性有机硅柔软剂	Formasil B	0.3	0.3	0.3
柠檬酸		0.4	0.4	0.4
柠檬酸钠		0.8	0.8	0.8
抗再沉积剂		1.7	1.7	1.7
酶		0.3	0.3	0.3
防腐剂		1	1	1
香精		0.2	0.2	0.2
水		加至100	加至100	加至100

制备方法　在适量水中加入AES、AEO-9、APG和椰油酸钾，搅拌至溶解完全；继续加入阳离子表面活性剂、预先用水分散的Formasil B、pH调节剂、洗涤增效剂、香精和防腐剂，搅拌至完全溶解，加入剩余的水，搅拌均匀，调节pH值至7～9，得到速溶易漂的柔顺洗衣液。

原料介绍　所述阳离子表面活性剂为烷基烃乙基二甲基氯化铵、阳离子改性纤维素和酯基季铵盐中的任一种，或它们中至少两种的组合。所述的烷基烃乙基二甲基氯化铵（Praepagen HY）的分子量为 307。所述的阳离子改性纤维素为 Supracare 141、Supracare 140、Supracare 240 和 Supracare 103 中的任一种，或它们中至少两种的组合。所述的酯基季铵盐为 Stepantex SP-90。

所述的氨基改性有机硅柔软剂为 AB 端氨基改性有机硅柔软剂。进一步优选，所述氨基改性有机硅柔软剂采用型号为 Formasil B 的氨基改性有机硅柔软剂。

所述的脂肪醇聚氧乙烯醚硫酸钠（AES）采用活性物含量为 70%的脂肪醇聚氧乙烯醚硫酸钠。

所述的脂肪醇聚氧乙烯醚采用 AEO-9。

所述的烷基糖苷（APG）采用活性物含量为 50%的椰油基葡糖苷，其碳链长度为 $C_8 \sim C_{14}$。

所述的 pH 调节剂为柠檬酸和柠檬酸钠的混合物，两者的混合比为：柠檬酸：柠檬酸钠=1：2。

所述的洗涤增效剂为抗再沉积剂和酶。

所述的防腐剂为苯氧乙醇和乙基己基甘油的混合物，两者的混合比为：苯氧乙醇：乙基己基甘油=9：1。

产品特性 本品具有速溶、易漂和柔顺的性能，可有效节省洗涤时间和洗涤用水，实现节能环保；洗涤、柔顺一步到位，简化洗涤步骤，省时省心。本品尤其适用于作为婴童柔顺洗衣液产品。

配方 96　天然环保洗衣液

原料配比

原料		配比（质量份）		
		1#	2#	3#
菩提蛋白肽		25	22	28
白玉兰提取物		6	8	5
桂花提取物		6	7	5
艾草精油		10	9	8
芦荟提取物		8	10	6
增稠剂	羧甲基纤维素	2	—	—
	壳聚糖	—	3	—
	聚丙烯酸和聚乙二醇双硬脂酸混合物	—	—	3
水		加至 100	加至 100	加至 100

制备方法

（1）按照质量份将菩提蛋白肽、白玉兰提取物、桂花提取物、艾草精油和芦荟提取物混合，搅拌 10～20min，得到混合液 A；

（2）按照质量份将水加入至混合液 A 中，调节 pH 值至 6.5～7.5，然后边加热边搅拌，得到混合液 B；加热的温度为 40～50℃，时间为 55～65min。

（3）按照质量份将增稠剂加入至混合液 B 中，然后边加热边搅拌，冷却至室温后制得所述洗衣液；加热的温度为 55～65℃，时间为 40～50min。

原料介绍　所述的菩提蛋白肽的制备过程：

（1）将干燥完全的菩提子去核粉碎，过 100 目筛，得到菩提粉。

（2）将菩提粉按料液比 1∶9 的比例加入至水中，不断搅拌与摇晃，使其充分混匀。用滤纸进行过滤，去除杂质；用 0.1mol/L 的 NaOH 溶液调节溶液 pH 值为 9，进行超声提取，提取温度为 50℃，提取时间为 45min；提取结束后，在低速离心机中 4500r/min 离心 30min，取上清液；将离心后的上清液用 0.1mol/L 的盐酸进行沉降，将溶液调节到蛋白质酸沉点（pH=4.5），沉降 2h；将沉降后混合液 4500r/min 离心 30min，弃去上清液；在沉淀中加入少量超去离子水，用 0.1mol/L NaOH 溶液调节到中性，4500r/min 离心 30min，收集沉降物，反复水洗至中性，得菩提蛋白。

（3）取适量菩提蛋白加入适量的超去离子水中，得到菩提蛋白溶液，向菩提蛋白溶液中加入酶解液（由果胶酶、纤维素酶、胰蛋白酶、木瓜蛋白酶、碱性蛋白酶中的至少一种配制得到），并调节溶液 pH 值到其最佳水解条件（果胶酶水解 pH 值为 4.5，纤维素酶水解 pH 值为 6，胰蛋白酶水解 pH 值为 8，木瓜蛋白酶水解 pH 值为 7，碱性蛋白酶水解 pH 值为 9～10）；于 50～55℃水浴锅中酶解 2h；酶解完成，将水浴锅加热到 100℃，继续水浴加热 20min 灭酶，待其冷却至室温；然后将冷却后的酶解蛋白溶液 4500r/min 离心 30min，上清液即为菩提蛋白肽。

所述的白玉兰提取物的制备过程：

（1）摘取新鲜的白玉兰花瓣，称取一定量进行研磨，加入适量的超去离子水中充分摇匀后用漏斗过滤去除杂质，再用 0.1mol/L 的 NaOH 溶液调节溶液 pH 值为 9，气浴提取 90min，其中，温度为 50℃，转速为 100r/min。

（2）提取结束，在低速离心机中 4500r/min 离心 30min，取上清液。

（3）将离心后的上清液用 0.1mol/L 的盐酸进行沉降，将溶液调节到蛋白质酸沉点（pH=4.5），沉降 2h。

（4）将沉降后的混合液 4500r/min 离心 30min，弃去上清液；向沉淀中加水后分别加入 5%的木瓜蛋白酶、纤维素酶、果胶酶、碱性蛋白酶和胰蛋白酶，在其最佳水解条件下于 50～55℃水浴锅中酶解 2h。

（5）酶解完成后将水浴锅加热到 100℃，继续水浴加热 20min 灭酶，待其冷却至室温；将冷却后的酶解蛋白溶液 4500r/min 离心 30min，取上清液（白玉兰蛋白肽，即白玉兰提取物）备用。

所述的桂花提取物和芦荟提取物的制备步骤与白玉兰提取物相同。

产品应用　本品是一种集杀菌消毒与深层洁净于一体的新型植物洗衣液。

产品特性

（1）该洗衣液所添加的白玉兰提取物和桂花提取物都是集食用价值与药用价值于一体的传统名花，花香浓郁，深受人们的喜爱。

（2）本品制作工艺简单，经济环保，洗衣液不含磷易漂清，其废液可以在自然界降解，不会造成水质污染；接近中性，配方温和，长期使用不会造成衣服破碎粉化。

配方 97　天然洗衣液

原料配比

原料	配比（质量份）			
	1#	2#	3#	4#
水	65.8	62.3	47.3	52.3
椰油酰甘氨酸钾（30%水溶液）	5	5	20	10
脂肪酸	11	15	5	12
月桂酰肌氨酸钠（30%水溶液）	15	11.6	30	20
洗涤助剂	2	1	5	2
防腐剂	0.3	0.3	0.3	0.3
乙二胺四乙酸二钠	0.1	0.1	0.1	0.1
深井盐	0.5	—	5	3
香精	0.3	0.3	0.3	0.3
pH 调节剂	5	8	1	5.3

制备方法

（1）按配先加入水、脂肪酸、pH 调节剂、表面活性剂，搅拌，升温至 80℃，反应 1h；

（2）加入洗涤助剂、无机盐搅拌均匀，降温至 45℃ 或以下，加入香精、乙二胺四乙酸二钠和防腐剂搅拌均匀即得。

原料介绍　所述脂肪酸为碳原子个数在 10～20 的脂肪酸。

所述 pH 调节剂为三乙醇胺、氨甲基丙醇、氢氧化钠、氢氧化钾中的一种或多种。

所述表面活性剂为月桂酰肌氨酸钠、椰油酰甘氨酸钾、脂肪基葡糖苷类中的一种或多种。

所述无机盐为深井盐、海盐、湖盐、岩盐中的一种或多种。

产品特性

（1）与现在依赖于化工合成类的表面活性剂不同，本品中添加的天然来源的表面活性剂对环境更加友好。本品有害物质残留少，容易漂洗且有与普通洗衣液接近的洗涤能力。

（2）本品不使用合成增稠剂及降黏剂，通过调节表面活性剂用量、无机盐用量来调整洗衣液黏度。

配方 98　天然增白洗衣液

原料配比

原料		配比（质量份）				
		1#	2#	3#	4#	5#
甘油		10	15	15	20	10
橄榄叶提取物		5	6	6	8	5
芦荟提取物		5	6	6	8	5
山茶花油		7	6	6	6	10
椰子油		7	6	6	6	10
抗菌剂		5	7	7	5	7
过碳酸钠		3	3	5	3	5
对甲苯磺酸钠		5	3	5	3	5
碱性蛋白酶		3	3	5	3	5
增稠剂	聚乙二醇	5	—	—	5	—
	氯化钠	—	5	5	—	10
表面活性剂	烷基酚聚氧乙烯醚	4	3	3	—	—
	脂肪酸聚氧乙烯酯	—	—	—	6	3
去离子水		60	70	80	80	80

制备方法

（1）按照质量份称取各组分原料：甘油 10～20 份、橄榄叶提取物 5～8 份、芦荟提取物 5～8 份、山茶花油 6～10 份、椰子油 6～10 份、抗菌剂 5～7 份、过碳酸钠 3～5 份、对甲苯磺酸钠 3～5 份、碱性蛋白酶 3～5 份、增稠剂 5～10 份、表面活性剂 3～6 份、去离子水 60～80 份。

（2）将抗菌剂、过碳酸钠、对甲苯磺酸钠、增稠剂、表面活性剂依次加入至去离子水中，并倒入高速搅拌机中搅拌混合，得到混合液Ⅰ；高速搅拌机的转速为 90～100r/min，搅拌时间为 20～40min。

（3）将混合液Ⅰ低温加热，依次向混合液Ⅰ中添加甘油、橄榄叶提取物、芦荟提取物、山茶花油、椰子油，低温加热 5～10min 后，停止加热，缓慢冷却至室温后，得到混合液Ⅱ；低温加热的温度为 35～50℃。

（4）向混合液Ⅱ中添加碱性蛋白酶，并将混合液Ⅱ放入至低速搅拌机中均匀搅拌 5～10min 后，静置消泡即得到天然增白洗衣液。低速搅拌机的转速为 60～80r/min。

产品特性 本品通过加入过碳酸钠、对甲苯磺酸钠可有效增白，通过加入植物去油污成分橄榄叶提取物、芦荟提取物、山茶花油、椰子油可进一步加强去污能力，且本品洗衣液成分天然，增白剂过碳酸钠、对甲苯磺酸钠均为无害化学成分，同时香味清新不刺激，不伤手，不污染环境，成本低廉。

配方 99 天然植物环保洗衣液

原料配比

原料		配比（质量份）		
		1#	2#	3#
透明质酸钠		10	15	12
植物混合剂		15	20	18
植物杀菌剂		8	12	10
橘皮提取液		5	10	7
柠檬提取液		3	8	5
留香珠粉		2	4	3
非离子表面活性剂		1	3	2
助剂		2	5	4
去离子水		加至 100	加至 100	加至 100
植物混合剂	皂角粉	20	25	24
	无患子提取液	15	20	16
	草木灰提取液	5	10	9
	茶粕粉	8	12	10

续表

原料		配比（质量份）		
		1#	2#	3#
植物混合剂	瓜蒌提取液	4	8	6
	去离子水	加至 100	加至 100	加至 100
植物杀菌剂	黄芩提取液	5	10	8
	洋甘菊提取液	4	8	6
	茶叶提取液	10	15	12
	油橄榄果提取液	3	6	5
	苦艾提取液	2	5	4

制备方法

（1）将一定量的透明质酸钠加入调配罐内，并加入一定量的去离子水，搅拌 5min，然后再将橘皮提取液、柠檬提取液和非离子表面活性剂依次加入其中，继续搅拌 15～20min，得混合液；

（2）再将植物混合剂和植物杀菌剂加入所得混合液内，搅拌 5min，然后将一定量的留香珠粉和助剂依次加入，于 40～50℃的温度下继续搅拌 15～25min，转速为 2000～2500r/min，搅拌均匀后，即可制得环保洗衣液。

原料介绍　所述非离子表面活性剂为壬基酚聚氧乙烯醚。

所述助剂包括：发泡剂、稳定剂和增白剂，且发泡剂、稳定剂和增白剂比例为 3：5：2。所述发泡剂为偶氮二甲酰胺或二亚硝基五亚甲基四胺中的一种，所述稳定剂为硬脂酸、硬脂酸锌、硬脂酸钙和硬脂酸铅中的任意一种。

所述植物混合剂的制备方法为：

（1）将皂角粉和茶粕粉放入混合罐内混合 15min，搅拌均匀后，加入一定量的去离子水，继续搅拌 15min 后，得混合液；

（2）再将无患子提取液、草木灰提取液和瓜蒌提取液依次加入上述所得混合液内，在 40～60℃的温度条件下，均匀搅拌 20～30min，转速为 1000～1500r/min，混合均匀后，即可制得植物混合剂。

所述草木灰提取液的制备方法为：取一定量的草木灰，放进 3～5 倍的清水中，均匀搅拌 10～15min 后，静置 20～50min，取上清液，即可制得草木灰提取液。

所述无患子提取液的制备方法为：取一定量的无患子果皮，加入 5 倍的纯净水，浸泡 24h，浸泡完成后，先大火煮沸，然后小火持续煮 1h，待完全冷却后，过滤提取滤液，然后经过离心处理，静置 12h 后，取上清液，即可制得无患子提取液。

所述瓜蒌提取液的制备方法与无患子提取液的制备方法一样。

所述植物杀菌剂的制备方法为：将一定量的黄芩提取液、洋甘菊提取液、茶叶提取液、油橄榄果提取液和苦艾提取液依次放入混合罐内，于30～50℃的温度条件下，均匀混合30min，即可制得植物杀菌剂。

所述黄芩提取液的制备方法为：先取一定量的黄芩，洗净干燥后，加入5倍的纯净水，煎煮1.5h后，冷凝回流1h，然后取出滤渣，得初步滤液；再将滤渣加4倍的纯净水，煎煮1.5h，冷凝回流1h，去除滤渣，得二次滤液；将所得的初步滤液和二次滤液合并后，浓缩处理，以2mol/L的盐酸溶液调节pH值至1.0～2.0，再于80℃的温度下保温30min，静置12h，取上清液，即可制得黄芩提取液。

所述的洋甘菊提取液、茶叶提取液和油橄榄果提取液以及苦艾提取液的制备方法均采用黄芩提取液的制备方法制取。

产品特性

（1）本品利用纯天然植物以及提取液的调配来实现对衣物的快速洗涤，因皂角粉、无患子提取液和茶粕粉的皂素含量多，具有丰富的泡沫，因泡沫足够细小可以深入细微的空洞，来达到清洁的目的，并且草木灰中的碳酸钾去除油污能力强，因此对于衣服的油污等污垢的清洗效率更高，而且天然植物的提取液，对皮肤无刺激性，更绿色环保。

（2）配合纯天然植物提取液的调配，使得本品洗衣液不仅环保，而且抗菌抑菌效果更好，经过清洗的衣服不仅其所携带的细菌病毒减少，而且穿在身上，对于皮肤也能有抗菌止痒的功效，同时长时间使用，可以增强对病菌以及皮肤真菌的抑制和灭杀，减少皮肤病的出现。此外，橘皮和柠檬提取液的应用，不仅使得该洗衣液对皮肤无刺激，而且使得衣物清洗得更加干净、洁白，进一步提高了本品环保洗衣液的功效与作用。

（3）本品不仅去污效率高，去污能力更强，而且易于漂洗。

配方 100 天然植物洗衣液

原料配比

原料	配比（质量份）				
	1#	2#	3#	4#	5#
椰油酰基谷氨酸 TEA 盐	15	25	18	22	20
月桂酰肌氨酸钠	25	15	22	18	20
烷基糖苷	8	15	10	13	12
癸基葡糖苷	8	3	7	5	6

续表

原料	配比（质量份）				
	1#	2#	3#	4#	5#
脂肪醇聚氧乙烯（7）醚	3	8	5	7	6
椰油基咪唑啉	10	5	9	7	8
十二烷基二甲基磺丙基甜菜碱	3	8	5	7	6
咪唑啉两性二醋酸二钠	8	3	7	5	6
蛋白酶	0.5	1.5	0.8	1.2	1
纤维素酶	1	0.3	0.8	0.5	0.6
黄原胶	0.5	1.5	0.8	1.2	1
海藻酸钠	1.5	0.5	1.2	0.8	1
芦荟提取物	1	3	1	3	2
菩提子提取物	3	1	3	1	2
柠檬酸钠	0.3	1	0.5	0.8	0.6
衣物消泡剂	1	0.3	0.8	0.5	0.6
羟甲基甘氨酸钠	0.3	1	0.5	0.8	0.6
硼砂	1.5	0.5	1.2	0.8	1
去离子水	10	20	13	17	15

制备方法　将各组分原料混合均匀即可。

产品特性　本品中大量使用天然植物作为洗涤原料，一者取材方便，成本低廉；二者绿色环保，洗涤后原料容易降解，不会对水质造成污染，而且洗涤过程中不会对衣物造成破坏，洗衣液也不会对人体皮肤造成损伤。

配方 101　微胶囊香芬四倍浓缩洗衣液

原料配比

原料	配比（质量份）	
	1#	2#
70%脂肪醇聚氧乙烯醚硫酸钠	15	13
NatSurf 265	10	12
聚乙二醇 400	5	6
抗菌剂	0.1	0.1
洗涤蛋白酶	0.1	0.1
去离子水	13.8	12.8
1, 2-丙二醇	5	7

续表

原料	配比（质量份）	
	1#	2#
Multiso 1380	13	11
脂肪醇聚氧乙烯醚 AEO-3	10	12
脂肪醇聚氧乙烯醚 AEO-9	15	13
洗涤增效剂 WR	2	1
天然皂剂 HF-1213	10	11
微胶囊香精	1	1

制备方法

（1）前处理：按配方比例准确称取 70%脂肪醇聚氧乙烯醚硫酸钠、Natsurf 265、聚乙二醇 400 置于 50kg 的塑料桶中，放置 2h 以上，用尼龙棒搅拌使 70%脂肪醇聚氧乙烯醚硫酸钠溶解均匀，搅拌时间为 3～5min，制成前处理料液 A，用盖子盖紧备用；按配方比例准确称取抗菌剂、洗涤蛋白酶和去离子水置于 50kg 的塑料桶中，搅拌均匀制成前处理料液 B，用盖子盖紧备用。

（2）料液配制：按配方比例准确称取 1,2-丙二醇、Multiso 1380、脂肪醇聚氧乙烯醚 AEO-3、脂肪醇聚氧乙烯醚 AEO-9、洗涤增效剂 WR、天然皂剂 HF-1213 在搅拌下依次加入搅拌釜中，搅拌 30min，在搅拌下缓慢加入上述混合均匀前处理料液 A，加完搅拌 10min 后依次加入前处理料液 B、微胶囊香精，搅拌 30min 后停止搅拌，将料液倒入塑料桶中，密封备用即可。

原料介绍　本品中的 NatSurf 265 是禾大集团推出的一种新型高性能非离子表面活性剂，这种产品专为硬表面清洗配方和洗衣产品配方设计，其清洁效果好，能够去除多种顽固污渍。NatSurf 265 可用于生产浓缩洗衣产品，生产的产品不以凝胶态存在，甚至在冷水中也可以快速溶解，这样就提高了洗衣的效率，实现快速低温洗衣。NatSurf 265 还具有一定的香味，能够溶解油脂，并且还是生态友好类产品的理想配方剂。利用 NatSurf 265 生产的浓缩洗涤产品可以降低运输和包装成本，减少洗衣用水量和碳足迹，同时不会影响其清洗效果。

天然皂剂 HF-1213：由天然椰油原料氢化而成的饱和碳链阴离子表面活性剂与饱和碳链的十三醇醚羧酸钾阴离子表面活性剂按一定比例复配而成，具有不变色不变味的特性。二者复配后，不仅具有协同去污增效的效果，而且抗低温、抗盐析效果有明显的提高，同时保留了钾皂的易冲洗、易漂洗的性能，是最新推出的一种高效绿色环保的表面活性剂。

微胶囊香精：是把香精完全包封在一层膜中形成微胶囊的一种技术，直径一般为 1～1000nm。微胶囊香精是微胶囊技术中的一个重要分支，也是微胶囊技术的一个颇为典型的应用。香精香料微胶囊的壁材可依芯材而定，一般要求是材料性能稳定、无毒、无副作用、无刺激性、有配伍性、不影响香精香料的作用，并且要有符合要求的黏度、渗透性，有一定强度和可塑性等。香精经微胶囊化后，由于囊壁的密封作用能够有效抑制香精的挥发损失，提高香精的贮藏和使用的稳定性；能够保护敏感成分，大大提高耐氧、耐光和耐热的能力，增加其在衣物表面的稳定性，能够使香精具有缓慢释放功能。

产品特性

（1）用量少，四倍超浓缩配方，一般普通洗衣液表面活性剂含量为15%～17%，而本配方表面活性剂含量为65%左右；

（2）本产品添加微胶囊香精，可留香半个月以上；

（3）采用天然有机可降解原料和皂液，大大降低产品的刺激性，整体呈现弱碱性（pH 值为 7.5～8.5），对衣物的伤害极低。

配方 102　微胶囊香精洗衣液

原料配比

原料		配比（质量份）							
		1#	2#	3#	4#	5#	6#	7#	8#
其他非离子表面活性剂	直链脂肪醇聚氧乙烯醚	—	1	2	4	2.5	3	16	19
	椰子油脂肪酸二乙醇酰胺	2	1	2	—	—	—	—	—
	支链脂肪醇聚氧乙烯醚	—	—	—	1	1.5	1	3	3
	脂肪酸甲酯乙氧基化物	—	—	—	—	2	1	5	4
阴离子表面活性剂	烷基苯磺酸盐	4	7	—	5	15	8	20	28
	脂肪醇聚氧乙烯醚硫酸盐	2	3	7	10	—	11	5	10
	烯烃磺酸盐	—	2	3	2	4.5	4	6	11
	脂肪酸甲酯磺酸盐	—	—	4	—	—	2.5	—	—
丙烯酸酯非离子表面活性剂		0.1	0.5	1	1	1.5	1.5	3	5
阳离子聚丙烯酰胺		0.5	0.8	1	2	2.3	3	5	10
微胶囊香精		0.02	0.05	0.2	0.5	0.8	1	2	5
辅料		3.5	1.8	1.5	1.5	1.2	2	2.8	2.5
溶剂		加至100	加至100	加至100	加至100	加至100	加至100	加至100	加至100

制备方法

（1）按照配比，先将阳离子聚丙烯酰胺与丙烯酸酯非离子表面活性剂混合均匀得到混合物 A；

（2）向混合物 A 中逐一加入其他非离子表面活性剂，并搅拌均匀得到混合物 B，备用；

（3）将阴离子表面活性剂同溶剂混合均匀，搅拌得到混合物 C；

（4）将混合物 B 与混合物 C 混合均匀，并加入微胶囊香精和辅料，搅拌均匀即得。

原料介绍 所述表面活性剂体系由阴离子表面活性剂和非离子表面活性剂组成。

所述阳离子聚丙烯酰胺的分子量范围为 5000～1000000。

所述其他非离子表面活性剂为直链脂肪醇聚氧乙烯醚、椰子油脂肪酸二乙醇酰胺、支链脂肪醇聚氧乙烯醚、脂肪酸甲酯乙氧基化物中的一种或多种；所述直链脂肪醇聚氧乙烯醚的碳链中碳的个数为 12 ～16，环氧乙烷加成度为 7～9。

所述阴离子表面活性剂为烷基苯磺酸盐、脂肪醇聚氧乙烯醚硫酸盐、烯烃磺酸盐、脂肪酸甲酯磺酸盐中的一种或多种。所述烷基苯磺酸盐、脂肪醇聚氧乙烯醚硫酸盐、烯烃磺酸盐、脂肪酸甲酯磺酸盐为通过碱性中和剂中和相应的酸形成。所述碱性中和剂为氢氧化钠、单乙醇胺、二乙醇胺、三乙醇胺、氢氧化钾中的一种或多种。

所述溶剂为去离子水、丙二醇、乙醇中的一种或多种。

辅料为螯合剂、生物酶、抗再沉积剂、泡沫控制剂、着色剂、香料香精、防腐剂中的一种或多种。可以选择性地向洗衣液中添加上述辅料，以实现相应的功能。

所述微胶囊香精是非水溶性的，所述非水溶性微胶囊香精的成膜剂为明胶、阿拉伯明胶、树脂、壳聚糖、蜜胺树脂中的一种或多种。

产品特性 本品在阴离子表面活性剂和非离子表面活性剂体系中采用阳离子聚丙烯酰胺稳定分散非水溶性微胶囊香精，阳离子聚丙烯酰胺以氢键与微胶囊香精结合并提供空间稳定效应，通过分子间作用力对微胶囊颗粒进行持久稳定的分散作用。阳离子聚丙烯酰胺与洗涤剂常用阴离子表面活性剂因电性相斥，配伍通常不稳定，出现沉淀、析出等情况。本品选用阳离子度偏低的阳离子聚丙烯酰胺，减少了与阴离子表面活性剂的静电斥力，同时采用大分子丙烯酸酯非离子表面活性剂增溶阴阳离子缔合物，进而实现阳离子聚丙烯酰胺与阴离子、非离子表面活性剂体系的相容。所述阳离子聚丙烯酰胺分子链上有大量的氢键，可与微胶囊粒子形成稳定结合力。同时高分子量聚丙烯酰胺的分子长链会卷曲与缠结，获得更大的空间稳定效应，进一步增强对微胶囊香精粒子的稳定性。

配方103 微香胶囊洗衣液

原料配比

原料	配比（质量份）		
	1#	2#	3#
去离子水	75	65	70
乙二胺四乙酸四钠	0.15	0.1	0.15
月桂醇聚醚硫酸酯钠	15	15	13
脂肪醇聚氧乙烯（9）醚	3	3	2.5
椰子油脂肪酸二乙醇酰胺	3	2	2.5
椰油酰胺丙基甜菜碱	1	3	1.5
烷基糖苷	5	8	6
微胶囊香精	0.2	0.5	0.3
香精	0.2	0.5	0.3
苯乙烯/丙烯酸（酯）类共聚物	0.3	0.5	0.4
柠檬酸	0.1	0.2	0.2
防腐剂	0.1	0.2	0.15
杀菌剂	0.1	0.15	0.15
催化剂	0.3	0.5	0.4

制备方法

（1）称取总量四分之三的去离子水和乙二胺四乙酸四钠加入搅拌锅中，搅拌至液体透明；搅拌速度为20r/min。

（2）分别称取月桂醇聚醚硫酸酯钠、烷基糖苷、脂肪醇聚氧乙烯（9）醚加入搅拌锅中，搅拌至液体透明；搅拌速度为20r/min，搅拌时间为30min。

（3）分别称取椰油酰胺二乙醇胺、椰油酰胺丙基甜菜碱加入锅中，搅拌至液体透明；搅拌速度为20r/min，搅拌时间为15min。

（4）称取微胶囊香精和适量去离子水按1∶5的比例稀释且过滤后分散均匀加入搅拌锅中，搅拌至液体半透明；搅拌速度为15r/min，搅拌时间为15min。

（5）称取苯乙烯/丙烯酸（酯）类共聚物用适量去离子水稀释后加入搅拌锅中，搅拌至呈白色乳液；搅拌速度为15r/min，搅拌时间为15min。

（6）称取柠檬酸用剩余去离子水稀释后加入锅中搅拌将pH值调节至6.0～8.0；搅拌速度为15r/min。

（7）分别称取香精、防腐剂、杀菌剂加入搅拌锅中，搅拌至呈乳白色乳液；搅拌速度为15r/min，搅拌时间为15min。

（8）称取催化剂加入搅拌锅中，搅拌至呈乳白色乳液；搅拌速度为15r/min，搅拌时间为15min。

（9）采用PVA（聚乙烯醇）水溶膜对上述制备的乳液进行包装，包装成粒状结构。

原料介绍　所述的防腐剂为甲基氯异噻唑啉酮、甲基异噻唑酮与氯化镁及硝酸镁的混合物；

所述的杀菌剂为DMDM乙内酰脲；

所述的催化剂为蛋白酶、脂肪酶及纤维酶组成的复合酶。

产品特性　本品具有去污力强及长时间留香的效果。

配方 104　温和无刺激洗衣液

原料配比

原料	配比（质量份）		
	1#	2#	3#
32%的液碱	0.188	0.376	0.564
96%的磺酸	0.5	1	1.5
70% AES	5	6	7
碳酸钠	2.03	1.9	1.8
碳酸氢钠	5.3	5	4.8
丙烯酸钠聚合物（抗再沉积剂）	0.8	1	1
香精	0.2	0.2	0.2
卡松	0.1	0.1	0.1
去离子水	加至 100	加至 100	加至 100

制备方法

（1）在配料锅中加入规定量的去离子水，开启搅拌；搅拌转速选择60r/min。

（2）在配料锅中依次加入36%的液碱及96%的磺酸，搅拌至完全溶解。

（3）将70% AES加入配料锅中，搅拌至完全溶解。

（4）将碳酸钠和碳酸氢钠加入配料锅中，搅拌至完全溶解。

（5）将香精、抗再沉降剂及卡松加入配料锅中，搅拌至完全溶解。

产品特性　本品温和不伤手，经多次皮肤刺激测试无刺激，洗涤效果符合标准要求。同时大量减少了洗衣废水中COD的排放。

配方105 温和洗衣液

原料配比

原料			配比（质量份）								
			1#	2#	3#	4#	5#	6#	7#	8#	9#
非氨基酸类表面活性剂	阴离子表面活性剂	直链十二烷基苯磺酸钠（LAS）	7	5	3	—	—	—	—	—	—
		脂肪酸甲酯磺酸钠（AES）	6	6	6	6	9	9	9	—	—
		椰油酸钠	—	—	—	—	5	5	5	—	—
		脂肪醇聚氧乙烯醚硫酸钠（MES）	—	—	—	—	—	—	—	2	2
	非离子表面活性剂	脂肪醇聚氧乙烯（9）醚（AEO-9）	3	3	3	3	—	—	—	—	—
		脂肪醇聚氧乙烯（7）醚（AEO-7）	4	4	4	4	—	—	—	3	3
		脂肪酸甲酯乙氧基化物（FMEE）	—	—	—	—	5	5	5	—	—
氨基酸类表面活性剂		月桂酰谷氨酸钠	2	4	6	9	—	—	—	—	—
		月桂酰丙氨酸钠	—	—	—	—	2	4	8	—	15
		油酰谷氨酸二钠	—	—	—	—	—	—	—	20	—
非磷螯合剂		谷氨酸二乙酸四钠	1	1	1	1	—	—	—	—	—
		柠檬酸钠	—	—	—	—	1	1	1	—	—
		甲基甘氨酸二乙酸三钠	—	—	—	—	—	—	—	1	1
防腐助剂		月桂酸单甘酯	1	1	1	1	—	—	—	—	—
		辛甘醇	1	1	1	1	—	—	—	—	—
		1,2-戊二醇	—	—	—	—	2.5	2.5	2.5	—	—
		辛酰羟肟酸/甘油辛酸酯	—	—	—	—	—	—	—	2	—
		甘油辛酸酯/1,2-己二醇	—	—	—	—	—	—	—	—	2
增稠剂		氯化钠	0.5	0.5	0.5	0.5	—	—	—	—	—
		硫酸钠	0.5	0.5	0.5	0.5	—	—	—	—	—
		聚丙烯酸	—	—	—	—	1	1	1	—	—
		瓜尔胶	—	—	—	—	—	—	—	1	1
去离子水			加至100	加至100	加至100	加至100	加至100	加至100	加至100	加至100	加至100

制备方法 在配制釜中，按顺序加入非磷螯合剂，非氨基酸类阴离子表面活

229

性剂、非离子表面活性剂和氨基酸表面活性剂，搅拌至全部溶解；然后加入去离子水，并以 2℃/min 的降温速率，将温度由 55℃ 降温至 30℃ 以下后，依次加入防腐助剂和增稠剂，搅拌至完全溶解，过滤，去除固体颗粒，得到温和洗衣液。固液分离的方式为滤网过滤，所述过滤网的孔径优选 500～1300 目，通过滤网过滤去除不溶杂质。

产品特性

（1）在本品中，氨基酸类表面活性剂中含有酰胺基团，界面作用力强，对蛋白污渍的吸附能力力强，能高效去除衣物中的蛋白污渍。

（2）在本品中，防腐助剂能够有效地提高温和洗衣液的防腐性能。非磷螯合剂中包括的组分相对于常采用的有机磷螯合剂更环保，对人体更温和，刺激小。

配方 106　稳定性好的洗衣液

原料配比

原料		配比（质量份）									
		1#	2#	3#	4#	5#	6#	7#	8#	9#	10#
阴离子表面活性剂	烷基磺酸盐	—	—	—	—	6	—	—	—	—	—
	α-烯基磺酸盐	—	—	—	—	—	—	25	—	—	—
	烷基醚硫酸盐	25	25	20	5.5	—	20	—	10	15	25
非离子表面活性剂	烷基糖苷型	10	—	1	5	8	5	10	8	4	10
	聚乙二醇型	10	—	2	10	10	6	10	10	2	—
两性离子表面活性剂	甜菜碱类	—	5	10	1	—	5	5	10	1	1
	氨基酸型	—	—	—	0.5	2	3	—	5	0.5	1
聚季铵盐	聚季铵盐-22	—	—	—	0.1	—	0.3	—	1	0.1	1
	聚季铵盐-7	0.5	0.5	0.1	—	—	—	0.5	—	—	—
	聚季铵盐-39	—	—	—	—	0.5	—	—	—	—	—
甘油		—	—	—	3	3	3	1.5	1.5	5	5
酶		—	—	—	0.5	0.5	0.5	0.1	0.1	1	1
杀菌剂		—	—	—	0.1	0.1	0.1	0.1	0.1	1	1
除螨剂		—	—	—	0.5	0.1	0.1	0.5	0.5	1	1
香精		—	—	—	0.3	0.1	0.1	0.3	0.3	0.5	0.5
防腐剂		—	—	—	0.1	0.1	0.1	0.1	0.1	0.1	0.1
水		加至 100	加至 100	加至 100	加至 100	加至 100	加至 100	加至 100	加至 100	加至 100	加至 100

制备方法 水中加入阴离子表面活性剂、非离子表面活性剂和/或两性离子表面活性剂、杀菌剂、甘油、酶和聚季铵盐和除螨剂；调节 pH 值；加入防腐剂和香精；搅拌混合。该制备方法简单方便，混合搅拌即可溶解成稳定体系。

原料介绍 所述酶是蛋白酶、淀粉酶、脂肪酶、纤维素酶、过氧化物酶、甘露聚糖酶中的至少一种，或蛋白酶、淀粉酶、纤维素酶的复合酶。

所述防腐剂为苯氧乙醇、乙基己基甘油、甲基氯异噻唑啉酮、甲基异噻唑啉酮、苯并异噻唑啉酮中的至少一种。

所述除螨剂为植物提取液 R301。

产品特性 本品以阴离子表面活性剂为主，复配非离子和/或两性离子表面活性剂，有效避免了带正电荷的聚季铵盐柔顺剂与阴离子表面活性剂的直接反应，兼容性、稳定性得到显著提升且成本低廉，洗涤柔顺二合一、使用方便，且起泡性好、去污能力强，洗后衣物柔软蓬松不影响织物的吸湿性能。

配方 107　无毒环保超浓缩洗衣液

原料配比

原料		配比（质量份）		
		1#	2#	3#
阴离子表面活性剂	α-烯基磺酸钠（AOS）	50	—	40
	仲烷基磺酸钠	—	15	—
	脂肪醇聚氧乙烯醚硫酸盐 AES	—	—	10
非离子表面活性剂	C12 脂肪酸甲酯乙氧基化物（C12 脂肪酸甲酯与环氧乙烷的摩尔比为 1:9）	30	—	—
	C16～C18 脂肪酸甲酯乙氧基化物（C16～C18 脂肪酸甲酯与环氧乙烷的摩尔比为 1:9）	—	60	30
助溶剂	10 份 JFC-5 和 2 份乙醇的复配物	10	20	10
螯合剂	叔胺羧酸钠盐	1	2	1
生物酶	漆酶	1.5	—	—
	木质素酶	—	1	1
防腐剂	卡松	0.05	0.05	0.05
香精	花香型	0.2	0.1	0.1
去离子水		加至 100	加至 100	加至 100

制备方法

（1）将所述非离子表面活性剂置于所述助溶剂和去离子水的混合溶液中进行

一次搅拌，得均匀溶液；搅拌的速度为200～1200r/min。

（2）在常温下向所述均匀溶液中依次加入所述阴离子表面活性剂、螯合剂、生物酶、防腐剂和香精，然后进行二次搅拌，得所述超浓缩洗衣液；搅拌的速度为200～1200r/min，搅拌的时间为20～40min。

产品特性

（1）本品通过加入配制的特定助溶剂，既降低了表面活性剂使用中泡沫的产生，又解决了低成本 C_{12}～C_{18} 脂肪酸甲酯乙氧基化物在较高浓度下易凝胶的问题。此外，本品的配方还解决了 C_{12}～C_{18} 脂肪酸甲酯乙氧基化物酯结构耐碱性和钙皂分散力问题，并提高了浓缩洗衣液的耐热耐寒稳定性。

（2）本品的主要原料为无毒环保、生物降解性好的 C_{12}～C_{18} 脂肪酸甲酯乙氧基化物（FMEE），刺激性低，不伤纤维，节水环保；通过合理复配，可常温制备超浓缩洗衣液，洗衣液的固含量可高达80%以上。

配方108 无患子高浓缩洗衣液

原料配比

原料		配比（质量份）					
		1#	2#	3#	4#	5#	6#
无患子提取物		10	5	0.01	10	5	0.01
表面活性剂		45	50	65	45	50	65
有机溶剂	丙二醇	1	—	—	1	—	—
	乙醇	—	5	—	—	5	—
	丙二醇：乙醇为1∶1的混合液	—	—	7	—	—	7
碱性蛋白酶	EFFEC TENZ™ P 100	0.1	—	—	0.1	—	—
	Sacinase Ultra 16XL	—	1	2	—	1	2
酶稳定剂	氯化钙	0.1	—	—	0.1	—	—
	氯化镁	—	1	—	—	1	—
	甲酸钠	—	—	2	—	—	2
螯合剂	乙二胺四乙酸钠	0.05	—	—	0.05	—	—
	柠檬酸钠	—	2	2.5	—	2	2.5
流变改性剂	氯化钠	0.2	2	4	0.2	2	4
防腐剂	甲基氯异噻唑啉酮	0.05	0.4	—	0.05	0.4	—
	BIT 20	—	—	0.8	—	—	0.8
香精		0.1	0.5	1	0.1	0.5	1
去离子水		43.3	33.1	15.69	43.3	33.1	15.69

续表

原料		配比（质量份）					
		1#	2#	3#	4#	5#	6#
表面活性剂	脂肪醇聚氧乙烯醚硫酸钠	5	6	—	5	3	—
	α-烯基磺酸钠	—	—	2	—	—	—
	十二烷基苯磺酸	1	—	—	5	—	—
	脂肪醇聚氧乙烯（9）醚	9	—	—	5	—	—
	烷基糖苷	—	5	—	—	5	—
	脂肪酸甲酯乙氧基化物	—	4	3	—	4	65

制备方法 依次加入去离子水、有机溶剂、螯合剂、表面活性剂、流变改性剂、酶稳定剂，搅拌 20～40min，使物料完全溶解；当温度在 45℃ 以下时，加入防腐剂、无患子提取物、碱性蛋白酶和香精，搅拌 10～30min，使物料混合均匀并完全溶解，获得所述高浓缩洗衣液。

原料介绍 所述无患子提取物可通过市售途径购得。

产品特性 本品对皮肤无刺激性，总活性物含量≥45%，符合标准要求，并且具备较高的稳定性，具备更高的柔顺性能和亮彩性能；使用量更低，洁净力更强。

配方109 无磷洗衣液

原料配比

原料	配比（质量份）	
	1#	2#
脂肪醇聚氧乙烯醚硫酸盐	9	15
十二烷基苯磺酸钠	3	5
脂肪醇聚氧乙烯醚	2	5
羧甲基纤维素钠	0.5	1
乙醇	7	9
氯化钠	2	5
偏硅酸钠	5	14
次氯酸钠	1	3
椰子油脂肪酸二乙醇酰胺	1	2
硅酮消泡剂	0.1	0.5
去离子水	加至 100	加至 100

制备方法 将各组分原料混合均匀即可。

产品特性 本品中不含磷，更加环保、安全。

配方 110 无水含酶洗衣液

原料配比

原料		配比（质量份）										
		1#	2#	3#	4#	5#	6#	7#	8#	9#	10#	11#
非离子表面活性剂	脂肪醇聚氧乙烯醚	20	25	18	20	20	13	15	12	13	18	13
	壬基酚聚氧乙烯醚	—	—	—	—	—	12	—	5	—	—	2
	椰子油脂肪酸二乙醇酰胺	—	—	—	—	—	—	5	—	2	—	2
	辛基酚聚氧乙烯醚	—	—	—	—	—	—	—	8	—	—	3
	蔗糖脂肪酸酯	—	—	—	—	—	—	—	—	3	2	—
阴离子表面活性剂	脂肪醇聚氧乙烯醚羧酸钠	24.7	25	24	21.2	27.5	6.2	15	13	18	20	12
	十二烷基苯磺酸	—	—	—	—	—	15	—	5	—	—	1.2
	脂肪醇聚氧乙烯醚硫酸钠	—	—	—	—	—	—	5	4	—	—	8
	乙氧基化脂肪酸磺酸盐	—	—	—	—	—	—	1.2	—	2	1.2	—
	二异辛基琥珀酸酯磺酸钠	—	—	—	—	—	—	—	5.5	—	—	—
	仲烷基磺酸钠	—	—	—	—	—	—	—	—	2	—	—
酒精		1.5	2.5	2	1.5	2	1.5	2	1.5	2.5	1.5	1.5
洗衣液酶	蛋白酶	0.05	0.2	0.4	0.6	0.6	0.5	0.4	0.1	0.1	0.6	0.5
	脂肪酶	0.05	0.2	0.2	0.6	0.5	0.3	0.1	0.05	0.2	0.5	0.3
	甘露聚糖酶	0.1	0.2	0.2	0.3	0.3	—	0.2	0.02	0.2	0.3	0.2
	纤维素酶	0.1	0.2	0.4	0.4	0.4	—	0.2	0.1	0.2	—	0.1
	溶菌酶	0.1	0.2	0.4	0.4	0.4	0.3	0.4	0.1	0.3	0.5	0.7
	淀粉酶	—	—	—	—	—	0.2	0.7	0.03	0.1	0.3	0.2
	菠萝酶	—	—	—	—	—	0.2	0.2	—	—	—	0.1
烷基醇醚类表面活性剂	烷基醇醚类表面活性剂 Berol® 609	41.1	35.1	42	42	35.1	38	42	35.1	40	42	42
聚对苯二甲酸乙二醇酯	SRN 100	0.6	0.8	0.6	0.5	0.8	0.7	—	—	—	—	0.5
抗再沉积剂	陶氏 Acusol™ 845	1.5	2	1.5	2.2	2	1.8	—	—	—	—	2.2
杀菌剂	十二烷基二甲基苄基氯化铵	6	6	8	7	8	5	—	—	—	—	5
	聚六亚甲基双胍	—	—	—	—	—	4	—	—	—	—	—
	三氯生	—	—	—	—	1	—	—	—	—	—	—
	对氯二甲苯酚	3	2	2	3	2	—	—	—	—	—	1

续表

原料		配比（质量份）										
		1#	2#	3#	4#	5#	6#	7#	8#	9#	10#	11#
杀菌剂	无味 L 抗菌剂	—	—	—	—	—	—	—	—	—	—	3
	双十烷基二甲基氯化铵	—	—	—	—	—	—	—	—	—	—	1
香精		0.4	0.6	0.3	0.4	0.4	0.5					0.4

制备方法

（1）按照上述的无水洗衣液的配方称取各组分，备用；

（2）向配料锅中投入所述非离子表面活性剂、阴离子表面活性剂以及酒精，并搅拌至完全溶解；

（3）向所述配料锅中投入所述烷基醇醚类表面活性剂、聚对苯二甲酸乙二醇酯、抗再沉积剂、杀菌剂、香精，并搅拌至完全溶解；

（4）向所述配料锅中投入所述洗衣液酶，并搅拌至完全溶解，得到所述无水洗衣液产品。

产品特性 本品为超浓缩配方，配方中采用多种复合酶且复合酶的活力稳定性高，在复合酶与表面活性剂的协同作用下，可快速有效地去除衣物中的各种顽固污渍，洗涤效果好；另外，配方为中性低泡配方，易于漂洗且无残留，且对皮肤温和无刺激，同时不损伤衣物。

配方 111 洗涤性优良超浓缩洗衣液

原料配比

原料	配比（质量份）	
	1#	2#
液碱	4	—
十二烷基苯磺酸	10	8
三乙醇胺	3	3
烷基糖苷	7	10
异构醇醚	10	5
改性油脂乙氧基化物	12	16
高碳油脂乙氧基化物	10	13
改性油脂乙氧基化物磺酸盐	5	8
脂肪醇聚氧乙烯醚硫酸钠	29	20
助溶剂乙醇	2	—

原料	配比（质量份）	
	1#	2#
防腐剂甲基异噻唑啉酮	1.5	1
去离子水	6.5	14

制备方法

（1）分别将液碱、十二烷基苯磺酸、异构醇醚、烷基糖苷、改性油脂乙氧基化物磺酸盐、高碳油脂乙氧基化物、改性油脂乙氧基化物、脂肪醇聚氧乙烯醚硫酸钠和助溶剂加入去离子水中，加热搅拌均匀。搅拌温度为25～60℃。

（2）向步骤（1）得到的物料中加入防腐剂和三乙醇胺，加热搅拌均匀。搅拌温度为30～40℃。

原料介绍 所述的异构醇醚碳链为C_8～C_{12}，其中碳链可为直链或具有支链的碳链，聚氧乙烯的聚合度n=7～10。

所述的烷基糖苷碳链为C_8～C_{14}，其中碳链可为直链或具有支链的碳链，可以为单一或多种糖苷的混合物。

所述助溶剂为乙醇、乙二醇、丙三醇中的至少一种。

所述防腐剂为卡松、甲基异噻唑啉酮和苯并异噻唑啉中的一种或多种。

产品应用 超浓缩洗衣液稀释液的制备方法如下。

配比：超浓缩洗衣液20%～50%、酶0.1%～0.4%、防腐剂0.1%～0.3%、洗涤助剂0.1%～1.0%、香精0.1%～0.5%、色素0.0001%～0.001%和增稠剂0.1%～1%，去离子水加至100%。

制备方法：分别将超浓缩洗衣液、洗涤助剂、香精、防腐剂、色素、酶、增稠剂加入去离子水中，加热搅拌均匀。搅拌温度为25～40℃。

所述酶包括脂肪酶、蛋白酶、淀粉酶、纤维素酶中的一种或几种的混合物。

所述防腐剂包括异噻唑啉酮、苯并异噻唑啉酮中的单一物或混合物。

所述洗涤助剂为柠檬酸钠、低分子量的聚丙烯酸钠或共聚物钠。

所述增稠剂为高分子的有机物、无机物。

产品特性 本品是通过适量阴离子表面活性剂、非离子表面活性剂、中和剂、助溶剂制得的一种具有优良洗涤性能的超浓缩洗衣液。本品在高稀释倍数下能够保持良好的稳定性，且具有低泡沫、去污能力强的特性，是一种高附加值的浓缩洗衣液产品。其稀释液能够随市场变化添加助剂后，形成各具特色的洗涤产品。

配方 112 洗护复合型洗衣液

原料配比

<table>
<tr><th rowspan="2">原料</th><th></th><th colspan="3">配比（质量份）</th></tr>
<tr><th></th><th>1#</th><th>2#</th><th>3#</th></tr>
<tr><td rowspan="8">清洗剂</td><td>非离子表面活性剂</td><td>26</td><td>30</td><td>28</td></tr>
<tr><td>两性离子表面活性剂</td><td>8</td><td>3</td><td>5</td></tr>
<tr><td>螯合剂</td><td>0.5</td><td>0.8</td><td>0.6</td></tr>
<tr><td>增稠剂</td><td>1</td><td>3</td><td>2</td></tr>
<tr><td>杀菌剂</td><td>0.1</td><td>0.5</td><td>0.3</td></tr>
<tr><td>渗透剂</td><td>0.3</td><td>0.8</td><td>0.6</td></tr>
<tr><td>乳化剂</td><td>0.1</td><td>0.5</td><td>0.3</td></tr>
<tr><td>水</td><td>加至100</td><td>加至100</td><td>加至100</td></tr>
<tr><td rowspan="8">护理剂</td><td>构树汁</td><td>3</td><td>6</td><td>5</td></tr>
<tr><td>心叶藤汁</td><td>6</td><td>10</td><td>13</td></tr>
<tr><td>芦荟汁</td><td>20</td><td>30</td><td>25</td></tr>
<tr><td>生物酶</td><td>3</td><td>5</td><td>4</td></tr>
<tr><td>稳定剂</td><td>0.2</td><td>0.6</td><td>0.5</td></tr>
<tr><td>脂肪酸</td><td>0.3</td><td>0.8</td><td>0.5</td></tr>
<tr><td>柔顺剂</td><td>0.1</td><td>0.3</td><td>0.2</td></tr>
<tr><td>水</td><td>加至100</td><td>加至100</td><td>加至100</td></tr>
</table>

制备方法

（1）按照原料比例，将非离子表面活性剂、两性离子表面活性剂、螯合剂放入水中，在 300r/min、温度 50～80℃的条件下搅拌溶解，冷却至室温，然后边搅拌边加入增稠剂、渗透剂、乳化剂、杀菌剂，搅拌速度为 800～1200r/min，然后使用过滤纸过滤，取滤液制得清洗剂，备用；

（2）按照比例，取构树汁、心叶藤汁加入芦荟汁中搅拌混合，搅拌速度为 50～150r/min，搅拌时间为 2h，然后向混合物中同时加入生物酶、稳定剂、脂肪酸、柔顺剂，搅拌 8h，混合均匀后，静置 48～72h，使用滤纸过滤，取滤液制得护理剂，备用。

原料介绍 所述清洗剂中的非离子表面活性剂包括以下质量份的组分：烷基酚聚氧乙烯醚 10～20 份、聚氧乙烯烷基胺 15～18 份、椰子油脂肪酸二乙醇酰胺 10～14 份、甘油聚醚 20～26 份。

所述两性离子表面活性剂包括以下等质量份的组分：十二烷基氨基丙酸、十二烷基乙氧基磺基甜菜碱、咪唑啉两性二醋酸二钠。

所述螯合剂为聚丙烯酸钠和柠檬酸钠中的任意一种。

所述增稠剂为丙二醇藻蛋白酸酯、甲基纤维素、月桂醇中任意两种或三种等质量的混合物。

所述杀菌剂为银离子杀菌剂。

所述乳化剂为纳米除油乳化剂。

所述渗透剂为脂肪醇聚氧乙烯醚。

所述护理剂中的生物酶为果胶酶、脂肪酶、蛋白酶、淀粉酶、纤维素酶等质量混合配制而成。

所述稳定剂为丙二醇藻蛋白酸酯、甲基纤维素、月桂醇中任意两种等质量的混合物。

所述脂肪酸为棕榈酸、柠檬酸、硬脂酸中任意两种等质量的混合物。

所述柔顺剂为有机硅油。

产品应用 使用方法：取适量的清洗剂[清洗剂与清洗水的体积比为1：（200～400）]，清洗衣物，清洗后，使用清水漂洗衣物一次，然后第二次用清水漂洗衣物时，清水中添加适量护理剂[护理剂与清洗水的体积比为1：（600～800）]，浸泡1～2h，最后，将衣物使用清水漂洗一次，自然晾干即可。

产品特性 本品去污能力强，同时，经过生物酶处理构树汁、心叶藤汁、芦荟汁后而制备的护理剂，能够很好地提升衣物的光泽，护理效果好。

配方 113 洗衣液组合物

原料配比

原料		配比（质量份）													
		1#	2#	3#	4#	5#	6#	7#	8#	9#	10#	11#	12#	13#	14#
阴离子表面活性剂	脂肪酸盐	20	40	—	—	—	—	—	—	—	—	—	—	—	—
	磺酸盐	—	—	60	—	—	50	50	50	30	40	50	50	50	50
	硫酸酯盐	—	—	—	60	35	—	—	—	—	—	—	—	—	—
蛋白酶	碱性蛋白酶	10	5	0.05	0.05	3.5	7	7	7	2	5	8	8	8	8
芳香剂		20	12.5	5	5	7.5	10	10	10	7.5	10	15	15	15	15
辅助组分	水、分散剂和抑泡剂的混合物	50	—	—	—	—	—	—	—	—	—	—	—	—	—
	水、分散剂和活化剂的混合物	—	42.5	—	—	50	—	—	—	—	—	—	—	—	—
	水和分散剂的混合物	—	—	30	30	—	—	—	—	—	—	—	—	—	—
	水	—	—	—	—	—	33	—	—	50	45	—	—	—	—

续表

原料		配比（质量份）													
		1#	2#	3#	4#	5#	6#	7#	8#	9#	10#	11#	12#	13#	14#
辅助组分	活化剂	—	—	—	—	—	—	33	—	—	—	—	—	—	—
	分散剂	—	—	—	—	—	—	—	33	—	—	—	—	—	—
	抑泡剂	—	—	—	—	—	—	—	—	—	—	27	—	—	—
	水和抑泡剂的混合物	—	—	—	—	—	—	—	—	—	—	—	27	—	—
	水和活化剂的混合物	—	—	—	—	—	—	—	—	—	—	—	—	27	—
	水、抑泡剂、分散剂和活化剂的混合物	—	—	—	—	—	—	—	—	—	—	—	—	—	27

制备方法 将各组分原料混合均匀即可。

原料介绍 所述阴离子表面活性剂为脂肪酸盐、磺酸盐、硫酸酯盐中的一种或多种的混合物。

所述蛋白酶为碱性蛋白酶。所述碱性蛋白酶的最适作用温度为 $50\sim60℃$，最适作用 pH 值为 $9\sim10$。

所述辅助组分包括水、分散剂、抑泡剂、活化剂中的一种或多种的混合物。

产品特性 本品通过阴离子表面活性剂与蛋白酶协同作用具有很好的去污能力，其中，对蛋白质类的污渍清洗效果更好。此外，通过芳香剂使清洗后的物品保留香味时间长。

配方114 纤维素环保洗衣液

原料配比

原料	配比（质量份）		
	1#	2#	3#
纤维素混合物	10	11	12
玫瑰香精	7	7	7
脂肪醇聚氧乙烯醚	7	7	7
椰油酰胺丙基甜菜碱	12	12	12
烷基多苷	4	4	4
椰子油脂肪酸二乙醇酰胺	4	4	4
皂基	2	2	2
二甲基聚硅氧烷	10	10	10

续表

原料		配比（质量份）		
		1#	2#	3#
蛋白酶		2	2	2
防腐剂		0.3	0.3	0.3
水		80	80	80
纤维素混合物	木质素纤维	2	2	2
	竹质素纤维	1	1	1
	麦秸纤维	2	2	2
	乙基纤维素	0.2	0.2	0.2
	羟丙基甲纤维素	0.7	0.7	0.7
	棉纤维	0.7	0.7	0.7

制备方法 将称取好的各原料（除蛋白酶）依次加入容器内，并加热至90℃后进行搅拌溶解，再将溶解后的原料混合液保温20min，直至原料混合液冷却至27℃，再将蛋白酶加入原料混合液内继续搅拌，搅拌均匀后将原料混合液静置，直至原料混合液中的泡沫消失。

原料介绍 所述蛋白酶为枯草杆菌蛋白酶。

产品特性 纤维素混合物能够有效地加强环保洗衣液的降解效果，洗衣液使用后所产生的废液能够更轻易地被降解，并且纤维素混合物能够提高环保洗衣液的整体使用效果，使得衣物表面的污渍能够更轻易地被清洗掉。枯草杆菌蛋白酶能够进一步加强废液的降解，避免废液流至河水中造成富营养化的问题。

配方 115 新型洗衣液

原料配比

原料		配比（质量份）		
		1#	2#	3#
表面活性剂	阴离子表面活性剂脂肪醇聚氧乙烯醚硫酸钠与非离子表面活性剂椰子油脂肪酸乙二醇酰胺的复合物	32	66	50
复合酶产品	蛋白酶	2	5	3
酶稳定剂	甲酸钙	2	9	5
去离子水		75	95	85
香精		0.1	0.3	0.2
皂角精华提取液		0.2	0.6	0.4

原料	配比（质量份）		
	1#	2#	3#
高泡精	0.02	0.06	0.04
拉丝粉	0.02	0.06	0.04
四合一增稠剂	0.02	0.06	0.04
盐	0.02	0.06	0.04
全能乳化剂	0.5	1.5	1
二烷基苯酚钠	4	12	8
阴离子增稠剂	0.6	1.8	1.2

制备方法 将各组分原料混合均匀即可。

原料介绍 所述复合酶产品为蛋白酶、淀粉酶、脂肪酶、纤维素酶、过氧化氢酶、甘露聚糖酶中的两种或者两种以上的混合物。

所述阴离子表面活性剂为脂肪醇聚氧乙烯醚硫酸钠、十二烷基硫酸钠、脂肪酸甲酯磺酸钠、脂肪酸钾皂中的一种或者一种以上的混合物。

所述非离子表面活性剂为椰子油脂肪酸乙二醇酰胺、异构醇聚氧乙烯醚、脂肪醇聚氧乙烯醚中的一种或者一种以上的混合物。

所述酶稳定剂为甲酸钙、柠檬酸钠、甲酸钠、乙酸、丙二醇、乙醇、硼砂中的两种或者两种以上的混合物。

产品应用 本品是一种能够使衣物洗后柔顺的新型洗衣液。

产品特性

（1）本品不仅易溶于水、强力去污、易漂洗、不伤手，而且可以保持衣服颜色鲜艳长久，艳丽如新。

（2）采用非离子型护色剂，通过在织物表面形成膜，可减少有色织物上染料分子的损失及白色织物黏附染料的量，赋予本品防掉色洗衣液固色及防串色双重护色效果，能同步完成洗衣和护色的操作，简化洗衣步骤。

配方 116 易降解洗衣液

原料配比

原料	配比（质量份）	
	1#	2#
水	65～80	60～75

续表

原料	配比（质量份）	
	1#	2#
AES	20～30	18～28
椰子油脂肪酸二乙醇酰胺	3～5	2～4
椰油酰胺丙基甜菜碱（CAB）	2～4	1～3
月桂酰胺丙基氧化胺（LAO-30）	1～2	1～2
磺酸	2～4	1～3
氯化钠	0.2～0.5	0.2～0.5
卡松	0.2～0.4	0.3～0.4
香精	0.1～0.4	0.1～0.4
碱	3～6	3～6
着色剂	0.05～0.1	0.05～0.1

制备方法

（1）先将一半的凉水放入反应釜中，同时制备氯化钠水溶液，将氯化钠倒入凉水中，使氯化钠溶解均匀，然后将制得的氯化钠水溶液倒入反应釜内，使其与凉水混合搅拌均匀；搅拌步骤的时间为 15min。

（2）将凉水加热到 50～70℃，然后加入 AES，并搅拌均匀；搅拌步骤的时间为 20min，加热步骤的时间为 30min。

（3）将剩余的一半水加入反应釜内，并向反应釜内加入卡松、椰子油脂肪酸二乙醇酰胺、椰油酰胺丙基甜菜碱（CAB）、月桂酰胺丙基氧化胺（LAO-30）、碱，然后使溶液搅拌均匀；搅拌步骤的时间为 40min。

（4）然后向搅拌均匀后的溶液内加入磺酸，调节溶液的酸碱度，使溶液的 pH 值在 6～9 之间，搅拌均匀后，使溶液冷却；搅拌步骤的时间为 20min。

（5）向冷却后的溶液内加入香精，然后搅拌均匀；搅拌步骤的时间为 20min。

（6）向溶液中加入着色剂，搅拌均匀，然后制得成品。搅拌步骤的时间为 20min。

原料介绍　所述的着色剂为亮蓝色素、紫色素或红色素中的一种。

所述的椰油酰胺丙基甜菜碱为淡黄色至琥珀色黏稠液体。

所述的 AES 为无色透明胶状体。

所述的月桂酰胺丙基氧化胺外观为无色或淡黄色透明液体。

产品特性

（1）本品具有良好的发泡、稳泡、渗透去污等功能，能加强清洁效果，提高产品的综合洗涤性能，去污能力强；

（2）本品溶液接近中性，对皮肤温和，使用效果好；

（3）本品采用的多为非离子型表面活性剂，排入自然界后，降解速率快，用时短，对环境无污染，绿色环保，具有良好的环境相容性。

配方117　易洁净洗衣液

原料配比

原料	配比（质量份）
水	100
增稠粉	1
APG 树脂	12
十二烷基苯磺酸钠	6
防腐杀菌剂	0.1
TX-10 去污剂	4
AEO-9 分散剂	4
蛋白酶	1
丙三醇	5

制备方法

（1）向水中加入增稠粉进行搅拌；搅拌时间为5～10min。

（2）向步骤（1）得到的溶液中投入 APG 树脂进行搅拌；搅拌时间为10～20min。

（3）向步骤（2）得到的溶液中投入十二烷基苯磺酸钠进行搅拌；搅拌时间为10～20min。

（4）向步骤（3）得到的溶液中投入防腐杀菌剂进行搅拌；搅拌时间为5～10min。

（5）向步骤（4）得到的溶液中投入 TX-10 去污剂进行搅拌；搅拌时间为5～10min。

（6）向步骤（5）得到的溶液中投入 AEO-9 分散剂进行搅拌；搅拌时间为5～10min。

（7）向步骤（6）得到的溶液中投入蛋白酶进行搅拌；搅拌时间为5～10min。

（8）向步骤（7）得到的溶液中投入丙三醇进行搅拌，即得到易洁净洗衣液；搅拌乳化时间为10～20min。

产品特性　本品具有去污更快、更强、全效，用水更少、成本更低，节能环保的优点。

配方 118　易漂洗超浓缩洗衣液

原料配比

原料	配比（质量份）		
	1#	2#	3#
丙二醇	15	12	16
异构十醇烷氧化物	15	18	14
脂肪醇聚氧乙烯醚	15	18	20
烷基苯磺酸	10	12	8
脂肪醇聚氧乙烯醚硫酸钠	15	10	12
α-烯基磺酸钠	15	10	12
氢氧化钠	1.33	1.8	0.8
卡松	0.1	0.2	0.06
银离子杀菌剂	0.3	0.5	0.2
抗再沉积剂	0.4	0.5	0.2
香精	0.3	0.1	0.6
水	12.57	16.9	16.14

制备方法

（1）按配比依次加入丙二醇、异构十醇烷氧化物、脂肪醇聚氧乙烯醚、烷基苯磺酸和脂肪醇聚氧乙烯醚硫酸钠，搅拌溶解后得到溶解液备用；

（2）用水溶解氢氧化钠，并将溶解后的氢氧化钠溶液加入步骤（1）中的溶解液中混合均匀；

（3）向步骤（2）所得溶液中依次加入卡松、银离子杀菌剂、抗再沉积剂和香精，搅拌混合均匀，调节 pH 值至 7.5～9，即得所述超浓缩洗衣液。

原料介绍　所述异构十醇烷氧化物为异构十醇烷氧化物 XL-80。

所述脂肪醇聚氧乙烯醚为脂肪醇聚氧乙烯醚 AEO-9。

所述烷基苯磺酸为直链烷基苯磺酸。

产品特性

（1）本品以异构十醇烷氧化物、脂肪醇聚氧乙烯醚、烷基苯磺酸和脂肪醇聚氧乙烯醚硫酸钠作为主要活性成分，其中异构十醇烷氧化物、脂肪醇聚氧乙烯醚和烷基苯磺酸具有良好的生物降解性，对环境无污染，同时脂肪醇聚氧乙烯醚硫酸钠为聚醚类天然产物衍生物，同样具备良好的生物降解性，对环境无污染，且脂肪醇聚氧乙烯醚硫酸钠还具备良好的去污、去油能力。

（2）本品以固定配比的异构十醇烷氧化物、脂肪醇聚氧乙烯醚、烷基苯磺酸和脂肪醇聚氧乙烯醚硫酸钠，配以 α-烯基磺酸钠、银离子杀菌剂和抗再沉积剂，使得产品活性物能达到 60% 以上，具有 4 倍洁净力，从而可使用更少量的产品洗涤更多的衣物，减少水资源使用，达到节约水资源目的，同时低泡易去除，减少重复漂洗的次数，进一步节约水、电等资源的使用。

（3）本品制备工艺简单，并且具有良好的耐热和耐寒性能。

配方 119 易漂洗去除顽固污渍洗衣液

原料配比

原料		配比（质量份）
对甲基苯磺酸钠		5
绞股蓝		1.1
C₉～C₁₅ 直链烷基苯磺酸钠		0.6
烷基糖苷		1.2
羧甲基纤维素钠		2
增效剂		0.8
水		20
增效剂	增白剂	2.5
	二甲基硅油	2

制备方法 先将对甲基苯磺酸钠、绞股蓝、C₉～C₁₅直链烷基苯磺酸钠放入乳化釜中，升温至 60℃，关闭蒸汽阀门，加入烷基糖苷、羧甲基纤维素钠搅拌，30min 后加入增效剂、水，升温至 80℃，关闭热水阀，充分搅拌后打开放料阀，冷却后计量包装。

原料介绍 所述增效剂包括增白剂 2.5～4 份、二甲基硅油 2～3 份。

产品特性 本品不仅去污力强，能有效清洗衣物的顽固油渍、黄斑、锈渍等，还对常见的螨虫有很好的杀伤力，对衣物没有损伤，洗后衣物色泽鲜艳不掉色。不在清洗对象表面残留下不溶物，不影响清洗对象的质量。

配方 120 易漂洗无刺激洗衣液

原料配比

原料		配比（质量份）		
		1#	2#	3#
A 组分	月桂醇聚醚硫酸酯钠	19	21	23

续表

原料		配比（质量份）		
		1#	2#	3#
A组分	C$_{12}$～C$_{16}$烷基糖苷	5.5	6.5	7.5
	月桂醇硫酸酯钠	4	5	6
	椰油酰胺丙基甜菜碱	2	3	4
	亚油酰胺丙基乙基二甲基铵乙基硫酸盐	1	2	3
	亚油酰胺DEA	1	1.5	2
	羟苯甲酯	0.05	0.1	0.15
	去离子水	加至100	加至100	加至100
B组分	蛋白酶	0.3	0.4	0.5
	氯化钠	0.3	0.4	0.5
	乙二胺四乙酸二钠	0.15	0.2	0.25
	柠檬酸	0.01	0.02	0.03
C组分	甲基异噻唑啉酮	0.07	0.08	0.09
	香精	0.1	0.15	0.2

制备方法

（1）将A组分原料投入加热锅中，边搅拌边加热，加热至70～95℃，恒温15～35min，搅拌均匀；

（2）降温到49～51℃，加入B组分原料，搅拌7～15min；

（3）降温到44～46℃，加入C组分原料，搅拌均匀后出料，检验合格后灌装、包装，成品入库。

产品特性

（1）去污能力强：相比普通洗衣液，加酶洗衣液去除污渍能力更强，加在洗衣液中的蛋白酶，其去除污渍的原理是将蛋白质分解成可溶性的氨基酸，从而达到去污的目的，对生活中常见的蛋白质污渍，如血渍、奶渍、蛋渍、汗渍等去除效果明显。同时加酶洗衣液的应用可减少磷的使用量，更环保。

（2）温和不刺激：由于蛋白酶与月桂醇硫酸酯钠、椰油酰胺丙基甜菜碱并用，其配伍性能良好，刺激性小，易溶于水，对酸碱稳定，泡沫多，去污力强，使得本品具有优良的增稠性、柔软性、杀菌性、抗静电性、抗硬水性。

配方 **121** 易漂洗洗衣液

原料配比

原料	配比（质量份）		
	1#	2#	3#
脂肪醇聚氧乙烯醚	21	24	22
脂肪酸甲酯磺酸钠	10	12	11
漂洗改性剂	2.3	2.6	2.5
蛋白酶	0.1	0.3	0.2
十二烷基硫酸钠	10	14	12
月桂酰基甲基牛磺酸钠	4	6	5
夏枯草提取物	1.1	1.5	1.3
乙醇	4	6	5
椰油酰胺丙基甜菜碱	3	5	4
水	24	27	26

制备方法　将各组分原料混合均匀即可。

原料介绍　所述夏枯草提取物制备方法为：将夏枯草茎、叶干燥后，粉碎过100 目筛，得到粉料，按照每克夏枯草茎、叶粉料 70mL 提取溶剂的比例，以 75% 体积分数的乙醇溶液为提取溶剂，在 55℃下回流提取 3.5h，然后过滤，得滤液，最后旋转蒸发干燥，得到夏枯草提取物。

所述漂洗改性剂制备方法为：

（1）向反应釜中加入低含氢硅油以及催化剂，催化剂添加量为低含氢硅油质量的 5%，在氮气保护下搅拌升温至 95℃，缓慢滴加 α-烯丙基聚醚，α-烯丙基聚醚添加量为低含氢硅油质量的 50%，待物料滴完后继续保温反应至体系澄清，降温出料，提纯，得到中间体。

（2）将磷酸钠溶解于去离子水中配制得到质量分数为 21.5%的磷酸钠溶液，将磷酸钠溶液加热至 60℃，保温 12min，然后再向磷酸钠溶液中添加与磷酸钠等物质的量的 3-氯-2-羟基丙磺酸钠，继续加热至 75℃，以 1800r/min 转速搅拌 1.2h，然后超声波处理 3min，冷却至 12℃进行结晶，持续 35min，然后过滤去除结晶体，得滤液；将滤液、质量分数为 20.1%的烷基聚糖苷水溶液与中间体按 200mL：250mL：80g 的比例混合后，添加到反应釜中，调节温度至 75℃，保温 15min，然后再加入滤液质量 0.15%的碱性催化剂，升温至 95℃，以 2000r/min 转速搅拌 5h，然后旋转蒸发，即得。所述超声波功率为 800W。所述催化剂为氯铂酸异丙醇溶液，其中氯铂酸质量分数为 3.5%。所述碱性催化剂为氢氧化钠。

产品特性 本品具有非常好的抑泡效果，易溶性好，去污力强，可有效降低泡沫，易漂洗，提高洗涤效率，节水节能，且洗涤后的衣物清洁度高。漂洗改性剂与洗衣液其他成分配伍性良好，能够有效控制洗衣液的泡沫，有利洗涤漂清。同时漂洗改性剂能够集去污力或携污力和消泡力于一身，它比表面活性剂泡沫介质表面张力更低，能够进入空气/水的界面并铺展开来，从而使泡沫破裂，达到抑泡效果。

配方 122 薏仁米环保洗衣液

原料配比

原料	配比（质量份）		
	1#	2#	3#
薏仁米	40	35	25
玉兰花	30	25	20
无患子	45	35	30
皂荚	45	38	30
双羟甲基咪唑烷基脲	15	10	6
对羟基苯甲酸丙酯	10	8	6
月桂醇聚氧乙烯醚硫酸钠	24	18	12
氧化胺	12	10	8
柠檬酸	9	6	4
软化剂	3	2	1
香精	3	2	1
去离子水	适量	适量	适量
软化剂	磺化油	5.5	4.8	3.8
	硅油	1	1	1

制备方法

（1）将所述质量份的薏仁米、玉兰花、无患子和皂荚洗净后置于58～78℃的干燥箱内干燥至含水率为10%～15%，然后将干燥后的物料置于粉碎机中，粉碎20～40min，得混合细粉A；

（2）按料液比1:（8.8～10.8），将步骤（1）所得的混合细粉A与去离子水共同加入提取罐中，加热提取4～7h，加热过程中，提取挥发油B，完成加热后，过滤得提取液C；

（3）将步骤（2）所得的提取液C加入离心机中，离心15～22min，然后与步骤（2）所得的挥发油B和所述质量份的双羟甲基咪唑烷基脲、对羟基苯甲酸丙酯、月桂醇聚氧乙烯醚硫酸钠、氧化胺、柠檬酸、软化剂、香精共同加入研磨机中，充分研磨 1～3h，得混合物 D；

（4）将步骤（3）所得的混合物 D 加入超声波乳化分散器中，加去离子水至含水率为 74.5%～87.5%，超声分散 30～50min，即得所需薏仁米环保洗衣液。

原料介绍　所述双羟甲基咪唑烷基脲和对羟基苯甲酸丙酯的质量比为（1～1.5）∶1。

所述月桂醇聚氧乙烯醚硫酸钠和氧化胺的质量比为（1.5～2）∶1。

所述软化剂为质量比为（3.8～5.5）∶1 的磺化油和硅油的组合物。

产品特性　本品配方科学合理，配方中采用薏仁米、玉兰花、无患子和皂荚为主要原料，并提取各原料的有效成分，其中，薏仁米和玉兰花的有效成分具有良好的杀虫灭菌、嫩肤护肤等功效，而无患子和皂荚的有效成分具有良好的消毒灭菌、去油去污等功效。本品具有极好的渗透、乳化能力，广谱的杀菌能力和强效的洗涤、去污能力，用于衣物洗涤，泡沫丰满、细腻，温和不伤手，能快捷洗去各种油渍、锈渍、汗垢异味等，且洗衣液用量少，易于冲洗，洗后衣物洁净柔顺、清香自然。本品所用原料安全环保，温和无磷，无荧光剂，无化学添加剂，使用安全，易于生物降解，对人体和环境安全。

配方 123　可降解洗衣液

原料配比

原料		配比（质量份）						
		1#	2#	3#	4#	5#	6#	7#
甘油		10	10	10	10	10	10	10
去渍易漂因子		18	18	18	18	18	18	18
去渍易漂因子	十二烷基葡糖苷	1	1	1	1	—	1	1
	肉豆蔻酸二乙醇酰胺	1	1	1	1	1	1	1
	椰子油脂肪酸二乙醇酰胺	1	1	1	1	1	—	—
α-烯基磺酸钠		3	3	3	3	3	3	3
羟乙基纤维素		3	3	3	3	3	3	3
抑菌剂		0.03	0.03	0.03	0.03	0.03	0.03	0.03
抑菌剂	茶皂素	1	—	1	1	1	1	1
	甘草素	1	1	—	1	1	1	1
	槲皮素	1	1	1	—	1	1	1
乙二胺四乙酸二钠		0.25	0.25	0.25	0.25	0.25	0.25	0.25
水		70	70	70	70	70	70	70

制备方法 将水加热至 65～85℃，搅拌条件下依次加入甘油、去渍易漂因子搅拌混合均匀，降温至 45～55℃，再依次加入抑菌剂、α-烯基磺酸钠、羟乙基纤维素、乙二胺四乙酸二钠搅拌混合均匀即得。

产品特性 本品配方中使用的主要原料是可降解原材料，能生物降解，绿色环保；不含荧光增白剂、磷、二噁烷、壬/辛基酚及壬/辛基酚聚氧乙烯醚等物质；能够提高织物的光亮性、光滑度、柔软度及弹性，刺激性低，去污能力强，容易漂洗。

配方 124 用于多汗衣物的洗衣液

原料配比

原料		配比（质量份）				
		1#	2#	3#	4#	5#
异构醇醚油酸酯		6	8	9	10	12
C₉～C₁₁ 脂肪醇聚氧乙烯醚 Berol 266		6	8	9	10	12
脂肪醇聚氧乙烯醚硫酸钠		2	4	6	8	10
椰油基甲基葡萄糖酰胺		2	3	4	5	6
改性丙烯酸聚合物 Acusol™ 845		2	3	4	5	6
氢氧化钠		1	2	2.5	3	4
蛋白酶		0.1	0.2	0.4	0.5	0.6
香精	薰衣草油	0.1	—	—	—	0.4
	薄荷油	—	0.2	—	—	—
	玫瑰油	—	—	0.25	0.3	—
甲基氯异噻唑啉酮		0.05	0.08	0.1	0.12	0.15
对氯间二甲苯酚		0.05	0.08	0.1	0.12	0.15
谷氨酸二乙酸四钠		0.05	0.08	0.1	0.12	0.15
柠檬酸		0.05	0.08	0.1	0.12	0.15
水		55	57.72	64	71.28	75

制备方法

（1）反应釜中加入水后升温至 50～60℃，依次加入异构醇醚油酸酯、C₉～C₁₁ 脂肪醇聚氧乙烯醚 Berol 266 和改性丙烯酸聚合物 Acusol™ 845，高转速搅拌至完全溶解。

（2）在反应釜中加入脂肪醇聚氧乙烯醚硫酸钠和椰油基甲基葡萄糖酰胺高转速搅拌，然后调低转速依次加入蛋白酶、甲基氯异噻唑啉酮、对氯间二甲苯酚、谷氨酸二乙酸四钠、柠檬酸和香精搅拌均匀，最后加入氢氧化钠，并调节 pH 值，即可得到所述洗衣液。所述高转速为800～1000r/min，搅拌时间为15～30min。所述调低转速控制转速在400～500r/min。所述pH值控制在7～8.5。

产品特性

（1）本品添加的异构醇醚油酸酯，具有非常强的除油去污能力，将其与C_9～C_{11}脂肪醇聚氧乙烯醚Berol 266组合使用，其特有的小分子结构，能够更加快速地深入纤维内部，从而使衣物上的各种顽固污渍更加容易去除，同时还配合使用改性丙烯酸聚合物Acusol™ 845，可抗灰尘再沉积，增强了去污效果。

（2）添加的蛋白酶，可使复杂的大分子蛋白质结构变成简单的小分子肽链或者氨基酸，从而使血渍、汗渍、奶渍、油渍等蛋白类污垢变得易于洗去。

（3）将对氯间二甲苯酚和甲基氯异噻唑啉酮配合使用，具有广谱杀菌的效果，杀菌效果持久，再配合添加的香精，可轻松去除黏附于衣物上的难闻汗味，避免滋生细菌。

配方 125　有效去除衣物异味的洗衣液

原料配比

原料	配比（质量份）	
	1#	2#
新鲜柚子皮	7	8
食用碱	3.5	4
小苏打	4	6
玫瑰花瓣	5	8
无患子果皮	5	6
清水	75.5	68

制备方法

（1）将新鲜柚子皮切成条状放置在容器开口较大的容器内部，加入食用碱、适量的清水后放入冰箱保鲜层，得到洗洁精液体；

（2）将玫瑰花瓣放入金属容器中，利用捣药锤捣碎成汁液；

（3）将无患子果皮和适量清水倒入锅内，然后进行煮沸，煮沸之后将液体皂液中的渣滓过滤干净，得到纯净的液体皂液；

（4）将以上步骤中得到的洗洁精液体、玫瑰花汁和液体皂液一起混合装入塑料瓶内；

（5）最后，观察混合液的浓度，加入小苏打以及适量清水进行摇晃，得到成品洗衣液。

原料介绍 所述新鲜柚子皮采用放置 1～2d 以内的柚子皮，所述新鲜柚子皮通过切割刀切割成同等大小的条状。

所述新鲜柚子皮、食用碱与清水之间的混合比例为 2∶1∶5。

所述玫瑰花事先用捣药锤捣碎成液体状。

所述小苏打采用食用型小苏打。

所述无患子果皮和清水之间的比例为 1∶4。

所述无患子果皮和清水之间通过大火煮沸混合。

产品特性 本品能够有效地避免人在手洗过程中皮肤被损害，玫瑰花汁能够使得衣物上具有花香，且本品原料为纯天然材料，更加环保。

配方 126 长效留香洗衣液

原料配比

原料		配比（质量份）		
		1#	2#	3#
香精		0.3	0.3	0.3
月桂醇聚氧乙烯醚硫酸钠（AES）		8	8	8
十二烷基硫酸钠（K12）		2	2	2
丙基甜菜碱-35（CAB-35）		2	2	2
椰油酰胺 DEA		4	4	4
卡松		0.1	0.1	0.1
柠檬酸		0.5	0.5	0.5
氯化钠		1.5	1.5	1.5
去离子水		81.6	81.6	81.6
香精	特沙龙	0.15	0.3	0.55
	特拉斯麝香	1	0.86	0.6
	柏木油	1	1	1
	愈创木油	0.5	0.5	0.5
	香叶油	0.2	0.2	0.2
	柠檬油	1.2	1.2	1.2
	甜橙油	1	1	1
	乙酸苄酯	3	3	3
	乙酸叶醇酯	0.3	0.3	0.3
	乙酸香草酯	1.2	1.2	1.2

原料		配比（质量份）		
		1#	2#	3#
香精	乙酸二甲基苄基原醇酯	1.8	1.8	1.8
	乙酸香叶酯	1.6	1.6	1.6
	乙酸己酯	0.2	0.2	0.2
	乙酸芳樟酯	2.4	2.4	2.4
	十醛	0.1	0.1	0.1
	十二醛	0.1	0.1	0.1
	十四醛	0.3	0.3	0.3
	乙酸邻叔丁基环己酯	2	2	2
	苯乙醇	1.5	1.5	1.5
	芳樟醇	3.5	3.5	3.5
	酮麝香	1.5	1.5	1.5
	白檀醇	5.8	5.8	5.8
	卡龙	0.14	0.14	0.14
	叶醇	0.2	0.2	0.2
	香草醇	3	3	3
	二苯醚	0.5	0.5	0.5
	二氢月桂烯醇	1	1	1
	乙基香兰素	0.4	0.4	0.4
	麝香 T	7	7	7
	香叶醇	4.6	4.6	4.6
	二氢茉莉酮酸甲酯	10	10	10
	羟基香草醛	2.1	2.1	2.1
	乙基芳樟醇	5.4	5.4	5.4
	甲基柏木酮	3	3	3
	甲基紫罗兰酮	1	1	1
	异丁香酚甲醚	0.5	0.5	0.5
	左旋玫瑰醚	0.4	0.4	0.4
	苯乐戊醇	1.2	1.2	1.2
	玫瑰结晶	2.5	2.5	2.5
	松油醇	0.4	0.4	0.4
	女贞醛	0.2	0.2	0.2
	波洁红醛	0.6	0.6	0.6
	甲位突厥酮	0.2	0.2	0.2
	丁位突厥酮	0.24	0.24	0.24

续表

原料		配比（质量份）		
		1#	2#	3#
香精	龙涎酮	10	10	10
	开司米酮	1.2	1.2	1.2
	绿花芬	0.14	0.14	0.14
	海风醛	0.2	0.2	0.2
	乙位紫罗兰酮	0.5	0.5	0.5
	超级降龙涎醚	0.4	0.4	0.4
	曼可罗兰	1	1	1
	花青醛	0.3	0.3	0.3
	王朝酮	0.03	0.03	0.03
	格蓬183	0.05	0.05	0.05
	白花醇	6	6	6
	铃兰醛	3	3	3
	环十五烯内酯	0.8	0.8	0.8
	爪哇檀香	0.2	0.2	0.2
	环十五内酯	0.3	0.3	0.3
	左旋香茅腈	0.3	0.3	0.3
	艾薇醛	0.15	0.15	0.15
	2-甲基丁酸乙酯	0.5	0.5	0.5

制备方法　把去离子水、AES、K12、CAB-35、椰油酰胺 DEA 依次加入反应釜，并加热至 70℃，继续搅拌 20min；待料液冷却后，再把柠檬酸，氯化钠依次加入料液中，搅拌溶解，最后加入卡松和香精，搅拌溶解即得。

香精由所述质量份的原料混合搅拌制备而成。

产品特性　本品香精的头香以甜润的果香为主，与洗衣液基料的气息容易协调，且在洗涤过程中能有效地遮盖基料溶于水后散发的不良气息；体香为花香，玫瑰、铃兰等花香气息相辅相成，保持了香气在洗衣液中的协调、连贯一致；尾香以琥珀、龙涎、木香为主，营造香气缭绕的层次感。搭配特沙龙和在纤维品里有很强的稳定性的特拉斯麝香，使本品具有优秀的香气表现力，能够在衣服上长久留香。

配方 127 植物高效去污洗衣液

原料配比

原料		配比（质量份）		
		1#	2#	3#
植物提取物	无患子果皮提取物	23	21	23
无机盐	氯化钠	2	2	2
无机碱	氢氧化钠	0.3	0.3	0.3
丙烯酸聚合物	聚丙烯酸钠	0.5	0.5	0.5
杂环有机物		0.05	0.05	0.05
络合剂	乙二胺四乙酸二钠	0.05	0.05	0.05
阴离子表面活性剂	月桂醇聚氧乙烯醚硫酸钠	10	10	10
非离子表面活性剂	椰油酰胺 DEA	2	2	2
季铵碱类	椰油酰胺丙基甜菜碱	3	3	4
去离子水		加至 100	加至 100	加至 100

制备方法

（1）将去离子水、阴离子表面活性剂、非离子表面活性剂、季铵碱类、络合剂、丙烯酸聚合物、植物提取物依次加入混合容器当中，搅拌至完全溶解；

（2）加入适量无机盐，调节黏度，搅拌均匀；

（3）用无机碱调节 pH 值，然后加入杂环有机物搅拌均匀，即得所述高效去污洗衣液。

原料介绍 所述杂环有机物为 1，2-苯并异噻唑啉-3-酮、2-正辛基-4-异噻唑啉-3-酮、2-甲基-4-异噻唑啉-3-酮、5-氯-2-甲基-4-异噻唑啉-3-酮中的至少一种。

所述洗衣液的黏度为 500～1500mPa·s（25℃）。

所述洗衣液的 pH 值为 7～9。

产品特性

（1）本品通过植物提取物中的有效活性成分和各种活性表面剂混合复配的协同作用，有效提高了洗衣液整体的洗护性能，具有良好的发泡和去污等性能。

（2）本品具有良好的洗涤去污效果，通过植物提取物中一些天然有效活性成分的作用，极大地降低了洗衣液对于环境的影响，减少了环境污染。

配方 128 植物环保洗衣液

原料配比

原料	配比（质量份）				
	1#	2#	3#	4#	5#
月桂醇聚氧乙烯醚硫酸钠	15	25	18	22	20
椰油基丙氨酸钠	25	15	22	18	20
脂肪醇聚氧乙烯（9）醚	8	15	10	13	12
烷基糖苷	8	3	7	5	6
N-酰基谷氨酸二酯	3	8	5	7	6
癸烷基二甲基羟丙基磺基甜菜碱	10	5	9	7	8
椰油基两性醋酸钠	3	8	5	7	6
咪唑啉两性二醋酸二钠	8	3	7	5	6
蛋白酶	0.5	1.5	0.8	1.2	1
脂肪酶	1	0.3	0.8	0.5	0.6
黄原胶	0.5	1.5	0.8	1.2	1
长角豆胶	1.5	0.5	1.2	0.8	1
无患子提取液	1	3	1	3	2
芦荟提取液	3	1	3	1	2
木槿花提取物	1	3	1	3	2
茶树香精	1	0.3	0.8	0.5	0.6
衣物消泡剂	0.3	1	0.5	0.8	0.6
羧甲基甘氨酸钠	1	0.3	0.8	0.5	0.6
硼砂	0.5	1.5	0.8	1.2	1
去离子水	20	10	17	13	15

制备方法 将各组分原料混合均匀即可。

产品特性 本品大量使用天然植物作为洗涤原料，一者取材方便，成本低廉；二者绿色环保，洗涤后原料容易降解，不会对水质造成污染，而且这些原料洗涤过程中不会对衣物造成破坏，人在洗涤衣服过程中，洗衣液也不会对人体皮肤造成损伤。

配方 129 植物无刺激洗衣液

原料配比

原料		配比（质量份）		
		1#	2#	3#
皂角提取物		1	5	8
莲花提取物		6	3.5	6
野菊花提取物		0.1	3	0.1
神香草提取物		0.1	0.3	0.5
阴离子表面活性剂	烷基苯磺酸钠	7	—	—
	脂肪醇聚氧乙烯醚硫酸钠	—	25	31
非离子表面活性剂	烷基糖苷	43	—	—
	脂肪醇聚氧乙烯醚	—	30	15
增稠剂及其他助剂	增稠剂为羧甲基纤维素钠，其他助剂为异噻唑啉酮	0.1	—	—
	增稠剂为卡拉胶，其他助剂为香精	—	0.4	1
去离子水		40	50	60

制备方法 将各组分原料混合均匀即可。

产品特性 本品洗涤效果好且对皮肤无刺激，使用安全。

配方 130 植物性洗衣液（一）

原料配比

原料	配比（质量份）
洋甘菊精油	30
椰油精华	15
丁香	10
小苏打	5
天然脂肪醇	10
硬脂酸甘油酯	8
皂荚提取液	5
阴离子表面活性剂	3
橙油	3
去离子水	100

制备方法 将各组分原料混合均匀即可。

产品特性 植物型洗衣液所含组分均为天然成分，洗涤衣物后，在衣物上不残留，不会对皮肤造成刺激。洋甘菊精油具有抗氧化、驱蚊、抑菌等生物活性，添加在所述植物型洗衣液中能够抑制细菌滋生，夏天还具有防蚊功能，更好地保护人们免受外界环境的干扰。本品洗衣液配方中组分配伍合理，去污效果强，纯植物成分，对皮肤无刺激，性能温和，易于漂洗，环保，有效缓解了环境污染。

配方 131 植物性洗衣液（二）

原料配比

原料	配比（质量份）	
	1#	2#
水	75	82
乙醇	9	5
碳酸钾	17	16
皂角素	15	8
无患子果皮提取液	12	27
丹皮酚	10	13
侧柏提取液	21	28
甜菜碱	22	15

制备方法 将各组分原料混合均匀即可。

产品特性 本品采用植物性成分，代替防腐剂和香精的使用，降低了对皮肤的过敏性刺激。

配方 132 中性浓缩洗衣液

原料配比

原料	配比（质量份）			
	1#	2#	3#	4#
去离子水	60	65	50	55
脂肪醇聚氧乙烯醚硫酸钠（AES）	20	8	22	20
脂肪醇聚氧乙烯醚 AEO-7	10	11	9	12
十二烷基苯磺酸钠（LAS）	6	5	8	4
丙二醇	5	4	4.5	6

原料	配比（质量份）			
	1#	2#	3#	4#
月桂酰胺丙基甜菜碱（CAB）	2.5	3	2.7	2
氢氧化钠	2	1.4	2.5	2.7
月桂酸	1.5	2	1.4	1
油酸	1.5	1.8	1	2
氢氧化钾	0.6	1	0.7	0.5
香精	0.4	0.5	0.2	0.3
谷氨酸二乙酸四钠（GLDA）	0.3	0.2	0.4	0.3
蛋白酶	0.15	0.1	0.2	0.18
卡松	0.08	0.06	0.05	0.1
染料	0.17	0.15	0.2	0.05
复合锗栓孔菌提取物	0.7	0.8	0.5	1

制备方法

（1）将脂肪醇聚氧乙烯醚硫酸钠加入去离子水中，搅拌均匀得到混合溶液一；

（2）向混合溶液一中加入十二烷基苯磺酸钠、氢氧化钠，搅拌至中和反应完成得到混合溶液二；

（3）向混合溶液二中加入丙二醇、脂肪醇聚氧乙烯醚AEO-7、月桂酰胺丙基甜菜碱，搅拌均匀得到混合溶液三；

（4）向混合溶液三中依次加入月桂酸、油酸、氢氧化钾，搅拌至中和反应完成得到混合溶液四；

（5）待温度恢复至室温后向混合溶液四中依次加入香精、谷氨酸二乙酸四钠、蛋白酶、卡松、染料、复合锗栓孔菌提取物，搅拌均匀得到中性浓缩洗衣液。

原料介绍　所述复合锗栓孔菌提取物由以下步骤制得：

（1）将锗栓孔菌的子实体晒干，粉碎后过50目筛得到锗栓孔菌粉末，将锗栓孔菌粉末加入异丙醇水溶液和硫酸钠水溶液的混合溶液中，搅拌10min后加热至40℃超声提取35min得到提取液，将提取液室温静置1h后离心分离得到上清液，将上清液冷冻干燥得到锗栓孔菌提取物；异丙醇水溶液的体积分数为80%，硫酸钠水溶液的浓度为0.1g/mL，锗栓孔菌粉末、异丙醇水溶液、硫酸钠水溶液的质量比为1：10：12，超声提取时的超声功率为210W。

（2）将锗栓孔菌提取物加入乙酸中搅拌至混合均匀得到锗栓孔菌提取物溶液；将锗栓孔菌提取物溶液、吐温-60混合后加热至55℃，搅拌1h得到乳液；将戊二醛加入乳液中，调节pH值为9~10，加热至65℃反应6h得到反应液；将反应液过滤得到滤饼，将滤饼烘干得到复合锗栓孔菌提取物。锗栓孔菌提取物溶液的质量分数为 2%，锗栓孔菌提取物溶液、吐温-60、戊二醛的体积比为 25：90：4。

产品特性

（1）通过本品所使用的各组分以及各组分的相互配合，使得本品浓缩洗衣液呈中性，对手部皮肤比较温和，不会腐蚀衣物表面纤维，无论手洗机洗都很适合。

（2）本品通过脂肪醇聚氧乙烯醚硫酸钠、脂肪醇聚氧乙烯醚、十二烷基苯磺酸钠、月桂酰胺丙基甜菜碱共同组成复合表活体系，泡沫细腻丰富，可以有效去除尘土、油垢等各种类型的污渍，同时蛋白酶能有针对性地高效去除蛋白类污渍，使得本品具有较好的去污性能。

（3）本品中的两性表面活性剂月桂酰胺丙基甜菜碱能避免与阴离子表面活性剂拮抗，使得本品具有较好的柔顺性能；卡松则是广谱的强力杀菌消毒剂，使得本品具有较好的抗菌性能。

（4）本品将锗栓孔菌以异丙醇和硫酸钠为提取溶剂通过超声提取方法提取得到锗栓孔菌提取物，该提取物具有良好的抗菌以及柔顺性能，不过直接添加时其分散性不佳，因而本品将其与戊二醛反应制得复合锗栓孔菌提取物，改善了其分散性，从而进一步提高中性浓缩洗衣液的抗菌和柔顺性能。

配方 133　竹炭洗衣液

原料配比

原料	配比（质量份）
聚乙烯吡咯烷酮	2.5
竹炭	3
哆嗪酸盐	2
四乙酰乙二胺	3.3
杀菌剂	1.5
表面活性剂	5.6
水	30

制备方法

（1）按上述各组分质量配比备料，在配制缸中，依次加入除水以外的各种原料，搅拌 10min；

（2）将所需量的水加入配制缸中，搅拌均匀，冷却至 30℃以下；

（3）半成品取样检测后过滤、陈化处理，成品抽样检测、灌装。

原料介绍　所述哆嗪酸盐用作泡沫调节剂。

产品特性　本品使用分子复合技术添加强去污表面活性剂，专门针对衣领、袖口等衣物难洗净的部位，轻松去除顽固污渍，效果明显。

配方 134　自润滑浓缩洗衣液

原料配比

	原料	配比（质量份）						
		1#	2#	3#	4#	5#	6#	7#
碱性中和剂	单乙醇胺	4.1	6.3	4.7	1.3	2.5	1	1
阴离子表面活性剂	氢氧化钠	—	—	—	2.2	—	1.5	1.5
	磺酸	10	27	21	20	16	10	10
	脂肪酸	8	8	—	10	6	6	6
	脂肪醇聚氧乙烯醚硫酸盐 AES	5	2.7	7.3	10	10	15	15
酶稳定剂	甘油	15	5	10	5	10	10	10
	丙二醇	25	10	15	7	15	15	15
非离子表面活性剂	脂肪醇聚氧乙烯醚 AEO-9	18	19	17	25	17	20	20
	乙氧基化异构十醇 XL-80	5	8	7.5	10	8	5	5
酶制剂	蛋白酶	0.5	1	2	1	1.5	0.5	0.5
润滑剂	羟基亚乙基二膦酸（HEDP）	0.01	0.5	—	—	1.5	—	0.3
	硫酸钠（Na_2SO_4）	0.1	0.1	5.7	2	—	2	—
助剂	防腐剂	0.1	0.1	0.1	0.1	0.1	0.1	0.1
	香精	1	1	1	1	1	—	—
	柠檬酸	适量	适量	适量	适量	适量	—	1
溶剂	水	7	10	11	9	12	8.5	8.5

制备方法

（1）将溶剂和碱性中和剂共混，搅拌至溶解；
（2）加入阴离子表面活性剂、润滑剂，搅拌至溶解；
（3）加入非离子表面活性剂、助剂及其他原料，搅拌得到洗衣凝珠料液；
（4）用包装袋将所得洗衣凝珠料液进行包封，得到产品。

产品特性　在洗衣液中加入有机磷酸盐或金属硫酸盐，一方面，能够透过聚乙烯醇水溶膜，使得膜的表面出现粉状物质，从而起到润滑凝珠，防止粘连，便于自动装盒的效果；另一方面，加入的润滑剂能够隔离凝珠，防止凝珠串色，保证产品外观，延长货架期。

配方 135 生态洗衣液

原料配比

原料	配比（质量份）		
	1#	2#	3#
苯丙氨酸端基的聚乙二醇甲醚-聚丙交酯嵌段共聚物	27	22	30
椰子油脂肪酸二乙醇酰胺	5	8	3
对羟基苯甲酸甲酯（羟苯甲酯）	0.1	0.3	0.1
对羟基苯甲酸丙酯（羟苯丙酯）	0.1	0.2	0.05
油性香料	0.5	0.3	0.6
维生素 E	0.15	0.05	0.1
维生素 C	0.1	0.05	0.15
水	加至 100	加至 100	加至 100

制备方法

（1）将椰子油脂肪酸二乙醇酰胺，缓慢加入装有 30 份水快速搅拌的烧杯中。

（2）按配方要求的用量将对羟基苯甲酸甲酯、对羟基苯甲酸丙酯及水混合加入烧杯中，搅拌均匀。

（3）按配方要求的用量将苯丙氨酸端基的聚乙二醇甲醚-聚丙交酯嵌段共聚物、硅酸钠加入体系中，搅拌均匀，必要时可加热搅拌。

（4）在 30~45℃以下，按配方要求的用量加入油性香料、维生素 E、维生素 C，并补足余量水。

原料介绍 所述的氨基酸端基的聚乙二醇甲醚-聚丙交酯嵌段共聚物的平均分子量为 1800~18000；

所述的苯丙氨酸端基的聚乙二醇甲醚-聚丙交酯嵌段共聚物：椰子油脂肪酸二乙醇酰胺：羟苯甲酯：羟苯丙酯的质量比为 27：5：0.1：0.1 复配时，对炭黑和皮脂的综合去污效果最佳。

产品特性 本产品泡沫少，去污力强；有较好的环境相容性，无生物毒性且可生物降解，对环境友好；三嵌段结构能接纳很多的包裹成分，可以在产品配方中加入更多种类或者更高含量的功效性成分。

配方 **136** 生物酶洗衣液

原料配比

原料		配比（质量份）							
		1#	2#	3#	4#	5#	6#	7#	8#
微生物蛋白酶	丝氨酸蛋白酶	0.5	3	5	10	8	13	2	0.5
杀菌剂	对氯间二甲苯酚	10	1	1	3	8	10	10	10
表面活性剂	烷基酚聚氧乙烯醚	20	—	—	—	—	—	—	20
	脂肪酸烷醇酰胺	—	20	—	—	—	—	—	—
	十二烷基硫酸钠	—	—	57	—	—	—	—	—
	十二烷基硫酸钠、烷基酚聚氧乙烯醚和蔗糖脂肪酸酯的混合物	—	—	—	30	—	—	—	—
	α-烯基磺酸钠	—	—	—	—	—	70	—	—
	脂肪醇聚氧乙烯（7）醚	—	—	—	—	—	—	5	—
	脂肪醇聚氧乙烯（9）醚与脂肪醇聚氧乙烯（7）醚质量比为1:4的混合物	—	—	—	—	—	—	—	50
杀菌防腐剂	卡松	6	10	5	10	2	20	10	6
增稠剂	氯化钠	适量	适量	适量	适量	适量	适量	适量	适量
螯合剂	四乙酸二氨基乙烯	8	10	6	16	5	—	—	8
	羟基亚乙基二膦酸	—	—	—	—	—	15	13	—
香精		2	2	2	2	2	2	2	3
色素		1	1	1	1	1	1	1	2
去离子水		加至100	加至100	加至100	加至100	加至100	加至100	加至100	加至100

制备方法 将水加热至 70～80℃，在搅拌条件下，加入所述杀菌剂，溶解均匀，再加入表面活性剂，搅拌均匀，降温至 30～40℃，再加入所述助剂和微生物蛋白酶，搅拌均匀，即得到所述生物酶洗衣液。

原料介绍 所述微生物蛋白酶易溶于正常使用的可能存在的所有浓度、温度和 pH 值的洗涤剂溶液中，而且易被生物降解，可减少生物酶洗衣液废水对环境的污染。使用时，将生物酶洗衣液倒入适量于水中后，微生物蛋白酶在水中快速溶解，而后发挥清洁作用。所述杀菌剂帮助减少细菌滋生。所述表面活性剂主要发挥清洁作用。

对氯间二甲苯酚（PCMX）杀菌成分，对多数革兰氏阳性、阴性菌，真菌，霉菌都有杀灭功效，灭菌效果更好。脂肪醇聚氧乙烯醚具有强效去污、安全无害、使用方便的优点。杀菌防腐剂的作用是防止生物酶洗衣液产品腐败霉变。增稠剂可增加液体黏稠度。

产品特性

（1）本品中微生物蛋白酶能够促进黏附在纺织物表面的青草、血、黏液、粪便以及各种食品的蛋白质基污斑的水解，水解生成的肽容易溶解或分散于生物酶洗衣液中，从而将其去除。

（2）本产品还能除掉大多数细菌。

配方 137　适于机洗的浓缩洗衣液

原料配比

原料	配比（质量份）				
	1#	2#	3#	4#	5#
十二烷基苯磺酸	8	9.5	11	12.5	14
乙氧基（7）脂肪酸甲酯磺酸钠（C_{18}）（70%）	6	7	8	9	10
脂肪醇聚氧乙烯（9）醚	9	10	10	11	12
α-烯基磺酸钠	2	4	6	8	10
月桂酸	3	3	3	3	3
辛癸基糖苷	1	1	1.5	2	2
乙醇	3	3	3	3	3
丙二醇	5	5	5	5	5
柠檬酸钠	5	4	3	3	2
抗再沉积助剂 Acusol 845	1	1	2	3	3
有机硅消泡剂	0	0.125	0.15	0.175	0.2
Savinase LCC	0	0.5	0.7	0.9	1
氢氧化钠	适量	适量	适量	适量	适量
三乙醇胺	适量	适量	适量	适量	适量
防腐剂	适量	适量	适量	适量	适量
香精	适量	适量	适量	适量	适量
色素	适量	适量	适量	适量	适量
去离子水	加至 100	加至 100	加至 100	加至 100	加至 100

制备方法

（1）将所述去离子水总量的 60%～80%加热至 40～50℃，并置于化料釜中，加入适量的氢氧化钠溶解，加入十二烷基苯磺酸、月桂酸搅拌至完全溶解，三乙醇胺调节 pH 值至 7.0～8.0，得到混合溶液 A；

（2）在混合溶液 A 中，依次加入 α-烯基磺酸钠、乙氧基（7）脂肪酸甲酯磺酸钠（C$_{18}$）、脂肪醇聚氧乙烯（9）醚、辛癸基糖苷、乙醇、丙二醇溶解，得到混合溶液 B；

（3）在混合溶液 B 中加入柠檬酸钠、抗再沉积剂、香精、防腐剂、色素及剩余去离子水，静置 1.5～2.0h，即可得到所述的浓缩液体洗涤剂。

原料介绍 所述十二烷基苯磺酸为直链烷基苯磺酸，其生物降解性优于支链烷基苯磺酸。

所述脂肪醇聚氧乙烯醚分子式为 R—O—(CH$_2$CH$_2$O)$_n$—H，EO 加成数（n）为 7 或 9，可以为巴斯夫公司的 Dehydol LT 系列、陶氏公司的 Tergitol^{TM} 26-L 系列。

所述乙氧基（7）脂肪酸甲酯磺酸钠（C$_{18}$），即硬脂酸甲酯聚氧乙烯醚磺酸钠，可以为喜赫石油采用乙氧基（EO）加成数为 7 的硬脂酸甲酯作为原料磺化制得，具有优异的生物降解性。

所述辛癸基糖苷为新一代绿色表面活性剂烷基糖苷中的短链糖苷，可为巴斯夫的 Plantacare 2000 UP、Plantacare 810 UP，上海发凯公司的 APG0810。

所述丙二醇和乙醇为助溶剂，与各类香料具有较好互溶性，能够有效提高洗衣液的抗冻性能和泡沫稳定性。

所述柠檬酸钠为代磷助剂，无毒、易于生物降解；柠檬酸钠具有调节体系酸碱度作用。

所述抗再沉积助剂 Acusol 845 为适于浓缩液体洗涤剂添加的疏水改性的丙烯酸聚合物。

所述的防腐剂、香精、色素为本行业常用的原料。

在本产品组合物的基础上，还可以添加质量份为 0.05～0.3 的有机硅消泡剂，优选添加量为 0.1 份。所述有机硅消泡剂可以为迈图的 Y-14865、道康宁的 2-3168、Antifoam1520US，上海立奇化工的 LQ-102 中的任意一种。

在本产品组合物基础上，还可以添加生物酶制剂，本产品组合物中的丙二醇和柠檬酸钠同时具有稳定酶制剂的作用，而且含水量越少越有利于酶的稳定。所述生物酶制剂可以为诺维信液体微胶囊碱性蛋白酶 Savinase LCC、低温碱性蛋白酶 Maxperm 系列、低温脂肪酶 Lipex 系列、杰能科碱性蛋白酶。

产品应用 本品主要用于机洗棉、麻、合成纤维等织物。

产品特性

（1）本产品具有低温稳定、去污力强、低泡易漂洗、性价比高等适于家用机器洗涤的特点。

（2）本产品有效活性物含量高，最高达60%，符合液体洗涤剂的外观、气味、稳定性要求。所用表面活性剂生物降解度大于90%，洗涤助剂均为无磷助剂，且没有添加荧光增白剂，具有高度浓缩、无磷、生物降解性好等环保洗涤剂的优势。

配方 138　手洗护肤洗衣液

原料配比

原料		配比（质量份）		
		1#	2#	3#
椰子油脂肪酸单乙醇胺		40	40	30
甘草酸萃取液		5	5	4
八角枫叶		3	3	2
生物酶		4	4	4
酶稳定剂	硼酸	8	—	3
	硼酸钠	—	8	—
防腐剂	脱氢乙酸钠	1.5	—	1
	苯甲酸钠	—	1.5	—
甘油		3	3	2
椰子油		1.5	1.5	0.5
乳化硅油		0.45	0.45	0.3
除螨剂	1,1-二(对氯苯基)-2,2,2-三氯乙醇	4	—	4
	嘧螨胺	—	4	—
山梨酸		0.3	0.3	0.3
水		30	30	20

制备方法　将各组分原料混合均匀即可。

产品应用　使用方法：

（1）在常温下，将洗衣液与水按1：（5000～10000）加入水中，搅拌形成均匀的混合液；水使用30～35℃的温水。

（2）将衣物用清水润湿，将润湿后的衣物放入步骤（1）形成的混合液中浸泡5～20min。

（3）用手轻轻柔洗衣物，待洗干净后捞出。

（4）用清水冲洗干净洗衣液。

产品特性　使用本产品能够有效去除衣物中的螨虫，能够使清洗更加方便快捷，清洗衣物时能够保护皮肤不受刺激伤害；在寒冷的冬天，轻轻揉搓衣物就能够快速将衣物清洁干净，避免手冻伤。

配方 139　素净柔和洗衣液

原料配比

原料	配比（质量份）		
	1#	2#	3#
茶皂素	5～12	7～12	5～10
烷基多糖苷	4～10	4～8	6～10
葡萄糖酸钠	2～5	3～5	2～4
海洋生物活化酶	0.1～1	0.1～0.8	0.1～1
柠檬酸	适量	适量	适量
薰衣草精油	0.05～0.1	0.05～0.1	0.05～0.1
去离子水	加至 100	加至 100	加至 100

制备方法

（1）将茶皂素按比例加入适量去离子水中搅拌至溶解完全，加热溶液至50℃，在不断搅拌下缓缓加入葡萄糖酸钠，待均匀溶解；

（2）将烷基多糖苷按比例添加于适量去离子水中并搅拌至溶解完全；

（3）将步骤（1）所得溶液与步骤（2）所得溶液混合，并搅拌至液体清澈透明；

（4）将溶液温度降至30℃以下，缓慢加入海洋生物活化酶和薰衣草精油；

（5）用柠檬酸调节体系 pH 值至 7.0，去离子水添至 100（质量份），搅拌均匀；

（6）冷却，检测合格后，灌装。

原料介绍

（1）茶皂素，是从山茶科植物中提取的一种糖式化合物，它属皂素类，是一种天然非离子型表面活性剂。经检测，茶皂素具有一定的生理活性和良好的发泡、去污、乳化、分散、湿润等表面活性，可应用于日化、食品、纺织、医药等领域。茶皂素的水溶液具有表面活性，能降低水的表面张力，产生持久的泡沫，并有很强的去污能力，且不受水的硬度影响，使用茶皂素清洁剂洗涤毛织品，能保持织物的鲜艳色彩，延长织物的使用寿命。

（2）烷基多糖苷，是国际公认的首选"绿色"功能性表面活性剂，是由可再生资源天然脂肪醇和葡萄糖合成的，具有高表面活性、良好的生态安全性和相容性，具有良好的溶解性、温和性和脱脂能力，有优良的物化性能，与其他表面活性剂配伍性好，对皮肤刺激小，无毒而且易漂洗。此外，还具有杀菌消毒、降低刺激、泡沫洁白细腻等特点，并且易于生物降解不会对环境造成污染。

（3）葡萄糖酸钠以含有葡萄糖的物质（例如谷物）为原料，采用发酵法制得，存在于水中的葡萄糖酸钠及其与重金属离子形成的螯合物，可通过普通生化处理迅速、完全地降解。降解过程中释放出的重金属离子可经沉淀去除，或吸附于废水处理过程中形成的淤泥上而去除。

（4）薰衣草精油是由薰衣草提炼而成的一种无色到淡黄色的液体，具有天然花草香味，有提神、镇静和清新的作用。适合大部分肌肤的直接接触，可以改善过敏、青春痘、擦伤、烫伤、皮炎等，有非常好的保湿皮肤的功效。

产品应用　本品主要用于日常生活各种贴身衣物及丝质、棉麻类织物的清洗，是普通家庭及洗衣房皆可使用的绿色环保健康洗衣液。也适合滚筒洗衣机使用。

产品特性

（1）天然成分配方，无毒、无污染、无腐蚀性、无刺激，安全可靠；

（2）生物降解好，洗涤废水不污染环境，无公害；

（3）去污、杀菌、抑菌、易漂洗、健康、环保、节水、省时；

（4）具有处理一次即可以有效抑制织物发灰、发黄，使织物柔软洁白、穿着舒适的效果；

（5）防锈、抗静电效果好；

（6）化学性质稳定，室温放置一年，使用效果无改变。

配方 140　速溶低泡洗衣液

原料配比

原料	配比（质量份）	
	1#	2#
碳酸钠	12	15
水杨酸	1	4
香精	2	3
脂肪酸乙酸甘醇	2	4
碱性蛋白酶	2	5
十二烷基二甲基甜菜碱	1	5
去离子水	10	15
脂肪醇聚氧乙烯醚	3	6
二苯乙烯联苯二磺酸钠	1	2
烷基磺酸钠盐	2	6
乙醇	1	4

续表

原料	配比（质量份）	
	1#	2#
甲苯基二甲酸	1	4
碳酸氢钠	1	3
硅酸盐	2	4
柠檬香精	1	3

制备方法 将各组分原料混合均匀即可。

产品特性 本产品溶解性好，泡沫少，易漂洗，不伤衣物，还可以使衣物清香贴肤。

配方 141 天然去油洗衣液

原料配比

原料	配比（质量份）
芦荟	2
黑豆	4
生姜	0.6
蛋壳粉	3
盐	0.2
水	60

制备方法 首先，去除原料中的杂质，然后将生姜和黑豆进行漂洗，干燥、粉碎，将各组分加入水中，搅拌均匀，杀菌消毒即可。

产品特性 洗涤剂的成分都是天然的，对人体没有危害，而且清洗时无泡沫，对环境没有污染，不伤手，制作工艺简单。

配方 142 天然小苏打洗衣液

原料配比

原料	配比（质量份）				
	1#	2#	3#	4#	5#
天然椰子油	55	50	60	55	55
食用级小苏打	35	30	40	35	35
天然植物精油	10	5	15	10	10

续表

原料		配比（质量份）				
		1#	2#	3#	4#	5#
水		10	5	15	10	10
稳定剂	山梨酸钾和碳酸钠质量份之比为3:1的混合物	4	—	—	—	—
	山梨酸钾和碳酸钠质量份之比为2:1的混合物	—	3	—	4	—
	山梨酸钾和碳酸钠质量份之比为4:1的混合物	—	—	5	—	4

制备方法

（1）用水溶解食用级小苏打、稳定剂，得混合组分 A；

（2）将天然椰子油和天然植物精油混合搅拌均匀，得混合组分 B；

（3）将混合组分 A、混合组分 B 混合均匀，包装即得。

产品特性

（1）本产品含有小苏打和植物精油，可以实现清洁、消臭一次完成；

（2）本产品性质稳定，长期储存也不会导致小苏打分解。

配方 143 **温和安全的洗衣液**

原料配比

原料		配比（质量份）			
		1#	2#	3#	4#
柔顺剂	SLM21200EN	0.1	0.5	0.25	0.5
阴离子表面活性剂	烷基苯磺酸钠	6	—	—	6
	脂肪酸钾皂	—	31	—	—
	脂肪醇聚氧乙烯醚硫酸钠	—	—	15	—
非离子表面活性剂	烷基糖苷	12	—	23	—
	脂肪醇聚氧乙烯醚	—	43	—	43
增稠剂	黄原胶	—	—	0.5	—
	卡拉胶	—	—	—	0.06
	羧甲基纤维素钠	0.06	—	—	—
	海藻酸钠	—	1	—	—
螯合剂	乙二胺四乙酸二钠	0.1	0.2	0.15	0.2
去离子水		40	60	50	40

制备方法

（1）取去离子水总量的30%～40%加入搅拌釜中，加热至70～80℃，边搅拌边先后加入阴离子表面活性剂、非离子表面活性剂，溶解后搅拌0.5～1h使之混合均匀，得到表面活性剂原液；

（2）取去离子水总量的30%～40%加入另一搅拌釜中，加热至50～60℃，边搅拌边加入增稠剂，持续搅拌至溶液均匀透明，得到增稠剂原液；

（3）将表面活性剂原液和增稠剂原液混合，补足余量的去离子水，加入螯合剂和柔顺剂，全部溶解后，再调节pH值至6.0～8.0，即为温和安全的洗衣液。

原料介绍 所述柔顺剂为SLM21200EN，是一种有机硅衣物柔顺剂，它具有杰出的柔软效果，使织物蓬松柔软，赋予织物优异的重润湿性，良好的吸水性与肤感，使得洗后的织物易熨烫，对人体皮肤无刺激，触感爽滑，没有油腻感。

产品应用 本品是一种温和安全，更适合手洗的洗衣液。

产品特性

（1）本产品采用天然绿色环保型表面活性剂，无磷，无荧光增白剂，泡沫丰富细腻，去污能力强，易于漂洗，且该产品呈中性，温和无刺激，不伤手。

（2）蕴含天然柔顺成分，柔软抗静电，使衣物蓬松舒适，恢复天然弹性。

（3）可广泛用于各种人群，也适用于婴儿衣物、尿布、床单及成人内衣的洗涤。

配方 144　温和中性洗衣液

原料配比

原料		配比（质量份）				
		1#	2#	3#	4#	5#
脂肪醇聚氧乙烯醚	C_{12}～C_{14}脂肪醇聚氧乙烯醚（EO=9）	5	—	—	—	—
	C_{16}～C_{18}脂肪醇聚氧乙烯醚（EO=13）	—	4	—	—	—
	C_{12}～C_{14}脂肪醇聚氧乙烯醚（EO=15）	—	—	2	—	—
	C_{16}～C_{18}脂肪醇聚氧乙烯醚（EO=20）	—	—	—	1.5	4.5
糖苷	C_{12}～C_{14}脂肪醇聚氧乙烯醚（EO=3）糖苷	5	—	—	—	9
	C_{12}～C_{14}脂肪醇聚氧乙烯醚（EO=2）糖苷	—	7	—	—	—
	C_{12}～C_{14}脂肪醇聚氧乙烯醚（EO=1）糖苷	—	—	9	—	—
	C_{12}～C_{14}烷基糖苷	—	—	—	12	—
醇醚羧酸盐	醇醚羧酸盐C_{12}～C_{14}-（EO）9-COONa	5	—	—	—	—
	醇醚羧酸盐C_{12}～C_{14}-（EO）10-COONa	—	4.5	—	—	—
	醇醚羧酸盐C_{16}～C_{18}-（EO）15-COONa	—	—	4	—	1.5
	C_{16}～C_{18}-（EO）20-COONa	—	—	—	2.5	—

原料		配比（质量份）				
		1#	2#	3#	4#	5#
增稠剂	羧甲基纤维素钠	0.5	—	0.25	—	—
	海藻酸钠	—	0.25	0.25	—	—
	黄原胶	—	—	—	0.5	0.5
香精		0.1	0.2	0.4	0.4	0.4
色素		0.001	0.001	0.002	0.002	0.002
防腐剂	CMIT/MIT	0.2	—	0.2	0.2	0.2
	CBS	—	0.1	—	0.1	0.1
去离子水		加至100	加至100	加至100	加至100	加至100

制备方法

（1）表面活性剂原液配制：将配方所需去离子水总重量30%～40%的去离子水加入化料釜中，加热到70～80℃，按上述份数加入脂肪醇聚氧乙烯醚、糖苷和醇醚羧酸盐，边加入边搅拌，溶解后搅拌0.5～1h使之混匀；

（2）增稠剂原液配制：将配方所需去离子水总重量30%～40%的去离子水加入另一化料釜中，加热到50～60℃，按上述份数加入羧甲基纤维素衍生物或天然产物增稠剂，边加入边搅拌，持续搅拌至溶液均匀透明；

（3）把表面活性剂原液与增稠剂原液混合搅拌，并根据产品需要选择性加入其他助剂，加入碱如NaOH、KOH或加入酸如柠檬酸或其他无机有机酸调节pH值在6.0～8.0范围内，补足余量去离子水，搅拌0.5～1h至均匀透明，出料，即得到本产品洗衣液。

原料介绍　所述脂肪醇聚氧乙烯醚碳链为C_{12}～C_{18}，聚氧乙烯（EO）加成数为9～20。

所述醇醚羧酸盐烷基链为C_{12}～C_{18}，聚氧乙烯（EO）加成数为9～20。

产品特性

（1）由于天然脂肪醇聚氧乙烯醚类非离子表面活性剂的刺激性是随其分子中聚氧乙烯（EO）链的增长而逐渐降低，分子中EO链长度达到9的天然脂肪醇醚产品对人体皮肤的刺激性则属于温和级水平，因此本产品选用EO数大于9的天然脂肪醇醚和具有非离子性质的醇醚羧酸盐作为主要活性物，把洗衣液对人体皮肤的刺激性降到最低。

（2）本产品加入了烷基链为C_{12}～C_{18}，EO加成数为9～20的醇醚羧酸盐，醇醚羧酸盐性能独特，兼有温和性且使用安全，当醇醚羧酸盐烷基链为C_{12}～C_{18}，EO加成数为9～20，不仅降低了洗衣液对皮肤的刺激性，而且增大了洗衣液的悬浮稳定性、流变性和水溶性，使产品更均匀，不分层，并且透明度较好。

（3）本产品加入了糖苷类多羟基物质，糖苷类多羟基物质属于糖类化合物，表面活性高、润湿性好、几乎无毒、对皮肤刺激性小、生物降解完全安全环保，因此本产品不仅无刺激，无污染，而且增加了产品的保湿护肤性，使其更适合于手洗和高档衣物的清洗。

（4）本产品属于中性配方，不仅避免了洗涤过程中对衣物物料的化学损伤，而且对人体皮肤温和，无刺激，更适合手洗，皮肤敏感人群使用具有特别优势。

配方145　温和不刺激植物洗衣液

原料配比

原料		配比（质量份）	
		1#	2#
脂肪醇醚硫酸钠		6	9
月桂基硫酸钠		7	5
椰子油脂肪酸二乙醇酰胺		8	10
十二烷基二甲基甜菜碱		9	10
山梨糖醇脂肪酸酯		5	8
护肤提取物		2	3
增稠剂		1	0.5
杀菌剂		0.5	1
水		61.5	53.5
护肤提取物	橄榄油	2	4
	黄瓜提取液	0.5	1
	金橘提取液	1	2

制备方法　将各组分原料混合均匀即可。

原料介绍　所述护肤提取物可以为橄榄油、黄瓜提取液、金橘提取液的混合物。

所述护肤提取物的制备方法为：

（1）将黄瓜洗净后经过压榨机榨取汁液，再将黄瓜汁液过滤后得纯汁液，将纯汁液在 100～110℃温度下加热 0.5～1h 后冷却得到黄瓜提取液；

（2）采用相同的方法制得金橘提取液；

（3）将黄瓜提取液、金橘提取液均匀混合，最后加入一定量的橄榄油并搅拌均匀，在 80～100℃温度下加热 5～10min 后冷却，即得。

为了减少对化学剂的使用，同时提高洗衣液的杀菌作用，且温和、不伤皮肤，所述杀菌剂最好为仙鹤草提取物。

所述增稠剂可以为氯化钠。

产品应用　本品是一种对皮肤温和、不刺激，同时可杀菌去污的洗衣液。

产品特性

（1）本产品中添加了含有橄榄油、黄瓜提取液和金橘提取液的护肤提取物，成分天然、温和，有效地保护衣物在洗涤过程中不受损伤；

（2）采用草药仙鹤草提取物作为洗衣液的杀菌剂，具有良好的杀菌和抗菌作用，安全、环保。

配方146　温和环保洗衣液

原料配比

原料		配比（质量份）		
		1#	2#	3#
脂肪醇聚氧乙烯醚硫酸钠		2.5	2	3
非离子表面活性剂	6501	7.5	5	10
磺酸		5	3	7
氢氧化钠		5	3	7
丙三醇		1	2	0.5
羧甲基纤维素		2	3	1
增白剂		1.5	2	1
柔顺剂		1	1	0.5
氯化钠		2	3	1
香精		1.5	2	1
卡松		2	1	3
抗菌剂	C_{12} 季铵盐阳离子表面活性剂	4	3	5
去离子水		65	70	60

制备方法　将各组分原料混合均匀即可。

原料介绍　所述脂肪醇聚氧乙烯醚硫酸钠易溶于水，具有优良的去污、乳化、发泡性能和抗硬水性能，性质温和不会损伤皮肤，是阴离子表面活性剂，主要起到增加黏稠度作用，和氯化钠起反应，用量越多，产品越黏稠。所述卡松不含任何重金属，能有效地抑制和灭除菌类和各种微生物，防腐效果显著，在150mg/L浓度下可完全抑制细菌生长，在125mg/L浓度下，可完全抑制酵母菌和霉菌生长。所述丙三醇能保持皮肤湿润不干燥，有护肤，润肤的作用。

所述6501易溶于水，具有良好的发泡、稳泡、渗透去污、抗硬水等功能，且其透明度好、增稠性能高。

产品应用 本品是一种不伤害肌肤，环保型洗衣液。

产品特性 本产品自然环保，能有效清洁污垢，温和不伤手，杀菌抑菌、清新宜人，衣服残留液也少，在彻底清洗衣物的同时，能柔顺衣物，且其原料都是常见原料，制作成本较低。

配方147 无患子洗衣液

原料配比

原料	配比（质量份）
无患子提取液	60
APG0810烷基糖苷	10
椰子油	8
柠檬酸	0.04
薰衣草精油	0.06
去离子水	21.9

制备方法 将各组分原料混合均匀即可。

原料介绍 所述无患子提取液的加工工艺为：取无患子果皮洗净后粉碎至30～40目，加2倍水，在75℃温度下搅拌、挤压煮40min，用三层滤网过滤取无患子提取液，自然冷却至常温。

产品应用 本品是一种天然无刺激、洗衣效果好、除菌抑菌效果好的无患子洗衣液。

产品特性 本产品由以具有天然植物皂素无患子的提取液和绿色表面活性剂APG0810烷基糖苷为主要成分，为中性，刺激性低，具有天然环保植物去污活性和抗菌活性，对人体和环境无害，具有去污能力强、抑菌灭菌、温和不伤皮肤、泡沫细腻易漂洗的功效和特点。

配方 148　无磷去污力强的洗衣液

原料配比

原料		配比（质量份）		
		1#	2#	3#
皂粉		6	4	5
表面活性剂		35	15	30
烷基糖苷		4	1	3
增稠剂		2	1	1
柠檬酸钠		1	0.5	1
无水氯化钙		0.05	0.01	0.05
荧光增白剂		0.5	0.02	0.5
抗皱剂		1.5	0.6	1
酯基季铵盐		3	2	3
酶制剂		1.5	1	1.5
竹叶黄酮		0.03	0.005～0.03	0.005～0.03
去离子水		加至 100	加至 100	加至 100
皂粉	对甲苯	10	5	10
	碳酸钠	10	5	10
	五水偏硅酸钠	10	6	10
	钙皂分散剂	30	20	30
	沸石	20	10	15
	过碳酸钠	15	10	15
	过硼酸钠	20	10	15
	柠檬酸	10	5	8
	过氧化氢	20	10	16
	乳化剂	15	10	15
	香精	1	0.01	1
	光漂剂	1	0.01	1
	有氧蛋白酶	10	8	7

制备方法　将各组分原料混合均匀即可。

原料介绍　所述表面活性剂选自脂肪酸聚氧乙烯酯、椰子油脂肪酸二乙醇酰胺、脂肪醇聚氧乙烯醚硫酸钠和十二烷基甜菜碱中的至少一种。

所述酯基季铵盐为1-甲基-1-油酰胺乙基-2-油酸基咪唑啉硫酸甲酯铵。

所述抗皱剂为丁烷四羧酸、柠檬酸、马来酸、聚马来酸和聚合多元羧酸中的至少一种。

产品特性 本品为中性，对人体无害，并且不会造成环境的污染。其表面活性剂不含致癌物质，且在其制备过程中没有致癌物质生成，无磷去污力强。

配方 149 无磷温和洗衣液

原料配比

原料	配比（质量份）		
	1#	2#	3#
脂肪酸皂	8	12	10
羟乙基尿素	5	10	8
氢氧化钠	0.5	1.5	0.9
脂肪酸甲酯磺酸钠	1.2	2.6	1.9
月桂基两性羧酸盐咪唑啉	1.8	1.8	1.2
EDTA-2Na	0.5	2.5	1.3
聚乙烯吡咯烷酮	8	8	6
椰子油脂肪酸	0.5	1.2	0.8
丙二醇	0.2	1.8	1.2
香精	6	12	8
柠檬酸	2	8	6
增白剂	0.5	1.2	0.9
去离子水	35	50	45

制备方法 将各组分原料混合均匀即可。

产品特性 该洗衣液性能温和，使用过程中刺激性小，泡沫丰富，去污能力强，没有添加任何含磷成分，价格便宜，使用方便。

配方 150 无磷无污染洗衣液

原料配比

原料	配比（质量份）
十二烷基苯磺酸钠（LAS）	15
脂肪醇聚氧乙烯醚硫酸钠（AES）	12
脂肪醇聚氧乙烯醚（AEO-9）	10

续表

原料	配比（质量份）
三乙醇酰胺	3
乙醇	1
柠檬酸钠	1
油酸钠	0.5
香料	0.3
蒸馏水	加至 100

制备方法 将 LAS、AES、AEO-9 混合，再加入柠檬酸钠和蒸馏水，放入恒温水浴锅（温度为 40℃），开动均质机，待混合均匀后加入乙醇、三乙醇酰胺、香料等，继续搅拌 30～40min，即得。

产品特性 本产品优化了无磷液体洗涤剂配方，使其去污效果好，成本低，减少了对环境的污染。本产品在 1% 的用量时，其去污指数可达到 1.4。

配方 151 无酶稳定剂的高浓缩含酶洗衣液

原料配比

原料	配比（质量份）						
	1#	2#	3#	4#	5#	6#	7#
月桂醇聚氧乙烯醚硫酸钠	21	25	21	25	25	21	21
支链醇醚糖苷	20	5	27	25	10	20	20
醇醚羧酸盐	15	18	13	13	18	18	18
蛋白酶	0.01	0.02	0.05	0.1	0.1	0.1	0.1
香精	0.1	0.1	0.02	—	—	0.248	0.2
色素	0.001	—	—	0.1	—	0.002	0.002
CMIT/MIT（防腐剂）	—	—	0.2	—	0.2	0.25	0.2
去离子水	加至 100	加至 100	加至 100	加至 100	加至 100	加至 100	加至 100

制备方法 将各组分原料混合均匀即可。

原料介绍 所述的醇醚羧酸盐碳链为 C_{12}～C_{18}，乙氧基加成数为 3。

产品应用 本品用于清洗成人和婴儿的衣物，适用于机洗和手洗。

产品特性 本品中的支链醇醚糖苷是一种绿色、环保、对蛋白酶活性影响比较小的表面活性剂，有助于蛋白酶活性的发挥；本品中水的含量也有所降低，也没有添加酶稳定剂，同样延长了蛋白酶的寿命，可以保证足够的货架周期。另外，三种表面活性剂的合理配置，增强了去污力，单次消耗洗衣液的量较少，从而包装和运输成本也下降。

配方 152　无泡洁净洗衣液

原料配比

原料	配比（质量份）		
	1#	2#	3#
月桂酸硫酸钠	25	30	30
聚乙二醇（400）硬脂酸酯	5	10	5
硬脂酸镁	2	5	2
脂肪酸烷醇酰胺	3	8	3
蒸馏水	30	50	30
抗菌剂三氯均二苯脲	0.1	0.3	0.1
布罗波尔	0.1	0.3	0.1

制备方法　将月桂酸硫酸钠 25～30 份、聚乙二醇（400）硬脂酸酯 5～10 份、硬脂酸镁 2～5 份、脂肪酸烷醇酰胺 3～8 份加入反应釜中，室温搅拌 2～3h，然后加入蒸馏水 30～50 份、抗菌剂三氯均二苯脲 0.1～0.3 份、布罗波尔 0.1～0.3 份，搅拌 2h，静置 24h，包装即可。

产品特性　本产品使用时洁净效果好，且无泡沫。

配方 153　无泡清香洗衣液

原料配比

原料	配比（质量份）			
	1#	2#	3#	4#
洗衣精	200	300	240	270
植物精油	2	3	2.3	2.5
拉丝粉	20	30	25	28
全透明增稠粉	20	30	25	26
纳米除油乳化剂	20	30	25	27
去离子水	加至 100	加至 100	加至 100	加至 100

制备方法　先称量各个组分，然后将各个组分一起倒入水中，在 40～50℃ 的温度下搅拌 30～60min，即成。

原料介绍　所述的植物精油选用玫瑰精油、茉莉精油、茶树精油之一。

产品特性　本产品最大限度降低了化学制剂的含量，味道清香，可满足人们的需要。

配方 154　无水纳米洗衣液

原料配比

原料	配比（质量份）			
	1#	2#	3#	4#
脂肪酸甲酯乙氧基化物（FMEE）	50	58	60	65
烷基合成醇烷氧基化合物	20	17	10	10
椰子油脂肪酸二乙醇酰胺	9	7	8	7
月桂基硫酸钠	7	5	6	5
棕榈仁油二乙醇酰胺	8	7	9	8
丙二醇	6	6	7	5

制备方法

（1）将月桂基硫酸钠加入丙二醇中，搅拌均匀后升温至75℃；

（2）加入脂肪酸甲酯乙氧基化物、烷基合成醇烷氧基化合物，搅拌均匀后降温至室温；

（3）加入椰子油二乙醇酰胺和棕榈仁油二乙醇酰胺，搅拌均匀；

（4）检测合格包装。

原料介绍　脂肪酸甲酯乙氧基化物是一种非离子表面活性剂，表面张力降低能力好，湿润性能、去污能力和增溶能力好，具有杰出的渗透性和卓越的洗涤、乳化能力，而且形成的泡沫会迅速破裂，在任何浓度的水溶液中都不会产生凝胶现象，在多数条件下易于处理和配制。在自然界易生物降解，无毒性，安全环保。

烷基合成醇烷氧基化合物具有良好的润湿分散性、卓越的硬表面清洁性能，去污力强，易生物降解，在溶剂、无机盐溶液中溶解度好。

椰子油脂肪酸二乙醇酰胺，具有润湿、净洗、乳化、柔软等性能，对阴离子表面活性剂有较好的稳泡作用，是液体洗涤剂、液体肥皂、洗发剂、清洗剂、洗面剂等各种化妆用品中不可缺少的原料。

月桂基硫酸钠，白色粉末，溶于水而成半透明溶液，对碱、弱酸和硬水都很稳定，用作洗涤剂。

棕榈仁油二乙醇酰胺，属于非离子表面活性剂，没有浊点，为淡黄色至琥珀色黏稠液体，易溶于水，具有良好的发泡、稳泡、渗透去污、抗硬水等功能。在阴离子表面活性剂呈酸性时与之配伍增稠效果特别明显，能与多种表面活性剂配伍，能加强清洁效果、可用作添加剂、泡沫安定剂、助泡剂，主要用于香波及液体洗涤剂的制造。在水中形成一种不透明的雾状溶液，在一定的搅拌下能完全透明，在一定浓度下可完全溶解于不同种类的表面活性剂中。

产品特性　本产品采用植物来源原料，不需要水作为基本原料，制作简单，活性物含量能达到95%，兑水不会出现凝胶现象，不含荧光增白剂，绿色环保，溶解迅速，低pH值护手不伤衣物，将污垢和杂质分解成30～50nm粒径的微粒使之溶于清水中，深层洁净，低泡，漂洗容易不残留，自然生物降解不污染环境，大量节省运输资源，减少包装浪费。

配方155　无水洗衣液

原料配比

原料		配比（质量份）		
		1#	2#	3#
脂肪醇聚氧乙烯醚硫酸钠		100	80	120
非离子表面活性剂	脂肪酸甲酯乙氧基化物和脂肪醇聚氧乙烯（9）醚的质量比为3∶1的组合物	300	—	—
	脂肪酸甲酯乙氧基化物和脂肪醇聚氧乙烯（9）醚的质量比为5∶1的组合物	—	240	—
	脂肪酸甲酯乙氧基化物和脂肪醇聚氧乙烯（9）醚的质量比为1∶1的组合物	—	—	160
	脂肪酸钾皂	30	20	60
酶	蛋白酶和淀粉酶的质量比为2∶1的组合物	2	5	1
	柠檬酸钠	1	1	3
	香精	1	1	5
	防腐剂	0.8	0.2	1.2
	色素	0.7	1.4	0.3
溶剂	乙醇和甘油的质量比为1∶23的组合物	664.5	—	—
	乙醇和甘油的质量比为1∶20的组合物	—	651.4	—
	乙醇和甘油的质量比为1∶25的组合物	—	—	649.5

制备方法　往溶剂中加入非离子表面活性剂，搅拌均匀，再加入脂肪酸钾皂、脂肪醇聚氧乙烯醚硫酸钠，搅拌均匀，最后加入柠檬酸钠、酶、防腐剂、香精、色素搅拌均匀即可。

产品特性

（1）本产品为高浓缩液体洗涤剂，以脂肪酸甲酯乙氧基化物和脂肪醇聚氧乙烯（9）醚的组合物、脂肪醇聚氧乙烯醚硫酸钠作为主表面活性剂，再配合蛋白酶和淀粉酶的组合物，可快速与织物上的污渍起作用，对蛋白和淀粉污渍有高效专一的洗去效果，同时各组分协同，体系稳定，可延长产品的保质期。

（2）本产品不含水，各组分协同，对酶的活性有稳定作用，从而可以延长产品的保质期。

（3）本产品由于不含水的特性可以包装于水溶性膜中，制作成遇水即溶、定量定型包装的洗衣液胶囊颗粒，开创定量使用洗涤剂、方便快捷的洗衣模式。

（4）本产品在衣物洗涤时更易溶解且可快速与织物上的污渍起作用，因此本产品的去污力更强。

配方 156 无水浓缩洗衣液

原料配比

原料		配比（质量份）			
		1#	2#	3#	4#
阴离子表面活性剂		75	90	80	60
非离子表面活性剂	脂肪醇聚氧乙烯醚（平均碳链碳原子数为 12，EO 加成数为 9）	8	—	—	10
	脂肪醇聚氧乙烯醚（平均碳链碳原子数为 12，EO 加成数为 8）	—	5	3	—
液体复合酶	液体蛋白酶	0.2	—	—	—
	脂肪酶和纤维素酶的混合物	—	0.1	—	—
	脂肪酶和液体蛋白酶的混合物	—	—	0.3	—
	液体蛋白酶、脂肪酶和纤维素酶的混合物	—	—	—	0.5
香精		0.4	0.3	0.5	0.1
无机助剂	纯碱	10	2	5	8
	小苏打	2	3	10	6
	柠檬酸钠	3	4	7	10
	马来酸与丙烯酸均聚物的混合物	1	2	4	5
	消泡剂	0.4	0.1	0.5	0.3

制备方法　首先将阴离子表面活性剂及无机助剂置于反应釜中搅拌，然后，将预先加热到 40～50℃的非离子表面活性剂以喷雾的形式加入，并喷入液体复合

酶和香精，搅拌均匀，陈化 4～5h，包装得成品。反应釜采用多角变距锥形混合器设备进行生产，能大大降低能耗。

原料介绍 所述的阴离子表面活性剂为 C_{14}～C_{16} 的粉状 α-烯基磺酸盐，C_{14} 的成分占 60%以上，有效物含量为 92%～97%。

产品特性

（1）本产品去污力强，去污力相当于标准洗衣液去污力的 4 倍。该产品溶于水即为洗衣液，中性温和，溶解迅速彻底，溶解液清澈透亮，避免了洗衣粉溶于水中上漂下沉的浑浊现象；洗后织物柔软无残留，不伤织物及皮肤，具有洗衣液所有的优点。

（2）方便易携带，不会因漏液而污染环境。

配方 157 高效去污的洗衣液

原料配比

原料	配比（质量份）		
	1#	2#	3#
AEO-9［脂肪醇聚氧乙烯（9）醚］	4	4	5
6501（椰子油脂肪酸二乙醇酰胺）	3	3	4
复合生物酶	0.5	1	1
CAB-35（椰油酰胺丙基甜菜碱）	3	3	4
AES（脂肪醇聚氧乙烯醚硫酸钠）	5	5	6
EDTA-2Na（乙二胺四乙酸二钠）	0.1	0.1	0.1
凯松液（5-氯-2-甲基-4-异噻唑啉-3-酮和2-甲基-4-异噻唑啉-3-酮的混合物）	0.1	0.1	0.1
薰衣草香精	0.1	0.1	0.1
去离子水	84.2	83.7	79.7

制备方法

（1）在搅拌锅中放入足量水，加入 AES 搅拌 25min；

（2）将复合生物酶、EDTA-2Na、凯松液依次加入搅拌 5min；

（3）加入 AEO-9 搅拌 5min，然后加入 6501，继续搅拌 5min；

（4）加入薰衣草香精搅拌 2min 后，加 CAB-35 搅拌 5min，静置、过滤、灌装。

原料介绍 AEO-9 为天然脂肪醇与环氧乙烷的加成物，有良好的乳化性、分散性、水溶性，去污性，是重要的非离子表面活性剂。6501 是淡黄色至琥珀色黏稠液体，易溶于水，具有良好的发泡、稳泡、渗透去污、抗硬水等功能，能与多种表面活性剂配伍，能加强清洁效果。AES 生物降解度为 99%，对皮肤和眼睛无刺激，具有优良的去污、发泡性能。CAB-35 无毒，刺激性小，性能温和，泡沫细腻、丰富、稳定，用作洗涤剂、润湿剂、增稠剂、抗静电剂及杀菌剂。EDTA-2Na 是硬水软化剂，增强洗涤功能。复合生物酶为碱性蛋白酶，是淡黄色液体，该生物酶具有分解功能，其能轻松瓦解各种顽固污渍，如奶渍、血渍、青草渍、油渍、皮脂以及口红等蛋白类和脂肪类污垢，同时适用于衣领、袖口等处的重污渍清洗处理。凯松液作为防腐剂，无色或浅黄色透明液体，是一种高效、广谱、低毒型，与化妆品原料有较好配伍性的化妆品防腐杀毒剂，对各种细菌、真菌、酵母菌活性适应性强，可以抑制和破坏这些微生物菌种的生长，能够解决因细菌感染而引起的产品变质、发酵、发霉及细菌数超标等问题。薰衣草香精是天然薰衣草提取物香料，气味芳香，清新怡人。

产品特性 本品采用无磷、无铝的中性配方，去污效果显著，不伤皮肤和衣物，配以水溶性生物酶使其去污指数高达 1.99（标准洗衣粉为 1.0），有效地去除衣服上的油渍、汗渍、蛋白污渍和圆珠笔印记等，且能分解油污分子使之转化为水分子。

配方 158 洗衣机用洗衣液（一）

原料配比

原料	配比（质量份）			
	1#	2#	3#	4#
C₁₃ 异构醇醚	30	25	15	25
APG（烷基多糖苷）	10	15	5	15
C₁₄～C₁₈ AOS（烯基磺酸盐）	16	20	20	5
AES（天然脂肪醇聚氧乙烯醚磺酸盐）	18	16	8	25
MES（脂肪酸甲酯磺酸盐）	12	8	15	5
去离子水	加至 100	加至 100	加至 100	加至 100

制备方法 将各组分原料混合均匀即可。

原料介绍 所述异构醇醚碳链碳原子数优选 10～13。所述烷基多糖苷碳链碳原子数优选 14～18。所述脂肪醇聚氧乙烯醚磺酸盐为脂肪醇聚氧乙烯醚磺酸碱金属盐或铵盐，其碳链碳原子数优选 12～14。所述烯基磺酸盐碳链碳原子数优选 14～18。所述脂肪酸甲酯磺酸盐碳链碳原子数优选 14～18。

产品应用 本品主要用作洗衣机用液体洗衣液。

产品特性 本产品不含氮、磷等水体富营养化成分，容易生物降解，对环境友好。

配方 159 洗衣机用洗衣液（二）

原料配比

原料	配比（质量份）	
	1#	2#
十二烷基硫酸钠	1	3
聚氧丙烯聚氧乙烯共聚物	2	5
双十八烷基二甲基氯化铵	11	15
$C_{14} \sim C_{16}$ 烯基磺酸钠	2	3
硅酸钠	2	7
椰子油脂肪酸乙醇酰胺	1	2
异丙醇	1	3
乙醇	4	9
月桂醇聚氧乙烯醚	2	6
吡唑啉型荧光增白剂	1	2
烷基苯磺酸钠	10	15
水	10	20
香精	2	5

制备方法 将各组分原料混合均匀即可。
产品特性 本产品强力去污，深层洁净，省时省力省水。

配方 160 高效强力去污洗衣液

原料配比

原料	配比（质量份）		
	1#	2#	3#
薰衣草香精	2	5	4
羟乙基纤维素	1	3	2
十二烷基苯磺酸钠	8	13	40
直链烷基苯磺酸钠	3	7	5
甘油	1	3	2
水	40	50	45

制备方法 将上述原料组分混合在一起,充分搅拌并对其加热,加热至90~100℃,冷却至常温即得洗衣液成品。

产品特性 本产品去污能力强、效率高,有效地减少了每次洗衣时洗衣液的投入量,增加了洗衣液的使用时间,降低了洗衣成本。

配方 161 低泡易清洗洗衣液

原料配比

原料		配比（质量份）										
		1#	2#	3#	4#	5#	6#	7#	8#	9#	10#	11#
皂基		85	93	89	90	95	92	87	91	88	86	94
十二烷基磺酸钠		2.5	2.3	1.9	2	2.4	1.8	1.7	2.1	2.2	1.6	1.5
椰子油脂肪酸二乙醇酰胺		1.5	0.6	0.8	1	1.4	1.2	0.7	0.9	1.1	1.3	0.5
香精		0.06	0.02	0.1	0.2	0.08	0.5	0.01	0.04	0.3	0.05	0.4
色素		0.5	0.01	0.06	0.1	0.08	0.3	0.05	0.2	0.03	0.2	0.4
水		10.44	4.07	8.14	6.7	1.04	4.2	10.54	5.76	8.37	10.85	3.2
皂基	油脂	20	21	23	25	27	29	22	24	26	30	28
	碱	14	12	10	15	14.8	13.5	10.5	12.5	11	11.6	13
	无水乙醇	29	26	30	27	21	25	23	28	24	22	20
	水	37	41	37	33	37.2	32.5	44.5	35.5	39	36.4	39

制备方法

（1）将上述洗衣液的组分按比例混合。

（2）搅拌并加热至80~85℃;所述搅拌速度为270~320r/min。

（3）冷却后得到洗衣液成品。

原料介绍 皂基作为洗衣液的主要原料,由油脂、碱、无水乙醇、水混合反应而成,其洗净力强;椰子油脂肪酸二乙醇酰胺易溶于水,具有良好的发泡、稳泡、渗透去污、抗硬水等功能,属非离子表面活性剂;十二烷基磺酸钠为阴离子表面活性剂,与皂基、非离子表面活性剂配伍性好,溶解速度快,具有良好的乳化、发泡、渗透、去污和分散性能,从而提高了洗衣液的去污能力。

所述皂基的组分是:油脂20%~30%;碱10%~15%;无水乙醇20%~30%;水余量。所述油脂是废弃食用油纯化处理工艺的产物,可以为动物性油脂或植物性油脂;所述碱可以为氢氧化钠、氢氧化钾、碳酸钠等常用碱。

所述废弃食用油纯化处理工艺为:将废弃食用油倒入置有2~5层纱布的布氏漏斗中,真空抽滤,得到纯化处理后的油脂;所述真空抽滤步骤的真空度为0.080~

0.098MPa。

所述皂基的制备方法如下：

（1）将油脂、碱、无水乙醇和水按比例混合；

（2）搅拌并加热 20～40min，加热温度控制在 70～90℃；

（3）冷却后得到皂基成品。

产品特性

（1）本产品去污力强。洗衣液中的总活性物含量大于等于 39%。

（2）本产品性能温和、刺激性小。在 25℃条件下，0.1%质量分数的本产品洗衣液，pH≤10，pH 值适中，不刺激皮肤，性能温和。

（3）本产品具有低泡、易清洗的特点。皂基的加入，可起到控泡效果，从而在清洗衣物时可降低水耗，节约水资源。

配方 162　去除顽固污渍洗衣液

原料配比

原料	配比（质量份）	
	1#	2#
表面活性剂	20	25
片碱	1	3
杀菌剂	0.3	0.8
螯合剂	0.3	0.5
荧光增白剂	0.8	1.5
增稠剂	1	1～2
酸性催化剂	0.2	0.8
定香剂	0.5	1
茶皂素	2	4
去离子水	加至 100	加至 100

制备方法　将各组分原料混合均匀即可。

原料介绍　所述酸性催化剂通过以下步骤制备：

（1）85～95℃下，将氨水滴加到 $ZrOCl_2$、六氯铱酸铵、乙酸钴和钼酸铵的水溶液中，然后加入纳米三氧化二铁，分散，间隔 1h 后，再加入氟硅酸钠，保温 3～4h，降至常温，静置 5～10h，过滤，收集沉淀物，洗涤至无氯离子和氟离子，100～120℃干燥至水分全部蒸发；

（2）将步骤（1）得到的产物在质量分数为 1%～2% 的氯铂酸铵溶液中浸渍 2～3h，然后在 500～650℃ 下焙烧 3～4h，再将焙烧物在质量分数为 5%～10% 的硫酸溶液中浸渍 3～4h 即得酸性催化剂。

所述表面活性剂选自脂肪酸聚氧乙烯酯、椰子油脂肪酸二乙醇酰胺、脂肪醇聚氧乙烯醚硫酸钠和十二烷基甜菜碱中的至少一种。

所述杀菌剂为对氯间二甲苯酚和三氯生的复配物。

所述螯合剂为乙二胺四乙酸和乙二胺四乙酸钠盐中的至少一种。

所述定香剂为环十五酮、环十五内酯、三甲基环十五酮、麝香 T 中的任意一种。

产品特性 本品气味清淡，可以去除多种顽固污渍，去污能力强，洗后织物不会发暗、发黄。

配方 163　增效洗衣液

原料配比

原料		配比（质量份）									
		1#	2#	3#	4#	5#	6#	7#	8#	9#	10#
皂基		35	42	42	38	38	40	41	37	37	35
酒精		18	24	20	19	22	21	18	23	18	24
丙酮		18	24	20	19	22	21	20	18	24	18
氨水		18	24	20	19	22	21	22	24	18	20
增效剂		16	21	16	19	20	18	18	20	21	19
增效剂	去污共聚物	25	42	30	32	28	28	30	35	32	33
	增白剂	2.5	4	3	3.5	4	3	3	4	3.5	3
	二甲基硅油	1.5	3	3	2	1.5	2	1.5	2	1.5	1.5
	去离子水	10	25	12	14	18	18	15	22	18	18
去污共聚物	含羧基不饱和单体	48	48	25	27	40	32	30	38	36	35
	含聚醚链段不饱和单体	42	42	35	38	36	35	38	37	36
	含疏水基不饱和单体	21	21	18	19	19	18	18	21	20	20

制备方法 将各组分原料混合均匀即可。

产品特性 在洗衣液里添加增效剂，大大提高了洗衣液的洗涤效果，机洗后的衣物干净，洁净如新。

配方 164 清香型洗衣液

原料配比

原料	配比（质量份）		
	1#	2#	3#
柠檬香精	1	6	8
醇醚	2	6	9
十二烷基苯磺酸	6	10	12
乳化剂	4	6	13
硬脂基二甲基氧化胺	3	6	7
烷基多苷	0.9	1	1.5
皂基	0.05	3	3.5
水	加至 100	加至 100	加至 100

制备方法 将各组分原料混合均匀即可。

产品特性 本洗衣液味道清香，效果显著。

配方 165 易降解洗衣液

原料配比

原料	配比（质量份）			
	1#	2#	3#	4#
D-柠檬烯	12	18	12	12
AES	8	8	10	12
AEO-7	10	14	14	12
乙醇	8	8	8	8
氯化钾	1.6	1.6	1.6	1.6
柠檬酸钠	2	4	3	4
水	加至 100	加至 100	加至 100	加至 100

制备方法

（1）按配比将水加入 AES 中，在磁力搅拌下使 AES 完全溶解后加入柠檬酸钠，磁力搅拌 10～20min 使其完全溶解，配得混合溶液①；

（2）将 D-柠檬烯、乙醇先后加入 AEO-7 中，震荡使其混合均匀，配得混合溶液②；

（3）将上述混合溶液②在磁力搅拌下缓慢加入上述混合溶液①中；

（4）将氯化钾加入上述混合溶液，磁力搅拌 10～20min 使其完全溶解即可。

原料介绍　D-柠檬烯具有较强的去污能力，对脂溶性污垢的去除效果显著，加之其具有天然的橘皮香味、抑菌、温和、对人体和衣物伤害小，通过配方优化，该洗衣液对油脂和水溶性污垢均有较强的洗涤能力，并且本配方为无磷配方，各成分均易于生物降解，符合环保理念。洗衣液配方中 AES 为阴离子表面活性剂，其 HLB 约大于 30，AEO-7 为非离子表面活性剂，其 HLB 约为 12，二者有较大的 HLB 值复配空间。所使用的助剂中乙醇有良好的增溶效果；柠檬酸钠有较强的螯合作用，对 Ca^{2+}、Mg^{2+} 脱除能力强，偏中性；氯化钾是常见的增稠剂，加入少量可达到显著的增稠效果。最后以水作溶剂和填充剂。

产品特性

（1）安全有效、易于生物降解。

（2）制作方法简单。

（3）对皮肤刺激性小、无污染、有利于环保、使用方便。

配方 166　漂白洗衣液

原料配比

原料	配比（质量份）		
	1#	2#	3#
脂肪醇聚氧乙烯醚硫酸钠	11	11	11
十二烷基硫酸钠	4	4	4
柠檬酸	1	1	1
柠檬酸钠	1	1	1
氯化钠	0.5	0.5	0.5
EDTA-2Na	0.2	0.3	0.4
四乙酰乙二胺	1.5	2	2.5
过碳酸钠胶囊	2	2.5	2.5
防腐剂	0.04	0.04	0.04
香精	0.05	0.05	0.05
去离子水	78.7	78.7	77

制备方法　在搅拌容器中加入水，加热至 40～45℃，加入脂肪醇聚氧乙烯醚硫酸钠搅拌使其完全溶解后，加入十二烷基硫酸钠搅拌均匀，然后加入柠檬酸、柠檬酸钠、EDTA-2Na 搅拌均匀后，加入四乙酰乙二胺，再加入过碳酸钠胶囊、防

腐剂、香精，最后加入氯化钠调节至合适的黏度。

产品特性 本产品在进行衣物洗涤时，过碳酸钠胶囊体在水的溶胀、和织物之间的作用以及外力下，使得囊芯溶出，在活化剂四乙酰乙二胺的催化下，迅速释放出过氧，起到漂白去渍和杀菌的作用。

配方167 性能温和无刺激洗衣液

原料配比

原料	配比（质量份）				
	1#	2#	3#	4#	5#
茶皂素晶体	7	6	9	5	10
椰子油脂肪酸二乙醇酰胺	6	7	5	8	6
十二烷基苯磺酸钠	8	9	10	6	7
烷基糖苷	6	7	5	8	6
杀菌精油	2	3	1.5	1	2.5
黄瓜汁提取液	6	7	8	7	7
去离子水	加至100	加至100	加至100	加至100	加至100

制备方法 将各组分原料混合均匀即可。

原料介绍 十二烷基苯磺酸钠是一种阴离子表面活性剂，不易氧化，易与各种助剂复配，成本较低，合成工艺成熟，应用广泛。对颗粒污垢、蛋白污垢和油性污垢具有显著的去除效果。

椰子油脂肪酸二乙醇酰胺（1:1.5），又称椰子酸二乙醇胺缩合物，为黄色或棕褐色黏稠状液体。在水中全部溶解成透明液体，具有使水溶液变稠的特性，能稳定洗涤液中的泡沫，对动植物油和矿物油都有良好的脱除力，具有显著悬浮污垢的作用，同时具有润湿性、抗静电性能和软化性能。

烷基糖苷，英文缩写为APG，是由可再生资源天然脂肪醇和葡萄糖合成的，是一种性能较全面的新型非离子表面活性剂，兼具普通非离子和阴离子表面活性剂的特性，具有高表面活性、良好的生态安全性和相容性，是国际公认的首选"绿色"功能性表面活性剂。

所添加的杀菌精油，如尤加利精油，具有杀菌、改善肌肤的功效，用尤加利精油熏香，具有净化空气、杀菌、抗螨的作用，用水稀释后喷洒在家里，可以驱除蚊虫和宠物身上的跳蚤。将其用于洗衣液中，不仅可以杀菌、护肤，其芳香气味还可以让人心情愉悦。

产品特性 本产品洁净度高，性能温和无刺激，使用方便，并具有杀菌护肤不伤手的特点，且价格低廉。

配方 168 自然花香洗衣液

原料配比

原料	配比（质量份）		
	1#	2#	3#
十二烷基磺酸钠	8	12	15
二甲基苯磺酸钠	5	8	10
脂肪酸甲酯乙氧基化物	4	10	12
脂肪醇聚氧乙烯醚	2	3	4
柠檬酸钠	6	7	8
磷酸钠	0.5	1	2
碱性蛋白酶	2	2	2
草木提取液	70	75	80

制备方法 将各组分原料混合均匀即可。

原料介绍 所述草木提取液为桂花、栀子花的混合提取液；首先将桂花用 10～20 倍质量的纯净水在沸腾条件下提取 10～30min 后，过滤取滤液，然后将栀子花用 15～30 倍质量的纯净水在沸腾条件下提取 10～20min 后，过滤取滤液，最后再将前述桂花滤液、栀子花滤液以 1∶（0.5～1.5）的质量比混合，制得草木提取液。

产品应用 本品是一种去污能力强且兼具自然花香的洗衣液。

产品特性 本产品原料易得、安全性高，添加天然草木提取液替代香精，确保洗衣液具有自然花香，健康环保，同时该洗衣液清洁能力强，不会损害皮肤。

配方 169 薰衣草型洗衣液

原料配比

原料	配比（质量份）		
	1#	2#	3#
十二烷基苯磺酸钠	25	30	30
薰衣草精油	0.5	0.8	0.8
聚乙二醇（400）硬脂酸酯	5	10	8

续表

原料	配比（质量份）		
	1#	2#	3#
硬脂酸镁	2	5	4
脂肪酸烷醇酰胺	3	8	6
蒸馏水	30	50	40
蛋白酶	0.01	0.03	0.02
山梨酸钾	0.1	0.3	0.2

制备方法　将十二烷基苯磺酸钠 25～30 份、薰衣草精油 0.5～0.8 份、聚乙二醇（400）硬脂酸酯 5～10 份、硬脂酸镁 2～5 份、脂肪酸烷醇酰胺 3～8 份加入反应釜中，室温搅拌 2～3h，然后加入蒸馏水 30～50 份、蛋白酶 0.01～0.03 份、山梨酸钾 0.1～0.3 份，搅拌 2h，静置 24h，包装即可。

产品特性　本产品洁净效果好，而且无泡沫，有薰衣草清香。

配方 170　洋甘菊味洗衣液

原料配比

原料	配比（质量份）		
	1#	2#	3#
十二烷基苯磺酸钠	15	30	20
十六烷醇	17	20	19
脂肪醇（C$_{12}$～C$_{15}$）聚氧乙烯（7）醚	10	10	9
乙二胺四乙酸二钠	18	15	18
茶树油	1.5	2	1.5
羟基亚乙基二膦酸	3	3	3.5
硫酸钠	15	11	15
碳酸钠	20	20	20
乙酸铵	8	8	8
去离子水	63	76	63
洋甘菊精油	5	4	1

制备方法　向 45℃的去离子水中加入十二烷基苯磺酸钠、十六烷醇、脂肪醇（C$_{12}$～C$_{15}$）聚氧乙烯（7）醚和羟基亚乙基二膦酸，搅拌混合，向混合液中加入硫酸钠、碳酸钠和乙二胺四乙酸二钠，于 45℃的温度条件下搅拌 35min，进行降温后，再向混合液中加入茶树油、洋甘菊精油和乙酸铵，搅拌混合均匀，进行分装，

即得。

产品特性 本产品去污力强，具有天然植物抑菌成分，温和不伤手，并具有洋甘菊的芳香气味，特别适用于敏感肌肤，对皮肤具有镇静消炎的作用。

配方 171 腰果酚聚氧乙烯醚洗衣液

原料配比

原料	配比（质量份）		
	1#	2#	3#
腰果酚聚氧乙烯醚	12	10.8	16.8
十二烷基苯磺酸钠	4	3.6	5.6
脂肪醇聚氧乙烯醚硫酸钠（70%）	5.7	5.1	8
硅酸钠	1	0.5	0.5
聚丙烯酸钠	0.2	0.2	0.2
氯化钠	2	3	1
EDTA-2Na	0.1	0.1	0.1
香精	0.2	0.2	0.2
水	加至 100	加至 100	加至 100

制备方法 将各组分原料混合均匀即可。

原料介绍 所述的腰果酚聚氧乙烯醚选自 EO 加成数为 10～16 的腰果酚聚氧乙烯醚中的两种或多种。

所述的腰果酚聚氧乙烯醚为一种新型非离子表面活性剂，由天然腰果酚为原料生产，具有去污力好，能有效增溶油污，泡沫低等特点。以腰果酚聚氧乙烯醚作为主表面活性剂的洗衣液既有良好的去污力又能满足低泡易漂洗的要求。EO 加成数不同的腰果酚聚氧乙烯醚，性能不同：EO 加成数为 5～10 的腰果酚聚氧乙烯醚对油污的乳化能力强；EO 加成数为 10～12 的腰果酚聚氧乙烯醚能改善产品流变性；EO 加成数为 14～16 的腰果酚聚氧乙烯醚去污力强；EO 加成数为 16～20 的腰果酚聚氧乙烯醚在水中溶解性好。

所述的十二烷基苯磺酸钠为一种阴离子表面活性剂，常用于洗衣液产品中，与上述腰果酚聚氧乙烯醚复配使用能起到协同增效的作用。

所述的脂肪醇聚氧乙烯醚硫酸钠为一种阴离子表面活性剂，产品本身去污力高，同时能增加体系的黏度。

所述的硅酸钠优选无水硅酸钠，一种助洗剂，可替代磷酸盐起到乳化、分散作用，少量添加能明显提高去污效果。

所述的聚丙烯酸钠为阴离子分散剂，分子量为5000～7000，能使表面活性剂去除的污垢分散于水中而不再附着于布草上。

所述的EDTA-2Na为螯合剂，对水中钙、镁离子均有较强的螯合作用。

产品应用　本品主要用于纺织品清洗。

产品特性

（1）本产品由于腰果酚聚氧乙烯醚自身的空间位阻较大，不易形成紧密排列的结构，导致泡沫不易形成，具有泡沫更少的特点。并且，由于腰果酚聚氧乙烯醚亲油端为15个碳的长链，对油污的增溶作用强，通过不同EO链长物质的复配，可以控制HLB值在13左右，使污垢很容易被乳化分散于水中，具有去污力强的特点。

（2）本产品不含氮、磷等水体富营养化成分，容易生物降解，对环境友好。且腰果酚聚氧乙烯醚是由天然原料合成而来，原料来源广泛，成本较低。

配方172　易清洗的多效洗衣液

原料配比

原料	配比（质量份）	
	1#	2#
碳酸钠	2	6
柠檬酸钠	3	7
十二烷基苯磺酸钠	5	11
烷基多糖苷	6	10
二苯乙烯基联苯二磺酸钠	2	4
醇醚羧酸盐	5	10
脂肪醇聚氧乙烯醚	5	11
十二烷基聚氧乙烯醚	7	10
脂肪醇聚氧乙烯醚硫酸钠	3	5
十二烷基二甲基甜菜碱	6	13
驱螨剂	0.5	2
何首乌	9	14
二甲苯磺酸钠	1	3
蛋白酶	4	10
去离子水	加至100	加至100

制备方法　将各组分原料混合均匀即可。

产品特性 本产品能够很好地清洗衣物上的污渍，同时低泡易漂，节能节水，洗后衣物具有芳香气味。

配方 173 易清洗的洗衣液

原料配比

原料	配比（质量份）	
	1#	2#
碳酸钠	6	13
椰油粉	5	10
乙二醇二硬脂酸酯	4	11
硫酸钠	2	6
α-烯基磺酸盐	1	5
醇醚	4	9
乳化剂	2	6
柠檬粉	7	9
珍珠粉	4	8
烷基苯磺酸钠	3	9
二叠氮二苯乙烯二磺酸钠	5	8
十六烷醇聚氧乙烯醚	4	9
硅酸钠	1	3
去离子水	加至 100	加至 100

制备方法 将各组分原料混合均匀即可。

产品特性 本产品低泡沫易清洗，减少了水资源的浪费。

配方 174 用于内衣洗涤的洗衣液（一）

原料配比

原料		配比（质量份）			
		1#	2#	3#	4#
对氯间二甲苯酚（PCMX）		0.2	2	1.5	0.2
阴离子表面活性剂	烷基苯磺酸钠	6	—	—	31
	脂肪酸钾皂	—	31	—	—
	脂肪醇聚氧乙烯醚硫酸钠	—	—	22	—

续表

原料		配比（质量份）			
		1#	2#	3#	4#
非离子表面活性剂	烷基糖苷	12	—	30	12
	脂肪醇聚氧乙烯醚	—	43	—	—
增稠剂	羧甲基纤维素钠	0.03	—	—	—
	海藻酸钠	—	0.5	—	—
	黄原胶	—	—	0.3	—
	卡拉胶	—	—	—	0.5
防腐剂	尼泊金酯	0.01	—	—	—
	山梨酸	—	0.05	—	—
	脱氢乙酸	—	—	0.03	0.01
去离子水		40	60	55	60

制备方法

（1）取去离子水总量的30%～40%加入搅拌釜中，加热至70～80℃，边搅拌边加入阴离子表面活性剂、非离子表面活性剂及对氯间二甲苯酚，溶解后搅拌0.5～1h使之混合均匀，得到表面活性剂原液；

（2）取去离子水总量的30%～40%加入另一搅拌釜中，加热至50～60℃，边搅拌边加入增稠剂，持续搅拌至溶液均匀透明，得到增稠剂原液；

（3）将表面活性剂原液和增稠剂原液混合，补足余量的去离子水，加入防腐剂，全部溶解后，再调节pH值至6.0～8.0，即为用于内衣洗涤的洗衣液。

产品特性

（1）泡沫细腻丰富，去污能力强，易于漂洗，呈中性，温和无刺激，不伤手。

（2）添加安全广谱杀菌成分PCMX及植物源的表面活性成分，可有效清除血渍、尿渍等及其他致霉污垢。在阴雨天使用还能预防细菌生长繁殖，特别适宜内衣裤的洗涤。

（3）良好的钙皂分散力，提高在硬水中的洗涤效果，避免织物泛黄变硬，使织物光滑，柔软舒适。

配方 175 用于内衣洗涤的洗衣液（二）

原料配比

原料	配比（质量份）			
	1#	2#	3#	4#
脂肪醇聚氧乙烯醚硫酸钠	10	30	20	14
油酸三乙醇胺盐	2	4	3	3

续表

原料	配比（质量份）			
	1#	2#	3#	4#
月桂酸钠	2	8	5	3
对氯间二甲苯酚	1	5	3	3
卡松	2	4	3	3
食盐	2	5	3	3
硫酸铜	2	4	3	3
柠檬酸	10	20	15	13
香精	4	6	5	5
防腐剂	1	2	2	1
去离子水	55	75	65	66

制备方法

（1）首先，将脂肪醇聚氧乙烯醚硫酸钠、油酸三乙醇胺盐、月桂酸钠、对氯间二甲苯酚、卡松、食盐和硫酸铜放入反应器内溶混，加温至 70℃；

（2）其次，加入 50℃的去离子水混合均匀；

（3）最后，降温至 20℃，加入柠檬酸、香精和防腐剂搅拌即可得到成品。

产品特性 该用于内衣洗涤的洗衣液可有效清除血渍、尿渍、污渍及其他致霉污垢，深层清洁，预防细菌生长繁殖；良好的钙皂分散力，避免织物泛黄变硬，保护织物光滑、柔软舒适。同时，该洗衣液生产成本低，制备工艺简单。

配方 176 主要用于内衣洗涤的洗衣液

原料配比

原料	配比（质量份）		
	1#	2#	3#
脂肪醇聚氧乙烯醚硫酸钠（AES）	8	10	10
丙二醇	3	1	4
月桂酰胺丙基甜菜碱	6	8	10
对氯间二甲苯酚（PCMX）	0.5	0.1	1
椰子油脂肪酸单乙醇酰胺	2	1	4
卡松	0.3	0.1	0.5
脂肪醇聚氧乙烯醚 AEO-9	3	2	5
香精	0.2	0.4	0.2
色素	0.0002	0.0004	0.0002

续表

原料	配比（质量份）		
	1#	2#	3#
食盐	0.2	0.5	0.6
水	加至 100	加至 100	加至 100
柠檬酸	适量	适量	适量

制备方法

（1）在配料锅中加入一定量的水，搅拌升温至 70℃，加入椰子油脂肪酸单乙醇酰胺，待溶解分散均匀，继续搅拌 20min。

（2）将对氯间二甲苯酚溶解于丙二醇中，在 40～50℃的温度下，搅拌均匀，完全溶解备用。

（3）配料锅温度保持在 70℃，加入脂肪醇聚氧乙烯醚硫酸钠，1h 后加入月桂酰胺丙基甜菜碱、脂肪醇聚氧乙烯醚，继续搅拌 40min。

（4）将配料锅温度降至 40℃，加入步骤（2）制备的对氯间二甲苯酚与丙二醇的混合溶液，搅拌 15min。

（5）用柠檬酸调节 pH 值至 4.0～8.5，然后加入色素、香精、卡松，每加一种料体间隔 5min，边加入边搅拌。

（6）最后于 700r/min 转速下，加入食盐调节黏度，搅拌 25～35min，即得无磷抗菌洗衣液。

原料介绍　所述的脂肪醇聚氧乙烯醚硫酸钠的质量分数为 70%；

所述的月桂酰胺丙基甜菜碱的活性物含量为 30%；

所述的卡松为 5-氯-2-甲基-4-异噻唑啉-3-酮和 2-甲基-4-异噻唑啉-3-酮的混合物；

所述的色素为德国油化玫瑰红；

所述的香精型号为 YR0418C。

产品应用　本品主要用于内衣洗涤，还可用于纯棉、丝质织物（包括内衣裤、袜子、床上用品等）的日常清洗。

产品特性

（1）抑菌去污：添加安全广谱杀菌成分 PCMX 及植物源的表面活性成分，可有效清除血渍、尿渍、污渍及其他致霉污垢；深层清洁洗净，阴雨天使用，预防细菌生长繁殖。

（2）温和清香：植物香精，去除异味，洗后衣物清香怡人，含护肤成分，呵护双手洗后不干涩。

（3）抗硬水：良好的钙皂分散力，提高在硬水中的洗涤效果，避免织物泛黄变硬，保持织物光滑、柔软舒适。

（4）洗衣液制备工艺简单，原料取材方便，成本低。

配方 177 用于水溶性膜包装的浓缩洗衣液

原料配比

原料		配比（质量份）			
		1#	2#	3#	4#
甲酯乙氧基化物		15	10	10	10
非离子表面活性剂	脂肪醇聚氧乙烯（2）醚硫酸钠	3	5	5	5
	脂肪醇聚氧乙烯（3）醚	35	40	30	35
	脂肪醇聚氧乙烯（7）醚	15	15	15	15
	脂肪醇聚氧乙烯（9）醚	—	5	—	—
1,2-苯并异噻唑啉-3-酮		0.2	0.2	0.3	0.3
丙三醇		5	5	5	5
聚乙二醇		6.5	5	10	10
碳酸丙烯酯		20	14.5	24.5	19.5
香精		0.3	0.3	0.2	0.2

制备方法

（1）按照上述配比取所述的聚乙二醇、丙三醇、碳酸丙烯酯加入化料釜中，然后分别依次加入甲酯乙氧基化物、脂肪醇聚氧乙烯（2）醚硫酸钠、非离子表面活性剂至完全溶解，得到混合液 A；

（2）向混合液 A 中依次加入 1,2-苯并异噻唑啉-3-酮、香精，得到混合液 B；

（3）将上述混合液 B 用 200 目滤布过滤处理，得到所述的浓缩洗衣液。

产品特性

（1）本产品在制备时，无需加热，室温下可操作。整个生产工艺操作简单，冷配即可。先将溶剂加入釜中，便于各种表面活性剂更快地溶解混匀。在上述的配制过程中，应注意整个操作环境清洁卫生、防尘。

（2）本产品为浓缩配方，使得在极低的浓度下，达到洗涤标准要求，而且水溶性好、泡沫少、易漂洗、无毒无刺激。

（3）本产品可用于水溶性膜包装，携带方便、使用方便、用量更省。

配方 178 柚子清香型洗衣液

原料配比

原料	配比（质量份）		
	1#	2#	3#
柚子皮提取液	12	15	13
柚子花提取液	8	8	10
甘油	5	6	5
乳化剂	10	10	9
非离子表面活性剂	5	4	5
霍霍巴油	3	3	4
橄榄油	2	3	3
日用香精	0.5	0.6	0.5
色素	0.5	0.5	0.1
蒸馏水	加至 100	加至 100	加至 100

制备方法 将各组分原料混合均匀即可。

产品特性 本产品采用柚子提取液为主要原料，能有效去除异味，高效清洁衣物污垢，温和不伤手，同时具有杀菌抑菌、清香宜人、香味持久等特点。

配方 179 皂基环保洗衣液

原料配比

原料		配比（质量份）		
		1#	2#	3#
混合活性剂		60	65	63
稳定剂	硬脂酸	5	—	—
	硬脂酸锌	—	5	5
发泡剂	偶氮二甲酰胺	1	—	—
	二亚硝基五亚甲基四胺	—	2	2
增溶剂	二甲苯磺酸盐	4	4	4
柠檬酸钠		2	2	2
十二烷基硫酸镁		3	3	3
蒸馏水		100	100	100
增香剂	柠檬香料	1	—	—
	玫瑰香料	—	3	3

原料		配比（质量份）		
		1#	2#	3#
增白剂		6	10	8
混合活性剂	直链脂肪醇聚氧乙烯（7）醚	50	70	70
	N, N'-1, 3-苯二马来酰亚胺	5	15	15
	直链脂肪醇聚氧乙烯（9）醚	3	12	12

制备方法 先将蒸馏水加入反应釜，然后依次加入混合活性剂、稳定剂、发泡剂、增溶剂、柠檬酸钠，混合均匀后，加入十二烷基硫酸镁、增香剂和增白剂，在转速为700r/min下搅拌均匀，即得洗衣液。

原料介绍 所述混合活性剂的制备方法，其步骤如下：将直链脂肪醇聚氧乙烯（7）醚和直链脂肪醇聚氧乙烯（9）醚在转速为500r/min下搅拌均匀后，加入N, N'-1, 3-苯二马来酰亚胺，搅拌至黏稠半透明状。

产品特性 该洗衣液的去污力强，针对不同材质的面料都具有很好的去污效果，具有良好的乳化、发泡、渗透和分散性能，并且对皮肤温和、不损伤衣物，清洗后的污水排到环境中不会污染环境。采用天然皂基为主要活性材料形成的混合活性剂，温和不刺激，且来源广泛。

配方 180　植物型环保低泡洗衣液

原料配比

原料	配比（质量份）
脂肪醇聚氧乙烯（3）醚硫酸钠（70%）	9
甘草	5
南瓜子油	6
氯化钠	3
辛基酚聚氧乙烯醚	2
柠檬酸钠	1
橙油	1
过碳酸钠	0.5
香精	0.3
二氧基乙酸合铜	0.1
4-甲基-7-二甲胺香豆素	0.1
水	72

制备方法 在混合釜中，先加入适量水，在搅拌条件下，加入脂肪醇聚氧乙烯（3）醚硫酸钠（70%）、甘草、南瓜子油、氯化钠、辛基酚聚氧乙烯醚、柠檬酸钠、橙油、过碳酸钠、香精、二氧基乙酸合铜、4-甲基-7-二甲胺香豆素、余量水。搅拌混合均匀，即可得到植物型环保低泡洗衣液。

原料介绍

（1）所述的二氧基乙酸合铜，它有抑制漂白剂分解的作用，是通过抑制金属离子对过氧化氢及次氯酸类漂白剂引起的催化分解，提高洗涤的漂白效率，节约洗衣液，降低漂白成本。

（2）过碳酸钠也叫过氧碳酸钠或者固体过氧化氢，是由碳酸钠和过氧化氢加成的复合物。过碳酸钠有无毒、无臭、无污染等优点，还有漂白、杀菌、水溶性好等特点，具有存储的稳定性，与其他洗衣液成分的配伍性能良好。

（3）所述南瓜子油，其中主要脂肪酸为亚油酸、油酸、棕榈酸及硬脂酸，还有亚麻酸、肉豆蔻酸；还含类脂成分，内有三酰甘油、单酰胆碱、磷脂酰乙醇胺、磷脂酰丝氨酸、脑苷脂等。这些成分能起到驱虫的作用。

（4）所述甘草，是草药，在中药领域用于疲倦乏力，在本产品中它起到抗皮肤过敏的作用。

产品特性 本产品低泡省水去污能力强，洗过衣服能驱虫抗过敏。

配方 181 植物型洗衣液组合物

原料配比

原料	配比（质量份）		
	1#	2#	3#
荆芥提取物	8	10	12
皂荚提取液	5	7	10
氯化钠	0.5	0.7	1.5
脂肪酸甲酯磺酸钠	2.6	1.9	2.6
谷氨酸月桂酸	0.5	2.3	0.5
聚乙烯吡咯烷酮	3	7	8
脂肪分解酶	0.5	0.9	0.5
香精	6	10	12
柠檬酸钠	2	6	8
去离子水	35	45	50

制备方法 将各组分原料混合均匀即可。

产品应用　本品是一种植物型洗衣液组合物。

产品特性　该洗衣液性能温和，使用过程中刺激性小，易于漂洗，去污能力强．使用量少，难降解有机物含量少，对环境友好。

配方182　重垢无磷洗衣液

原料配比

原料	配比（质量份）
脂肪醇烷氧化物	4.1
椰子油脂肪酸（60%）	24.5
单乙醇胺	1.6
柠檬酸（无水）	6.6
NaOH 水溶液（50%）	6.7
荧光增白剂	0.1
烷基磷酸酯钾盐（50%）	26.4
水	28.4
烷基苯磺酸钠（60%）	24.5

制备方法　按下列顺序将各个组分加入水中：脂肪醇烷氧化物、椰子油脂肪酸、单乙醇胺、柠檬酸（无水）、NaOH 水溶液（50%）、荧光增白剂、烷基磷酸酯钾盐（50%）、烷基苯磺酸钠（60%）。继续混合至成为均一溶液。柠檬酸或 NaOH 用来调节所需 pH 值。

产品应用　本品是一种高效、无污染的化学洗涤液。

产品特性

（1）环保：不含磷成分，对环境无污染；

（2）节能：生产工艺简单，不需要贵重的加工设备，易溶于普通水中；

（3）适于机械化洗涤：对于领口、袖口处的污垢不需用手搓洗，只需涂抹少量液体于污垢严重处放入机器中洗涤即可。

配方183　专用内衣持久留香洗衣液

原料配比

原料	配比（质量份）		
	1#	2#	3#
十二烷基二甲基甜菜碱	7	11	9

续表

原料	配比（质量份）		
	1#	2#	3#
直链烷基苯磺酸钠	3	6	4
三聚磷酸钠	4	7	5
碳酸镁	8	12	10
过硼酸钠	2	6	4
椰子油脂肪酸二乙醇酰胺	4	6	5
甘菊花提取物	3	7	5
烷基苯磺酸钠	14	17	16
淀粉酶	2	6	4
二甲苯硫酸钠	12	16	13
硅酸钠	5	7	6
荧光增白剂	3	6	4
羧甲基纤维素	5	6	6
去离子水	加至100	加至100	加至100

制备方法 将各组分原料混合均匀即可。

产品特性 本产品令衣物蓬松、柔软、光滑亮泽，并且具有除菌和持久留香的功效。

4

杀菌除螨洗衣液

配方 **1** 艾叶抑菌洗衣液

原料配比

原料	配比（质量份）	
	1#	2#
艾叶提取液	1	3
脂肪醇聚氧乙烯醚硫酸盐	5	10
椰油酰胺丙基甜菜碱	5	10
烷基糖苷	10	20
羧甲基纤维素钠	0.5	0.8
柠檬酸	2	3
香精	0.1	0.3
水	40	60

制备方法 将各组分原料混合均匀即可。

产品特性 本品去污能力强，且能有效达到抑菌杀菌效果。

配方 **2** 茶皂素抑菌洗衣液

原料配比

原料	配比（质量份）
茶皂素	10
十二烷基苯磺酸钠	8
丙三醇	1
乳化剂 OP-10	1

续表

原料	配比（质量份）
色素	1
氯化钠	1
水	78

制备方法

（1）分别称取十二烷基苯磺酸钠 8 份、茶皂素 10 份、丙三醇 1 份、乳化剂 OP-10 1 份，将四者混合。

（2）量取氯化钠 1 份、水 78 份，将二者在一个烧杯中混合，并将混合好的溶液倒入步骤（1）所得混合物中混合。

（3）将混合好的溶液加入 1 份色素，将烧杯放入调温加热套中加热，控制温度为 65℃，并同时用精密增力电动搅拌器搅拌 2h。

（4）将搅拌加热好的溶液在常温室内静置 24h 即可。

原料介绍　所述茶皂素的提取方法：茶叶→粉碎→过筛→乙醇回流→过滤→浓缩→干燥→茶皂素。采用回流方法，1g 茶皂素加 10mL 体积分数为 70% 的乙醇，回流 1h 提取率最高达到 4.18%。

产品特性　本品中的茶皂素是由茶树籽和茶叶提取而得，茶皂素是一种非离子表面活性剂，不但绿色环保，而且对于洗衣液具有积极的抑菌作用。抑菌洗衣液无论是高温还是低温均不会改变其化学结构发生破乳现象，稳定性良好；表面活性、稠度均匀良好，抑菌效果作用良好；使用原料绿色环保无污染，使用安全。

配方 3　持久抑菌洗衣液

原料配比

原料		配比（质量份）		
		1#	2#	3#
阴离子表面活性剂	直链烷基苯磺酸钠（LAS）	5	7	6
	脂肪醇聚氧乙烯基醚硫酸钠（AES）	9	—	6
	α-烯基磺酸钠（AOS）	—	7	—
非离子表面活性剂	脂肪醇聚氧乙烯醚 AEO-7	7	5	8
	支链化脂肪醇聚氧乙烯醚 TO-8	—	5	—
	烷基葡萄糖苷 APG0814（50%）	—	—	2
脂肪酸	蒸馏椰子脂肪酸 DC-1218	2	1	1.5

续表

原料		配比（质量份）		
		1#	2#	3#
抑菌剂	4,4-二氯-2-羟基二苯醚	2	0.6	1
	一水柠檬酸	0.5	0.5	0.5
碱	质量分数为32%的液碱	3.9	4.2	4.1
改性丙烯酸聚合物	Rhodia Solvay Mirapol SURF S-210	1	1	1
	蛋白酶	0.2	0.2	0.2
	防腐剂	0.1	0.1	0.1
	香精	0.2	0.2	0.2
	氯化钠	0.4	0.2	0.3
	去离子水	加至100	加至100	加至100

制备方法

（1）将碱加入去离子水中，然后加入一水柠檬酸和脂肪酸，制备成柠檬酸盐、脂肪酸盐水溶液；

（2）依次加入阴离子表面活性剂、非离子表面活性剂，搅拌均匀；

（3）依次加入抑菌剂、改性丙烯酸聚合物，搅拌均匀，再依次加入蛋白酶、香精、防腐剂，搅拌均匀；

（4）调节体系的pH值至6.0～10.0，再加入氯化钠，调节体系黏度至400～1000mPa·s，搅拌均匀即可。

产品特性

（1）本品具有高效的快速抑菌功效，能快速去除大肠杆菌、金黄色葡萄球菌。

（2）本品能使用低成本的无机盐增稠，从而满足消费者对洗衣液具有一定黏度的需求。

（3）本品抑菌剂原料及其组合物的安全性能高，没有潜在的安全风险。

配方 4 低泡易漂的除菌洗衣液

原料配比

原料	配比（质量份）							
	1#	2#	3#	4#	5#	6#	7#	8#
十二烷基苯磺酸	13	10	11	14	15	10	15	12
脂肪醇聚氧乙烯醚（AEO-9）	8	9	10	7	6	8	6	7
聚丙烯酸钠盐（445N）	3	5	1	2	4	3	—	—

续表

原料	配比（质量份）							
	1#	2#	3#	4#	5#	6#	7#	8#
马来酸-丙烯酸聚合物钠盐 （Alcosperse 602N）	—	—	—	—	—	—	—	1
羧甲基纤维素（CMC）	—	—	—	—	—	—	3	—
钾皂	4	3	2	3	1	2	5	1
氢氧化钠（NaOH）	2	1.5	1.5	1	2	1.5	2	1
乙二胺四乙酸（EDTA）	0.1	0.3	0.5	0.3	0.1	—	0.4	0.2
氯化钠（NaCl）	1.4	1.6	1.6	1.4	1.2	1	2	1.8
遮光剂（OP-40）	0.3	0.5	—	—	—	—	0.1	0.2
防腐剂（KF-88）	0.7	0.2	0.1	—	—	—	1	0.8
香精	0.3	0.3	0.3	—	—	—	0.3	0.3
软化水	加至 100	加至 100	加至 100	加至 100	加至 100	加至 100	加至 100	加至 100

制备方法

（1）按配比准备十二烷基苯磺酸、脂肪醇聚氧乙烯醚、水性高分子聚合物、钾皂、氢氧化钠、遮光剂、螯合剂、氯化钠、防腐剂、香精和水（预先对水进行软化）。

（2）将水加入配料釜中，加入螯合剂，搅拌，加热至30～40℃，加入十二烷基苯磺酸，加入氢氧化钠使其pH值为8.5～9.5。

（3）加入脂肪醇聚氧乙烯醚、聚丙烯酸钠盐和钾皂，搅拌至完全溶解，加入质量分数为0.1%～0.5%的遮光剂、马来酸-丙烯酸聚合物钠盐和羧甲基纤维素。

（4）调节pH值到8.0～10.0，搅拌均匀。

（5）加入香精、防腐剂、NaCl，搅拌至完全溶解。

（6）降温、静置。

原料介绍　所述的水性高分子聚合物为聚丙烯酸钠盐、羧甲基纤维素、羟乙基纤维素、羟丙基甲基纤维素、马来酸-丙烯酸聚合物钠盐和马来酸-烯烃共聚物钠盐中的一种或几种。

所述的螯合剂为柠檬酸钠、酒石酸钠、乙二胺四乙酸、乙二胺四乙酸二钠和氮川三乙酸钠盐中的一种或几种。

产品特性

（1）通过加入水性高分子聚合物，能有效将分离出织物表面的污渍分子包裹、悬浮于水中，防止污渍分子在洗涤过程中再次沉积在织物表面，影响洗涤效果，从而达到真正的洁净。水性高分子聚合物聚丙烯酸钠盐用于该洗衣液配方中，配伍性最好，且效果明显优于其他高分子聚合物。

（2）本品在无荧光增白剂的情况下，使洗衣液去污能力达到国家标准要求，而且通过增加绿色环保的添加剂钾皂，解决了洗衣液泡沫多，需反复漂洗的问题，为家庭洗涤节约了大量的用水。

配方 5 对人体无害可消毒的环保消毒洗衣液

原料配比

原料	配比（质量份）
十二烷基苯磺酸钠	8
脂肪酸甲酯磺酸钠	5
烷基糖苷	1
壬基酚聚氧乙烯醚	1
碘	0.85
亚硫酸氢钠	0.14
碘化钠	0.5
聚维酮碘	0.2
纯净水	加至 100

制备方法 将十二烷基苯磺酸钠、脂肪酸甲酯磺酸钠、烷基糖苷、壬基酚聚氧乙烯醚、碘、亚硫酸氢钠、碘化钠和聚维酮碘加入反应釜中，加入纯净水，进行搅拌加热反应，2h 后进行灌装。

产品特性 该洗衣液不仅具有洗涤清洁功能，而且消毒功能也很强，给人们使用带来极大的方便。

配方 6 防褪色抗菌去污洗衣液

原料配比

原料	配比（质量份）	
	1#	2#
十二烷基苯磺酸	20	25
乙醇胺	3	7
柠檬酸钠	12	18
蛋白酶	1	5

续表

原料	配比（质量份）	
	1#	2#
45%十二烷基二甲基苄基氯化铵（1227）	2.5	5.5
脂肪醇聚氧乙烯醚（AEO-5）	4.5	6.5
柠檬香精	0.6	1.4
去离子水	30	45
淀粉酶	0.15	0.3
脂肪醇聚氧乙烯醚（AEO-7）	10	20
脂肪醇聚氧乙烯醚（AEO-9）	12	15
20%聚六亚甲基双胍（pHMB）	0.05	5
氯化钠	3.5	11.5
植物精油	0.2	0.6
色素	0.4	1.3

制备方法 将各组分原料混合均匀即可。

产品特性 本品其气味清新，在防止衣物褪色的同时又兼具极强的去污能力，通过特殊渗透促进剂作用，使之抗菌去污效果更加显著，并能稳定贮存，且用量省，性价比高。

配方 7 蜂蜜抑菌洗衣液

原料配比

原料	配比（质量份）					
	1#	2#	3#	4#	5#	6#
脂肪醇聚氧乙烯醚磺酸钠	10.2	10.8	9.3	9.9	10.2	10.2
椰子油脂肪酸二乙醇酰胺	3.4	4.3	4.8	2.7	3.4	3.4
十二烷基苯磺酸钠	2.8	3.7	2.2	3.4	2.8	2.8
脂肪醇聚氧乙烯醚	13.9	13.4	14.4	14.8	13.9	13.9
烷基糖苷	7.6	8.2	6.3	8.7	7.6	7.6
蜂蜜抑菌剂	14.2	14.7	13.6	13.3	14.2	14.2
柠檬酸	1.7	2.1	1.1	2.8	1.7	1.7
香精	0.9	0.6	1.4	1.1	0.9	0.9
水	45.3	42.2	46.9	43.3	45.3	45.3

续表

原料		配比（质量份）					
		1#	2#	3#	4#	5#	6#
蜂蜜抑菌剂	蜂蜜	6.2	6.2	6.2	6.2	5.3	6.7
	艾叶	5.6	5.6	5.6	5.6	5.9	5.2
	豆豉	3.4	3.4	3.4	3.4	3.6	3.1
	紫苏	8.9	8.9	8.9	8.9	9.4	8.3
	黄芪	4.2	4.2	4.2	4.2	3.2	3.8
	马齿苋	16.0	16.0	16.0	16.0	16.4	16.8
	苦参	6.5	6.5	6.5	6.5	6.2	6.9
	黄芩	13.3	13.3	13.3	13.3	12.7	13.9
	连翘	8.1	8.1	8.1	8.1	8.6	7.4
	丁香	2.7	2.7	2.7	2.7	2.3	3.8
	甘草	8.2	8.2	8.2	8.2	8.8	7.2
	鱼腥草	6.3	6.3	6.3	6.3	6.7	5.6
	白果	4.6	4.6	4.6	4.6	4.3	4.1
	储存两年的粳米	7.4	7.4	7.4	7.4	7.8	6.3
	9度米醋	6.2	6.2	6.2	6.2	5.1	6.8
	水	755	755	755	755	778	712

制备方法

（1）将脂肪醇聚氧乙烯醚磺酸钠、十二烷基苯磺酸钠加入水中，搅拌均匀后加热到 65～75℃，得到溶液 A 备用；加热的升温速率为 6～9℃/h。

（2）在保温条件下，向步骤（1）制备的溶液 A 中加入椰子油脂肪酸二乙醇酰胺、脂肪醇聚氧乙烯醚、烷基糖苷，搅拌均匀后，降温至 30～40℃，然后再加入蜂蜜抑菌剂、柠檬酸、香精，搅拌均匀得到蜂蜜抑菌洗衣液；降温的速率为 4～5℃/h。

原料介绍　所述蜂蜜抑菌剂的制备方法包括以下步骤：

（1）将苦参粉碎至 20 目，放入米醋中浸泡 11～12h，进行第一次超声提取，5～8min 后进行第二次超声提取，离心分离得到苦参提取物。第一次超声提取的温度为 50～55℃，超声频率为 38～40kHz，提取时间为 25～35min；第二次超声提取的温度为 38～40℃，超声频率为 53～58kHz，提取时间为 15～20min。

（2）将粳米放入水中，浸泡 48～52h，过滤得到粳米浆。

（3）将艾叶、豆豉、紫苏、黄芪、马齿苋、黄芩、连翘、丁香、甘草、鱼腥草、白果放入步骤（2）制得的粳米浆中，在 130～150℃熬煮 1～1.5h，过滤得到中药液。

（4）在步骤（3）制得的中药液中加入蜂蜜、步骤（1）制备的苦参提取物，搅拌 10～20min，得到蜂蜜抑菌剂。搅拌的转数为 2500～2800r/min。

产品特性

（1）本品不仅具有显著的去污渍效果，同时还具有杀菌抑菌效果，而且对皮肤无毒、无刺激，性能温和，健康环保。

（2）本品由蜂蜜、紫苏、连翘、苦参、黄芩、马齿苋等具有杀菌抑菌作用的中药制备而成，其配方合理，各组分间协同作用，杀菌抑菌效果强，且对人体安全无毒。蜂蜜抑菌剂的制备方法中创新使用粳米浆熬煮中药，使各种中药的药效得以充分发挥；并优化了苦参的超声提取工艺，以米醋为溶剂，配合适宜的超声频率、提取温度，将苦参中的有效成分最大限度地提取出来，且获得的提取物药效更为显著。

配方 8 复合杀菌消毒洗衣液

原料配比

原料	配比（质量份）		
	1#	2#	3#
脂肪醇聚氧乙烯醚	10	8	12
双癸基二甲基氯化铵	5	4	8
三氯羟基二丙醚	0.5	0.6	0.3
丙二醇	8	9	10
荧光增白剂	0.2	0.1	0.3
十二烷基二甲基甜菜碱	11	12	10
柠檬酸钠	3	3	1
黄原胶	0.1	0.2	0.3
聚丙烯酸钠	0.5	2.5	3
D-柠檬烯	2	3	1
水	59.7	57.6	54.1

制备方法　按上述质量份配比称取各原料，首先将丙二醇与三氯羟基二丙醚搅拌混匀后，在搅拌下依次加入双癸基二甲基氯化铵、水、柠檬酸钠与聚丙烯酸钠、脂肪醇聚氧乙烯醚与十二烷基二甲基甜菜碱、D-柠檬烯与荧光增白剂、黄原胶，将物料混合均匀后，即得消毒洗衣液，加料过程中，每加完一种或一组原料，充分搅拌后再加下一种或下一组原料。

产品特性

（1）本品配方中使用了三氯羟基二丙醚和双癸基二甲基氯化铵两种杀菌成分，三氯羟基二丙醚为高效广谱抗菌剂，对革兰氏阳性菌、革兰氏阴性菌、酵母及病毒均有杀灭和抑制作用；双癸基二甲基氯化铵是季铵盐杀菌剂的第三代产品之一，其对微生物的杀灭能力明显高于第一、二代产品，还可以作为织物的柔顺剂和调理剂。这两种杀菌剂复配使用能够增强杀菌性能，互为补充。

（2）本品使用了脂肪醇聚氧乙烯醚和十二烷基二甲基甜菜碱两种表面活性剂配伍，可以提高清洁剂的去污能力，改善非离子表面活性剂的泡沫性能，提高制品的冻融稳定性，同时还降低制品的最低成膜温度。

（3）本品对于洗涤温度和水质的要求不高，在低温和硬水中也具有很好的去污力，用量少，效果好，二甲基双癸基氯化铵又具有良好的柔软抗静电性，且不会伤害双手和衣物。

配方 9 复合抑菌清香洗衣液

原料配比

原料		配比（质量份）					
		1#	2#	3#	4#	5#	6#
乙氧基化烷基硫酸钠		10	15	3	15	13	5
氯化钠		3	2	2	3	2	2
茶皂素		8	8	8	12	8	10
植物提取液	薰衣草提取液	3	—	—	3	—	—
	芦荟叶子提取液	—	1	—	—	3	—
金银花提取液		—	—	1	—	—	—
金银花提取液及薰衣草提取液		—	—	—	—	—	2
野菊花		15	10	15	15	12	10
聚二甲基硅氧烷二季铵盐		0.5	0.3	0.3	0.5	0.5	0.3
苯扎氯铵		1	1	1	2	2	1
抑菌提取物	橄榄叶和棕榈提取物	2	—	—	—	—	—
	生姜和甜菊提取物	—	1	—	—	—	—
	紫花地丁提取物	—	—	1	—	—	—
	橄榄叶和紫花地丁取物	—	—	—	10	—	—
	甜菊提取物	—	—	—	—	7	—
	生姜和橄榄叶提取物	—	—	—	—	—	8
两性表面活性剂	十二烷基二甲基甜菜碱	2	—	—	2	2	—
	月桂酰胺丙基甜菜碱	—	1	1	—	—	1

续表

原料	配比（质量份）					
	1#	2#	3#	4#	5#	6#
柠檬酸	3	1	1	3	3	1
羟甲基纤维素	9	2	2	9	9	2
油酸皂	9	7	7	9	8	7
蒸馏水	90	70	70	95	80	75

制备方法 按照质量份准备各原料组分，将乙氧基化烷基硫酸钠、氯化钠、茶皂素、植物提取液、苯扎氯铵和蒸馏水加入乳化釜中，高速搅拌加热至80～90℃，然后将两性表面活性剂、野菊花、聚二甲基硅氧烷二季铵盐加入乳化釜中，充分搅拌至物料分散均匀，然后将乳化釜内物料温度升高至75～80℃，加入羟甲基纤维素和油酸皂，继续搅拌1～2h，然后将混合物低速搅拌冷却至40～45℃，将柠檬酸和抑菌提取物一起加入乳化釜中，充分搅拌30～60min，再将所制备的混合液送入陈化釜中常温自然陈化72～120h，陈化结束后进行过滤灌装，得到复合抑菌清香洗衣液。

原料介绍 所述两性表面活性剂为月桂酰胺丙基甜菜碱、十二烷基二甲基甜菜碱中的一种或两种的混合物。

所述植物提取液为金银花提取液、薰衣草提取液、芦荟叶子提取液中的至少一种。

所述金银花提取液物料与提取剂的质量比为1:4。

所述薰衣草提取液物料与提取剂的质量比为1:3。

所述芦荟叶子提取液物料与提取剂的质量比为1:8。

所述抑菌提取物为生姜、甜菊、橄榄叶、棕榈、紫花地丁提取物中的至少一种。

产品特性 本品中采用抑菌提取物与植物提取液结合油酸皂等成分按合理的配比制备，不仅不会影响洗衣液的功效，不会对衣物造成不利影响，还可以减少原有的防腐剂等化学添加剂的添加量，抵消衣物上化学物质的残留对人体皮肤的伤害。本品能够有效杀灭附着于衣物上的人体常见的细菌和寄生虫，抑制细菌的滋生，同时残留于衣物上的天然植物成分还能够起到清热解毒消炎的作用，使衣物更加干净卫生，从而能够有效预防疾病，起到良好的护肤保健效果。本品还采用了野菊花作为主要成分之一，不仅能够提高洗衣液的清洁和护肤作用，还能够使得清洗后的衣物散发长效持久的香味。

配方 10 复合增效抑菌洗衣液

原料配比

原料	配比（质量份）					
	1#	2#	3#	4#	5#	6#
去离子水	100	120	110	110	105	115
乙二胺四乙酸二钠	0.1	0.2	0.15	0.15	0.16	0.16
脂肪醇聚氧乙烯醚	6	8	7	7	7.5	7.5
乙氧基化烷基硫酸钠	30	35	32	32	32	32
磺酸	1	5	3	3	4	4
氢氧化钠	8	12	10	10	8	8
柠檬酸	5	8	6	6	7	7
特丁基对苯二酚	1	2	1.5	1.5	1.5	1.5
蔗糖脂肪酸酯	10	20	15	15	18	18
银离子抑菌剂	0.01	0.05	0.03	0.03	0.02	0.02
卡松	0.1	0.2	0.2	0.2	0.2	0.2
香精	0.1	0.3	0.3	0.3	0.4	0.4
藻酸丙二醇酯	—	—	—	0.1	0.15	0.15

制备方法

（1）将特丁基对苯二酚加入蔗糖脂肪酸酯中进行乳化均质，得混合物一；

（2）将乙二胺四乙酸二钠与去离子水搅拌混合得混合物二；

（3）将脂肪醇聚氧乙烯醚、乙氧基化烷基硫酸钠、氢氧化钠加入混合物二中搅拌均匀得混合物三；

（4）将混合物一与混合物三搅拌均匀后再加入其他组分搅拌均匀，即得产品。

产品特性 本品中添加银离子抑菌剂，具有较好的抑菌效果。

配方 11 高效除菌洗衣液

原料配比

原料	配比（质量份）
乙氧基化烷基硫酸钠	4～7.6
除菌剂	3.5～9
香精	0.2～1
去离子水	60～75

续表

原料	配比（质量份）
表面活性剂	2～3.4
氯化钠	0.8～1.4
防腐剂	0.4～1.8
助溶剂	0.9～1.3
纳米银复合颗粒	2～4.6
渗透剂	0.6～1.2
稳定剂	1～3.4

制备方法

（1）预热加料：把去离子水加入反应釜中，加热去离子水至35℃，随后加入乙氧基化烷基硫酸钠、除菌剂、氯化钠、助溶剂与纳米银复合颗粒，持续搅拌15min，在搅拌过程中使得反应釜内部升温，持续升温至50℃；

（2）添料：在步骤（1）完成的基础上，停止对反应釜的加热，待反应釜内部温度降低至20℃时，加入表面活性剂、防腐剂、渗透剂与稳定剂，随后在保证反应釜内部温度20℃情况下，持续搅拌10min；

（3）制出成品：在步骤（2）的基础上，静置拌料20min，随后加入香精，并持续搅拌5min，即可冷却计量包装。

原料介绍 所述除菌剂由1,3-二羟甲基-5,5-二甲基乙内酰脲与IPBC（碘丙炔醇丁基氨甲酸酯）混合组成。

所述表面活性剂为脂肪酸甘油酯、脂肪酸山梨坦和聚山梨酯中的一种或者多种。

所述助溶剂为苯甲酸钠、水杨酸钠和对氨基苯甲酸中的一种或者多种。

所述渗透剂为硫酸化蓖麻油、烷基磺酸钠、烷基苯磺酸钠、烷基硫酸酯钠、仲烷基磺酸钠和仲烷基硫酸酯钠中的一种或者多种。

所述稳定剂为海藻酸钠、琼脂和淀粉浆中的一种或者多种。

产品特性 本品可以有效地对衣物进行除菌作业，给使用者的生活带来便利与安全。

配方12 高效抗菌洗衣液

原料配比

原料	配比（质量份）
橄榄油	1～5
椰油酰甲基单乙醇胺	1～4

续表

原料		配比（质量份）
非离子表面活性剂		10～15
生姜提取液		0.5～2
红藤提取液		0.5～2
天然香精		0.1～1
增稠剂		0.1～2
柔顺剂		0.5～0.8
植物抗菌剂		0.05～1
烷基胺类杀菌剂		1～2
杀菌增效剂		0.2～1
防腐剂		0.1～0.5
络合剂		0.1～0.5
去离子水		加至100
天然香精	米兰花提取物	1～2
	紫罗兰提取物	1
	石竹花提取物	1

制备方法 将各组分原料混合均匀即可。

原料介绍 所述天然香精由米兰花提取物、紫罗兰提取物和石竹花提取物复配组合而成。米兰花提取物、紫罗兰提取物、石竹花提取物的质量比为（1～2）：1：1。

所述天然香精各提取物的提取方法为将米兰花、紫罗兰或石竹花均摊在竹筛上，把竹筛分层放入密闭的集香箱的架子上，让米兰花、紫罗兰或石竹花自然吐香，并用引风机把集香箱里米兰花、紫罗兰或石竹花的香气和水分送至冰机冷凝盘中，香气和水分汇聚在冷凝管中液化成液体精油后流入冷盘，最后将冷盘中的液体精油及时收集到密封的不锈钢瓶中，提取时间为10～30min，直到米兰花、紫罗兰或石竹花吐香气完成。

所述植物抗菌剂由香柠檬果提取物、败酱草提取物和石榴皮提取物复配组合而成。

所述非离子表面活性剂为脂肪酸甲酯乙氧基化物和烷基糖苷中的任意一种。

所述防腐剂为碘代丙炔基氨甲酸丁酯、乙内酰脲和苯甲酸钠中的任意一种。

所述络合剂为氨基琥珀酸钠和乙二胺四乙酸钠中的任意一种。

所述烷基胺类杀菌剂为双氨丙基十二烷胺。

所述增稠剂为聚乙二醇二硬脂酸酯和羟乙基纤维素类中的任意一种。

产品特性

（1）本产品通过选用天然植物提取物进行抗菌杀菌、较传统氯酚类和阳离子表面活性剂更加温和，对皮肤无刺激性，能更好地保护穿着者；

（2）产品在使用完毕后，对衣物纤维具有长效抑菌功能，防霉防螨，织物在阴雨天气不容易发霉长霉，保持衣物长期放置清香整洁无霉味；

（3）杀菌抗菌能力强，通过植物抗菌剂、烷基胺类杀菌剂、杀菌增效剂等的配合，能很好地消灭衣物上的细菌。

配方 13　高效去污抗菌洗衣液

原料配比

原料	配比（质量份）					
	1#	2#	3#	4#	5#	6#
椰子油脂肪酸二乙醇酰胺	10	30	13	28	15	20
羧甲基纤维素	12	28	14	25	18	20
有机硅氧烷	5	12	7	11	8	8
天然皂粉	3	10	4	9	8	7
生物酶	2	6	3	5	4	4
草本提取液	10	20	12	18	16	15
柠檬酸钠	3	12	5	11	10	8
乙酸薄荷酯	5	15	6	14	12	10
枧油	2	10	3	9	7	6
仙人掌提取液	12	20	14	18	16	16
花瓣提取液	8	16	9	15	13	12
百里香精油	3	10	4	9	9	7
水杨酰苯胺	5	12	6	11	6	8
去离子水	20	40	25	35	38	30

制备方法

（1）将椰子油脂肪酸二乙醇酰胺、羧甲基纤维素、有机硅氧烷、天然皂粉、生物酶、草本提取液以及 1/2 去离子水混合后加入搅拌釜中搅拌均匀，搅拌釜转速为 200～400r/min，搅拌时间为 10～30min，得到混合液 A；

（2）在混合液 A 中加入柠檬酸钠、乙酸薄荷酯、枧油、水杨酰苯胺混合后加入加热容器中进行低温加热，加热过程中不断搅拌，加热温度为 40℃，加热时间为 10min，之后缓慢冷却至室温，得到混合液 B；

（3）在混合液 B 中加入仙人掌提取液、花瓣提取液、百里香精油以及 1/2 去离子水，混合后再次加入搅拌釜中进行高速搅拌，搅拌速度为 3000r/min，搅拌时间为 30min，得到混合液 C；

（4）将混合液 C 静置 2h，即得到高效洗衣液。

产品特性　本品制备工艺简单，制得的洗衣液能够有效地去除衣物上的污渍，去污能力强，同时还具有抗菌除臭功效。另外，本品中添加仙人掌提取液、花瓣提取液、百里香精油，能够提高洗衣液的抗菌除臭功效，进一步提高了洗涤效果。

配方 14 高效杀菌的内衣洗衣液

原料配比

原料	配比（质量份）		
	1#	2#	3#
脂肪醇聚氧乙烯醚硫酸钠	20	25	16
α-烯基磺酸钠	5	4	6
椰子油脂肪酸二乙醇酰胺	2	3	1
椰油酰胺丙基甜菜碱	4	5	3
卡松	0.1	0.14	0.07
山茶籽油	0.01	0.015	0.008
柠檬酸	0.1	0.12	0.09
有机柔软剂	1	1.3	0.8
增稠剂	2	1.5	2.5
玫瑰精油	0.01	0.007	0.012
香精	0.4	0.45	0.35
去离子水	65.38	59.468	70.17

制备方法

（1）在室温条件下，将脂肪醇聚氧乙烯醚硫酸钠、α-烯基磺酸钠、椰子油脂肪酸二乙醇酰胺、椰油酰胺丙基甜菜碱搅拌均匀，得 A 相；

（2）将去离子水加热至 35℃，加入 A 相，搅拌均匀，得 B 相；

（3）向 B 相中陆续加入卡松、山茶籽油、柠檬酸、有机柔软剂、玫瑰精油、香精，搅拌均匀，然后用增稠剂调至最佳黏稠度，制得高效杀菌的内衣洗衣液。

产品特性　本品含高效洁净因子，深入织物纤维，轻松瓦解血渍以及各种残留物产生的黄渍，温和不伤手；添加柔软剂，可防静电，并能减少衣物变形褪色；添加山茶籽油，有效除异味，防螨除菌；添加玫瑰精油，舒缓敏感；香水型香氛，经典香氛，持续带来愉悦感受；无磷配方，不添加荧光增白剂，更环保，更安心。

配方 15　高效杀菌洗衣液

原料配比

原料	配比（质量份）
去离子水	67.2
70%的脂肪醇聚氧乙烯醚硫酸钠	11.5
椰子油脂肪酸二乙醇酰胺	1.5
脂肪醇聚氧乙烯醚 AEO-9	3.2
脂肪醇聚氧乙烯醚 AEO-7	3.2
50%的过氧化氢溶液	10.0
羟基亚乙基二膦酸	0.4
丙二醇	1.2
N-氧-4-乙烯基吡啶均聚物	0.3
乙氧基聚丙烯聚合物	1.2
香精	0.3

制备方法

（1）按照配比，投入计量好的去离子水；

（2）依次加入脂肪醇聚氧乙烯醚硫酸钠、椰子油脂肪酸二乙醇酰胺搅拌至完全溶解；

（3）加入脂肪醇聚氧乙烯醚 AEO-9、脂肪醇聚氧乙烯醚 AEO-7 至完全溶解；

（4）降温到 35℃时，加入过氧化氢溶液、羟基亚乙基二膦酸、丙二醇，N-氧-4-乙烯基吡啶均聚物、乙氧基聚丙烯聚全物、香精，搅拌至完全溶解，搅拌时间不低于 20min。

产品特性　本品对人体无刺激性，安全性好，且去污能力强，对织物无损伤，具有柔顺、低残留、低刺激等优点，且对衣物具备增艳效果，具有广谱的抗菌作用，对多种细菌等都有抑制作用。

配方 16　高效抑菌洗衣液

原料配比

原料	配比（质量份）			
	1#	2#	3#	4#
橄榄油	1	3	4	5

原料	配比（质量份）			
	1#	2#	3#	4#
椰子油	1	2	3	5
非离子表面活性剂	10	12	14	15
生姜提取液	0.5	1	1.5	2
百香果提取液	0.5	1	1.5	2
天然香精	0.1	0.5	0.8	1
增稠剂	0.1	1	1.5	2
植物抗菌剂	0.05	0.5	0.8	1
去离子水	加至 100	加至 100	加至 100	加至 100

制备方法 按配方量将去离子水放入混合搅拌机中，把去离子水加热至 50～60℃后，加入非离子表面活性剂，搅拌 5～10min，然后加入增稠剂继续搅拌 5～10min；待混合液冷却至 35℃以下时，加入橄榄油、椰子油、生姜提取液、百香果提取液、天然香精和植物抗菌剂，搅拌 10～20min，最后半成品取样检测后过滤、陈化处理，成品抽样检测、灌装、成品包装。

原料介绍 所述非离子表面活性剂为天然油脂乙氧基化物、脂肪醇聚氧乙烯醚、十二烷基葡萄糖苷和椰子油脂肪酸二乙醇酰胺中的一种或多种。

所述天然香精由米兰花提取物、紫罗兰提取物和石竹花提取物复配组合而成，米兰花提取物、紫罗兰提取物、石竹花提取物的质量比为（1～2）：1：1。

所述天然香精各提取物的提取方法为将米兰花、紫罗兰或石竹花均摊在竹筛上，把竹筛分层放入密闭的集香箱的架子上，让米兰花、紫罗兰或石竹花自然吐香，并用引风机把集香箱里米兰花、紫罗兰或石竹花的香气和水分送至冰机冷凝盘中，香气和水分汇聚在冷凝管中液化成液体精油后流入冷盘，最后将冷盘中的液体精油及时收集到密封的不锈钢瓶中，提取时间为 10～30min，直到米兰花、紫罗兰或石竹花吐香气完成。

所述增稠剂为聚乙二醇二硬脂酸酯或羟乙基纤维素类。

所述植物抗菌剂由香柠檬果提取物、败酱草提取物和石榴皮提取物复配组合而成，香柠檬果提取物、败酱草提取物、石榴皮提取物的质量比为（1～2）：1：1。

所述植物抗菌剂各提取物的提取方法是将香柠檬果、败酱草或石榴皮破碎成粉状，用 5～10 倍量的乙醇回流提取 2～3h，连续提取三次，然后将提取液真空浓缩，即得。

产品应用 本品是一种能去除多种顽固污渍的高效抑菌洗衣液。

产品特性 本品采用天然植物油皂基，内含生姜提取液、百香果提取液、椰子油、橄榄油等营养滋润元素，天然温和，遇水速溶释放更多有效成分，全面发挥洗护功效。而且，洗衣液的植物油皂基来自植物原液，温和洗护无刺激，不伤衣物，保护衣物纤维，有效地锁色。植物油皂基结构与油脂相似，能更有效去除油渍、泥渍。

配方 17 广谱灭菌型家庭专用洗衣液

原料配比

原料	配比（质量份）		
	1#	2#	3#
蒸馏水	79.94	78.94	68.94
ABS	5	5	5
AES	4	5	5
尼纳尔	2.5	3	3
碘伏	0.8	0.5	0.5
EDTA	0.7	0.3	0.3
OP-10	5	5	5
香精	0.03	0.03	0.03
色素	0.03	0.03	0.03
食盐	2	2.2	2.2
柠檬酸钠	—	—	5
碱性蛋白酶	—	—	5

制备方法 在常温常压下，按照顺序将蒸馏水、ABS、AES、尼纳尔、碘伏、EDTA、香精、色素、食盐材料混合，搅拌均匀，加入柠檬酸钠及碱性蛋白酶，采用200目尼龙筛网过滤，静置备用。

产品特性 本品具有灭菌、清洁双重作用，能够有效地去除污渍而且还能起到消毒杀菌的作用，还能够对不良染色进行有效的清洗；本品为中性；所用原料易得且成本低；本品使用碘伏具有广谱杀菌作用，可杀灭细菌繁殖体、真菌、原虫和部分病毒。

配方 18　广谱灭菌型酒店专用洗衣液

原料配比

原料		配比（质量份）		
		1#	2#	3#
十二烷基二甲基甜菜碱		20	60	60
十八酰胺丙基二甲胺乙内酯		30	90	90
聚乙烯吡咯烷酮碘		4	12	12
ABS		20	40	40
平平加 O		40	70	70
香精		5	10	10
食盐		2	4	4
蒸馏水		879	714	634
橙皮提取液		—	—	40
烷基多糖苷		—	—	40
聚乙烯吡咯烷酮碘	聚乙烯吡咯烷酮	364	1092	1092
	碘化钾	290.88	872.64	872.64
	OP-10	290.88	872.64	872.64
	碘	3054.24	9162.72	9162.72

制备方法

（1）碘、碘化钾、OP-10 发生聚合反应得到聚合产物；

（2）聚合产物中加入聚乙烯吡咯烷酮发生络合反应得到聚乙烯吡咯烷酮碘；

（3）将十二烷基二甲基甜菜碱、十八酰胺丙基二甲胺乙内酯、聚乙烯吡咯烷酮碘、平平加 O、蒸馏水混合微乳化；

（4）加入食盐、ABS 进行增稠；

（5）加入香精进行增香后包装得到目标产品。

还可选择性加入橙皮提取液、烷基多糖苷。

产品特性

（1）本品具有灭菌、清洁双重作用，能够有效地去除污渍而且还能起到消毒杀菌的作用，还能够对不良染色进行有效的清洗。

（2）本品所得产物为中性。

（3）所选用的原料易得且成本低。

（4）本品使用碘伏具有广谱杀菌作用，可杀灭细菌繁殖体、真菌、原虫和部分病毒。

配方 19　广谱灭菌型手洗专用洗衣液

原料配比

	原料	配比（质量份）
组分 1	碘	76～82
	碘化钾	9～12.5
	OP-10	9～11.5
组分 2	聚乙烯吡咯烷酮	10.5～14.5
	组分 1 所得产物	85.5～89.5
组分 3	十二烷基二甲基甜菜碱	2～4
	十八酰胺丙基二甲胺乙内酯	2～9
	聚乙烯吡咯烷酮碘	0.5～1.5
	ABS	2～6
	平平加 O	2～7
	香精	0.5～1
	食盐	0.5～1
	蒸馏水	70.5～90.5

制备方法

（1）碘、碘化钾、OP-10 发生聚合反应得到聚合产物；

（2）聚合产物中加入聚乙烯吡咯烷酮发生络合反应得到聚乙烯吡咯烷酮碘；

（3）将十二烷基二甲基甜菜碱、十八酰胺丙基二甲胺乙内酯、聚乙烯吡咯烷酮碘、平平加 O、蒸馏水混合微乳化；

（4）加入食盐、ABS 进行增稠；

（5）加入香精进行增香后进行包装得到产品。

产品应用　本品是一种广谱灭菌型手洗专用洗衣液。

产品特性

（1）本品具有灭菌、清洁双重作用。

（2）本品可解决了清洁过程中不能有效杀死被清洁物体上的有害细菌、真菌、原虫和病毒的问题。

（3）本品所得产物 pH 值为中性。

配方 20 过氧体系杀菌洗衣液

原料配比

原料	配比（质量份）				
	1#	2#	3#	4#	5#
脂肪醇聚氧乙烯醚硫酸钠（AES）	6	10	6	8	8
脂肪醇聚氧乙烯醚（AEO-7）	2	6	3	3	4
十二烷基苯磺酸（LAS）	1	6	5	5	3
月桂酰胺丙基甜菜碱（CAB）	2	4	3	4	3
乙二胺四亚甲基膦酸钠（EDTMPS）	0.1	1	0.1	1	0.5
硫酸铁	0.1	2	0.5	1.5	1
过氧化氢	0.5	5	1	3	3
氢氧化钠	0.5	2	0.5	2	1
柠檬酸	0.1	1	0.1	1	0.5
耐氧化无醛香精	0.05	0.5	0.05	0.5	0.25
卡松	0.05	0.1	0.05	0.1	0.08
耐氧化无醛染料	0.05	0.2	0.05	0.2	0.1
氯化钠	0.1	2	0.1	1	2
去离子水	加至 100	加至 100	加至 100	加至 100	加至 100

制备方法

（1）将脂肪醇聚氧乙烯醚硫酸钠加入去离子水中，混合均匀直至形成无色透明液体；

（2）向透明液体中加入十二烷基苯磺酸、氢氧化钠，混合至中和反应完成，形成浅黄色透明溶液；

（3）继续向溶液中加入脂肪醇聚氧乙烯醚、月桂酰胺丙基甜菜碱，混合均匀；

（4）再逐步加入乙二胺四亚甲基膦酸钠、硫酸铁、柠檬酸，混合得到透明黏稠溶液；

（5）待温度恢复至室温后向体系中逐步加入过氧化氢及其他成分，混合均匀得到过氧体系杀菌洗衣液。

所述过氧体系杀菌洗衣液的 pH 值为 4.0~5.0，黏度为 300~1200mPa·s。

产品特性 本品不腐蚀衣物表面纤维，不伤手、不伤衣物，可以有效去除尘土、蛋白、油垢等各种类型的污渍，更能柔顺衣物，可以实现洗涤过程中杀菌率 99.9%。

配方 21 EM 菌洗衣液

原料配比

原料		配比（质量份）		
		1#	2#	3#
EM 菌液		50	70	60
非离子表面活性剂	脂肪酸聚氧乙烯酯	40	—	—
	聚氧乙烯烷基胺	—	60	—
	聚氧乙烯烷基醇酰胺	—	—	50
壳聚糖季铵盐		10	20	15
增稠剂	黄原胶	4	—	—
	卡拉胶	—	8	—
	氯化钠	—	—	8
复合酶制剂	中性蛋白酶	0.25	1.5	1.2
	α-淀粉酶	0.25	1	0.4
	纤维素酶	0.5	0.5	0.4
pH 调节剂	柠檬酸	1	3	—
	柠檬酸钠	—	—	2
香精	薰衣草香精	0.4	—	—
	茉莉香精	—	0.8	—
	玫瑰香精	—	—	0.6

制备方法

（1）按上述 EM 菌洗衣液的质量份称取各原料。

（2）先将 EM 菌液加热至 35～45℃，得到物料 A。

（3）在搅拌状态下，向物料 A 中依次加入非离子表面活性剂和壳聚糖季铵盐，降温至 20～25℃，得到物料 B；搅拌的速度为 80～120r/min。

（4）向物料 B 中依次加入增稠剂、复合酶制剂、pH 调节剂和香精，搅拌至混合均匀，脱气消泡，即得 EM 菌洗衣液；搅拌的速度为 100～200r/min，时间为 30～60min。

原料介绍 EM 菌为有效微生物群的英文缩写，也叫 EM 益生菌原液，是以光合细菌、乳酸菌、酵母菌和放线菌为主的 10 个属 80 余个微生物复合而成的一种微生物菌制剂，作用机理是形成 EM 菌和病原微生物争夺营养的竞争，从而控制病原微生物的繁殖，具有结构复杂、性能稳定、功能齐全的优势。所述 EM 菌液的活菌含量≥$1.0×10^{10}$CFU/g。

所述的 EM 菌液的制备方法为：先取 EM 菌种、红糖和食盐加入无菌水中，然后在 35～37℃条件下密闭发酵 1～2d，得到 EM 液体菌种；然后将 EM 液体菌种和红糖加入无菌水中，在 35～37℃条件下密闭发酵 1～3d，即得 EM 菌液。

壳聚糖季铵盐，是壳聚糖经化学改性而制得的阳离子型天然高分子聚合物，全称为羟丙基三甲基氯化铵壳聚糖，产品为白色或淡黄色粉末状固体，吸湿性强，有爽口的甜味；壳聚糖季铵盐具有良好的抗菌性、成膜性、调理性、吸湿保湿性、生物相容性、生物降解性、絮凝性、抗静电性等性能；壳聚糖季铵盐水溶性好，在酸性、碱性条件下均能溶解，且溶液的稳定性好。

非离子表面活性剂不仅具有很高的表面活性，良好的增溶、洗涤、钙皂分散等性能，优异的润湿和洗涤功能，还具有杀菌、抗静电能力，且生物降解性好，刺激性小。其中，脂肪酸聚氧乙烯酯有很好的洗涤力和油溶性乳化力；聚氧乙烯烷基胺耐酸，具有杀菌性能；聚氧乙烯烷基醇酰胺具有较强的起泡和稳泡作用，以及良好的洗涤力、增溶力和增稠作用。

复合酶制剂可以提高对常规污渍的去除能力。其中，中性蛋白酶是由枯草芽孢杆菌经发酵提取而得，属于一种内切酶，可以帮助去除与蛋白质混合在一起的其他污垢；α-淀粉酶中的 α-1, 4-葡萄糖苷键能够将淀粉链切断成为短链糊精、寡糖和少量麦芽糖和葡萄糖，能够分解去除淀粉污渍；纤维素酶是降解纤维素生成葡萄糖的一组酶的总称，是一种复合酶，主要由外切 β-葡聚糖酶、内切 β-葡聚糖酶和 β-葡萄糖苷酶等组成，能够分解去除纤维污渍。

产品特性

（1）本品将 EM 菌液添加到洗衣液中，其中的乳酸菌等益生菌具有很强的杀菌能力，从而能有效抑制有害微生物的活动，保持衣物清洁。本品 EM 菌液的活菌含量较高，能够充分发挥 EM 菌的抑菌杀菌作用。

（2）本品制备方法简单，制得的 EM 菌液活菌含量较高，抑菌效果好。本品制备方法简单，条件温和，适合大规模工业化生产。

（3）本品去污能力强，抑菌效果好，泡沫丰富，易冲洗，而且性质温和，保护纤维抗静电，无磷不刺激，清馨宜人，持久散发自然花香。

配方 22 护色除菌不伤手的洗衣液

原料配比

原料		配比（质量份）			
		1#	2#	3#	4#
除菌剂	甲基异噻唑啉酮	15	15	15	15

原料		配比（质量份）			
		1#	2#	3#	4#
除菌剂	乙基己基甘油	1	1	1	1
七水亚硫酸铵		25	30	27	29
过碳酸钠		5	8	7	6
氨基酸型表面活性剂		5	7	6	7
改性异构醇醚 PAS-8S 型渗透剂		3	5	4	3
柠檬酸钠		2	4	3	4
脂肪醇硫酸钠		2	3	2.5	2
氯化钠		5	7	6	6
除菌剂		1	3	2	2
聚丙烯酸钠		0.5	1	0.7	0.7
复合蛋白酶		0.3	0.5	0.4	0.4
水溶性香精		0.2	0.6	0.4	0.4
水		100	120	110	115

制备方法 按照质量份将水加入反应釜中，然后将七水亚硫酸铵、过碳酸钠、脂肪醇硫酸钠、氯化钠和聚丙烯酸钠加入，在 50～60℃ 的状态下搅拌混合，待各原料完全溶解并混合均匀后，将反应釜中的温度降至 25～30℃，再加入渗透剂和除菌剂，继续搅拌 5～6min，接下来将复合蛋白酶、水溶性香精和柠檬酸钠混合后加入，然后一边搅拌一边向反应釜中加入氨基酸型表面活性剂，溶液搅拌均匀后，得到所需洗衣液。

原料介绍 所述除菌剂制备方法为：将甲基异噻唑啉酮和乙基己基甘油以 15:1 的质量比混合均匀，得到的混合物即为所需除菌剂。该除菌剂除菌效果优异，为最常见的衣物除菌剂。

所述洗衣液的 pH 值为 6.8～7。

产品特性

（1）该洗衣液为中性洗衣液，有效成分为一些性质温和的物质，在满足清洁效果的基础上，实现了洗涤剂性质的温和无刺激，可以适用于手洗的洗涤方式，即使长期使用，也不会对双手造成伤害，洗涤后的衣服也不会留下刺激性物质，可以应用于婴幼儿等皮肤娇嫩、抵抗力较差的人群衣物的清洁。

（2）该洗衣液中表面活性剂为氨基酸型表面活性剂，香精为水溶性香精，这些物质可以提高洗衣液的防护效果，减小洗衣液对衣物的损伤，并且让洗衣液具有芬芳的气味。

（3）该洗衣液中还使用复合蛋白酶作为清洁物质，可以清洁衣物中的有机物残留，并且不会对色素等无机物造成破坏，可以降低对衣物的损伤，达到护色的效果。该洗衣液还具有很好的除菌效果，可以去除绝大部分污渍。

配方 23　环保抗菌洗衣液

原料配比

原料	配比（质量份）				
	1#	2#	3#	4#	5#
皂树皂苷	0.5	2	0.7	1.5	1.2
仙人掌总皂苷	0.5	3	0.9	2.2	1.8
十二烷基硫酸钠	—	—	—	—	—
椰油酰胺丙基氧化胺	2	5	3	4	3.5
溶菌酶	0.1	0.5	0.2	0.4	0.3
桉树精油	0.1	—	—	—	—
薄荷精油	—	0.3	—	—	—
玫瑰精油	—	—	0.15	—	—
茶树精油	—	—	—	0.25	—
香柠檬精油	—	—	—	—	0.2
失水山梨醇单油酸酯聚氧乙烯醚	3	6	4	5	4.4
黄原胶	0.5	1.5	0.7	1.2	1
乙二胺四乙酸二钠	0.01	0.2	0.05	0.15	0.1
椰油酰胺丙基甜菜碱	2.5	4	3	3.7	3.4
甲壳素	0.01	0.1	0.05	0.09	0.07
枫香树叶提取物	0.1	0.3	0.15	0.25	0.2
去离子水	加至100	加至100	加至100	加至100	加至100

制备方法

（1）将黄原胶加入1/3去离子水中溶解，将枫香树叶提取物、皂树皂苷、仙人掌总皂苷、溶菌酶、精油混合，加入黄原胶溶液中，加入失水山梨醇单油酸酯聚氧乙烯醚，均质，得到乳化液，将乳化液进行低温速蒸，得到微球；低温速蒸的条件为将压力降至0.05MPa，加热至55℃，以400r/min转速边搅拌边蒸发。

（2）将椰油酰胺丙基氧化胺、乙二胺四乙酸二钠、甲壳素溶于剩下的去离子水中，加入步骤（1）制得的微球和椰油酰胺丙基甜菜碱，均质，得到环保抗菌洗衣液；均质条件为11000r/min转速下均质3min。

原料介绍 所述仙人掌总皂苷的制备方法如下：

（1）将仙人掌冲洗干净后，粉碎至 50～100 目，50～70℃干燥 1～3h，得到粉末，含水量在 1%～5%；

（2）将 0.5～0.7kg 步骤（1）得到的粉末加入 WZJ-6BI 型振动式超微粉碎机内，加入 70～80 个介质，超微粉碎 15～30min，得到超微粉，控制粒径在 100～300 目；

（3）将步骤（2）得到的超微粉加入丙三醇中，固液比为 1g：（5～10）mL，1000～1200W 超声波萃取 20～40min，0.22μm 微孔滤膜过滤，按照体积比 1：（0.8～1.5）将滤液加入丁酮-甲乙醚混合溶剂中沉淀，5000～10000r/min 离心 10～20min，收集沉淀，用清水洗涤 2～3 次，50～70℃干燥 1～3h，得到仙人掌总皂苷。

所述丁酮-甲乙醚混合溶剂中丁酮和甲乙醚的体积比为（1～3）：1。

所述植物皂苷为仙人掌总皂苷和皂树皂苷质量比为（1～3）：1 的混合物。

产品特性

（1）本品将仙人掌总皂苷作为表面活性剂用于洗衣液配方，提高洗涤效果，去污能力强，抗菌抑菌效果好。

（2）本品性能温和，安全无刺激；使用过程中不会引起化学残留，特别适合婴儿衣物的洗涤。

配方 24 黄藤抑菌洗衣液

原料配比

原料	配比（质量份）				
	1#	2#	3#	4#	5#
十二烷基苯磺酸钠	8	12	9	11	10
乳化剂	4	13	7	10	8
表面活性剂	15	40	20	35	27
金刚藤提取物	1	5	2	4	3
黄藤提取物	5	10	6	8	7
去离子水	15	30	20	25	23

制备方法

（1）按照原料的比例，将十二烷基苯磺酸钠、乳化剂和去离子水进行混合，放入搅拌机中搅拌至完全溶解，得到混合液 A。所述搅拌温度为 50～100℃，搅拌速度为 200～1200r/min。

（2）将步骤（1）得到的混合液 A 冷却至 5～50℃，依次加入表面活性剂、金刚藤提取物和黄藤提取物，加入各物质的间隔时间为 5min，同时搅拌至均匀，搅拌速度为 100～800r/min，静置，即可得到所述洗衣液。

原料介绍 所述金刚藤提取物是按照如下方法得到的：将干燥中药材金刚藤粉碎过 40 目筛，按照每克金刚藤加 40～60mL 提取溶剂的比例，以体积分数为 90%的乙醇为提取溶剂，65～75℃回流提取 2～3h，过滤，收集滤液，记为第一次滤液；向滤渣中加入与提取第一次滤液相同体积的体积分数为 90%的乙醇，按与提取第一次滤液相同的方法再提取一次得到第二次滤液；合并第一次滤液和第二次滤液，浓缩除去乙醇，得到金刚藤提取物。

所述黄藤提取物是按照如下方法得到的：将干燥中药材黄藤粉碎过 40 目筛，按照每克黄藤加 15～20mL 提取溶剂的比例，以体积分数为 70%的乙醇为提取溶剂，90℃回流提取 1～2h，离心、过滤，收集滤液，记为第一次滤液；向滤渣中加入与提取第一次滤液相同体积的体积分数为 70%的乙醇，按与提取第一次滤液相同的方法再提取一次得到第二次滤液；合并第一次滤液和第二次滤液，浓缩除去乙醇，得到黄藤提取物。

所述表面活性剂为烷基糖苷、脂肪酸钾皂中的一种或两种。

产品特性 本品洗衣液中加入中药抑菌抗菌成分，不仅可以有效地对衣物中的细菌进行抑制，同时来源广泛，不会产生类似有机抑菌物污染环境的问题。所含金刚藤为民间常用中药，广泛分布于我国长江以南，资源丰富，价格低廉，对黄色葡萄球菌和大肠杆菌均有明显的抑菌作用，尤其对金黄色葡萄球菌的抑菌作用较强，而黄藤对柯氏表皮癣菌等多种真菌具有不同程度的抑制作用，对白色念珠菌浅部或深部感染均有良好的疗效，两者复配使用，两种活性成分可以相互配合、相互补充，协同作用，抗菌的效果更好，实用性强。

配方 25 活氧抑菌洗衣液

原料配比

原料	配比（质量份）									
	1#	2#	3#	4#	5#	6#	7#	8#	9#	10#
脂肪醇聚氧乙烯醚	10	50	15	45	20	30	40	25	35	30
聚丙烯酸钠	5	30	8	28	10	15	20	28	12	15
聚氧乙烯辛基苯酚醚-10	20	150	30	130	50	75	100	80	60	75

续表

原料	配比（质量份）									
	1#	2#	3#	4#	5#	6#	7#	8#	9#	10#
三氧化油	0.5	5	1	4	1	1.5	3	2	2	2
卡波姆	0.5	5	4	1	1	2	3	2	2	2
蛋白酶	1	10	2	8	3	5	7	4	6	5
防腐剂	0.2	1	0.5	0.2	0.2	0.5	0.6	0.3	0.5	0.4
香精	4	9	4	8	1	3	7	2	6	4
去离子水	300	800	700	750	400	500	700	600	450	550

制备方法

（1）按照上述各组分的质量份，称取脂肪醇聚氧乙烯醚、聚丙烯酸钠、聚氧乙烯辛基苯酚醚-10、三氧化油、卡波姆、蛋白酶、添加剂、去离子水；

（2）将去离子水与脂肪醇聚氧乙烯醚、聚氧乙烯辛基苯酚醚-10、卡波姆在70～80℃的温度下进行混合，得到混合物 A；

（3）将混合物 A 与聚丙烯酸钠、三氧化油、蛋白酶在40～50℃的温度下进行混合，得到混合物 B；

（4）将混合物 B 与添加剂在25～35℃的温度下进行混合，得到所述活氧抑菌洗衣液。

原料介绍　在本品中，三氧化油是一种新型的抑菌剂，三氧化油分解后释放的活氧 O_3 具有强氧化性，可直接与细菌、病毒发生作用，破坏其细胞器和核糖核酸，分解细菌、病毒的 DNA、RNA，使细菌的物质代谢生产和繁殖过程受到破坏，起到高效抑菌的作用。常见的血渍、奶渍、果渍等都属于蛋白质、脂质类和多糖大分子污渍，三氧化油对蛋白质、脂质类和多糖大分子也有非常强的分解能力，臭氧急性毒性实验显示 $LD_{50} > 5000mg/kg$，无毒；且对皮肤、黏膜、眼等均无刺激作用，由于健康细胞具有强大的氧化平衡酶系统，因而臭氧对健康细胞无害。所述添加剂包括防腐剂和香精中的至少一种。

产品特性　本品将传统抑菌洗衣液中对皮肤刺激性大且抑菌效果差的抑菌成分二甲苯酚替换成三氧化油，不仅可以提高洗衣液的抑菌效果，而且还无毒副作用，对皮肤刺激小，并且对蛋白类污渍，如血渍、白带、尿渍、奶渍等，有更强的清洁能力。

配方 26　酵素抗菌洗衣液

原料配比

原料	配比（质量份）
酵素	8～10
无患子	10～15
皂角	5～10
红糖	1～5
艾叶油	0.5～0.8
野菊花提取物	0.5～1
苦楝子提取物	0.5～1
水	适量

制备方法　准备好所有的原料之后，将无患子、皂角洗净并消毒，然后装入发酵罐，倒入酵素、红糖、艾叶油、野菊花提取物、苦楝子提取物和适量的水，搅拌均匀，发酵3个月过滤即可得到酵素抗菌洗衣液，在发酵的第一个月，每隔一天打开发酵罐搅拌和放气，之后密封静置，让其自然发酵。

原料介绍　所述酵素按以下制作方法制得：将果蔬洗净、消毒，并与红糖和水按1∶1∶8的比例置于发酵罐中发酵，过滤即得，所用发酵时间为12～36个月，在发酵的第一个月，每天打开发酵罐搅拌和放气，之后密封静置，让其自然发酵。

所述的野菊花提取物为野菊花水提取物，具体的制备方法为：将野菊花干燥、除尘，然后研磨成粉，按照1∶（18～22）的比例加入蒸馏水，搅拌均匀，密封静置10～13h后，过滤，取其滤液，蒸发浓缩至所加蒸馏水的1/10，冷却之后置于2～5℃的保鲜柜中储存备用。

所述苦楝子提取物为苦楝子乙醇提取物。

产品特性

（1）本品加入了艾叶油、野菊花提取物和苦楝子提取物，使洗衣液具有较强的杀菌、抗菌的作用；

（2）本品野菊花提取物采用野菊花水提取物，所得到的提取物的活性较强；

（3）本品采用的酵素发酵时间为一年以上，所得到的酵素分子较小，有利于去除污渍和抗菌；

（4）本品能有效地去除污渍，天然无添加，不伤衣物、不伤手，不会造成水质污染，符合当今安全环保的理念。

配方27　结构化长效留香强效抑菌洗衣液

原料配比

原料	配比（质量份）				
	1#	2#	3#	4#	5#
脂肪醇聚氧乙烯醚硫酸钠（AES）	5	7.5	10	7.5	7.5
脂肪醇聚氧乙烯醚 AEO-7	2	4	6	4	4
十二烷苯磺酸	2	4	6	4	4
月桂酸酰胺基丙基甜菜碱（CAB）	2	3	4	3	3
甲酸钙	0.05	1	2	0.5	0.2
甲酸钠	0.5	0.1	0.2	0.05	2
月桂酸	1	1.5	2	1.5	1.5
油酸	1	1	2	1	1
氢氧化钾	0.5	0.7	1	0.7	0.7
氢氧化钠	0.5	1.3	2	1.3	1.3
柠檬酸	0.1	0.5	1	0.5	0.5
氯化钠	0.1	1	2	1	1
香精	0.1	1	1	1	1
香精微胶囊	0.3	1.2	2	1.2	1.2
卡松	0.05	0.07	0.1	0.07	0.07
染料	0.05	0.25	0.5	0.25	0.25
去离子水	加至100	加至100	加至100	加至100	加至100

制备方法

（1）将脂肪醇聚氧乙烯醚硫酸钠加入去离子水中，搅拌均匀，直至形成无色透明黏稠液体；

（2）向步骤（1）的无色透明黏稠液体中加入十二烷苯磺酸和氢氧化钠，搅拌至中和反应完成，形成浅黄色透明溶液；

（3）向步骤（2）的浅黄色透明溶液中加入脂肪醇聚氧乙烯醚和月桂酸酰胺基丙基甜菜碱，搅拌均匀；

（4）继续向溶液中加入月桂酸、油酸、氢氧化钾，搅拌至中和反应完成，得到透明黏稠溶液；

（5）将步骤（4）中的透明黏稠溶液放置至室温后，再加入甲酸钙、甲酸钠、柠檬酸、氯化钠、香精、香精微胶囊、卡松和染料，搅拌均匀，得到结构化长效留香强效抑菌洗衣液。

洗衣液的黏度为 300～1200mPa·s，pH 值为 7.0～8.0。

产品特性

（1）本品为中性配方体系，不伤手不伤衣物，黏度适中；通过脂肪醇聚氧乙烯醚硫酸钠、脂肪醇聚氧乙烯醚、十二烷苯磺酸钠和月桂酸酰胺基丙基甜菜碱共同组成复合表面活性剂体系，泡沫细腻丰富，可以有效去除尘土、油垢等各种类型的污渍，月桂酸酰胺基丙基甜菜碱更能柔顺衣物。

（2）本品既具有清洗和去污的功能，同时也具有长效留香和高效抑菌的效果；并且其制备方法操作简单，可适用于大规模生产。

配方 28　抗菌洗衣液（一）

原料配比

原料	配比（质量份）		
	1#	2#	3#
琼脂	0.5	2	1
羟乙基纤维素	1	2	2
乙烯基磺酸	20	30	15
过氧化物酶	2	3	2
淀粉酶	2	3	0.5
脂肪醇聚氧乙烯（9）醚	1	1	3
脂肪醇聚氧乙烯（7）醚	4	3	1
聚二甲基硅氧烷	0.5	0.5	2
脂肪醇聚氧乙烯醚硫酸钠	3	7	4
高效抗菌添加剂	0.06	0.15	0.1
乙二胺四乙酸二钠	4	10	0.5
30%氢氧化钠水溶液	11	19	8
去离子水	260	300	200

制备方法

（1）在配料桶中依次加入去离子水、乙烯基磺酸、脂肪醇聚氧乙烯（9）醚、脂肪醇聚氧乙烯（7）醚、聚二甲基硅氧烷、脂肪醇聚氧乙烯醚硫酸钠，搅拌均匀后加入乙二胺四乙酸二钠、30%氢氧化钠水溶液，调节溶液 pH 值为 8.5～9.5。

（2）向步骤（1）的溶液中加入琼脂、羟乙基纤维素，搅拌分散 15～20min。

（3）向步骤（2）的溶液中依次加入过氧化物酶、淀粉酶和高效抗菌添加剂，在 35～40℃下保温搅拌 1.5～2h，即得到具有抗菌功能的洗衣液。

原料介绍　高效抗菌添加剂本身含有季铵盐，再加上其以化学键的形式引入了水溶性良好的 D-木糖，大大提高了高效抗菌添加剂的水溶性能，增加了与洗衣液其他组分的配伍性，并加快了在洗涤过程中的分散速度，可全方位地对洗涤物上的各种细菌进行杀菌处理，且由于具有良好水溶性，降低了被洗物上高效抗菌添加剂的残留；木糖常作为碳源进行细菌培养，正是基于木糖这种易被细菌利用的性能，可更加高效快速地被细胞吸收，进而抗菌官能机构发挥破坏细菌细胞的作用，从而杀死细菌。

所述的高效抗菌添加剂的制备方法为：

（1）在微波反应器中加入 0.20mol 2-溴-3-戊酮、0.21～0.23mol 氨基硫脲、5～10mmol 催化剂以及 300mL 乙腈，在温度为 80～85℃下微波加热 1～2h，反应结束后，经过滤、滤液萃取、干燥，即得到肼基噻唑化合物。滤液萃取具体为：采用 100～150mL 20%的碳酸氢钠水溶液洗涤滤液，接着向其中加入 150～200mL 乙酸乙酯，充分混合后，分液分离出有机层，旋转蒸发除去溶剂。

（2）将 0.1mol 肼基噻唑化合物 A、0.11～0.12mol D-木糖和 500mL 无水乙醇加入反应釜中，室温下边搅拌边滴加 8～10mL 乙酸，滴加完毕后，边搅拌边升温至 80～85℃，保温搅拌反应 2～4h，反应结束后，冷却到室温，过滤，洗涤，烘干，即得到噻唑糖苷衍生物；洗涤为将过滤后的滤饼采用 50mL 无水乙醇洗涤 3 次。

（3）向步骤（2）制备的噻唑糖苷衍生物 B 中加入 300～400mL 50%乙醇水溶液，边搅拌边升温至 80～85℃，逐滴滴加 0.1～0.15mol 硫酸二甲酯，滴加完毕后，继续保温反应 4～5h，反应结束后，减压蒸馏除去溶剂以及未反应的硫酸二甲酯，采用 100mL 乙醚对固体产物进行洗涤，经干燥后即得到高效抗菌添加剂。

所述的催化剂为氯化二氧化硅，其制备方法为：将 1g 二氧化硅加入搅拌器中，加入 100mL 去离子水搅拌均匀，加热至 45～50℃，逐滴滴加 20～25mL 10%的盐酸水溶液，加入完毕后继续保温搅拌 30～45min，冷却到室温，过滤，在 45～50℃下减压干燥 8～10h，即得到氯化二氧化硅。

产品特性　洗衣液中添加了具有良好水溶性的高效抗菌添加剂，其含有 N 正离子和噻唑双抗菌官能结构，大大提高了洗衣液中抗菌剂的抗菌功效，且杀菌更加广谱，无残留。

配方 29 抗菌洗衣液（二）

原料配比

原料		配比（质量份）		
		1#	2#	3#
聚乙烯醇树脂		36	38	46
十二烷基苯磺酸钠		28	25	25
柠檬酸钠		29	26	26
茶皂素		32	30	28
植物精油		15	11	13
复合抗菌剂	载纳米铜、季铵阳离子蒙脱土、蒽醌和纳米 TiO_2 的混合物	18	14	16
抗氧剂	十八烷基 3-（3,5-二叔丁基-4-羟基苯基)丙酸酯、4-[（4,6-二辛硫基-1,3,5-三嗪-2-基)氨基]-2,6-二叔丁基苯酚和 N, N'-双[3-（3,5-二叔丁基-4-羟基苯基）丙酰基]己二胺的混合	8	8	11
稳定剂		12	15	12
抗粘连剂	水溶性淀粉、羟甲基纤维素和氯化钙的混合物	13	16	13
润滑剂	硬脂酸钙、硬脂酸锌和硬脂酸镁的混合物	17	18	20
去离子水		42	39	39

制备方法

（1）将聚乙烯醇树脂、十二烷基苯磺酸钠和柠檬酸钠混合加入反应釜中，在220～300℃下加热至熔化，再搅拌均匀，在80～90℃下保温，得到材料一；

（2）向材料一中加入抗氧剂、润滑剂和去离子水，升温至150～180℃，在80～100r/min 的转速下搅拌至无沉淀，得到材料二；

（3）向材料二中加入茶皂素、植物精油，在60～80r/min 的转速下搅拌20～30min，再调节 pH 值在6～8，得到材料三；

（4）向材料三中加入复合抗菌剂、稳定剂和抗粘连剂，在60～80℃下加热并搅拌30～40min，再过滤去除杂质，静置4～6h，即可得到成品。

原料介绍　本品中的十二烷基苯磺酸钠是常用的阴离子表面活性剂，具有良好的表面活性，亲水性较强，可有效降低油-水界面的张力，达到乳化作用。十二烷基苯磺酸钠是中性的，不易氧化，起泡力强，去污力高，易与各种助剂复配，成本低，是非常出色的阴离子表面活性剂。

本品中的茶皂素是一种性能良好的天然非离子表面活性剂，具有良好的乳化、分散、发泡、湿润等功能。

所述的抗氧剂为十八烷基 3-(3,5-二叔丁基-4-羟基苯基)丙酸酯、4-[(4,6-二辛硫基-1,3,5-三嗪-2-基)氨基]-2,6-二叔丁基苯酚和 *N*, *N*'-双[3-(3,5-二叔丁基-4-羟基苯基)丙酰基]己二胺中的任一种或几种的混合物。

所述的润滑剂为硬脂酸钙、硬脂酸锌和硬脂酸镁中的任一种或多种的混合物。

所述复合抗菌剂为纳米铜、季铵阳离子蒙脱土、蒽醌和纳米 TiO_2 中的任一种或多种的混合物。

所述的抗粘连剂为水溶性淀粉、羟甲基纤维素和氯化钙中的任一种或多种的混合物。

产品特性

（1）本品制备工艺简单，成本低廉，可用于工业化大规模生产，获得的洗衣液具有环境友好和可生物降解的性能，对人体无毒无害，不含有对人体皮肤的刺激性物质。

（2）本品配方合理、抗菌效果好、去污力强、低泡易冲洗，将杀菌和清洁功能融为一体，节能环保。

配方 30　抗菌洗衣液（三）

原料配比

原料	配比（质量份）		
	1#	2#	3#
椰子油液体皂基	20	45	60
碳酸氢钠	6	14	20
植物提取液	2	3	6
水解小麦蛋白	2	3	4
柠檬酸	0.1	0.2	0.3
柠檬香精	0.3	0.5	0.7

制备方法　将椰子油液体皂基、碳酸氢钠和植物提取液混合搅拌，将混合物升温至 70～80℃，加热时间为 20～30min，再加入水解小麦蛋白和柠檬酸，搅拌均匀后静置至室温，静置时间为 10～15min，最后加入香精，搅拌后得到成品。

原料介绍　所述椰子油液体皂基由椰子油、氢氧化钾和水混合配制而成。

所述植物提取液为百里香提取液和鼠尾草提取液混合配制而成。

所述香精为柠檬香精、薰衣草香精和玫瑰香精中的任意一种。

产品特性

（1）本品成分温和，配比优良，椰子油液体皂基能够有效地去除衣服上的污物，同时不伤害皮肤；碳酸氢钠与椰子油液体皂基搭配，具有加强去污力度、消除衣物异味的功效；百里香提取液和鼠尾草提取液是天然的杀菌剂，具有较强的杀菌、抗菌的功效，对金黄色葡萄球菌、大肠杆菌、绿脓杆菌和白色念珠菌有很好的抑制效果；水解小麦蛋白是天然柔顺剂，能深入理顺植物纤维。

（2）本品易冲洗，不含磷、色料、荧光剂、漂白剂，能够有效地去除衣物上的污物，不伤衣物纤维，柔顺衣物，具有高生物分解度，同时具有较强的杀菌、抑菌的功效。

配方 31　抗菌洗衣液（四）

原料配比

原料	配比（质量份）		
	1#	2#	3#
金银花	1.3	1.4	1.5
连翘	1.1	1.2	1.3
黄芪	1.2	1.3	1.4
丹皮	1.1	1.2	1.3
抗菌剂	1	2	3
消毒剂	1.6	—	1.8
表面活性剂	10	12	14
助洗剂	4	5	6
香精	0.4	0.6	0.8
水	加至 100	加至 100	加至 100

制备方法

（1）取金银花、连翘、黄芪、丹皮分别进行超微粉碎后，过 200～300 目筛，然后在 70～80℃条件下蒸制 40～50min，蒸制完成后取出，得粉状抑菌添加剂，备用；

（2）先将水加入配料罐中，开启搅拌，把抗菌剂、消毒剂、表面活性剂、助洗剂、香精、粉状抑菌添加剂混合搅拌均匀；

（3）最后将配料罐的温度降至 20～30℃，并且沉降 12h 过滤即可。

原料介绍　所述抗菌剂为硝酸银。

所述消毒剂为二氧化氯溶液。

所述表面活性剂由烷基苯磺酸、脂肪醇聚氧乙烯醚硫酸钠、脂肪醇聚氧乙烯醚混合而成组成物。

所述助洗剂为三聚磷酸钠、4A 沸石、碳酸钠组成的混合物。

产品特性　本品配方中加入金银花、连翘、黄芪、丹皮比较常见的中药抑菌添加剂，使得洗衣液在洗衣物时可以长时间遗留抑菌成分，可抑制细菌在衣物上生长，且洗衣液中添加抑菌剂、消毒剂可以清洗掉衣物上的细菌或污点，洗涤效果较好。

配方 32 　抗菌抑菌洗衣液（一）

原料配比

原料		配比（质量份）			
		1#	2#	3#	4#
水溶性季铵盐	十二烷基二甲基苄基氯化铵（45%，1227）	3.5	5.5	3.5	2.5
	双癸烷基二甲基氯化铵（70%，DDAC）	2	—	2	3
辅助杀菌剂	聚乙二醇（PEG-8000）	1	1	1	0.5
表面活性剂	脂肪醇聚氧乙烯醚（AEO-9）	3	3	8	5
	椰油酰胺丙基甜菜碱（35%，CAB-35）	4	4	—	—
	脂肪醇聚氧乙烯醚葡糖苷（50%，AEG050）	1	1	—	—
	椰油基甲基单乙醇酰胺（6511）	2	2	2	4
聚乙二醇 6000 双硬脂酸酯（638）		3.5	3.5	3.5	2
香精	薰衣草香精	0.4	0.4	0.4	0.4
色素	亮蓝色素	0.01	0.01	0.01	0.01
去离子水		加至 100	加至 100	加至 100	加至 100

制备方法

（1）将成分表中的固体药品或者膏状药品提前溶解在水中，必要时进行加热，配制成相应浓度的水溶液备用；

（2）在带有机械搅拌的反应釜中，分别加入上述含量的水溶性季铵盐、聚乙二醇、表面活性剂、聚乙二醇 6000 双硬脂酸酯（638）、香精、色素，然后加入去离子水补充余量；

（3）将上述混合溶液机械搅拌一定时间，搅拌所需时间为 0.5～3h；

（4）将上述搅拌均匀的溶液进行灌装即可得到所述的具有抗抑菌功能的洗衣液。

原料介绍 所述的聚乙二醇 6000 双硬脂酸酯（638）为增稠剂。

所述的脂肪醇聚氧乙烯醚也作为辅助杀菌剂。

所述的香精为植物香精中的玫瑰香精、茉莉香精、薰衣草香精、檀香香精、薄荷香精、草莓香精等中的一种。

所述的色素为食品级亮蓝色素、血红色素、淡黄色素等中的一种。

产品特性

（1）本品将季铵盐抗菌剂与其他辅助杀菌剂复合起来，利用辅助杀菌剂的协同增效作用，既可以克服季铵盐抗菌剂的细菌耐药性，又可以减少季铵盐抗菌剂的用量。

（2）本品所用的主要有效杀菌成分为无毒环保的水溶性季铵盐，将单双链季铵盐进行复配，可以大大增强对衣物长效杀菌、抑菌、除螨、防霉的效果。

（3）本品加入的辅助杀菌剂在原有配方的基础上可以大幅提高杀菌剂的杀菌效果，具有用量少、杀菌效果好、杀菌谱广的优点。

（4）本品选用多种非离子及两性离子型表面活性剂，不仅起到协同杀菌的作用，而且大大提高了抗抑菌洗衣液的去污能力，能够有效去除衣物顽固污渍。

（5）本品制备工艺简单，对设备要求较低，成本相对低廉。

（6）本品绿色、环保、无腐蚀性、无刺激性、无毒副作用。

（7）本品去污除垢能力强，不损伤衣物表面，且对金黄色葡萄球菌、大肠杆菌、白色念珠菌、铜绿假单胞菌等病菌消毒效果显著。

配方 33　抗菌抑菌洗衣液（二）

原料配比

原料	配比（质量份）						
	1#	2#	3#	4#	5#	6#	7#
月桂醇聚氧乙烯（3）醚磺基琥珀单酯二钠	4	4	4	4	2	5	2
十二烷基苯磺酸钠	2	2	2	2	1	1	1
脂肪醇聚氧乙烯醚硫酸钠	4	4	4	4	3	3	1
脂肪醇聚氧乙烯醚	3	3	3	3	2	2	2
椰油酰胺丙基氧化胺	2	2	2	2	2	3	2
丙三醇	3	3	3	3	3	5	4

续表

原料		配比（质量份）						
		1#	2#	3#	4#	5#	6#	7#
青花椒提取物		0.6	0.4	0.64	0.7	0.6	0.6	0.6
银离子抗菌剂		0.2	0.4	0.16	0.1	0.2	0.2	0.2
增稠剂	椰子油脂肪酸二乙醇酰胺（6501）	1	1	1	1	1	1.6	1.6
蛋白酶		0.2	0.2	0.2	0.2	0.15	0.2	0.18
pH 调节剂	柠檬酸	0.2	0.2	0.2	0.2	0.12	0.2	0.1
香精		0.1	0.1	0.1	0.1	0.12	—	—
水		加至 100	加至 100	加至 100	加至 100	加至 100	加至 100	加至 100

制备方法

（1）将月桂醇聚氧乙烯（3）醚磺基琥珀单酯二钠、十二烷基苯磺酸钠和脂肪醇聚氧乙烯醚硫酸钠加入至水中，加热搅拌至完全溶解，加入脂肪醇聚氧乙烯醚和椰油酰胺丙基氧化胺，继续搅拌直至全部溶解，加入青花椒提取物和银离子抗菌剂，搅拌均匀，冷却；搅拌转速保持为 50～200r/min。

（2）将丙三醇和蛋白酶混合后加入步骤（1）的混合物中，搅拌均匀。

（3）在步骤（2）的混合物中加入增稠剂和 pH 调节剂，也可选择性加入香精搅拌均匀，得到所述抗菌抑菌洗衣液。

原料介绍 月桂醇聚氧乙烯（3）醚磺基琥珀单酯二钠是一种阴离子表面活性剂，具有分子结构可变性强、无污染、去污能力优良等特点。十二烷基苯磺酸钠不易氧化，起泡力强，去污力高，易与各种助剂复配，成本较低，合成工艺成熟，应用领域广泛，是非常出色的阴离子表面活性剂。脂肪醇聚氧乙烯醚硫酸钠易溶于水，具有优良的去污、乳化、发泡性能和抗硬水性能，温和的洗涤性质不会损伤皮肤。脂肪醇聚氧乙烯醚与其他表面活性剂的配伍性好，低温洗涤性能好。椰油酰胺丙基氧化胺有优良的溶解性和配伍性、优良的发泡性和显著的增稠性，还具有低刺激性和杀菌性，与其他表面活性剂配伍使用能显著提高洗衣液产品的柔软、调理和低温稳定性。本品的表面活性剂采用特定比例的月桂醇聚氧乙烯（3）醚磺基琥珀单酯二钠、十二烷基苯磺酸钠、脂肪醇聚氧乙烯醚硫酸钠、脂肪醇聚氧乙烯醚和椰油酰胺丙基氧化胺配伍，能够协同提升体系的去污能力，使其具有更好更快的去油污性，兼具低泡和柔软性能。所述青花椒提取物和银离子抗菌剂的质量比为 1∶1～7∶1。

所述 pH 调节剂为氢氧化钠、碳酸钠、柠檬酸中的至少一种。

所述增稠剂为椰子油脂肪酸二乙醇酰胺（6501）或氯化钠。

产品特性

（1）本品的银离子能够与细胞膜及膜蛋白质结构结合，导致细胞立体结构损伤，发挥良好的抗菌抑菌效果。青花椒提取物对大肠杆菌、金黄色葡萄球菌等均有不同程度的抑制作用，本品的银离子抗菌剂与青花椒提取物配伍，制备得到的洗衣液产品具有广谱性，抑菌效果持久显著，且不损伤衣物。蛋白酶具有天然、环保、无毒、高效去除蛋白污渍的特点，且与上述阴离子及非离子表面活性剂具有良好的配伍性和相容性。

（2）本品具有良好的溶解性，对皮肤刺激小，易漂洗，且去污能力强。

（3）本品制备工艺简单，抗污渍再沉积能力好。

配方 34 具有驱虫功能的防掉色洗衣液

原料配比

原料	配比（质量份）				
	1#	2#	3#	4#	5#
苦参	3	6	4	5	4.5
薄荷	4	8	5	7	6
板蓝根	5	10	6	8	7
增稠剂	5	10	6	9	8
衣物消泡剂	1.5	2.5	1.8	2.2	2
非离子表面活性剂	3.0	5	3.5	4.5	4
去离子水	加至 100	加至 100	加至 100	加至 100	加至 100

制备方法

（1）取苦参、薄荷和板蓝根粉碎过 50 目筛，然后加入适量去离子水，在温度为 50℃的恒温水中浸泡 24h 处理，然后过滤得滤液 A；

（2）将滤液 A 加入配料罐内加入余量去离子水，利用搅拌电机带动搅拌叶片进行搅拌，并加热至 50～70℃后保温；

（3）向配料罐中加入增稠剂和衣物消泡剂，搅拌 30min 至溶液为透明状，过滤后得透明滤液 B；

（4）向滤液 B 中加入非离子表面活性剂，并调节溶液的 pH 值为 6.8～7.5，得到洗衣液成品。

原料介绍 所述苦参、薄荷以及板蓝根的含水率不超过 8%。

所述非离子表面活性剂为异构醇聚氧乙烯醚、脂肪醇聚氧乙烯醚、椰子油脂肪酸乙二醇酰胺的混合物。所述异构醇聚氧乙烯醚、脂肪醇聚氧乙烯醚、椰子油脂肪酸乙二醇酰胺的比例为 1.0∶0.5∶1.5。

产品特性 本品抑菌率为 99.2%，杀菌率为 99.3%，蚊虫叮咬率为 15%，掉色率为 8.2%。

配方 35 具有杀菌功能的洗衣液

原料配比

原料		配比（质量份）		
		1#	2#	3#
阴离子表面活性剂		20	12	16
非离子表面活性剂		13	5	9
杀菌剂		8	6	7
增稠剂	羧甲基纤维素钠	4	—	—
	海藻酸钠	—	1	—
	氯化钠	—	—	2.5
柔顺剂	EQ200	2	—	1.7
	EQ400	—	1.5	—
去离子水		加至 100	加至 100	加至 100
阴离子表面活性剂	脂肪醇聚氧乙烯醚硫酸钠	1	1	1
	烷基苯磺酸钠	1.5	2	1.7
非离子表面活性剂	烷基酚聚氧乙烯醚	1	1	1
	脂肪醇聚氧乙烯醚	1	1.6	1.3
杀菌剂	艾叶提取液	1	1	1
	薄荷提取液	1	1	1
	生姜提取液	0.8	1	0.9
	金银花提取液	0.6	0.4	0.5

制备方法

（1）制备杀菌剂；

（2）按质量份称取阴离子表面活性剂、非离子表面活性剂、杀菌剂、增稠剂、柔顺剂、去离子水；

（3）将阴离子表面活性剂、非离子表面活性剂和去离子水加入搅拌器中，搅拌均匀后得混合液 A，将混合液 A 倒入反应釜中加热至 50～60℃；

（4）向步骤（3）加热处理的混合液 A 中加入杀菌剂并搅拌均匀，冷却至常温；

（5）向经步骤（4）处理的混合液 A 中依次加入增稠剂和柔顺剂，搅拌均匀后即得洗衣液。

原料介绍　所述的阴离子表面活性剂为脂肪醇聚氧乙烯醚硫酸钠和烷基苯磺酸钠的混合物，脂肪醇聚氧乙烯醚硫酸钠和烷基苯磺酸钠的质量比为1：（1.5～2）。

所述的非离子表面活性剂为烷基酚聚氧乙烯醚和脂肪醇聚氧乙烯醚的混合物，烷基酚聚氧乙烯醚和脂肪醇聚氧乙烯醚的质量比为1：（1～1.6）。

所述的杀菌剂为艾叶提取液、薄荷提取液、生姜提取液和金银花提取液的混合物，艾叶提取液、薄荷提取液、生姜提取液和金银花提取液的质量比为1：1：（0.8～1）：（0.4～0.6）。

所述的柔顺剂为EQ200或EQ400。

所述的增稠剂为羧甲基纤维素钠、海藻酸钠或氯化钠。

所述杀菌剂的具体制备过程如下：

（1）制备艾叶提取液：取干艾叶进行粉碎，加入艾叶质量8～12倍体积分数为70%～80%的乙醇溶液，加热回流提取3次，过滤，得到滤液，将滤液减压回收乙醇，得到艾叶提取液；

（2）制备薄荷提取液：将薄荷加入其4倍质量的水中浸泡8h，再加热至70～90℃，保持1～2h，过滤，即得薄荷提取液；

（3）制备生姜提取液：将生姜加入其5倍质量的水中浸泡12h，再加热至70～90℃，保持1～2h，过滤，即得生姜提取液；

（4）制备金银花提取液：将金银花加入其3倍质量的水中浸泡12h，再超声处理10～15min，超声结束后加热至70～90℃，保持0.5～1h，过滤，即得金银花提取液；

（5）将艾叶提取液、薄荷提取液、生姜提取液和金银花提取液混合均匀，即得杀菌剂。

产品特性　本品含有柔顺剂，能够使洗涤的衣物柔顺、温和亲肤，减少衣物之间的摩擦，减少静电的产生；含有的杀菌剂具有对洗涤的衣物进行杀菌且抑菌的功效，杀菌剂均为植物提取液组合物，不损伤衣物；本品不含防腐剂、荧光漂白剂等对人体有害的化学物质，且制备方法简单。

配方 36　具有长效抑菌功能的浓缩洗衣液

原料配比

原料	配比（质量份）
脂肪醇聚氧乙烯醚硫酸钠	20

原料	配比（质量份）
脂肪醇聚氧乙烯醚	10
月桂酰胺丙基氧化胺	5
椰子油脂肪酸二乙醇酰胺	3
杀菌剂	1
防腐剂	0.1
香精	0.1
水	加至 100

制备方法 将各组分原料混合均匀即可。

产品特性 本品具有长效抑菌功能，可解决阴雨天衣物发霉、产生异味的问题，同时也可以预防二次污染，对织物提供长久保护。

配方 37 抗菌除甲醛洗衣液

原料配比

原料		配比（质量份）		
		1#	2#	3#
薰衣草提取液		0.1	0.05	0.05
表面活性剂	椰子油脂肪酸二乙醇酰胺	2	5	—
	α-烯烃磺酸钠	—	—	2
	月桂醇聚氧乙烯醚硫酸钠	10	15	8
	辛基酚聚氧乙烯醚	—	—	2
	十二烷基苯磺酸钠	6		
抗菌剂	月桂基葡萄糖苷	0.5	0.5	0.5
	葡萄糖酸氯己定	0.1	0.1	0.5
	椰油酰胺丙基甜菜碱	—	—	0.5
稳定剂	羟基亚乙基二膦酸	—	0.2	
	二乙烯三氨五亚甲基膦酸	—	—	0.2
	乙二胺四乙酸二钠	0.1		—
除甲醛剂	甘氨酸	1.5	1.5	—
	半胱氨酸	1.5	—	
	赖氨酸	—	2	2.5
	精氨酸	—		2.5

续表

原料		配比（质量份）		
		1#	2#	3#
pH 调节剂	柠檬酸	0.2	—	—
	三乙醇胺	—	0.1	0.2
	多聚磷酸	—	—	0.1
增稠剂	磷酸氢钠	1.5	—	—
	氯化钠	—	2.5	—
	氯化钾	—	—	2.5
着色剂	亮蓝色素	0.001	—	—
	紫色素	—	0.001	—
	红色素	—	—	0.001
酶制剂	蛋白酶	0.05	0.06	0.5
	脂肪酶	0.05	0.2	0.2
	纤维素酶	—	0.1	—
	淀粉酶	—	—	0.2
去离子水		76.4	72.7	77.5

制备方法　将薰衣草提取液、表面活性剂、抗菌剂、除甲醛剂、稳定剂混合均匀后，加入去离子水，加热搅拌至得到澄清透明溶液，冷却至室温后加入 pH 调节剂调节溶液 pH 值至 5～8，最后加入酶制剂、增稠剂和着色剂，搅拌均匀。

原料介绍　所述薰衣草提取液通过机械粉碎 100 质量份薰衣草后在 pH 值为 5～7 的 200 体积份去离子水中于 10～30℃条件下浸泡 1～48h 得到。

产品特性　本品不仅具有优异的去污性能，而且能高效除去衣物上残留的甲醛，同时还表现出显著的抗菌特性，对金黄色葡萄球菌、大肠杆菌、白色念珠菌均具有明显的杀灭效果。

配方 38　抗菌防臭洗衣液组合物

原料配比

原料	配比（质量份）					
	1#	2#	3#	4#	5#	6#
非离子双子表面活性剂	25	20	15	15	15	15
十二烷基苯磺酸钠	—	—	—	—	15	7.5
椰油烷基二羟乙基甲基氯化季铵盐乙氧基化物	5	10	15	—	—	—

续表

原料	配比（质量份）					
	1#	2#	3#	4#	5#	6#
脂肪醇聚氧乙烯醚硫酸钠	—	—	—	20	—	10
柠檬酸	0.02	0.04	0.1	0.05	0.05	0.02
3-(三甲氧基硅烷基)丙基二甲基十八烷基氯化铵	5	4	3	3	3	5
聚醚硅油	5	5	3	3	3	5
螯合分散剂	1	2	3	3	3	1
香精	0.5	0.5	1	1	1	0.5
去离子水	加至100	加至100	加至100	加至100	加至100	加至100

制备方法

（1）按照配方比例，准确称取原材料，备用。

（2）在搅拌釜中加入一定量的去离子水，加入非离子双子表面活性剂、十二烷基苯磺酸钠、椰油烷基二羟乙基甲基氯化季铵盐乙氧基化合物、脂肪醇聚氧乙烯醚硫酸钠，搅拌至完全溶解，加入柠檬酸调整 pH 值，搅拌均匀，然后加入 3-（三甲氧基硅烷基）丙基二甲基十八烷基氯化铵、聚醚硅油，搅拌均匀，最后依次加入螯合分散剂、香精及余量水搅拌至完全溶解，过滤。

原料介绍 所述的螯合分散剂选择巴斯夫 Sokanlan HP20。

所述的香精选用日化行业常用香精。

产品特性 本品活性物含量大于 25%，为浓缩型洗衣液，不仅对衣物有较强的去污力，能够满足消费者日常生活中对洗涤效果的需求，并能有效杀灭细菌，防止异味产生，赋予衣物舒适感觉。

配方 39 抗菌高浓缩洗衣液

原料配比

原料	配比（质量份）		
	1#	2#	3#
脂肪醇聚氧乙烯醚	20	26	24
异构十三碳醇聚氧乙烯醚	10	8	9
脂肪醇聚氧乙烯醚硫酸钠	18	22	20
椰子油脂肪酸二乙醇酰胺	16	12	15
十二烷基葡糖苷	8	6	7

原料	配比（质量份）		
	1#	2#	3#
三乙醇胺	1.8	1	1.45
乙醇	5	4	3.5
聚乙二醇600	0.5	—	—
聚乙二醇200	—	0.1	—
聚乙二醇400	—	—	0.3
柠檬酸钠	0.2	0.2	0.15
巴戟天水提液	0.8	0.3	0.6
白及水提液	0.1	0.2	0.15
甘露糖赤藓糖醇酯	1	0.4	0.6
香精	0.1	0.3	0.4
去离子水	18.5	19.5	17.85

制备方法

（1）将脂肪醇聚氧乙烯醚、异构十三碳醇聚氧乙烯醚、脂肪醇聚氧乙烯醚硫酸钠、椰子油脂肪酸二乙醇酰胺、十二烷基葡糖苷、乙醇、聚乙二醇、甘露糖赤藓糖醇酯加入去离子水中，加热搅拌均匀；加热搅拌的温度为40～45℃。

（2）将巴戟天水提液、白及水提液加入步骤（1）得到的物料中，加热搅拌均匀；加热搅拌的温度为30～45℃。

（3）向步骤（2）得到的物料中加入其余原料，常温搅拌直至充分溶解，即得。

原料介绍　所述巴戟天水提液是将巴戟天的干燥根经过水煎提取、过滤、浓缩得到；所述巴戟天水提液的相对密度为1.25～1.3。

所述巴戟天水提液的制备方法可以为常规方法，具体可以为：将巴戟天的干燥根粉碎后加入10～15倍质量的水，煎煮2～4h后过滤，将滤液浓缩，即得。

所述白及水提液是将白及的干燥块茎经过高温水提、过滤、浓缩得到；所述白及水提液的相对密度为1.05～1.1。

所述白及水提液的制备方法可以为常规方法，具体可以为：将白及的干燥块茎粉碎后加入20～40倍质量的水，在70～90℃下高温浸提4～8h，过滤后将滤液浓缩，即得。

产品特性

（1）本品通过表面活性剂脂肪醇聚氧乙烯醚、异构十三碳醇聚氧乙烯醚、脂肪醇聚氧乙烯醚硫酸钠、椰子油脂肪酸二乙醇酰胺、十二烷基葡糖苷的复配，使浓缩洗衣液具有优良的去污能力，同时保持较高的稳定性；巴戟天水提液、白及水提液中含有皂苷、多糖等多种抑菌活性物质，能起到协效作用，使浓缩洗衣液具有良好的抗菌性能；甘露糖赤藓糖醇酯是一种微生物表面活性剂，具有良好的表面活性、抑菌活性和耐温度变化稳定性，不仅能进一步提高洗衣液的去污性能和抗菌效果，而且可以对提高浓缩洗衣液体系的稳定性起到很好的辅助作用。

（2）本品在高浓缩倍数下能保持良好的稳定性和溶解性，并且，由于其抗菌组分均为天然活性提取物，还具有温和低刺激、安全环保的特点。

配方 40 抗菌环保洗衣液

原料配比

原料		配比（质量份）		
		1#	2#	3#
月桂醇聚醚硫酸酯钠		13	20	16
聚乙二醇 6000 双硬脂酸酯		10	15	13
护色剂	聚 4-乙烯基吡啶氮氧化物	1	3	2
茶树精油		0.5	1	0.8
天竺葵精油		0.2	0.6	0.4
败酱草提取物		1	3	2
金银花提取物		0.2	0.6	0.4
蒲公英提取物		0.2	0.6	0.4
亚麻籽饼脂肪酸		3	7	5
助溶剂		15	22	18
酶制剂		8	13	11
非离子表面活性剂		3	6	5
阴离子表面活性剂		2	4	3
增白剂	二苯乙烯磺酸衍生物	2	4	3
去离子水		50	75	62
助溶剂	十三醇丙烯酸	1	1	1
	聚乙氧基脂肪醇	1	5	3
	二甲基甲醇	1	5	2
	烟酰胺	4	6	5
非离子表面活性剂	烷基糖苷	4	—	1
	直链脂肪醇聚氧乙烯醚	1	1	1
	异构脂肪醇聚氧乙烯醚	1	1	1
	环氧丙烷嵌段共聚物	—	1	3

续表

原料		配比（质量份）		
		1#	2#	3#
阴离子表面活性剂	十二烷基苯磺酸	1	—	2
	脂肪醇聚氧乙烯醚硫酸钠	2	—	—
	脂肪醇聚氧乙烯醚羧酸钠	5	—	2
	脂肪酸甲酯乙氧基化物磺酸盐	—	3	—
	二异辛基琥珀酸酯磺酸钠	—	2	—
	烷基磺酸钠	—	1	—
	二仲烷基磺酸钠	—	—	5
酶制剂	淀粉酶	3	—	1
	纤维素酶	2	—	—
	甘露聚糖酶	1	—	1
	脂肪酶	—	2	—
	果胶酶	—	5	1

制备方法

（1）按照配比准确称取原材料，备用；

（2）在搅拌釜中加入一定量的去离子水，将温度升到50～60℃，加入月桂醇聚醚硫酸酯钠、聚乙二醇6000双硬脂酸酯，搅拌至完全溶解，加入非离子表面活性剂、阴离子表面活性剂，搅拌至完全溶解；然后加入余量去离子水，并将温度降至40℃以下，依次加入护色剂、茶树精油、天竺葵精油、败酱草提取物、金银花提取物、蒲公英提取物、亚麻籽饼脂肪酸、助溶剂、增白剂、酶制剂，搅拌至完全溶解，过滤并灌装，即制备得到抗菌环保洗衣液。

原料介绍　所述败酱草提取物采用如下方法制备而成：将败酱草晒干后用超微粉碎机粉碎至50～100目得到败酱草粉，将败酱草粉于75～85℃条件下用体积分数为70%乙醇溶液热回流提取3～6次，乙醇溶液的用量为败酱草粉质量的5～10倍，之后将每次提取的滤液合并，过滤，弃残渣，将滤液于55℃和压力为0.1MPa的条件下进行减压浓缩，回收乙醇，得败酱草提取物。

败酱草提取物中含挥发油，主要为败酱烯、异败酱烯，另含黄花败酱皂苷A、黄花败酱皂苷B、黄花败酱皂苷C、黄花败酱皂苷D、黄花败酱皂苷E、黄花败酱皂苷F、黄花败酱皂苷G以及齐墩果酸等。还含白花败酱苷、常春藤皂苷元、β-谷固醇-β-D-葡萄糖苷等成分。

所述金银花提取物采用如下方法制备而成：

（1）取干燥金银花，粉碎至50～100目得到金银花粉，用含水乙醇提取1～3次，提取后向提取液中加入抗氧化保护剂，混匀，减压回收乙醇，干燥，粉碎，得金银花醇提浸膏粉；

（2）将步骤（1）所得滤渣，加 15～20 倍水煎煮提取 1～3 次，每次 1～3h，滤过，所得滤液经减压浓缩，干燥，粉碎，得水提浸膏粉；

（3）将步骤（1）所得金银花醇提浸膏粉与步骤（2）所得水提浸膏粉混匀，得金银花提取物。

所述的蒲公英提取物的制备方法与金银花提取物相同。

所述亚麻籽粕超临界提取脂肪酸的制备方法如下：将压榨亚麻籽油剩的亚麻籽粕经粉碎至 30～50 目细度，再装入萃取釜中，将萃取介质二氧化碳经流量计计量后进入萃取釜，萃取温度为 25～45℃，萃取时间为 90～150min，萃取压力为 20～30MPa，二氧化碳流量为 50～80kg/h，得萃取物，分离，得毛油，毛油再依次通过阴离子交换树脂和阳离子交换树脂，进行离子交换处理，得一级纯化油，一级纯化油再经过精馏柱，压力为 10～12MPa，温度梯度为 30～55℃，分离釜压力为 4～5MPa，温度为 30～35℃，得到亚麻籽粕超临界提取脂肪酸。

产品特性

（1）本品具有不含磷、去污能力强、对织物无损伤、柔顺、低残留、环保等优点；低泡易漂洗，能有效去除衣物上的顽固污渍；深层洁净，使洗过的衣物更洁白更鲜艳。

（2）在洗衣液中添加天然的杀菌成分败酱草、金银花和蒲公英，具有广谱的抗菌作用，同时，不仅能更好地发挥各活性成分的功效，还能协同作用，使得功效加倍，对金黄色葡萄球菌、大肠杆菌、伤寒杆菌、志贺氏痢疾杆菌、肺炎双球菌等都有抑制作用，能有效地杀死洗衣机内和衣服上的细菌，易于冲洗，不会刺激皮肤。

（3）本品制备简单易操作，低浓度可快速溶解，易漂洗，抗稀释能力强，具备抗菌、柔顺、漂白、去污力强等多重功效，能够深层洁净被洗物。该洗衣液配方中不添加香精，香味自然，pH 值在 7～9，对皮肤伤害小。

配方 41 抗菌消毒洗衣液

原料配比

原料		配比（质量份）									
		1#	2#	3#	4#	5#	6#	7#	8#	9#	10#
表面活性剂	椰油基葡糖苷	6	6	—	—	—	—	—	—	6	6
	改性油脂乙氧基化物（SOE）	—	—	10	—	—	—	—	—	—	—
	脂肪酸甲酯乙氧基化物	—	—	—	—	10	10	—	—	—	—

续表

原料		配比（质量份）									
		1#	2#	3#	4#	5#	6#	7#	8#	9#	10#
表面活性剂	氢化蓖麻油聚氧乙烯醚	—	—	—	5	—	—	5	5	—	—
	脂肪醇聚氧乙烯醚（AEO-7）	7	7	8	12	10	10	12	12	7	7
	蓖麻油聚氧乙烯醚	4	4	—	—	—	—	—	—	4	4
助洗剂	柠檬酸三钠	1	1	—	—	—	—	—	—	1	1
	谷氨酸二乙酸四钠	—	—	1	1	—	—	1	1	—	—
	甲基甘氨酸二乙酸钠	—	—	—	—	2	2	—	—	—	—
有机硅季铵盐	十八烷基二甲基（3-乙氧基硅基丙基）氯化铵	6	10	10	12	12	—	—	—	—	—
	十六烷基二甲基（3-乙氧基硅基丙基）氯化铵	—	—	—	—	—	12	—	—	—	—
	十四烷基二甲基（3-乙氧基硅基丙基）氯化铵	—	—	—	—	—	—	12	—	—	—
	十二烷基二甲基（3-乙氧基硅基丙基）氯化铵	—	—	—	—	—	—	—	12	—	—
	二十二烷基二甲基（3-乙氧基硅基丙基）氯化铵	—	—	—	—	—	—	—	—	6	—
	二十四烷基二甲基（3-乙氧基硅基丙基）氯化铵	—	—	—	—	—	—	—	—	—	6
酶制剂	蛋白酶	—	—	—	0.2	—	—	0.2	0.2	—	—
香精		0.2	0.1	0.1	0.2	0.2	0.2	0.2	0.2	0.2	0.2
色素		0.1	—	—	—	—	—	—	—	0.1	0.1
柔软剂		0.1	0.1	0.1	0.1	0.1	0.1	0.1	0.1	0.1	0.1
抗静电剂		0.1	0.1	0.1	0.1	0.1	0.1	0.1	0.1	0.1	0.1
去离子水		加至100	加至100	加至100	加至100	加至100	加至100	加至100	加至100	加至100	加至100

制备方法

（1）将部分去离子水和表面活性剂进行混合，得到第一溶液；部分去离子水的质量占总用水量的 60%～80%；温度为 40～60℃。

（2）将所述第一溶液和助洗剂、有机硅季铵盐、功能添加剂进行混合，得到第二溶液；温度为室温。

（3）将所述第二溶液和剩余去离子水进行混合，得到抗菌洗衣液。

原料介绍 所述有机硅季铵盐选自十八烷基二甲基（3-乙氧基硅基丙基）氯

化铵、十六烷基二甲基（3-乙氧基硅基丙基）氯化铵、十四烷基二甲基（3-乙氧基硅基丙基）氯化铵、十二烷基二甲基（3-乙氧基硅基丙基）氯化铵、二十二烷基二甲基（3-乙氧基硅基丙基）氯化铵和二十四烷基二甲基（3-乙氧基硅基丙基）氯化铵。

所述表面活性剂优选脂肪醇聚氧乙烯醚、脂肪酸甲酯乙氧基化物、蓖麻油聚氧乙烯醚、氢化蓖麻油聚氧乙烯醚、改性油脂乙氧基化物、椰油基葡萄糖苷和异构醇聚氧乙烯醚中的至少一种。所述脂肪醇聚氧乙烯醚优选生物基脂肪醇聚氧乙烯醚。在本品的具体实施例中，当所述表面活性剂为椰油基葡萄糖苷、脂肪醇聚氧乙烯醚和蓖麻油聚氧乙烯醚时，所述椰油基葡萄糖苷、脂肪醇聚氧乙烯醚和蓖麻油聚氧乙烯醚的质量比为6：7：4；当所述表面活性剂为改性油脂乙氧基化物和脂肪醇聚氧乙烯醚时，所述改性油脂乙氧基化物和脂肪醇聚氧乙烯醚的质量比为5：4；当所述表面活性剂为氢化蓖麻油聚氧乙烯醚和脂肪醇聚氧乙烯醚时，所述氢化蓖麻油聚氧乙烯醚和脂肪醇聚氧乙烯醚的质量比为5：12；当所述表面活性剂为脂肪酸甲酯乙氧基化物和脂肪醇聚氧乙烯醚时，所述脂肪酸甲酯乙氧基化物和脂肪醇聚氧乙烯醚的质量比为1：1。

所述助洗剂包括柠檬酸三钠、乙二胺四乙酸二钠、乙二胺四乙酸四钠、甲基甘氨酸二乙酸钠和谷氨酸二乙酸四钠中的至少一种。

所述功能添加剂包括柔软剂/抗静电剂、香精、色素和酶制剂中的至少一种。所述柔软剂优选十六烷基三甲基氯化铵、十八烷基三甲基氯化铵和咪唑啉乙基硫酸盐中的一种或几种；所述抗静电剂优选包括聚乙烯基吡咯烷酮盐酸盐、十八烷基二甲基羟乙基季铵硝酸盐和五乙氧基甲基硫酸铵中的一种或几种。

产品特性

（1）本品具有优异的长效抗菌消毒能力，有机硅季铵盐中的硅基与衣物表面的氧原子结合固定，相较于传统的季铵盐或者其他类型杀菌剂，具有更加长久的抗菌效果；通过对各组分用量的控制，能够保证有机硅季铵盐对衣物的抗菌作用，协同配合提高洗衣液抗菌效果的时效。

（2）本品制备方法简便易操作，适宜工业化生产。

配方 42　抗菌抑菌的薰衣草香型洗衣液

原料配比

原料		配比（质量份）	
		1#	2#
复合表面活性剂	脂肪酸甲酯乙氧基化物磺酸盐	20	30
	脂肪醇聚氧乙烯醚硫酸钠	8	12

续表

原料		配比（质量份）	
		1#	2#
复合表面活性剂	烷基糖苷	5	13
	醇醚羧酸盐	5	15
无患子提取液		2	5
增溶剂		0.5	1.5
竹醋液		1.5	3
聚天冬氨酸		1.5	3
薰衣草精油和复合酶		1	2
秃疮花生物碱提取物	秃疮花干草粉末	10	15
	乙醇	适量	适量
铁桐树根提取物	铁桐树根	5	10
	乙醇溶剂	50	150
去离子水		加至 100	加至 100

制备方法

（1）秃疮花生物碱提取工艺：秃疮花采后经自然风干、粉碎，过 80 目筛，向 10～15 份秃疮花干草粉末中加入溶剂乙醇，浸泡 7～9h 后，装入提取器中，水浴加热回流提取 2～3h，再超声处理 30～40min，浸提液 pH 值为 5.5～6.5，将提取液在 34～36℃下减压旋转蒸发至无乙醇味，得到秃疮花生物碱提取物；溶剂乙醇的体积分数为 65%～70% 1g 秃疮花加入 14～16mL 乙醇。

（2）铁桐树根的超声波提取工艺：将 5～10 份铁桐树根洗净，在 80～85℃下烘干，用万能粉碎机粉碎得粉末，1g 铁桐树根加入 10～15mL 乙醇溶剂，超声波提取 1～2h 后，离心 10～15min，蒸发浓缩成粗提液，再于 80～83℃下蒸发浓缩成铁桐树根提取物；乙醇溶剂的体积分数为 80%～85%，离心速度为 4000～5000r/min。

（3）薰衣草香型抗菌抑菌洗衣液的配制：向搅拌釜中加入配制总量一半的去离子水，控制釜内水温为 48～52℃，依次加入复合表面活性剂、2～5 份无患子提取液、0.5～1.5 份增溶剂，搅拌均质 55～65min 后，再加入剩余量的去离子水及步骤（1）、（2）中所得物料，继续搅拌均质 30～40min，并降温至 40℃以下，依次加入 1.5～3 份竹醋液、1.5～3 份聚天冬氨酸、1～2 份薰衣草精油和复合酶，搅拌 20～30min，静置沉淀后灌装。

原料介绍 所述的复合酶为蛋白酶、淀粉酶、纤维素酶组成的复合生物活性液体酶。

产品特性

（1）以乙醇为溶剂提取的秃疮花生物碱对大肠埃希氏杆菌、白色念珠菌、绿脓杆菌都具有杀菌抑菌效果；提取的鼠曲草提取物对大肠杆菌、金黄色葡萄球菌、枯草芽孢杆菌都有较好的抑制作用，并随着提取液中总黄酮含量的升高，抑菌能力提高。以乙醇为提取剂提取铁桐树根，运用超声波技术制备提取液，对大肠杆菌、藤黄微球菌、卡尔伯斯酵母、金黄色葡萄球菌有抑制作用，且随浓度升高抑菌作用增强。

（2）将秃疮花生物碱提取物、铁桐树根提取物和鼠曲草提取物用于配制洗衣液，再与复合表面活性剂、复合酶、薰衣草精油等复配，所得洗衣液具有很强的抗菌抑菌效果，可以杀死脏衣物中的多种细菌，去污能力强，低泡高效，清洗后衣服会留下淡淡的薰衣草清香，香味清新持久。

（3）本品具有很强的杀菌抗菌抑菌性能，稳定性强，使用安全性高，低泡易清洗，去污能力强，薰衣草香味清新持久。

配方 43　抗抑菌的金银花洗衣液

原料配比

原料		配比（质量份）		
		1#	2#	3#
阴离子表面活性剂	70%的脂肪醇聚氧乙烯醚硫酸钠水溶液	8	9	10
发泡剂		6	7	8
非离子表面活性剂		3	4	5
抗氧剂		0.6	0.7	0.8
抗粘连剂	脂肪酸金属盐	2	2.5	3
润滑剂		0.5	0.75	1
金银花精油		3	4	5
液体复合酶	脂肪酶和纤维素酶的混合物	0.6	0.7	0.8
香精		0.3	0.4	0.5
去离子水		加至100	加至100	加至100

制备方法

（1）按配比将阴离子表面活性剂、发泡剂、非离子表面活性剂、抗氧剂、抗粘连剂、润滑剂、去离子水装入混合设备中，并且对混合设备进行加热，使混合温度在 50～80℃；

（2）待混合后的液体冷却降温到 40℃，保持混合设备搅动；

（3）通过雾化喷头将对应质量份的金银花精油、液体复合酶、香精雾化喷射在混合设备中，搅拌至完全溶解；

（4）混合后的液体降温冷却至室温后装瓶密封保存。

产品特性

（1）本品添加了金银花精油后，对衣物表面的细菌尤其是大肠杆菌、各类霉菌等起到杀菌作用，避免细菌通过洗衣服传播；通过长时间的检测，金银花精油提高了抑菌效果，使其上黏附的细菌减少，使衣物长时间保持与细菌隔离。

（2）本品采用液体复合酶提高了洗衣液的处理能力，快速溶解衣物表面的污渍，提高去污效果。

配方 44 蓝桉消毒洗衣液

原料配比

原料	配比（质量份）		
	1#	2#	3#
蓝桉提取液	8	10	12
茶树油	1	2	2
甘油	3	5	6
椰子油脂肪酸二乙醇酰胺	3	6	8
表面活性剂	5	7	10
阳离子调理剂	7	9	10
过硼酸钠	15	20	25
碳酸钠	18	23	28
橄榄油	1	2	2
香精	1	1	1
蒸馏水	加至 100	加至 100	加至 100

制备方法 将各组分原料混合均匀即可。

产品特性 本品温和不刺激，保护手部肌肤，香气淡雅，去污能力强，能有效杀灭和抑制多种常见细菌、病毒，彻底清洁衣物，使衣物穿着更放心。

配方 45 绿色环保杀菌消毒无水纳米洗衣液

原料配比

原料		配比（质量份）		
		1#	2#	3#
主料	复合溶剂	84	85	86
	皂角提取液	11	12	13
	食盐	6	7	8
	白矾	3	4	5
	纳米硅藻土	2	3	4
	纳米活性炭	1	1.5	2
	酯基季铵盐	1	2	3
	聚二甲基硅氧烷	1	1.5	2
	硅酸钠	1	1.1	1.2
辅料	柠檬水	8	9	10
	荧光增白剂	0.7	0.8	0.9
	纳米除油乳化剂	9	10	11
	高泡增稠剂	2	3	4
	高泡精	0.9	1	1.1
	天然复合香料	2	3	4
复合溶剂	白醋	2	3	4
	乙醇	1	1	1
	甘油	19	20	21
天然复合香料	薄荷提取液	1	2	3
	驱蚊草提取液	1	1	2
	七里香提取液	1	1	1
中和剂	小苏打	适量	适量	适量

制备方法

（1）制备复合溶剂：按比例取白醋、乙醇和甘油进行混合复配，搅拌均匀后备用。

（2）按比例取皂角提取液、食盐、白矾、纳米硅藻土、纳米活性炭、酯基季铵盐、聚二甲基硅氧烷和硅酸钠，依次加入步骤（1）制备的复合溶剂中并搅拌均匀，制得洗衣液基液；搅拌速度设置为 100～150r/min，搅拌时间设置为 5min，搅拌加热温度设置为 30～35℃。

（3）在步骤（2）制备的洗衣液基液中按比例加入柠檬水、荧光增白剂、纳米除油乳化剂、高泡增稠剂、高泡精、薄荷提取液、驱蚊草提取液和七里香提取液，混合搅拌均匀后制得洗衣液半成品；搅拌速度设置为250～350r/min，搅拌时间设置为30min，搅拌加热温度设置为45～50℃。

（4）在步骤（3）中制备的洗衣液半成品中加入中和剂小苏打，复配调节混合溶液酸碱性，并间断性检测其pH值，达到制备标准后，对洗衣液搅拌均质处理，并在真空环境下使用超声波发生器脱泡，完成后制得洗衣液成品；搅拌速度设置为50～80r/min，均质时间设置为10min，搅拌加热温度设置为20～30℃。

（5）将步骤（4）制备的洗衣液成品灌装并密封保存。

原料介绍 所使用的主料按质量份计包括：复合溶剂80～90份、皂角提取液8～15份、食盐5～10份、白矾3～6份、吸附填料3～6份、酯基季铵盐1～3份、聚二甲基硅氧烷1～2份和硅酸钠0.8～1.5份。所述吸附填料由纳米硅藻土和纳米活性炭组成，所述纳米硅藻土与纳米活性炭的添加比例设置为（2～3）∶1。

所述辅料按质量百分比计包括：柠檬水6～12份、荧光增白剂0.5～1份、纳米除油乳化剂8～12份、高泡增稠剂2～5份、高泡精0.5～1.5份、天然复合香料1～6份和小苏打适量。

所述复合溶剂由白醋、乙醇和甘油组成，所述白醋、乙醇和甘油的复合比例设置为（1～5）∶1∶（18～22）。

所述洗衣液中还加有中和剂，所述中和剂为小苏打，所述小苏打的用量以调节洗衣液pH值范围至6～7为准。

所述天然复合香料由薄荷提取液、驱蚊草提取液和七里香提取液组成，所述薄荷提取液、驱蚊草提取液和七里香提取液的复合比例设置为（1～3）∶（1～2）∶1。

产品特性

（1）通过复合溶剂配合食盐和白矾，达到杀菌抑菌的效果；配合酯基季铵盐和聚二甲基硅氧烷软化衣物，使衣物平滑蓬松，抗静电效果好，能够养护纤维；硅酸钠提高衣物的抗氧化能力；柠檬水和荧光增白剂对衣物进行轻微漂白，且吸收紫外光，使衣物看起来颜色鲜艳；纳米硅藻土和纳米活性炭吸附细菌、杂质、异味和有害物质，净化洗涤水，还能够增强衣服强度，提高防晒抗高温能力；使用薄荷提取液、驱蚊草提取液和七里香提取液作为天然复合香料，具有驱虫功效，减少蚊虫叮咬；皂角提取液能够抑制人肝癌细胞增殖，有利于人体安全防护。

（2）本品工艺简单高效，制备的无水纳米洗衣液活性物含量高于浓缩洗涤剂活性物含量达到30%的要求，浓缩程度高，黏度低，溶解速度快，泡沫发生量少，容易漂洗，清洗效率高，去污能力和去油能力较之市场同类产品具有优势。

配方 46　绿色环保杀菌消毒洗衣液

原料配比

原料	配比（质量份）				
	1#	2#	3#	4#	5#
竹叶桑叶提取物	20	30	22	28	25
薄荷提取液	10	20	12	18	15
纳米除油乳化剂	3	9	4	8	6
椰子油脂肪酸甘氨酸钾	2	6	3	5	4
无患子果皮提取物	4	10	5	9	7
鱼鳞发酵液	5	12	7	10	9
表面活性剂	1	3	2	2	2
氨基酸络合铜	2	6	3	5	3
聚维酮碘溶液	2	8	3	7	5
纳米银离子颗粒	1	3	1	3	2

制备方法

（1）将竹叶桑叶提取物、薄荷提取液、无患子果皮提取物、鱼鳞发酵液混合后加入搅拌罐中搅拌，速率为 30～80r/min，时间为 5min，得到混合液 A。

（2）将纳米除油乳化剂、椰子油脂肪酸甘氨酸钾、表面活性剂、氨基酸络合铜、聚维酮碘溶液混合后加入反应釜中加热搅拌，搅拌速率为 100～300r/min，搅拌 10min 后加入混合液 A，继续搅拌 20min，得到混合液 B；加热温度为 45～55℃，加热时间为 5～10min。

（3）在混合液 B 中加入纳米银离子颗粒，在常温下充分混合后，放置 4～8h，即得到洗衣液。

产品特性　本品制备方法简单，制得的洗衣液具有杀菌消毒功效，同时不会损伤使用者皮肤，而且排放物不会污染水质、土壤，环保性能好；其中，添加的竹叶桑叶提取物、无患子果皮提取物对痢疾杆菌、大肠杆菌有强大的杀菌效果；添加的聚维酮碘溶液能够提高杀菌抑菌效果；本品中添加的纳米银离子颗粒能够有效地防止洗衣液出现氧化、变质现象，延长了其保存时间。此外，纳米银离子颗粒同样具有优异的杀菌消毒能力。

配方 47 绿色环保杀菌型84衣领净洗衣液

原料配比

原料	配比（质量份）		
	1#	2#	3#
皂基母液	15	20	30
84消毒液	10	5	2
亲水性辅料	5	2	5
挥发性香精	0.5	2	1
色素	1	2	2
乳化剂	3	4	5
增稠剂	2.5	2	4
颗粒添加物	2	5	1
水	61	58	50

制备方法 将皂基母液加入反应釜中，升温至60～80℃，随后加入84消毒液搅拌至少30min，再将亲水性辅料以及水同步缓慢添加，并从添加过程开始，搅拌10～40min，再加入色素、乳化剂以及增稠剂，保温搅拌30～60min，降温至室温之后，加入挥发性香精以及颗粒添加物搅拌至少60min。

原料介绍 所述皂基母液由植物精油构成，包括椰子油、橄榄油、棕榈油、蓖麻油中的至少一种，且制备过程中添加盐和生物碱。

所述亲水性辅料采用聚乙烯醇、聚丙烯酰胺、聚丙烯酸中的一种，且乳化剂采用亲水性乳化剂。

所述挥发性香精以75%体积分数的酒精为溶剂，并添加植物提取液进行制备，所述色素优选可降解色素。

所述增稠剂采用天然增稠剂，优选瓜儿豆胶、阿拉伯胶、果胶、琼脂、卡拉胶中的一种。

所述颗粒添加物采用高分子微细颗粒，粒径范围为50～200μm。

产品特性

（1）本品采用了天然植物原料，并且优先使用挥发性香精和可降解色素，对水体环境的影响较小，同时在洗衣液中添加有亲水性辅料以及颗粒添加物，提高了洗衣液的水溶性，微米级的颗粒添加物能够增强洗衣液在搅拌时的起泡能力，使得洗衣液针对衣领等狭小部位具有更好的清洁能力。

（2）本品制备方法能够优化洗衣液的制备过程，将亲水性辅料以及颗粒添加物均匀地分散进洗衣液中，保证成品洗衣液的水溶性。

配方 48 马齿苋抑菌洗衣液

原料配比

原料	配比（质量份）		
	1#	2#	3#
脂肪醇聚氧乙烯醚磺酸钠	10	10	10
椰油酰胺 DEA	3	3	3
脂肪醇聚氧乙烯（9）醚	5	5	5
氢化椰油酸钾/十三醇聚醚-3 羧酸钾	3	3	3
聚丙烯酸钠 445N	1	1	1
马齿苋提取物	0.5	—	0.2
橘油	—	5	3
柠檬酸钠	0.4	0.4	0.4
香草提取物	0.2	0.2	0.2
肉桂提取物	1.5	1.5	1.5
色素	0.0001	0.0001	0.0001
去离子水	加至 100	加至 100	加至 100

制备方法 将各组分原料混合均匀即可。

原料介绍 本品中橘油以 100%天然冷榨橘油为原料。橙、橘皆是芸香科柑橘属植物橙树的果实，所有芸香科植物体内通常有储油细胞，故而普遍地含有挥发油，其中橙皮当中就含有 0.93%～1.95%的橘油，同时，橙皮、橙油具备多种有益自然属性：

富含油：橘油具备天然溶解油污的功效，真橙清洁产品借用此性，轻松去油污，并对重油效果尤甚。不长虫：橙皮天然可抑杀菌，使用橘油清洁产品，在杀菌同时亦可为清洁物体表面增设一层天然抑制有害菌生长的保护膜。耐久置：橙皮久放可作陈皮，具备丰富的药用价值，故而橙皮具备天然防腐功能，橘油清洁产品所用原料即为天然防腐剂，故无需添加其他化学成分。弱酸性：橘油当中不含碱，pH≤7。皮肤直接接触橘油清洁产品也不会产生任何伤害。挥发快：橘油易挥发，使用橘油清洁产品后，可轻松消除残留物。无颜色：橘油天然无色透明，不黏稠，使用橘油清洁产品，无粘连感，易清洗。

所述马齿苋提取物通过以下步骤制备所得：将马齿苋洗净沥干后用闪式提取器处理后，加入 6 倍体积的 90%甲醇或乙醇溶液，处理 1～3min，固液分离后，回收甲醇或乙醇溶液，浓缩，使得提取物呈稠膏状，再用水饱和的正丁醇溶液对提取物萃取 3 次，回收溶剂后，将提取物真空浓缩干燥，得马齿苋提取物。

所述香草提取物通过以下步骤制备所得：将香草洗净沥干后置于超微粉碎机内粉碎后进行 CO_2 超临界萃取，流体萃取压力为 30～50MPa，萃取温度为 30～40℃，CO_2 流体流量为 750～850L/h，萃取时间为 3～5h，得香草提取物。

所述肉桂提取物通过以下步骤制备所得：

（1）将肉桂洗净沥干粉碎后，按质量分数为 2%～3% 的比例加入中性蛋白酶，按质量分数为 1%～2% 加入风味蛋白酶，30～50℃下酶解 1～2h，过滤，得酶解液。

（2）将所得的发酵液迅速冷冻后再自然解冻，使提取物中淀粉老化沉淀；收集上清液，剩余部分离心，收集离心液体与上清液合并。

（3）将上清液以 3～7BV/h 的流速通过大孔树脂柱，动态吸附饱和后，用去离子水以 5～8BV/h 的流速淋洗上述大孔树脂柱至流出液无色，再用体积分数为 50%～70% 的有机溶剂以 8～12BV/h 的流速进行洗脱，收集洗脱液，喷雾干燥，得肉桂提取物。

产品特性

（1）本品添加了纯植物提取成分橘油、马齿苋提取物、香草提取物、肉桂提取物，配合使用常见表面活性剂和杀菌成分，比同等普通洗衣液有更强的洁净力、更好的抑菌效果。对金黄色葡萄球菌、大肠杆菌的抑菌率≥90%，衣物清洗后可以除霉除味。

（2）不含荧光增白剂，接近中性，不伤手。

配方 49 纳米银抗菌洗衣液

原料配比

原料		配比（质量份）								
		1#	2#	3#	4#	5#	6#	7#	8#	9#
阴离子表面活性剂	脂肪醇聚氧乙烯醚硫酸钠	40	60	40	50	40	50	40	40	60
	α-烯基磺酸钠	40	40	20	60	60	40	50	30	40
	脂肪酸钾	80	80	60	100	80	80	10	50	60
非离子表面活性剂	脂肪醇聚氧乙烯醚	70	30	80	50	50	60	80	40	50
聚丙烯酸		90	100	50	10	150	80	50	1	100
生物酶	液体蛋白酶	10	10	10	10	10	10	10	10	10
酶稳定剂	4-甲酰基苯基硼酸	10	10	10	10	10	10	10	10	10
螯合剂		10	10	10	10	10	10	10	10	10

原料		配比（质量份）								
		1#	2#	3#	4#	5#	6#	7#	8#	9#
香精		5	5	5	5	5	5	5	5	5
纳米银	银纳米粒子 Ag-cit	1	5	10	—	—	—	—	—	—
	银纳米粒子 Ag-PVP	—	—	—	1	8	3	—	—	—
	银纳米粒 Ag-BPEI	—	—	—	—	—	—	6	2	6
水		加至100	加至100	加至100	加至100	加至100	加至100	加至100	加至100	加至100

制备方法 按照配方要求的用量将脂肪醇聚氧乙烯醚硫酸钠、α-烯基磺酸钠、脂肪酸钾和脂肪醇聚氧乙烯醚加入至40～60℃的适量水中。然后在快速搅拌下，缓慢加入聚丙烯酸。搅拌均匀后，选择性地加入生物酶、酶稳定剂、螯合剂、香精。降温至20～30℃时，加入配方用量的银纳米粒子，补足余量水，搅拌均匀，得到所述具有抗菌性能的洗衣液。

原料介绍 本品的银纳米粒子选择 Ag-cit、Ag-PVP、Ag-BPEI 中的一种或多种，其中，cit 表示柠檬酸，PVP 表示聚乙烯吡咯烷酮、BPEI 表示聚乙烯亚胺。具体而言，本品的银纳米粒子选自柠檬酸稳定的银纳米粒子，简称 Ag-cit，其粒径可以为 10nm、20nm 和 40nm；聚乙烯吡咯烷酮稳定的银纳米粒子，简称 Ag-PVP；聚乙烯亚胺稳定的银纳米粒子，简称 Ag-BPEI。其中 Ag-cit 可以商购，也可以按如下方法制备：将硝酸银溶于蒸馏水中，水浴加热，在搅拌下加入柠檬酸三钠，至溶液变为黄绿色。对于 Ag-PVP，可以通过将硝酸银溶液、NaBH₄ 和聚乙烯吡咯烷酮 PVP 在剧烈搅拌下混合，并用硝酸溶液调节 pH 值至 4.0 来制备。对于 Ag-BPEI，将 N-(2-羟乙基)-哌嗪-N′-2-乙磺酸(HEPES)溶解在硝酸银溶液中，并用支化聚乙烯亚胺(BPEI)溶液调节 pH 值至 6.5，所述混合物随后用低压汞灯照射一段时间而制得。本品的银纳米粒子特别优选 Ag-PVP。

所述生物酶为液体蛋白酶、脂肪酶和纤维素酶中的一种或多种。

所述的酶稳定剂为 4-甲酰基苯基硼酸、甲酸盐、丙酸盐、硼砂中的一种或多种。

产品应用 本品是一种用于维持织物本色的抗菌洗衣液。

产品特性

（1）本品不仅具有优异的去污能力，而且具有易漂洗、柔顺、绿色环保的特点。

（2）本品通过使用银纳米粒子，与表面活性剂配合使用，提供了优异的抗菌作用，能有效去除大肠杆菌、金黄色葡萄球菌等细菌。此外，本品将银纳米粒子与丙烯酸聚合物配合使用，由于银纳米粒子的纳米尺寸，其在洗衣液中更容易分散，而丙烯酸聚合物能够起到稳定银纳米粒子的作用，二者的相互作用使得丙烯酸聚合物能够更加均匀地分散在洗衣液中，从而能够更加充分地发挥出丙烯酸聚合物分散、阻垢作用，吸附、包裹污物（包括洗脱下来的染料分子），避免串色，从而具有优异的护色能力。

（3）本品原料易得，制备工艺简单、成本低。制备得到的具有抗菌活性的洗衣液抗微生物效率高、无毒、无刺激、对环境友好、易生物降解。

配方 50 能让衣物长效抑菌的洗衣液

原料配比

原料		配比（质量份）	
		1#	2#
主要表面活性剂	脂肪醇聚氧乙烯醚（AEO-7）	9	9
	脂肪醇聚氧乙烯醚（AEO-9）	6	6
	烷基糖苷	5	5
	椰子油脂肪酸二乙醇酰胺	3	3
抑菌成分	长效抑菌剂阳离子季铵盐	0.5	2
其他组分	柠檬酸	0.1	0.1
	香精	0.3	0.3
	防腐剂	0.2	0.2
	去离子水	75.9	74.4

制备方法

（1）在搅拌釜里注入70%～80%的去离子水，之后加入主表面活性剂脂肪醇聚氧乙烯醚、烷基糖苷、椰子油脂肪酸二乙醇酰胺，充分搅拌分散；

（2）将阳离子季铵盐长效抑菌剂加入步骤（1）充分搅拌后的釜中，继续搅拌均匀；

（3）将其他组分加入步骤（2）的搅拌釜中，调节pH=7～8后即得成品。

产品应用 本品是一种应用于家居衣物洗涤中能让衣物长效抑菌的洗衣液。

产品特性 由于主表面活性剂配方以脂肪醇聚氧乙烯醚、烷基糖苷和椰子油脂肪酸二乙醇酰胺为主，可以满足去污的要求。另外，长效抑菌剂为阳离子季铵盐，不但对环境非常友好，对人体无毒无害，符合消费者对于健康的追求；阳离子季铵盐具有宽广的杀菌谱，对革兰氏阳性细菌和阴性细菌、霉菌、真菌酵母菌、藻类等呈现卓越的抗菌效果；阳离子季铵盐能与衣物结合，衣物在晾晒或者潮湿条件下储存的时候也能够抑制细菌滋生，实现了长效性抗菌抑菌的目的。

能消炎抗菌的洗衣液

原料配比

原料	配比（质量份）
烷基胺类杀菌剂	1～15
脂肪醇聚氧乙烯醚硫酸钠	5～20
脂肪醇聚氧乙烯醚	2～15
椰油酰胺丙基氧化胺	3～15
二丙二醇甲醚	3～30
异丙醇	0.1～5
络合剂	0.5～5
防腐剂	0.1～0.5
香精	0.01～0.1
水	加至 100

制备方法 将各组分原料混合均匀即可。

原料介绍 所述的烷基胺类杀菌剂为双氨乙基十二烷胺、双氨丙基十二烷胺、双氨丙基辛基胺、双氨丙基癸基胺中的一种或多种。

所述的络合剂为氨基琥珀酸钠或乙二胺四乙酸钠。

所述的防腐剂为异噻唑啉酮、碘代丙块基氨基甲酸丁酯、乙内酰脲和苯甲酸钠中的一种或多种。

所述的香精选自非醛类香精。

产品特性 本品去污效果显著，易漂洗，用后在衣服上低残留，无刺激性，同时对常见菌具有一定的杀灭作用，是一种高效的抗菌洗衣液。

配方 52 **浓缩抑菌洗衣液**

原料配比

原料		配比（质量份）		
		1#	2#	3#
表面活性剂	椰油酰胺丙基甜菜碱	6	10	5
	癸基葡糖苷	15	10	25
	椰油酰胺丙基氧化胺	13	6	15
	椰子油脂肪酸二乙醇酰胺	6	10	4

续表

原料		配比（质量份）		
		1#	2#	3#
螯合剂	乙二胺四乙酸四钠	0.2	0.5	0.1
防腐剂	卡松	0.08	0.05	0.1
杀菌剂	聚六亚甲基双胍	0.8	0.2	1.5
	二癸基二甲基氯化铵	0.4	1	0.2
	水	58.52	62.25	49.2

制备方法 依次添加水、表面活性剂、螯合剂、防腐剂和杀菌剂于搅拌罐中，搅拌，即获得浓缩抑菌洗衣液。

产品特性

（1）本品不需要添加对人体安全存在隐患的物质，生产原料廉价易得，制备方法简单，易于工业化生产。

（2）传统的洗衣液以阴离子表面活性剂为主，会与阳离子杀菌剂结合，从而影响其杀菌效率。本品中不含阴离子表面活性剂，与杀菌剂具有良好的配伍性，没有相互干扰作用，具有优异的杀菌效果，同时能够降低对手部的刺激。

（3）本品能够同时对大肠杆菌、金黄色葡萄球菌、白色念珠菌的抑菌率均达到90%以上，具有良好的抑菌效果。

（4）本品洗衣液为一种浓缩型配方，在生产上可节省大量的人力、物力，减少包材的浪费，降低运输成本，在使用过程中可以节约用水量。

配方 53 强效杀菌洗衣液

原料配比

原料	配比（质量份）	
	1#	2#
表面活性剂	19	14
单烷基醚磷酸酯钾盐	1.5	0.5
纳米二氧化钛	3	2
蛋白酶	1.5	0.5
去污增效剂	0.5	0.2
柔顺剂	2.5	1
杀菌剂	2.5	2
去离子水	80	66

制备方法 将各组分原料混合均匀即可。

原料介绍 所述表面活性剂为非离子表面活性剂，为椰子油脂肪酸二乙醇酰胺和椰子油烷醇酰胺磷酸酯盐中的至少一种。

所述杀菌剂为中药杀菌剂，由包括如下成分的组分煎煮、过滤、浓缩、杀菌制备而成：益母草、薄荷、垂盆草、松花粉、蒲黄、艾草、青皮、桑槐。

产品特性 本品去污杀菌能力强，且将杀菌、抑菌和去污清洁功能融为一体，洗衣、杀菌同时完成，性能温和、刺激性小、对皮肤无伤害、去污力强、生物降解性好。

配方 54 去污抗菌的浓缩洗衣液

原料配比

原料			配比（质量份）					
			1#	2#	3#	4#	5#	6#
表面活性剂			16	18.5	23	23	23	23
螯合剂			0.5	1	1.5	1.5	1.5	1.5
无机碱			0.3	0.62	0.8	0.8	0.8	0.8
水	自来水		加至100	加至100	加至100	加至100	加至100	加至100
表面活性剂	阴离子表面活性剂	烷基苯磺酸盐（C_{10}～C_{14}烷基苯磺酸盐：十二烷基苯磺酸钠）	1	1	1	23	1	—
		烷基苯磺酸盐（C_{10}～C_{14}烷基苯磺酸盐：十八烷基苯磺酸钠）	—	—	—	—	—	1
		脂肪醇聚醚硫酸酯盐（C_{12}～C_{15}脂肪醇聚醚硫酸酯盐：月桂醇聚醚硫酸酯钠）	1	1.14	2	—	3	2
	非离子表面活性剂	烷基醇聚氧乙烯醚（直链C_{10}～C_{15}烷基醇聚氧乙烯醚：月桂醇聚氧乙烯醚）	1	1	1	1	1	1
		聚硅氧烷表面活性剂	0.1	0.1	0.1	0.1	0.1	0.1
		烷基葡糖苷	1	1	1	1	1	1
		烷基醇聚氧乙烯醚	3	5	4	4	4	4
	阴离子表面活性剂		2	2.6	3	3	3	3
螯合剂	聚合物螯合剂	聚乙烯亚胺乙氧基化合物	0.8	1	1.2	1.2	1.2	1.2

原料			配比（质量份）					
			1#	2#	3#	4#	5#	6#
螯合剂	小分子螯合剂	乙二胺四乙酸二钠	1	1	1	1	1	1
杀菌剂	季铵盐类杀菌剂	单长链直链烷基季铵盐：C₁₂～C₁₈烷基二甲羟乙基氯化铵	0.08	0.1	0.12	0.12	0.12	0.12
助洗剂和两性表面活性剂		助洗剂和两性表面活性剂	7	8	10	10	10	10
	助洗剂	6501（椰油与醇胺的摩尔比为1:1）	1	1	1	1	1	1
	两性表面活性剂	椰油酰胺类两性表面活性剂：椰油酰胺丙基羟基磺基甜菜碱	6	7	8	8	8	8
香精和防腐剂		香精和防腐剂	0.2	—	0.25	0.25	0.25	0.25
	香精	茉莉香精	1	—	1.5	1.5	1.5	1.5
	防腐剂	卡松	1	—	1	1	1	1

制备方法 将各组分原料混合均匀即可。

原料介绍 在本品体系中，脂肪醇聚醚硫酸酯盐和烷基苯磺酸盐作为阴离子表面活性剂时，提高了浓缩洗衣液在常温、硬水条件下的清洗效果。烷基苯磺酸盐是目前衣物清洗中常用的阴离子表面活性剂，具有高的去污能力，脱脂力强，但是耐硬水性差，且去污能力随着温度增加而增加，在硬水、常温条件下对衣物各种污渍，如油渍、皮脂、蛋白或淀粉类污渍等均有较好去除效果。脂肪醇聚醚硫酸酯链中聚醚结构可以和硬水中钙、镁等离子作用，促进水化，从而促进烷基苯磺酸盐在硬水中的稳定性，以及对衣物表面的渗透和润湿，使得污渍和衣物表面发生分离，提高常温、硬水条件下清洗效果。

产品特性

（1）本品可在较低浓度、硬水条件下达到好的去污效果。

（2）通过在本品体系中添加非离子表面活性剂，尤其是直链烷基聚醚类表面活性剂，可进一步提高洗衣液的去污性能，这可能是因为通过使用含有较长聚醚链段的非离子表面活性剂，在吸附到衣物表面过程中，可提高衣物的亲水性能，从而进一步减小衣物和污渍的作用力，促进污渍分离，使得可以在使用更少浓缩洗衣液的情况下，达到好的去污效果。

（3）在本品体系中，添加助洗剂和两性表面活性剂，提高了洗衣液的去污能力和硬水洗涤时泡沫性能。

（4）小分子和聚合物螯合剂共同作用时，减少阴离子和非离子表面活性剂对内部的渗透，改善多次清洗的手感；在本体系中，直链的烷基醇聚醚链段也可能渗入衣物中，使得衣物柔软性下降，在洗涤尤其是多次洗涤时手感降低，通过添加螯合剂，尤其是使用小分子和聚合物螯合剂共同作用时，在螯合金属离子的同时，聚合物螯合剂，如含有多乙氧基支化的聚乙烯亚胺乙氧基化合物的添加，也有利于减少清洗，尤其是多次清洗对衣物手感的影响。这可能是因为大分子的聚乙烯亚胺乙氧基化合物中的氨基等官能团可以和衣物纤维中羟基、羧基等作用，形成较强吸附的凝聚层向结构，减少阴离子和非离子表面活性剂对内部的渗透。

（5）本品洗衣液，通过选择合适的表面活性剂和去污辅助剂，从而达到高洁净力，高效渗透，深层去污，有效清除衣物上的多种顽污渍且易于洗净，即便在硬水下也使得污渍分散在水中，随着水漂洗过程去除，具有高的衣物清洗能力。

配方 55　去污除菌抑菌洗衣液

原料配比

原料		配比（质量份）				
		1#	2#	3#	4#	5#
去离子水		80	80	100	100	90
脂肪酰基氨基酸钠		40	35	30	40	40
葡萄糖酸钠		6	10	6	12	8
脂肪醇硫酸钠		11	11	17	17	17
抑菌提取液	石菖蒲和紫花地丁抑菌提取液	21	—	—	—	—
	甜菊和矮茶籽抑菌提取液	—	25	—	—	—
	苦参、甜菊和矮茶籽抑菌提取液	—	—	15	—	—
	紫花地丁抑菌提取液	—	—	—	15	—
	石菖蒲、矮茶籽抑菌提取液	—	—	—	—	25
茶皂素		8	10	8	8	13
椰子油脂肪酸二乙醇酰胺		1.5	1	0.5	0.5	1.5
三乙醇胺		10	5	10	8	10
植物精油	山苍子油	3	—	—	—	—
	薰衣草油	—	—	—	5	—
	茉莉花油	—	6	—	—	—
	玫瑰花精油	—	—	3	—	6

制备方法

（1）按质量份要求称取各组分原料；

（2）将植物精油、脂肪酰基氨基酸钠、葡萄糖酸钠、脂肪醇硫酸钠、总量二分之一的去离子水加入搅拌机中，在搅拌转速为 200～350r/min 下搅拌 30～

60min，得到混合液 A；

（3）将剩余去离子水加热到 40℃，加入茶皂素、椰子油脂肪酸二乙醇酰胺、三乙醇胺，在转速为 100～300r/min 下搅拌 15～20min，再加入步骤（2）制备的混合液 A 和抑菌提取液继续搅拌 10～15min，得到混合液 B；

（4）将步骤（3）制备的混合液 B 加入均质机中，在温度为 60℃，压力为 10MPa，转速为 3000r/min 下均质 30min，完成后冷却静置 24h 得到去污除菌抑菌洗衣液，封装入库。

原料介绍 所述抑菌提取液为苦参、甜菊、石菖蒲、矮茶籽、紫花地丁中的一种或多种的提取液。

所述植物精油为玫瑰花精油、山苍子油、薰衣草油、茉莉花油中的一种。

产品特性 本品中脂肪酰基氨基酸钠，内含亲水基团使分子引入水而憎水基团使分子离开水，显著降低水表面张力；内含亲油基与污垢相作用，使污垢脱离被洗物，从而达到高洁净力，高效渗透，深层去污，有效清除衣物上的多种顽固污渍且易于洗净。本品采用天然抑菌提取液作为抗菌成分添加入洗衣液中，不仅杀菌性能更强，洗涤后更能有效抑制衣服上的细菌生长，还可以在衣物上留下一层防护膜，放置一段时间后再穿上仍然效果良好，长效抑菌。按照本品质量配比制备的所述洗衣液，兼顾高强去污和抑菌护衣的双重功效，使衣物达到了洗、护合一的目的，而且绿色环保，性质温和，无磷不刺激，具有高强去污、抑菌、护衣的效果。

配方 56 去污抗菌环保洗衣液

原料配比

原料			配比（质量份）				
			1#	2#	3#	4#	5#
A组分	椰子油酸烷醇酰胺		22	18	28	10	15
	三聚磷酸钠		2	6	6	2	6
	异丁醇		6	10	10	6	10
	聚氧乙烯月桂醇		26	26	26	20	26
	复合酶	纤维素酶和淀粉酶	8	—	—	3	—
		蛋白酶和淀粉酶	—	10	—	—	—
		蛋白酶和脂肪酶	—	—	10	—	—
		脂肪酶和纤维素酶	—	—	—	—	8
	蒸馏水		80	80	100	80	100

原料		配比（质量份）				
		1#	2#	3#	4#	5#
B组分	椰子油脂肪酸	20	12	20	12	18
	表面活性剂 脂肪醇聚氧乙烯醚和乙二胺聚醚	12	—	20	—	20
	乙二胺聚醚和醇醚磷酸酯	—	20	—	—	—
	脂肪醇聚氧乙烯醚	—	—	—	12	—
	金属离子螯合剂 柠檬酸铵	2	—	—	2	3
	羟基乙酸	—	4	4	—	—
	三聚磷酸钠	3	5	5	3	3
	酶稳定剂 柠檬酸钠和硼砂	4	—	—	—	—
	甲酸钙、柠檬酸钠和乙酸	—	4	—	—	—
	柠檬酸钠和乙酸	—	—	4	—	—
	柠檬酸钠	—	—	—	2	—
	甲酸钙和硼砂	—	—	—	—	2
C组分	植物香料萃取液 茉莉花萃取液	3	—	—	—	—
	桂花萃取液	—	1	—	—	—
	夜来香萃取液	—	—	3	—	3
	百合萃取液	—	—	—	1	—
	碳酸钠	12	6	12	6	10
	山梨酸钾	3	1	3	1	3
	棉籽柔剂	10	5	15	3	10

制备方法　按质量份取 A 组分的原料放入反应釜中，进行搅拌同时加热至完全溶解，再依次加入 B 组分中的原料进行皂化反应，皂化处理完成后最后加入 C 组分进行二次搅拌混合，过滤静置，装罐入库完成制备。A 组分原料搅拌的速度为 600～1000r/min，A 组分原料加热温度为 170～210℃，二次搅拌的搅拌速度为 400～500r/min，搅拌时间为 0.5h。

产品特性　本产品为高效去污、中性不伤手、杀菌、保持衣物持久柔顺、护色、防污垢二次沉积、防褪色的复合产品，通过复合酶配合表面活性剂结合特定的原料组分能够将衣物从外到里的顽固污渍彻底清除，添加的柔顺、防静电、护色、留香因子等使衣物更柔顺滑爽、沾污少、更不易褪色、色彩层次更分明、香气怡人。用量省，洗衣、洗领、柔顺三合一，只需更少用量就可以达到满意的洗涤效果。节水环保：低泡、防污垢二次沉积配方可减少漂洗次数，从而更节水更环保，排出的洗衣水中不会含有过量有害物质，能够确保环境无污染。洗衣剂还含有纤维柔顺成分，在洗涤的过程中就能使衣物具有柔软的效果，并且去污效果好，省时省力，且化学性质极为稳定，工艺简单，制造成本低。

配方 57　去污消毒洗衣液

原料配比

原料		配比（质量份）				
		1#	2#	3#	4#	5#
阴离子表面活性剂	乙氧基化硫酸钠	1	—	2	—	3
	α-烯烃磺酸钠	—	6	—	5	—
	椰油酸钾皂	1	5	2	4	3
非离子表面活性剂	脂肪醇（C_{12}～C_{15}）聚氧乙烯醚	5	—	10	—	18
	烷基糖苷	—	30	—	25	—
	甲基环氧乙烷与环氧乙烷单（2-丙基庚烷）醚的聚合物	3	25	8	20	15
阳离子表面活性剂	十二烷基二亚丙三胺	1	5	2.5	3.5	3
无机杀菌剂	银离子溶液（GYAg-L）	0.1	2	0.5	1.5	1
	谷氨酸二乙酸四钠	0.1	1	0.2	0.8	0.5
	有机硅消泡剂	0.05	0.2	0.08	0.15	0.1
	香精	0.1	0.6	0.2	0.5	0.3
	水	75	10	55	30	45

制备方法

（1）按配比准备原料；将准备好的有机硅消泡剂用水进行预分散，得到预分散消泡剂。

（2）先将余量水加入配料锅中。

（3）在搅拌的状态下向配料锅中加入步骤（1）准备好的谷氨酸二乙酸四钠，直至其完全溶解。

（4）在搅拌的状态下，依次向配料锅中加入步骤（1）准备好的阴离子表面活性剂、椰油酸钾皂、非离子表面活性剂、甲基环氧乙烷与环氧乙烷单(2-丙基庚烷)醚的聚合物和阳离子表面活性剂和银离子，然后继续搅拌，直至加入配料锅中的原料完全溶解；需要控制温度在 30～35℃，控制搅拌的转速为 30～60r/min。

（5）在搅拌的状态下加入步骤（1）准备好的预分散消泡剂和香精，搅拌均匀后，得到成品消毒洗衣液。预分散消泡剂中所用水与消泡剂的体积比为（8～10）：1。

产品特性

（1）本品实现了洗涤去污与消毒的二合一，克服了现有产品只单纯具有洗涤或杀菌消毒功能其中一种的不足。本品配方中的非离子表面活性剂及阴离子表面活性剂具有优异的润湿、乳化、渗透效果。本品对多种污垢有强的去除作用，且低泡，易清洗无残留；同时配方中的阳离子表面活性剂及银离子对多种细菌、酵母菌、真菌都有良好的杀灭性，且本品实现了无机杀菌剂与阳离子表面活性剂的结合，增强杀菌效果。

（2）本品配方中不含毒性和刺激性强的物质，属于实际无毒级；产品温和安全，不伤皮肤。

配方 58　去污抑菌洗衣液

原料配比

原料		配比（质量份）			
		1#	2#	3#	#4
阴离子表面活性剂	脂肪醇聚氧乙烯醚硫酸钠	5	—	—	—
	脂肪酸甲酯乙氧基化物磺酸钠	—	8	9	10
非离子表面活性剂	脂肪醇聚氧乙烯醚	10	—	—	—
	腰果酚聚氧乙烯醚	—	15	20	20
纤维素酶		0.5	1	1.5	2
蛋白酶		0.5	1	1.5	2
酶稳定剂	氯化钙和柠檬酸钠	0.01	0.1	1	1.5
有机硅季铵盐	3-(三甲氧基硅基)丙基十八烷基二甲基氯化铵	1.0	—	—	—
	3-(三乙氧基硅基)丙基十八烷基二甲基氯化铵	—	0.1	—	—
	十二烷基二甲基苄基氯化铵	—	—	0.5	1
壳聚糖		0.1	1	0.5	1
助溶剂		2.0	3	5	5
去离子水		30	60	70	40

制备方法　按照质量份将去离子水加入反应釜中，然后再向反应釜中加入阴离子表面活性剂、非离子表面活性剂、助溶剂，在50～60℃温度下搅拌；待各原料完全溶解且混合均匀后，将温度降至30～40℃，再向反应釜中加入壳聚糖和有机硅季铵盐，继续搅拌10min；然后再加入纤维素酶、蛋白酶和酶稳定剂，搅拌均

匀后过滤，即可得到洗衣液。

原料介绍 所述助溶剂包括对甲苯磺酸盐、二甲苯磺酸盐、异丙苯磺酸盐、甘油、乙醇、异丙醇中的任意一种或多种的组合物。

产品特性 本品不仅具有较好的洁净功能，还能有效地对衣物上的细菌起到抑制作用，从而可以避免机洗时各件衣物上的各种细菌发生交叉感染。

配方 59 三氯卡班抗菌洗衣液

原料配比

原料	配比（质量份）			
	1#	2#	3#	4#
月桂醇聚醚硫酸酯钠	25	15	20	20
十二烷基苯磺酸	8	9	10	10
氢氧化钠	0.3	0.6	0.8	0.2
柠檬酸	1.5	2	1.5	0.5
三乙醇胺	1	0.2	0.5	2
椰油酰甲基单乙醇酰胺	3	1	3	2
丙烯酸酯类共聚物	3	1	3	2
三氯卡班	0.3	1	0.3	0.3
对氯间二甲苯酚	0.1	0.3	0.3	0.3
杀菌增效剂1,2-辛二醇	0.3	0.3	0.3	0.3
杀菌增效剂二丙二醇	0.5	1	1	1
苯氧乙醇	0.5	1	1	1
氯化钠	2	1	2	1
卡松	0.1	0.1	0.1	0.
香精	0.3	0.3	0.3	0.3
去离子水	加至100	加至100	加至100	加至100

制备方法

（1）将三氯卡班、对氯间二甲苯酚粉体、1,2-辛二醇和二丙二醇加热混合均匀备用；

（2）依次投入去离子水、十二烷基苯磺酸和氢氧化钠，搅拌溶解均匀；然后加入月桂醇聚醚硫酸酯钠，搅拌至完全溶解；依次加入椰油酰甲基单乙醇酰胺、丙烯酸酯类共聚物、三乙醇胺、苯氧乙醇和香精，搅拌均匀，用柠檬酸调 pH 值至6～8，加入卡松，加入氯化钠调料体黏度，搅拌完全均匀后，出料。

原料介绍 所述丙烯酸酯类共聚物是悬浮剂 SF-1。

产品特性

（1）杀菌率高。可以灭杀大肠杆菌、金黄色葡萄球菌等致病菌，杀菌率可以高达90%以上。

（2）具有长效抑菌功能，防止致病菌以湿度比较高的衣物作媒介传染人；防霉防螨，洗后织物在阴雨天气不容易发霉长霉，保持衣物长期放置无霉味。

（3）安全性高。不致畸，对皮肤温和无刺激。

配方60 杀菌除菌机洗洗衣液

原料配比

原料	配比（质量份）
茶树籽提取物	1.2～1.7
苦参提取物	1.5～1.9
野槐根提取物	1.2～1.4
茶皂素	1.4～1.7
三乙醇胺	1.3～1.6
山金车提取液	1.3～1.8
侧柏叶	1～2
丁香酚	1.4～1.6
AES	4.8～6.7
益生菌群	2.2～3.5
丹皮酚	1.7～1.9
侧柏提取液	1.5～2.4
柠檬酸	1.3～2.5
氨基酸	1～2.4
椰子油脂肪酸	0.5～1.2
多库酯钠	1.5～2
酵素	1.6～2.5
醋酸	2～3
香精	1.8～2
水	56.2～69.8

制备方法 将具有消炎、抗渗透等药理作用的茶树籽提取物加入水中搅拌均匀，再加入苦参提取物、野槐根提取物、茶皂素高速搅拌41.7min，并配以三乙醇胺、山金车提取液、侧柏叶、丁香酚、AES、益生菌群、丹皮酚，加热恒温在25℃

左右均质搅拌 4.7h 后，将容器恒温在 28.2℃左右密封发酵 20.2h，再加入侧柏提取液、柠檬酸、氨基酸、椰子油脂肪酸、多库酯钠、酵素、醋酸、香精高速搅拌 5.2h，除菌亲肤，在提高洗净力的同时，有效去除衣物上的细菌，然后恒温在 29.2℃左右容器内静置 16.2h 即为成品。

产品特性 除菌亲肤，在提高洗净力的同时，有效去除衣物上的细菌，能有效降低衣物上静电的产生，使衣物与皮肤接触更具有亲和性，不伤娇嫩肌肤。

配方 61 杀菌除菌手洗洗衣液

原料配比

原料	配比（质量份）
茶树籽提取物	1.5～1.8
苦参提取物	1～1.3
野槐根提取物	1～1.4
茶皂素	1～1.5
三乙醇胺	1.3～1.6
山金车提取液	1～1.5
侧柏叶	1.5～2.1
佛山柑油	1.5～1.7
AES	4.9～6.9
益生菌群	2.2～3.5
丹皮酚	1～1.1
侧柏提取液	1.5～2.4
柠檬酸	1.3～2.5
氨基酸	1.2～2.1
左旋双氢苯甘氨酸	0.6～1.1
多库酯钠	1.5～2.1
酵素	1.7～2.6
醋酸	2.1～3.1
香精	1.9～2.1
水	57.6～70.3

制备方法 将具有消炎、抗渗透等药理作用的茶树籽提取物加入水中搅拌均匀，再加入苦参提取物、野槐根提取物、茶皂素高速搅拌 42.6min，并配以三乙醇胺、山金车提取液、侧柏叶、佛山柑油、AES、益生菌群、丹皮酚，加热恒温在 26.5℃左右均质搅拌 4.9h 后，将容器恒温在 28.5℃左右密封发酵 20.5h，再加入侧

柏提取液、柠檬酸、氨基酸、左旋双氢苯甘氨酸、多库酯钠、酵素、醋酸、香精
高速搅拌 5.5h，然后恒温在 29.5℃左右容器内静置 16.9h 即为成品。

产品特性 本品除菌亲肤，在提高洗净力的同时，有效去除衣物上的细菌，
还可以抗菌防螨防霉。

配方 62 杀菌护色防串色浓缩洗衣液

原料配比

原料		配比（质量份）				
		1#	2#	3#	4#	5#
表面活性剂		22	28.25	33.31	38.75	43
谷氨酸二乙酸四钠		0.2	0.25	0.29	0.35	0.4
丙二醇		4	4.5	5.1	5.5	6
月桂酸		1	1.25	1.48	1.75	2
油酸		1	1.25	1.53	1.75	2
聚乙烯亚胺		1	1.25	1.51	1.75	2
染料转移抑制剂	Flosoft CCP	0.5	0.75	0.99	1.25	1.5
	氢氧化钾	0.5	0.62	0.73	0.88	1
	氢氧化钠	1	1.25	1.47	1.75	2
抑菌剂	二氯生	0.4	0.45	0.48	0.55	0.6
蛋白酶		0.1	0.12	0.13	0.17	0.2
卡松		0.05	0.06	0.07	0.08	0.1
小麦胚芽油		1	1.4	1.2	1.6	2
荷荷巴油		1	1.4	1.7	1.8	2
染料		0.05	0.08	0.11	0.15	0.2
香精		0.2	0.3	0.34	0.4	0.5
去离子水		66	56.82	49.56	41.52	34.5
表面活性剂	乙氧基化烷基硫酸钠	45	46	47.1	48	50
	脂肪醇聚氧乙烯醚（AEO-7）	31	32	30.9	33	35
	十二烷基苯磺酸	15	14	14.4	12	10
	月桂酸酰胺基丙基甜菜碱	9	8	7.6	7	5

制备方法

（1）将乙氧基化烷基硫酸钠加入去离子水中，并搅拌均匀，直至形成无色透
明黏稠液体，搅拌速度为 200～300r/min，搅拌时间为 20～30min。

（2）向步骤（1）制得的透明液体中加入十二烷苯磺酸、氢氧化钠，搅拌至中

和反应完成，形成浅黄色透明溶液，制得混合液 A；搅拌速度为 200～300r/min，搅拌时间为 20～30min。

（3）向步骤（2）制得的混合液 A 中加入丙二醇、脂肪醇聚氧乙烯醚、月桂酸酰胺基丙基甜菜碱、小麦胚芽油、荷荷巴油，搅拌均匀，制得混合液 B；搅拌速度为 200～300r/min，搅拌时间为 20～30min。

（4）逐步向步骤（3）制得的混合液 B 中加入月桂酸、油酸、氢氧化钾，搅拌至中和反应完成得到透明黏稠溶液，制得混合液 C；搅拌速度为 200～300r/min，搅拌时间为 20～30min。

（5）待温度恢复至室温后向步骤（4）制得的混合液 C 中逐步加入聚乙烯亚胺、染料转移抑制剂、香精、抑菌剂、谷氨酸二乙酸四钠、蛋白酶、卡松、染料，搅拌均匀，即得。搅拌速度为 200～300r/min，搅拌时间为 20～30min。

原料介绍 通过乙氧基化烷基硫酸钠、脂肪醇聚氧乙烯醚、十二烷苯磺酸钠、月桂酸酰胺基丙基甜菜碱共同组成复合表活体系，泡沫细腻丰富，可以有效去除尘土、油垢等各种类型的污渍，柔顺衣物。复合皂液有效杀泡，实现低泡易漂洗。蛋白酶有针对性地高效去除蛋白类污渍。小麦胚芽油和荷荷巴油的加入能够让表面活性剂更好地融合在一起，从而增强其作用，同时还能够保护手部皮肤，避免皮肤变干。聚乙烯亚胺作为一种有效的悬浮分散剂，可以有效分散、包裹被洗去的污渍，防止污垢在织物表面再次沉积，同时阻止游离的色素附着于织物表面，防止串色。Flosoft CCP 染料转移抑制剂通过形成薄膜的机理，有效减缓衣物褪色，长久保持衣物的鲜艳色彩；还可与织物释放的染料通过偶极吸引相互作用，与染料形成的络合物在洗涤液中保持悬浮，避免在其他织物上有任何不利的再沉积。二氯生强效抑菌 99%，保护用户的健康。

产品特性

（1）本品配方温和，能够有效去除衣物污渍，强效杀菌，能够有效柔顺衣物。

（2）本杀菌护色防串色浓缩洗衣液最终 pH 值在 7.0～8.0 之间，中性不伤手不伤衣物。黏度适中。无论手洗机洗都很适合。

配方 63 杀菌内衣洗衣液

原料配比

原料	配比（质量份）		
	1#	2#	3#
脂肪醇醚硫酸钠盐（AES）	7.1	7.12	7.12
十二烷基硫酸钠（K12）	3.2	3.1	3.1

续表

原料	配比（质量份）		
	1#	2#	3#
椰子油脂肪酸二乙醇酰胺（6501）	7.3	7.02	7.02
牛至油	2.5	2	3
有机酸	0.8	1.02	1.02
乙二胺四乙酸二钠	0.08	0.08	0.08
碳酸钠	1.2	1.2	1.2
氯化钠	1.2	1.2	1.2
苯甲酸钠	3.1	3.1	3.1
香精	0.12	0.12	0.12
蒸馏水	加至100	加至100	加至100

制备方法

（1）将蒸馏水加入反应釜中，并且将水温加热到60℃；

（2）缓慢加入脂肪醇醚硫酸钠盐，并且搅拌至完全溶解；

（3）在搅拌过程中，依次加入十二烷基硫酸钠、椰子油脂肪酸二乙醇酰胺，搅拌过程中水温保持在60℃；

（4）然后将水温降到30℃，先加入有机酸与溶液混合后，再将牛至油加入溶液中，并且搅拌至完全混合，在30℃的温度下将溶液放置30min；

（5）然后依次加入碳酸钠、乙二胺四乙酸二钠和苯甲酸钠，搅拌保持20min；

（6）最后加入磷酸适量调节pH值至小于10，加入氯化钠调节黏度，再加入香精。

原料介绍　所述的牛至油作为杀菌剂。牛至油的提取工艺：取牛至放入容器中；在容器中放入蒸馏水，蒸馏水与牛至的质量比为10：1；再将容器放入800W的微波环境中3～5min；然后蒸馏水微沸提取至挥发油量不再增加；再用重蒸乙醚多次萃取挥发油；将上层油取出后用无水硫酸钠干燥，过滤。

所述有机酸为草酸。

产品特性

（1）牛至油具有极强的抗菌、杀菌作用，可以通过使细胞膜中的蛋白质变性而改变细胞膜的通透性，破坏蛋白质的合成，使微生物细胞的生长受到抑制，是一种广谱天然杀菌剂；而且牛至油不会对人的皮肤有损害。

（2）草酸能与牛至油协同杀菌，杀菌效果更好。

（3）牛至油同时对霉菌也有很好的杀菌效果，皮革内含有多种营养物质容易受到霉菌滋生，牛至油同时能有效地去除霉菌，避免了衣服发霉。

（4）本品能在去污的同时对内衣进行有效的杀菌，并且不会损伤皮肤。

配方 64　杀菌去污洗衣液

原料配比

原料	配比（质量份）
脂肪醇聚氧乙烯醚表面活性剂	10
甲基三氟丙基硅油	15
皂荚树叶子提取物	20
百合提取物	5
烯基磺酸盐	18
烷基糖苷	3
天然脂肪醇聚氧乙烯醚磺酸盐	3
十二烷基二甲基苄基氯化铵	2
柠檬酸	18
邻苯二甲酰亚胺	5
椰子提取物	5
水	60

制备方法　将各组分原料混合均匀即可。

产品特性　本品可同时杀菌去污且去污能力强，更洁净，无残留，低泡易漂，适用范围广，温和无刺激，护衣护色不伤手，环保。

配方 65　杀菌消毒洗衣液

原料配比

原料	配比（质量份）					
	1#	2#	3#	4#	5#	6#
竹叶桑叶提取物	10	30	15	25	22	20
薄荷提取物	5	15	6	13	9	10
玫瑰提取物	8	18	10	15	14	13
白鲜皮活性水	20	50	25	40	30	35
鱼鳞发酵液	10	20	12	18	16	15
纳米二氧化钛	8	20	10	18	15	14
椰子油脂肪酸甘氨酸钾	8	18	10	15	14	13

原料	配比（质量份）					
	1#	2#	3#	4#	5#	6#
柠檬酸	2	8	3	7	7	5
氯化十二烷基二甲基苄基铵	5	15	7	13	11	10
羧甲基纤维素	1	4	2	3	3	3
硅酸钠	3	6	4	5	5	4

制备方法

（1）将竹叶桑叶提取物、薄荷提取物、玫瑰提取物、椰子油脂肪酸甘氨酸钾、柠檬酸混合后加入搅拌罐中均匀搅拌，搅拌过程中依次加入鱼鳞发酵液、纳米二氧化钛，继续搅拌 20min 后，静置 10min，得到混合液 A；搅拌速率为 1000～4000r/min。

（2）在混合液 A 中加入白鲜皮活性水、氯化十二烷基二甲基苄基铵、羧甲基纤维素、硅酸钠，混合后加入加热罐中低温加热，加热温度为 50～70℃，加热时间为 20～40min，之后缓慢冷却至室温，得到混合液 B。

（3）最后将混合液 B 在常温下静置 5h 后，即得到洗衣液。

产品特性 本品制备工艺简单，制得的洗衣液具有杀菌消毒的功效，且去污效果明显，对皮肤无刺激性，同时其排放后对水质无污染。本品中添加的羧甲基纤维素、硅酸钠，能够增加洗衣液的去污能力；添加的鱼鳞发酵液、纳米二氧化钛，能够提高洗衣液的抗菌抑菌能力。

配方 66 杀菌抑菌洗衣液

原料配比

原料		配比（质量份）									
		1#	2#	3#	4#	5#	6#	7#	8#	9#	10#
对氯间二甲苯酚		3.8	2.7	8	0.8	5	3.8	3.8	3.8	3.8	3.8
防缔结组分		16.32	12.14	24.28	1.21	18.35	16.32	16.32	16.32	16.32	16.32
乙醇水溶液	乙醇含量为 95%	3	5	10	1	8	3	3	3	3	3
强力表面活性剂		20	11	2	8	16	20	20	20	20	20
茶树精油		0.05	0.5	1	0.3	0.8	0.05	0.05	0.05	0.05	0.05
PEG-40 氢化蓖麻油		3	1.5	10	5	8	3	3	3	3	3
钙镁螯合剂	乙二胺四乙酸二钠	0.15	0.1	0.2	0.05	0.18	0.15	0.15	0.15	0.15	0.15

续表

原料		配比（质量份）									
		1#	2#	3#	4#	5#	6#	7#	8#	9#	10#
氯化钠		0.8	0.4	1.5	0.1	1.2	0.8	0.8	0.8	0.8	0.8
去离子水		52.88	66.46	42.92	83.36	42.35	52.88	52.88	52.88	52.88	52.88
香精		—	0.2	0.1	0.18	0.12	—	—	—	—	—
防缔结组分	精炼蓖麻油	1	1	1	1	1	1	1	1	1	1
	氢氧化钾	0.214	0.214	0.214	0.214	0.214	0.21	0.219	0.214	0.214	0.214
强力表面活性剂	脂肪醇聚氧乙烯醚硫酸钠	1	1	1	1	1	1	1	1	1	1
	脂肪醇聚氧乙烯醚	1.2	1.2	1.2	1.2	1.2	1.2	1.2	—	—	1.1
	聚甘油脂肪酸酯	—	—	—	—	—	—	—	1	1.1	1.1

制备方法

（1）按照质量份，先将总用量 20% 的去离子水与防缔结组分、乙醇水溶液、对氯间二甲苯酚充分混合，再将剩余的去离子水加入，并充分混合，获得第一混合物。

（2）按照质量份，将强力表面活性剂、PEG-40 氢化蓖麻油、钙镁螯合剂、氯化钠、茶树精油与步骤（1）获得的第一混合物充分混合，获得第二混合物。

（3）将步骤（2）获得的第二混合物降温至 35~40℃，按照质量份，选择性加入香精，充分混合，获得杀菌抑菌的洗衣液。

产品特性 本品采用对氯间二甲苯酚、防缔结组分、强力表面活性剂、茶树精油、PEG-40 氢化蓖麻油相互配合，可有效去除织物中的脏污，在去除脏污并杀灭细菌的同时，对织物纤维的外部形成保护层，减少由于去污能力过强而造成对织物纤维较为深层次的伤害，并且赋予织物较好的抑菌效果，使洗后的织物具有洁净、柔软、蓬松、不发硬的效果。

配方67 生物抑菌洗衣液

原料配比

原料	配比（质量份）		
	1#	2#	3#
生物抑菌成分	25	30	35
麸皮提取复合物	20	30	40

续表

原料	配比（质量份）		
	1#	2#	3#
十二烷基苯磺酸钠	8	12	15
脂肪醇聚醚硫酸钠	15	20	25
十六烷基三甲基溴化铵	6	8	10
椰油酰胺丙基甜菜碱	5	8	10
柠檬酸钠	2	4	5
氯化钠	3	5	8
香精	6	10	14
水	100	110	120

制备方法 取十二烷基苯磺酸钠、脂肪醇聚醚硫酸钠、十六烷基三甲基溴化铵、椰油酰胺丙基甜菜碱、水于化料釜中 50～65℃混合搅拌后加入柠檬酸钠、香精、氯化钠搅拌均匀，降至 25～35℃，加入生物抑菌成分、麸皮提取复合物，以 250～300r/min 的速度搅拌 1～2h，即得抑菌洗衣液。

原料介绍 所述生物抑菌成分的制备方法如下。

（1）取嗜酸乳杆菌，在 32～40℃下，按 5%的接种量于肉汤培养基中培养 2～3d，将培养后的菌株按 5%接种量接种至产菌素培养基中培养 2～3d，按 5%的接种量将菌株接种至装有产菌素培养基的发酵罐中于 32～37℃摇床振荡培养，得发酵液。

（2）取发酵液于 3～5℃离心，得离心物 A；收集离心物 A 加入离心物 A 质量 2～3 倍的生理盐水，于 3～5℃离心，收集菌泥按质量比 1：（5～8）加入冻干保护剂，得混悬菌液；取混悬菌液于 -10℃冷冻 8～10h，后于 -80℃冷冻干燥 20～24h，即得生物抑菌成分。

所述麸皮提取复合物的制备方法如下。

（1）于 28～32℃，按质量比 1：（10～15）取麸皮颗粒和正己烷，混合，超声波辅脱脂，离心，得离心物 B；取离心物 B 干燥，加入干燥后离心物 B 质量 7～12 倍的丙酮，超声波提取，离心，取上清液，旋转蒸发，真空浓缩至原体积的 40%～50%，调节 pH 值，得浓缩物。

（2）取浓缩物按质量比 1：（5～7）加入乙酸乙酯萃取，取有机相减压蒸发，得浸膏；取浸膏加入浸膏质量 2～4 倍的甲醇，得复溶液；取丝瓜络粉碎过筛，取过筛颗粒按质量比 1：（3～5）加入碳酸钠溶液浸泡 5～8h，组织破碎，混匀，得匀浆，按质量比 0.2：（4～7）取均浆加入复溶液，搅拌混合，即得麸皮提取复合物。

所述肉汤培养基制备方法：按质量份计，取 10～20 份蛋白胨、10～20 份牛肉膏、5～10 份酵母粉、20～30 份葡萄糖、1～4 份吐温-80、5～10 份乙酸铵、0.5～2 份硫酸镁、0.1～1 份硫酸锰、2～6 份磷酸氢二钾、2～6 份磷酸二氢钾、800～1000 份水，于 121℃灭菌 10～15min，即得肉汤培养基。

所述产菌素培养基制备方法：按质量份计，取 10～20 份蛋白胨、10～20 份酵母膏、20～30 份葡萄糖、1～4 份油酸、0.5～2 份硫酸镁、2～6 份磷酸氢二钾、2～6 份磷酸二氢钾、800～1000 份水，于 121℃灭菌 10～15min，即得产菌素培养基。

所述麸皮颗粒制备方法：取麸皮粉碎过筛，取过筛颗粒，于 115～121℃高温灭菌 20～25min，即得麸皮颗粒。

所述冻干保护剂制备方法：按质量比 5：（2～4）：5：1：2 取脱脂奶粉、麦芽糊精、山梨醇、三聚磷酸钾、抗坏血酸混合，即得冻干保护剂。

产品特性

（1）本品用嗜酸乳杆菌培养出多种抑菌活性多肽和有机质，在多种表面活性物质，如脂肪醇聚醚硫酸钠、椰油酰胺丙基甜菜碱的协同作用下，可显著提高抑菌效果，并且有抗真菌、抗寄生虫的作用。以麸皮为原料，经预处理、浸提、萃取复溶，丝瓜络处理物混合，配合其中的皂苷类物质、丝瓜素等，达到增加洗衣效果和抑菌效果的作用；丝瓜络经粉碎，置于碳酸钠溶液中浸泡，均浆，可作为生物抑菌成分、麸皮提取物中的酚酸类化合物、表面活性物质等的载体，大大提高了清洗效率，也给抑菌作用提供了良好的效果；从麦麸中提取酚酸类化合物，配合细菌素又可大大增强其抑菌和杀菌作用，且清洗过后对人体皮肤无刺激。

（2）本品抗菌成分效果优异，杀菌能力强、对皮肤无刺激作用。

配方 68　天然青蒿除菌洗衣液

原料配比

原料	配比（质量份）		
	1#	2#	3#
椰子油脂肪酸二乙醇酰胺	8	8	10
月桂醇聚醚硫酸酯钠	6	4	7
脂肪醇聚氧乙烯醚	4	3	5
青蒿提取物	8	5	10
鼠尾草提取物	8	6	10
紫苏提取物	6	4	8
鱼腥草提取物	8	6	10

续表

原料		配比（质量份）		
		1#	2#	3#
蛋白酶	木瓜蛋白酶	6	—	—
	胰蛋白酶	—	4	—
	枯草杆菌蛋白酶	—	—	8
香精	薄荷香精	0.3	—	—
	玫瑰香精	—	0.2	—
	木香精	—	—	0.5
水		200	200	300

制备方法

（1）按照质量份，取椰子油脂肪酸二乙醇酰胺、月桂醇聚醚硫酸酯钠、脂肪醇聚氧乙烯醚，加入水，升温至40～50℃，开启搅拌，搅拌速度为150～300r/min，搅拌10～15min；

（2）降温至室温，加入青蒿提取物、鼠尾草提取物、紫苏提取物、鱼腥草提取物、蛋白酶、香精，继续搅拌，搅拌速度为150～300r/min，搅拌10～15min，制成。

原料介绍　所述青蒿提取物的制备方法为：取青蒿干燥粉碎至30～60目，加水煎煮3次，每次1～3h，滤过，合并滤液，活性炭脱色，最后将滤液浓缩至含水量低于30%，制成。

所述鼠尾草提取物的制备方法为：取鼠尾草干燥粉碎至30～60目，置于蒸馏容器内，加3～8倍质量份的水，加热至沸腾，保持10～40min，连接回流冷凝管收集冷凝液，得到蒸馏液，活性炭脱色，最后将蒸馏液浓缩至含水量低于25%，制成。

所述紫苏提取物的提取方法为：将紫苏全草晒干，粉碎，过30～50目筛；加入体积分数为75%的乙醇溶液，微波萃取仪中设置微波功率400～600W，提取时间40～60s，进行提取，获得提取液；将以上提取液浓缩获得浸膏；将获得的浸膏用丙酮萃取4次，获得丙酮萃取液，经旋蒸除去溶剂后获得紫苏提取物。

所述鱼腥草提取物的提取方法为：将鱼腥草晒干，粉碎成粉末，过60～80目筛，加8～15倍质量份体积分数为70%的乙醇水溶液回流提取3次，每次提取1～3h，合并滤液，活性炭脱色，最后将回流液浓缩至含水量低于25%，制成。

产品特性　本品添加青蒿提取物、鼠尾草提取物、紫苏提取物、鱼腥草提取物，使得洗衣液具有除菌效果，并且增强了清洗力。青蒿提取物和鱼腥草提取物组合使用使得洗衣液具有除菌效果，且协同增效；鼠尾草提取物和紫苏提取物组合使用增强了洗衣液的清洗力。

配方 69 温和不伤手的抗菌洗衣液

原料配比

原料	配比（质量份）
去离子水	90
烷基糖苷	10
脂肪醇聚氧乙烯醚	12
脂肪酰胺丙基氧化胺	8
十二烷基二甲基苄基氯化铵	3
山梨酸钾	2
海藻酸钠	1
壳聚糖	1
蚕丝蛋白	1
中药提取物	3
芦荟胶	1
胶原蛋白	1
乙二胺四乙酸二钠	0.2
柠檬酸	0.1
香精	0.1
工业盐	0.1

制备方法 将各组分原料混合均匀即可。

原料介绍 所述的中药提取物包括金银花提取物、洋甘菊提取物、百合提取物、黄芩提取物、黄柏提取物、益母草提取物、肉桂提取物、艾叶提取物、白芷提取物、冰片提取物、甘草提取物中的一种或几种。

所述的香精为柠檬香精或玫瑰香精。

产品特性

（1）本品添加中药提取物，具有良好的抑菌杀菌效果。

（2）本品添加的十二烷基二甲基苄基氯化铵，是一种阳离子表面活性剂，同时也是一种非氧化性杀菌剂，具有广谱、高效的杀菌效果。

（3）本品性能温和，不含化学杀菌剂，并添加护肤成分蚕丝蛋白、芦荟胶及胶原蛋白，不伤手，健康环保，且去污率高。

配方 70 温和杀菌洗衣液

原料配比

原料		配比（质量份）		
		1#	2#	3#
烷基糖苷柠檬酸酯	$C_8 \sim C_{10}$ 烷基糖苷柠檬酸酯	2.5	—	—
	$C_{10} \sim C_{12}$ 烷基糖苷柠檬酸酯	—	2	—
	$C_{12} \sim C_{14}$ 烷基糖苷柠檬酸酯	—	—	1.8
烷基糖苷	$C_8 \sim C_{10}$ 烷基糖苷	7	—	—
	$C_{10} \sim C_{12}$ 烷基糖苷	—	7.5	—
	$C_{12} \sim C_{14}$ 烷基糖苷	—	—	7
糖基酰胺季铵盐	C_{10} 葡萄糖酰胺季铵盐	1.8	—	—
	C_{16} 葡萄糖酰胺季铵盐	—	1.5	—
	C_{12} 葡萄糖酰胺季铵盐	—	—	2.5
青蒿素提取液		2.2	2.5	2
海藻酸钠		0.2	0.15	0.12
香精		0.1	0.1	0.1
色素		0.001	0.001	0.001
去离子水		加至 100	加至 100	加至 100

制备方法 将烷基糖苷柠檬酸酯、烷基糖苷加入适量去离子水制成混合溶液，向所述混合溶液中加入糖基酰胺季铵盐和青蒿素提取液并补充去离子水至配方量的 90%，再加入增稠剂并搅拌 30～60min 混合均匀，然后再调节 pH 值为 7.0～7.5，再加入其他助剂和剩余的去离子水，调节转速为 300～500r/min，并继续搅拌 30～50min，得到温和杀菌洗衣液。

原料介绍 所述青蒿素提取液是由干青蒿叶通过去离子水蒸煮提取浓缩得到的，所述青蒿素提取液中青蒿素的浓度为 1.5～2.5g/mL。

产品特性

（1）本品以烷基糖苷柠檬酸酯与烷基糖苷为主要活性成分，烷基糖苷柠檬酸酯与烷基糖苷的复配对人体皮肤更温和并具有滋润肌肤的良好作用，更适合手洗，特别适合用于婴幼儿、贴身内衣的洗涤；同时采用既具有糖基的温和性又具有季铵盐表面活性高效性且杀菌性强的糖基酰胺季铵盐与青蒿素提取液复配作为杀菌剂，既可以保证杀菌效果又可避免耐药性产生。

（2）本品制备方法简单、易操作，适于大规模生产。

（3）该洗衣液可以温和杀菌、无残留、容易降解。

配方 71 温和型灭菌洗衣液

原料配比

原料		配比（质量份）			
		1#	2#	3#	4#
杀菌剂		10	12	16	18
香味剂		20	26	35	30
去污剂		40	45	66	70
紫苏		3	3	4	5
冰片		4	5	8	10
薄荷		8	9	9	10
芦荟		1	1.5	2	3
黄芪		12	13	14	15
白术		3	4	6	7
辅助剂		20	22	30	35
活性剂	十二烷基聚氧乙烯醚	20	22	28	30
	蒸馏水	50	56	76	80
去污剂	甲基丙烯酸甲酯	12	14	20	23
	甲基丙烯酸	15	16	23	25
	丙烯酸	13	14	20	22
香味剂	玫瑰精油	2	3	4	5
	栀子花精油	3	4	5	6
	茉莉花精油	3	4	6	7
	香茅醛	4	5	6	8
	兔耳草醛	1	2	3	4
	乙酸乙酯	2	3	4	5
	甲酸乙酯	2	3	6	7
	二氢茉莉酮	1	1.5	2	3
	乙基香兰素	1	1.5	2	3
	龙涎香醇	1	1.5	2	2
辅助剂	聚乙烯吡咯烷酮	8	9	10	12
	柠檬酸	7	8	9	10
	羧甲基纤维素钠	5	6	12	13

制备方法 将各组分原料混合均匀即可。

原料介绍 所述杀菌剂采用磷酸三钠、2-甲基-丙酸甲酯、石竹烯和蒜素中的一种或者几种原料的混合物。

产品特性 本品通过加入多种中药成分，能够对衣服起到一定的保养作用，并且有助于人体的身体健康，能够对用户起到一定的保健作用。通过加入多种天然材料的香味剂，能够起到很好的增香作用，使人身心愉悦；通过加入冰片和薄荷，能够起到清凉的作用，能够在使用手洗方式时，使皮肤有清凉的感受，不伤手。

配方 72 物理抑菌洗衣液

原料配比

原料		配比（质量份）				
		1#	2#	3#	4#	5#
植物精华洗护因子	AEO-9	12	—	—	—	4
	OP-10	—	12	—	—	4
	NP-10	—	—	12	6	4
	EO-9	—	—	—	6	—
椰油精华活性因子	6501	1	1	1	1	1
物理抑菌液	MT-0001	1	—	—	—	1.5
	SCJ-2000	—	1	—	—	—
	WS-8810	—	—	1	—	—
	DC-5700	—	—	—	1	—
纤维素	增稠剂 C-39-7	0.6	0.6	0.6	0.6	0.6
	拉丝增稠剂	0.03	0.03	0.03	0.03	0.03
植物提取精油	玫瑰 JR1016	0.18	0.18	0.18	0.18	0.18
	长花茉莉 JR2055	0.035	0.035	0.035	0.035	0.035
	薰衣草 3051	0.03	0.03	0.03	0.03	0.03
	牛奶 JR3238	0.038	0.038	0.038	0.038	0.038
生物酶	蛋白酶	0.2	0.2	0.2	0.2	0.2
	脂肪酶	0.25	0.25	0.25	0.25	0.25
	淀粉酶	0.4	0.4	0.4	0.4	0.4
去离子水		加至 100	加至 100	加至 100	加至 100	加至 100

制备方法

（1）将去离子水温控制在 25℃；

（2）按比例加入生物酶；

（3）加入纤维素，搅拌 20min，静置 30min；

（4）加入植物精华洗护因子，搅拌 15min；

（5）加入椰油精华活性因子，搅拌 10min，静置 30min；

（6）水温控制在 25℃；

（7）加入植物提取精油香，搅拌 4min；

（8）加入物理抑菌液，搅拌 4min，静置 6h；

（9）取样检测后过滤、陈化处理，成品抽样检测、灌装、成品包装。

产品特性

（1）物理抑菌液采用独特的有机硅季铵盐类（MT-0001、SCJ-2000、DC-5700、WS-8810 等）生态型物理抑菌液，因其特殊结构的阳离子基团在纤维表面形成正电场，利用物理原理使靠近基团的细菌壁负电荷增多，远离基团的细菌壁负电荷减少，由于电荷分布的不均匀导致细菌细胞壁受到撕扯破裂，使细菌内容物流出而导致细菌死亡，故称其为物理抑菌，和衣物纤维结合后具有持久的抑菌性，属于非溶出型，安全，健康，生态，不会破坏人体良性菌群。

（2）物理抑菌去污，对革兰氏阴性菌、革兰氏阳性菌、真菌等都有良好持久的抑制作用，有效清除血渍、尿渍、污渍及其他致霉污垢，深层清洁，阴雨天使用预防细菌生长繁殖；对炭黑、蛋白和皮脂具有很好的去污效果。

配方 73 消毒抗菌洗衣液

原料配比

原料		配比（质量份）		
		1#	2#	3#
表面活性剂	椰子油脂肪酸二乙醇酰胺	5	2	—
	月桂醇聚氧乙烯醚硫酸钠	10	15	8
	十二烷基苯磺酸钠	5	—	—
	α-烯烃磺酸钠	—	2	2
	辛基酚聚氧乙烯醚	—	—	2
抗菌剂	月桂基葡萄糖苷	2.5	—	0.5
	辛癸基葡萄糖苷	—	—	0.5
	苯甲酸	0.4	1	—
	十二烷基二甲基甜菜碱	—	1	—

续表

原料		配比（质量份）		
		1#	2#	3#
稳定剂	聚乙烯吡咯烷酮	0.1	—	0.2
	乙二胺四乙酸二钠	0.2	—	—
	聚乙二醇	0.5	0.2	—
	丙三醇	—	—	2.5
增稠剂	羧甲基纤维素钠	0.2	—	—
	黄原胶	—	0.05	—
	氯化钠	—	2.5	—
	亚硫酸钠	—	—	1
pH 调节剂	偏硅酸钠	1.0	—	—
	甘草酸	0.2	—	—
	柠檬酸	—	0.2	—
	磷酸	—	—	0.1
	三乙醇胺	—	—	0.4
去离子水		74.9	76	82.8

制备方法 将表面活性剂、抗菌剂、稳定剂混合均匀后，加入去离子水，加热至 60℃，搅拌得到澄清透明溶液，冷却至室温后加入 pH 调节剂调节溶液 pH 值至 5~8，最后加入增稠剂搅拌均匀。

产品特性 本品不仅具有优异的去污性能，而且能高效净化衣物上残留的甲醛，同时还表现出显著的抗菌特性，对金黄色葡萄球菌、大肠杆菌、白色念珠菌均具有明显的杀灭效果。

配方 74 消毒洗衣液

原料配比

原料		配比（质量份）			
		1#	2#	3#	4#
烷基糖苷 APG0814		5	15	15	5
脂肪醇聚氧乙烯醚 AEO-9		0.5	5	5	0.5
乙氧基化烷基硫酸钠		5	10	10	5
直链十二烷基苯磺酸钠		3	3	3	3
醇醚糖苷	AEG050	3	—	3	—
	AEG300	—	5	5	3

续表

原料		配比（质量份）			
		1#	2#	3#	4#
柠檬酸钠		0.5	1	1	0.5
异构十三醇聚氧乙烯醚		0.5	1.5	1.5	0.5
有机硅消泡剂		0.05	0.15	0.15	0.05
银离子杀菌剂	草酸银	0.1	0.2	—	0.1
	乙二胺四乙酸银	—	—	1	—
水		加至 100	加至 100	加至 100	加至 100

制备方法

（1）向部分水中加入柠檬酸钠，搅拌 2～5min（优选 3min）；

（2）升温至 40～45℃依次加入直链十二烷基苯磺酸钠、烷基糖苷、脂肪醇聚氧乙烯醚、异构十三醇聚氧乙烯醚、乙氧基化烷基硫酸钠、醇醚糖苷，搅拌 8～15min，至完全溶解；

（3）再加入剩余的水，降温至 35℃以下，加入有机硅消泡剂，最后加入银离子杀菌剂，搅拌 10min，得到消毒洗衣液。

可根据需要在加入银离子杀菌剂之前加入香精。

产品特性　本品通过特定的原料组成，使得该消毒洗衣液在较少银离子杀菌剂添加量的前提下，即可具有 99.99% 的杀菌消毒性能，同时绿色环保。

配方 75　盐白抑菌洗衣液

原料配比

原料	配比（质量份）				
	1#	2#	3#	4#	5#
异构醇聚氧乙烯醚	20	30	25	22	28
辛基酚聚氧乙烯醚	18	8	12	16	9
40%～60%白鲜皮提取液	8	15	13	10	14
25%～35%竹叶提取液	16	9	13	15	11
氯化钠	6	9	7	6.5	8.5
纤维素酶	7	5	6	6.5	5.5
35%～45%油茶籽粕提取液	2	6	4	2.5	5
去离子水	350	200	300	320	250

制备方法　将各组分原料混合均匀即可。

产品特性　本品安全环保，制备方法简单，适合工业化生产，且具有抑菌效果，同时去污能力强。本品中添加非离子表面活性剂异构醇聚氧乙烯醚，其具有较好的清洁效果和对油脂的乳化效果，与辛基酚聚氧乙烯醚具有协助作用，两者与氯化钠配合使用，清洁效果增强；添加白鲜皮提取液，其含有的栎皮酮和白鲜碱具有抑菌和消毒等功能，添加竹叶提取液，其含有的黄酮成分具有抑菌杀菌、消炎、降血脂、清除氧自由基等功能，两者配合使用，抑菌效果增强；添加纤维素酶，其能将衣物上的污垢剥落下来，同时纤维素酶能扩大织物纤维中的空穴和毛细管，赋予织物一系列有价值的服用性能，如轻薄感、手感柔软、吸水性好、抗起球等，添加油茶籽粕提取液，其具有良好的去污能力，且发泡性能好，泡沫稳定性强，两者复配使用，能够提高本品的去污能力和综合功能，同时降低人工合成表面活性剂的用量，有利于环保。

配方76　抑菌超浓缩洗衣液

原料配比

原料		配比（质量份）									
		1#	2#	3#	4#	5#	6#	7#	8#	9#	10#
异构醇醚		30	20	25	35	40	20	40	30	30	30
C₁₂～C₁₄链烷醇聚醚-9		30	40	20	35	25	20	40	30	30	30
椰油酰胺丙基胺氧化物		3	1	2	5	4	3	3	3	3	3
润湿剂		5	3.5	4	6	3	5	5	5	5	5
防腐剂		0.079	0.01	0.1	0.3	0.2	0.079	0.079	0.079	0.079	0.079
抑菌剂		0.309	0.1	1	1.2	1.8	0.309	0.309	0.309	0.309	0.309
其他助剂		0.5	0.11	0.3	1.3	1.8	0.5	0.5	0.5	0.5	0.5
去离子水		加至100	加至100	加至100	加至100	加至100	加至100	加至100	加至100	加至100	加至100
异构醇醚	异构十醇聚氧乙烯醚	1	1	1	1	1	1	1	1	1	2
	异构十三醇聚氧乙烯醚	2	2	2	2	2	2	2	1	4	1
防腐剂	邻伞花烃-5-醇	0.07	0.01	0.08	0.2	0.15	0.07	0.07	0.07	0.07	0.07
	甲基异噻唑啉酮	0.009	—	0.02	0.1	0.05	0.009	0.009	0.009	0.009	0.009
抑菌剂	肉桂树皮提取物	0.11	0.02	0.3	0.3	0.3	0.11	0.11	0.11	0.11	0.11
	大豆籽提取物	0.08	0.01	0.1	0.2	0.3	0.08	0.08	0.08	0.08	0.08
	迷迭香提取物	0.009	0.01	0.05	0.3	0.3	0.009	0.009	0.009	0.009	0.009
	柑橘果皮提取物	0.02	0.02	0.05	0.1	0.3	0.02	0.02	0.02	0.02	0.02
	小决明籽提取物	0.05	0.02	0.2	0.2	0.3	0.05	0.05	0.05	0.05	0.05
	薄荷提取物	0.04	0.03	0.3	0.1	0.3	0.04	0.04	0.04	0.04	0.04

续表

原料		配比（质量份）									
		1#	2#	3#	4#	5#	6#	7#	8#	9#	10#
其他助剂	蛋白酶	0.2	0.1	0.17	0.6	1	0.2	0.2	0.2	0.2	0.2
	香精	0.3	0.01	0.13	0.7	0.8	0.3	0.3	0.3	0.3	0.3

制备方法

（1）一次混合：将异构醇醚、C_{12}～C_{14}链烷醇聚醚-9 和椰油酰胺丙基胺氧化物依次加入去离子水中，混合搅拌，得到第一混合物；搅拌温度为 60～70℃。

（2）二次混合：混合搅拌润湿剂和抑菌剂，得到第二混合物，然后使得第一混合物的温度保持在 30～48℃，再将第二混合物加入第一混合物中，混合搅拌后再加入其他助剂和防腐剂，继续混合搅拌，得到成品。

原料介绍 异构醇醚属于非离子型表面活性剂，且具有倾点低、耐低温、溶解速度快、润湿力强、凝胶区间窄、低泡易漂洗的特点。C_{12}～C_{14}链烷醇聚醚-9 属于非离子型表面活性剂，其具有水溶性较好、去污性能好、耐硬水、流动性较好、低温稳定性较好的特点。以异构醇醚和 C_{12}～C_{14}链烷醇聚醚-9 作为活性成分，两者的总含量为 40%～80%，符合浓缩洗衣液的要求。两者复配后不仅去污效果好，而且体系整体的黏度较低，体系流动性较好，同时在生产过程中体系不容易出现凝胶情况，有利于工业化生产。另外椰油酰胺丙基胺氧化物可以与异构醇醚和 C_{12}～C_{14}链烷醇聚醚-9 形成配伍效果，有助于提高洗衣液的综合洗涤性能，并且有助于降低体系整体的刺激性。同时在体系中添加抑菌剂，在洗涤衣物的过程中可以有效抑制衣物上的细菌和真菌滋生，使得洗衣液兼具抑菌效果，实用性更佳。

邻伞花烃-5-醇具有良好的抗菌防腐作用，并且与体系的相容性较好，可以有效提高洗衣液的保存期限，单独使用或复配使用防腐效果好。甲基异噻唑啉酮对于微生物的生长具有良好的抑制作用，且对体系无明显负面作用。

肉桂树皮提取物、大豆籽提取物、迷迭香提取物、柑橘果皮提取物、小决明籽提取物和薄荷提取物均属于天然植物提取物，富含挥发油、生物碱、黄酮类、酚醇、醌类、皂苷、糖苷等抑菌活性物质，可以有效地抑制细菌和真菌活性。同时，各天然植物提取物的性质温和，添加至洗衣液中对人体皮肤的刺激性较小，绿色环保。

蛋白酶可以有效分解衣物中的蛋白质类污渍，进一步提高洗衣液的去污效果。

所述异构醇醚是由异构十醇聚氧乙烯醚和异构十三醇聚氧乙烯醚按照质量比（1～2）：（1～4）组成的混合物。

所述异构十醇聚氧乙烯醚和异构十三醇聚氧乙烯醚的 EO 加成数均为 6～8。

所述润湿剂包括丙二醇、甘油中的至少一种。

所述防腐剂是由邻伞花烃-5-醇和甲基异噻唑啉酮组成的混合物，混合物中邻伞花烃-5-醇 0.01～0.2 份，甲基异噻唑啉酮 0～0.1 份。

所述抑菌剂为肉桂树皮提取物、大豆籽提取物、迷迭香提取物、柑橘果皮提取物、小决明籽提取物、薄荷提取物中的至少一种。

产品特性

（1）本品以异构醇醚和 C_{12}～C_{14} 链烷醇聚醚-9 作为洗衣液的活性成分，并保持两者在体系中的总含量为 40%～80%，符合浓缩洗衣液的标准；两者复配使用可以有效降低体系的倾点，使得体系的黏度较低，不易出现凝胶现象，整个生产过程的流动性较好，并且使用过程中该成品洗衣液的溶解速度较快，去污效果好，使用效果较好。

（2）本品中抑菌剂为肉桂树皮提取物、大豆籽提取物、迷迭香提取物、柑橘果皮提取物、小决明籽提取物、薄荷提取物中的至少一种，由于上述抑菌剂均为天然植物提取物，不仅能够有效抑制细菌和真菌的活性，使得洗衣液兼具抑菌效果，而且性质较为温和，对皮肤的刺激性较小。

配方 77 抑菌除异味洗衣液

原料配比

原料		配比（质量份）				
		1#	2#	3#	4#	5#
阴离子表面活性剂	脂肪醇聚氧乙烯醚硫酸钠	10	15	—	—	10
	脂肪酸甲酯磺酸钠	—	—	15	15	—
	十二烷基苯磺酸	8	5	5	5	8
非离子表面活性剂	脂肪醇聚氧乙烯醚	5	8	—	8	5
	蓖麻油聚氧乙烯醚	—	—	8	—	—
	氢氧化钠	2	1	1	1	2
异味中和剂	4-乙基-4-大豆基硫酸乙酯吗啉	1	1	1	1	—
	蓖麻醇酸锌	—	—	—	—	1
防霉抗菌剂	3,5-二甲基-4-氯-苯酚	0.2	0.4	0.4	0.4	0.2
	蛋白酶	0.3	0.3	0.3	0.3	0.3
防腐剂	2-甲基-4-异噻唑啉-3-酮	0.075	0.1	0.1	0.1	0.075
	5-氯-2-甲基-4-异噻唑啉-3-酮	0.025	0.05	0.05	0.05	0.025
螯合剂	乙二胺四乙酸二钠	0.1	0.2	0.2	0.2	0.1
	柠檬酸	1	2	2	2	1
	去离子水	加至 100	加至 100	加至 100	加至 100	加至 100

制备方法

（1）于容器中倒入去离子水，然后加入十二烷基苯磺酸和氢氧化钠预先中和，待反应完全后，依次加入螯合剂、其余阴离子表面活性剂、非离子表面活性剂，搅拌至完全溶解得混合液A；

（2）用酒精将防霉抗菌剂预先溶解，然后将其加入所述混合液A，搅拌均匀，制得混合液B；

（3）向所述混合液B中依次加入柠檬酸、异味中和剂、防腐剂和蛋白酶，搅拌均匀并调节为碱性，制得抑菌除异味洗衣液。

产品特性　本品将阴离子表面活性剂和非离子表面活性剂复配，并配合十二烷基苯磺酸与氢氧化钠得到的十二烷基苯磺酸钠，阴离子表面活性剂搭配非离子表面活性剂使用能够提高去污能力，尤其是脂肪醇聚氧乙烯醚硫酸钠和脂肪醇聚氧乙烯醚配合，去污能力提高较大。与蛋白酶、防腐剂、螯合剂、柠檬酸共同作用，制得泡沫细腻、泡沫量适中、去污力优良、温和不刺激的洗衣液。尤其是，引入异味中和剂，用于驱除多种多样的异味，使衣物保持清新香氛的气味；防霉抗菌剂的引入，通过使蛋白质变性进行杀菌，既可以杀菌抑菌，又可以消除细菌、霉菌等微生物分泌产物所产生气味。

配方 78　抑菌防串色洗衣液

原料配比

原料	配比（质量份）		
	1#	2#	3#
青花椒提取液	5	6	10
纳米二氧化钛	5	7	10
聚乙二醇-400	3	4	5
氯化钠	4	5	8
月桂醇聚氧乙烯醚	10	15	20
椰油酰胺丙基甜菜碱	10	13	15
香精	0.5	1	3
瓜尔胶	5	7	10
去离子水	适量	适量	适量

制备方法

（1）选取九成熟、无霉烂的青花椒，用蒸馏水冲洗1～2次后，置于-10～0℃的环境中冷冻3～6h，取出后进行研磨，至粒度为50～500μm，得到青花椒粉末，将青花椒粉末置于微波装置中进行微波处理,然后加入其 30～50 倍体积的提取液中,利用超声处理 20～40min,然后转入回流装置中,70～85℃下回流 5～10h,过滤。所述微波处理功率为 800～1500W,处理时间为 10～30s。提取液为蒸馏水和乙醇以体积比 10∶(1～3)混合的混合液。超声条件为 30～50Hz、500～1200W。

(2)将纳米二氧化钛先微波处理 5～10s,然后分散于其 20～50 倍体积的去离子水中,再加入聚乙二醇-400,边在 300～600r/min 的转速下搅拌,边升温至 60～65℃,随后加入步骤(1)所得物、氯化钠、月桂醇聚氧乙烯醚、椰油酰胺丙基甜菜碱,继续以 400～800r/min 的转速搅拌 2～4h,最后加入香精、瓜尔胶,继续搅拌 20～30min 即可。微波处理条件为 500～1000W。

原料介绍 所述香精为薰衣草精油、芦荟精油或栀子花精油。

产品特性 本品原料青花椒果壳中富含挥发性精油,主要化学成分为芳樟醇、柠檬烯等萜烯类物质,具有优良的抗菌效果。本品利用青花椒提取液和纳米二氧化钛进行协同作用,可以达到显著的抗菌效果,同时,纳米二氧化钛利用其纳米尺寸可以进入衣服织物纤维的内部空隙,不仅提高了抗菌的彻底性,也进一步提高了固色、防串色的效果,对衣物和皮肤不产生伤害。

配方79 抑菌防霉洗衣液

原料配比

原料		配比(质量份)	
		1#	2#
非离子表面活性剂	脂肪醇聚氧乙烯醚	25	20
阴离子表面活性剂(脂肪醇聚氧乙烯醚硫酸钠∶十二烷基硫酸钠∶十二烷基苯磺酸钠=1∶1∶1 的混合物)		—	10
阴离子表面活性剂	脂肪醇聚氧乙烯醚硫酸钠	15	—
螯合剂	柠檬酸钠	10	6
蛋白酶稳定剂		2.2	2
抑菌物质		5	3
防霉物质		3	1
去离子水		70	65

制备方法

(1)向反应釜中加入去离子水和阴离子表面活性剂,加热至 60～90℃,并搅拌 10～15min;

（2）向反应釜中加入非离子表面活性剂，搅拌 5～10min；

（3）待反应釜冷却后加入螯合剂和蛋白酶稳定剂，搅拌至全部溶解；

（4）向反应釜中加入抑菌物质和防霉物质，搅拌至全部溶解后即得到抑菌防霉洗衣液。

原料介绍　所述抑菌物质包括黄姜根醇、日柏醇、山梨酸、壳聚糖和金银花提取物，所述黄姜根醇、日柏醇、山梨酸、壳聚糖和金银花提取物的混合比例为 2：3：3：4：1。

所述防霉物质包括芥子萃取物、艾蒿和纳他霉素，所述芥子萃取物、艾蒿和纳他霉素的比例为 1：1：2。

产品特性

（1）本品去污性能好，可以杀菌防霉，通过阴离子表面活性剂和非离子表面活性剂配合，制得温和不刺激的洗衣液；

（2）本品的抑菌物质可有效抑制衣物生长细菌和霉菌，阻止细菌滋生过多危害健康，且通过提取植物的活性成分得到，无毒无害，降低洗衣液的刺激性，使用安全可靠；

（3）本品的防霉物质，通过天然萃取物与纳他霉素的配合，既可有效地抑制各种霉菌、酵母菌的生长，又能抑制真菌毒素的产生，相对于常用洗衣液，防霉效果更好，且防霉物质采用低毒易于生物降解的原料，安全环保。

配方 80　抑菌护肤洗衣液

原料配比

原料	配比（质量份）				
	1#	2#	3#	4#	5#
脂肪醇聚氧乙烯醚羧酸钠	5	8	7	6	7
椰子油脂肪酸二乙醇酰胺	6	10	7	8	8
椰油酰胺丙基甜菜碱	3	7	5	7	5
季铵盐	0.1	0.5	0.4	0.4	0.1
柠檬酸钠	0.1	0.2	0.15	0.1	0.2
甘油	5	10	7	6	10
氯化钠	0.1	0.3	0.15	0.2	0.3
三氯异氰尿酸	0.2	0.5	0.3	0.35	0.5
EDTA	0.05	0.1	0.07	0.081	0.1
去离子水	加至 100	加至 100	加至 100	加至 100	加至 100

制备方法

（1）按比例称取上述原料；

（2）取去离子水加入搅拌机中，向搅拌机中依次加入脂肪醇聚氧乙烯醚羧酸钠、椰子油脂肪酸二乙醇酰胺、椰油酰胺丙基甜菜碱和 EDTA 进行搅拌，搅拌至均匀，其中搅拌速度为 120～150r/min，搅拌温度为 60～80℃，搅拌时间为 40～60min；

（3）向步骤（2）得到的混合液中依次加入季铵盐、甘油、三氯异氰尿酸和氯化钠，开启搅拌机进行搅拌，搅拌至均匀，其中搅拌速度为 70～90r/min，搅拌温度为 30～40℃，搅拌时间为 40～60min；

（4）向步骤（3）得到的混合液中加入柠檬酸钠后开始搅拌，搅拌速度为 50～70r/min，搅拌温度为 40～60℃，搅拌时间为 20～30min，搅拌至均匀即得成品。

原料介绍　本品中的脂肪醇聚氧乙烯醚羧酸钠为一种阴离子表面活性剂，有很好的发泡力和去污力，抗硬水能力强；椰子油脂肪酸二乙醇酰胺，一种非离子表面活性剂，没有浊点，易溶于水，具有良好的发泡、稳泡、渗透去污、抗硬水等功能；椰油酰胺丙基甜菜碱，一种两性离子表面活性剂，具有优良的稳定性，泡沫多，去污力强，具有优良的增稠性、柔软性、杀菌性、抗静电性、抗硬水性，能显著提高洗涤类产品的柔软性能，且常与阴离子表面活性剂、阳离子表面活性剂和非离子表面活性剂并用，其配伍性能良好；季铵盐，一种阳离子表面活性剂，具有强烈的杀菌性能，对各种纤维衣物具有良好的柔软作用，能使纤维膨胀柔软，外观美观而平滑，富有良好手感。

产品特性

（1）在表面活性剂的共同配合下，本洗衣液具有强清洗功能。

（2）本品的主要杀菌剂，几乎对所有的真菌、细菌、病毒芽孢都有杀灭作用，通过加入杀菌剂和助剂，本品具有强杀菌功能，且本品的原料降解性好，不会损伤人体皮肤。

配方 **81**　抑菌洗衣液（一）

原料配比

原料	配比（质量份）							
	1#	2#	3#	4#	5#	6#	7#	8#
去离子水	50	85	55	80	60	75	70	74.6
乙二胺四乙酸二钠	0.5	0.01	0.02	0.4	0.2	0.05	0.1	0.1
脂肪醇聚氧乙烯醚硫酸钠（AES）	20	5	8	18	15	8	10	12
脂肪醇聚氧乙烯醚（AEO-9）	5	0.5	4	0.8	3	1	2	1.3

续表

原料		配比（质量份）							
		1#	2#	3#	4#	5#	6#	7#	8#
十二烷基苯磺酸钠		10	2	3	4	8	4	6	5
氢氧化钠		8	1	2	7	5	2	3.5	2~5
月桂酰胺丙基甜菜碱（CAB）		8	1	2	7	5	2	3.5	2.3
增稠剂	羧甲基纤维素钠和羟乙基纤维素的等质量比混合物	5	0.5	1	4	3	1	2	2
	聚丙烯酸钠	5	0.5	1	1	3	1	2	1
卡松		0.3	0.01	0.2	0.3	0.1	0.05	0.08	0.1
香精		1	0.1	0.2	0.1	0.5	0.2	0.3	0.2
电解银离子	银离子的浓度为 40mg/kg	2	—	—	—	—	—	—	—
	银离子的浓度为 60mg/kg	—	0.1	—	—	—	—	—	—
	银离子的浓度为 55mg/kg	—	—	0.2	—	—	—	—	—
	银离子的浓度为 45mg/kg	—	—	—	1.5	—	—	—	—
	银离子的浓度为 50mg/kg	—	—	—	—	1	0.3	0.7	0.4

制备方法

（1）按照上述各组分的质量份，称取去离子水、乙二胺四乙酸二钠、脂肪醇聚氧乙烯醚硫酸钠、脂肪醇聚氧乙烯醚、十二烷基苯磺酸钠、氢氧化钠、月桂酰胺丙基甜菜碱、增稠剂、聚丙烯酸钠、卡松、香精、电解银离子；

（2）往去离子水中添加乙二胺四乙酸二钠进行混合，得到混合物 A；

（3）将混合物 A 中添加氢氧化钠、十二烷基苯磺酸钠进行混合，得到混合物 B；

（4）往混合物 B 中依次添加脂肪醇聚氧乙烯醚硫酸钠、脂肪醇聚氧乙烯醚、月桂酰胺丙基甜菜碱、增稠剂、聚丙烯酸钠进行混合，得到混合物 C；

（5）往混合物 C 中添加卡松、香精、电解银离子进行混合，得到所述抑菌洗衣液。

原料介绍　电解银离子属于非抗生素抑菌剂，温和、无毒、无刺激；可杀灭600 多种细菌和病毒，MIC 最低杀菌浓度为 0.03mg/kg，广谱高效、抗菌持久、无耐药性；能显著减少臭味；直接添加到配方，可冷配。

产品特性　本品抑菌洗衣液中添加的电解银离子属于非抗生素抑菌剂，温和、无毒、无刺激；加入少量就可抑制大部分的菌种生长，有着广谱、高效的抑菌效果，而且该电解银离子可直接添加，无需预分散和增溶等，可以冷配，减少能耗，降低成本。

配方82　抑菌洗衣液（二）

原料配比

原料		配比（质量份）	
		1#	2#
表面活性剂	烷基糖苷	10	5
	脂肪酸钾皂	—	8
	烷基苯磺酸钠	25	10
金银花提取物		3	1
野菊花提取物		2	3
增稠剂	卡拉胶	0.5	—
	羧甲基纤维素钠	—	0.1
防腐剂		0.5	0.2
香料		0.2	0.1
去离子水		65	50

制备方法　将各组分原料混合均匀即可。

原料介绍　本产品采用金银花提取物和野菊花提取物这两种植物杀菌成分，能够有效抑菌，且环保无污染。金银花提取物对多种致病菌如金黄色葡萄球菌、溶血性链球菌、大肠杆菌、痢疾杆菌、霍乱弧菌、伤寒杆菌、副伤寒杆菌等均有一定抑制作用，对肺炎球菌、脑膜炎双球菌、绿脓杆菌、结核杆菌、志贺氏痢疾杆菌、变形链球菌等有抑制和杀灭作用，对流感病毒、孤儿病毒、疱疹病毒、钩端螺旋体均有抑制作用；野菊花提取物含菊醇、野菊花内酯、氨基酸、微量元素等多种活性成分，其水提物及水蒸气蒸馏法提取的蓝绿色挥发油对多种致病菌、病毒有杀灭或抑制活性，水提取物对金黄色葡萄球菌、痢疾杆菌、大肠埃希菌、伤寒杆菌等的抑制活性强于挥发油。

产品特性　本产品中含植物抑菌原料金银花提取物和野菊花提取物，绿色环保，有益健康。

配方83　抑菌洗衣液（三）

原料配比

原料	配比（质量份）			
	1#	2#	3#	4#
月桂醇聚氧乙烯（3）醚磺基琥珀酸单酯二钠	28	29	32	28

续表

原料	配比（质量份）			
	1#	2#	3#	4#
醇醚羧酸盐	8	12	7	7
脂肪醇聚氧乙烯醚硫酸盐	7	6	10	10
羟丙基甲基纤维素	0.2	0.2	0.3	0.3
AEO-9	3	4	2	2
对氯间二甲苯酚（PCMX）	1.5	2.3	2	1.8
GXL 防腐剂	0.2	0.15	0.1	0.18
丙二醇	5	7	3	5
蛋白酶	0.5	0.7	0.5	0.6
亮蓝	0.3	0.4	0.4	0.4
香精	0.5	0.5	0.5	0.5
去离子水	45.8	37.75	43	44.32

制备方法

（1）在搅拌器中注入适量去离子水，再加入月桂醇聚氧乙烯（3）醚磺基琥珀酸单酯二钠搅拌至完全溶解；再加入醇醚羧酸盐，搅拌均匀。加入月桂醇聚氧乙烯（3）醚磺基琥珀酸单酯二钠的搅拌速度为 25～35r/min。

（2）将羟丙基甲基纤维素用少量的去离子水分散，再加入羟丙基甲基纤维素，搅拌均匀后加入所述搅拌器中，搅拌至完全溶解。

（3）将脂肪醇聚氧乙烯醚硫酸盐加热到 45～55℃，然后与对氯间二甲苯酚混合搅拌溶解，再加入香精搅拌均匀，最后一同加入所述搅拌器中搅拌；在所述搅拌器中搅拌的时间为 12～18min。

（4）将丙二醇和蛋白酶混合，搅拌均匀后加入所述搅拌器中搅拌；在所述搅拌器中搅拌的时间为 4～6min。

（5）最后在所述搅拌器中加入 GXL 防腐剂、亮蓝进行搅拌，然后静置。以转速 30～50r/min 搅拌 25～35min。

原料介绍　主要杀菌成分对氯间二甲苯酚（PCMX），是一种广谱的防霉抗菌成分，对多数革兰氏阳性、阴性菌，真菌，霉菌都有杀灭功效。

琥珀酸单酯磺酸盐是近年来国际、国内开发较为活跃的一类阴离子表面活性剂品种，具有分子结构可变性强、表面活性优良、合成工艺简易、无污染等突出特点。而月桂醇聚氧乙烯（3）醚琥珀酸单酯磺酸钠（AESM）是此类表面活性剂的杰出代表之一。由于其分子中引入了非离子亲水基团聚氧乙烯链，使其同时具备了阴离子表面活性剂与非离子表面活性剂的性能，已成为琥珀酸单酯磺酸盐中产量最大、应用最广的主要品种。

醇醚羧酸盐（AEC）是一类新型多功能阴离子表面活性剂，它一般的结构式与肥皂十分相似，但嵌入的 EO 链使其兼备阴离子和非离子表面活性剂的特点，可以在广泛的 pH 条件下使用，表现为：卓越的增溶能力，适于配制功能性透明产品；良好的去污性、润湿性、乳化性、分散性和钙皂分散力；良好的发泡性和泡沫稳定性，发泡力不受水的硬度和介质 pH 的影响；对眼睛和皮肤非常温和，并能显著改善配方的温和性，耐硬水、耐酸碱、耐电解质、耐高温，对次氯酸盐和过氧化物稳定；具有良好的配伍性能，能与任何离子型或非离子型表面活性剂配伍，尤其是对阳离子的调理性能没有干扰；易生物降解，OECO 验证试验的降解率为 98%，在自然环境中可降解为二氧化碳和水。

脂肪醇聚氧乙烯醚硫酸盐（AEO-9）分子结构具有氧乙烯基团和硫酸化基团，兼有非离子和阴离子表面活性剂的性能，如有较强的润湿、分散、乳化能力及去污力，非常好的抗硬水性能和生物降解性，发泡力丰富，对皮肤刺激小，使用温和，溶液透明稳定，并易于被电解质调节增加黏稠度，可与多种表面活性剂进行复配增效。

羟丙基甲基纤维素为非离子增稠剂，易分散于冷水中，溶液干燥后可形成薄膜，水溶液呈假塑性流体特征，具有搅稀作用。

脂肪醇聚氧乙烯醚作为非离子表面活性剂，起乳化、发泡、去污作用。

所述亮蓝的浓度为 0.0008～0.002g/g。

产品特性 通过对 PCMX 的浓度进行恰当限定，使得洗衣液具有很好的杀菌效果；通过将对氯间二甲苯酚与其他成分配合，使得洗衣液具有吸附异物、去除异味、抗菌消炎、自动清洁的功能。另外，配方较为简单，使用安全，可用于贴身衣物的洗涤。

配方 84 银离子抑菌洗衣液

原料配比

原料	配比（质量份）		
	1#	2#	3#
十二烷基醇聚氧乙烯醚硫酸钠	10	15	20
乙二胺四乙酸二钠	0.1	0.2	0.3
脂肪醇聚氧乙烯醚（AEO-9）	8	6	4
脂肪酸钾皂	3	2	1
椰子油脂肪酸二乙醇酰胺	6	4	2

续表

原料		配比（质量份）		
		1#	2#	3#
椰油酰胺丙基羟磺基甜菜碱		5	4	3
非离子表面活性剂异构醇 XP-89		1.2	2.5	1.8
聚丙烯酸钠		1.5	2	2.5
硝酸银溶液	银离子浓度为 1500μg/g	0.3	—	—
	银离子浓度为 2000μg/g	—	0.6	—
	银离子浓度为 2500μg/g	—	—	0.5
龙脑樟油		1.2	0.5	2
防腐剂	甲基氯异噻唑啉酮	0.05	—	0.2
	甲基异噻唑啉酮	—	0.1	—
香精		0.3	0.5	0.4
去离子水		加至 100	加至 100	加至 100
椰子油脂肪酸二乙醇酰胺	椰子油脂肪酸	1	1	1
	二乙醇酰胺	2	2	2
脂肪酸钾皂	月桂酸钾	1	1	1
	肉豆蔻酸钾	1	2	2

制备方法

（1）将十二烷基醇聚氧乙烯醚硫酸钠、乙二胺四乙酸二钠、脂肪醇聚氧乙烯醚和去离子水加入真空搅拌锅中，加热至 75～78℃，以 70～150r/min 的转速搅拌至完全溶解，得到混合液 A；

（2）将脂肪酸钾皂配制成质量分数为 30%～50% 的脂肪酸钾溶液，往混合液 A 中加入脂肪酸钾溶液、椰子油脂肪酸二乙醇酰胺、椰油酰胺丙基羟磺基甜菜碱、非离子表面活性剂异构醇 XP-89，搅拌混合均匀后得到混合液 B；

（3）将真空搅拌锅降温至 41～44℃，然后向锅内加入聚丙烯酸钠、硝酸银溶液、龙脑樟油、防腐剂和香精，抽真空至 0.05MPa，在转速为 40～80r/min 的条件下搅拌 20～40min，即得抑菌洗衣液。

原料介绍　本品配方中各原料的作用如下：十二烷基醇聚氧乙烯醚硫酸钠属于阴离子表面活性剂，易溶于水，具有优良的去污、乳化、分散、润湿和抗硬水性能，温和的洗涤性质不会损伤皮肤。其生物降解性能良好（降解度为 99%），可与多种表面活性剂进行复配增效。乙二胺四乙酸二钠属于螯合剂，能使顽固污渍迅速解除表面张力，从而溶解、脱落。脂肪醇聚氧乙烯醚（AEO-9）属于非离子表面活性剂，价格低廉，具有良好的湿润、乳化和去污等性能。脂肪醇聚氧乙烯醚（AEO-9）的生物降解性优异，不受水硬度的影响，与其他表面活性剂的配伍性好。脂肪酸钾皂属于阴离子表面活性剂，具有比钠皂更强的润湿、渗透、分散和去污的能力。与阴离子、非离子表面活性剂相容性好，泡沫丰富，洗净效果明显。椰子油脂肪酸二乙醇酰胺属于非离子表面活性剂，易溶于水、具有良好的发泡、稳泡、渗透、去污、抗硬水性能。椰油酰胺丙基羟磺基甜菜碱属于两性离子表面活性剂，易溶于水，在酸碱性条件下性质稳定，具有优良的柔软性、杀菌性、抗静电性、抗硬水性，去污力强，无毒、低刺激。常与阴离子、阳离子和非离子表面活性剂并用，其配伍性能良好，配伍使用能显著提高产品的柔软、调理和低温稳定性。银离子的抑菌原理为：Ag^+可以强烈地吸引细菌体中蛋白酶上的巯基（—SH），迅速与其结合在一起，使蛋白酶丧失活性，导致细菌死亡。当细菌被Ag^+杀死后，Ag^+又从细菌尸体中游离出来，再与其他菌落接触，周而复始地进行上述过程，实现持久性杀菌。龙脑樟油由龙脑樟鲜枝叶蒸馏提取而成，是一种天然植物提取液，安全无毒，其主要成分为右旋龙脑、樟脑油、α-蒎烯、右旋柠檬烯、1,8-桉叶油素，对革兰氏阴性菌、革兰氏阳性菌、真菌和霉菌均具有抑制作用。

产品特性 本品温和不刺激；所用的各种表面活性剂相容性好，按一定比例复配得到的洗衣液去污能力强，具有良好的润湿性和渗透性，洗涤效果不受水硬度的影响；在保证洁净度、安全温和的同时，本品洗衣液还能够起到抑菌作用，表面活性剂中椰油酰胺丙基羟磺基甜菜碱既能够去污，又具备一定的抗菌效果，在此基础上又添加了一定量的天然抑菌剂银离子以及天然植物提取液龙脑樟油，增强了洗衣液的抑菌效果，特别对金黄色葡萄球菌和大肠杆菌等具有良好的杀伤力。单一的抑菌活性组分抗菌谱较窄、抑菌活性较差，容易产生抗药性，本品将多种抑菌活性组分进行复配，增强了抑菌效果，能够广谱抑菌，杀死多数的细菌、真菌和霉菌。洗衣液配方中常添加防腐剂，本品将银离子、龙脑樟油应用于洗衣液中，可减少原有化学合成防腐剂的添加量，更加安全环保。

配方85 长效抗菌洗衣液

原料配比

原料		配比（质量份）								
		1#	2#	3#	4#	5#	6#	7#	8#	9#
接枝型季铵盐阳离子抗菌剂（WS-8810）		10	5	6	5	2	8	8	5	2
表面活性剂	脂肪醇聚氧乙烯醚	18	20	16	10	18	18	10	15	17
	仲烷醇聚氧乙烯醚	—	—	—	1	1	1	2	—	2

续表

原料		配比（质量份）								
		1#	2#	3#	4#	5#	6#	7#	8#	9#
表面活性剂	AEC-9Na	—	—	—	—	1	0.5	5	—	—
	椰子油脂肪酸二乙醇酰胺	—	—	—	4	—	0.5	3	5	1
烷基糖苷		5	3	2	5	4	5	4	4	2
助洗剂	三聚磷酸钠	1.5	—	1.8	1.5	3	0.5	—	—	—
	柠檬酸钠	—	1.5	—	—	—	—	2	0.5	1
香精		—	—	—	0.2	0.4	0.1	—	—	0.3
蛋白酶		—	—	—	—	0.1	0.1	—	0.5	—
色素		—	—	—	—	—	适量	适量	—	—
去离子水		加至100	加至100	加至100	加至100	加至100	加至100	加至100	加至100	加至100

制备方法

（1）取所述加至 100 质量份的去离子水的 60%～90%加入搅拌釜中，边搅拌边加入所述表面活性剂，直到搅拌均匀。

（2）将所述接枝型季铵盐阳离子抗菌剂和所述烷基糖苷以及所述加至 100 质量份的水一起加热并且保温搅拌；加热温度为 50～80℃，搅拌时间为 1～6h。

（3）将步骤（2）获得的混合物加入步骤（1）获得的混合物中，并继续搅拌加入所述助洗剂。

（4）继续加入 0.2～0.5 质量份的添加剂（香精、蛋白酶、色素）进行搅拌，可获得 pH 值范围在 6.5～8.0 的所述长效抗菌洗衣液。

产品特性

（1）本品利用接枝型季铵盐阳离子抗菌剂与多种表面活性剂进行复配，不需添加防腐剂，杀菌谱广，杀菌效果好，还能持续抗菌。

（2）本品去污效果显著，无刺激性，对革兰氏阳性菌、革兰氏阴性菌以及真菌都有很好的杀灭效果，还具有持续抑菌性能。

配方 86 植物抗菌洗衣液

原料配比

原料	配比（质量份）		
	1#	2#	3#
皂角提取液	10	15	20

续表

原料	配比（质量份）		
	1#	2#	3#
酵素原液	10	10	15
脂肪醇聚氧乙烯醚硫酸钠	12	10	8
椰油酰胺丙基甜菜碱	4	3	3
椰子油酸钠	2	2	2
柠檬酸钠	1	1	1
乌拉草提取液	1	0.8	0.9
香精	0.05	0.05	0.06
去离子水	加至 100	加至 100	加至 100

制备方法

（1）将配方中常温去离子水总量的 20%加入 1 号分散机中，分散机 800～1000r/min 转速条件下缓慢加入乌拉草提取液和香精，搅拌至完全溶解备用。

（2）将配方中去离子水总量的 80%加入 2 号分散机中，升温至 30～38℃。分散机转速为 800～1000r/min，缓慢加入柠檬酸钠，搅拌至完全溶解。

（3）不需要调整 2 号分散机的转速和温度，在搅拌情况下缓慢加入脂肪醇聚氧乙烯醚硫酸钠、椰油酰胺丙基甜菜碱、皂角提取液、酵素原液、椰子油酸钠搅拌至完全溶解。

（4）将 1 号分散机中乌拉草提取液和香精溶液，缓慢加入搅拌中的 2 号分散机内，继续搅拌至完全融合。

（5）陈化处理 12～24h。

（6）抽样检测、成品包装。

原料介绍 酵素原液为水果酵素，含有各种活性酶，具有清除污物，营养各类植物的功效。

皂角提取液为植物源表面活性剂，具有抗菌、消炎、杀虫功效。

所述的脂肪醇聚氧乙烯醚硫酸钠选自脂肪醇碳链为 C_{10}～C_{18}，环氧乙烷加成数为 2～4、7～15 的脂肪醇聚氧乙烯醚硫酸钠，为阴离子表面活性剂。

所述的乌拉草提取液，为植物杀菌、消炎、杀虫剂。

产品特性

（1）本品主要原料均为植物提取表面活性剂、抗菌剂和植物酵素，该表面活性剂、抗菌剂和酵素与传统表面活性剂和抗菌剂相比具有以下优势：原料为天然可再生资源，对人体无害，合成工艺绿色环保安全，易生物降解，性能优越，添加少量就可明显改善洗衣液去污性能和抗菌性能，达到节能减排的效果。

（2）本品合成工艺简单，高强去污、抑菌、护衣、柔顺、易降解。

配方 87　植物抑菌洗衣液

原料配比

原料		配比（质量份）		
		1#	2#	3#
月桂醇聚醚硫酸酯钠		26	28	29
椰油酰胺 EDA		6	7	7
改性丙烯酸聚合物		3	4	5
茶多酚		2.5	3	4
醋酸氯		0.02	0.02	0.02
植物抑菌组合物	苦参	0.3	0.4	0.4
	百部	0.2	0.4	0.4
	蛇麻子	0.2	0.3	0.3
	黄柏	0.3	0.4	0.4
酒精		3	4	4.5
水解蛋白酶		0.3	0.4	0.5
山茶籽油		4	4.5	3.5
香精	薄荷油	0.28	—	—
	茉莉精油	—	0.15	—
	玫瑰油	—	—	0.18
去离子水		53.9	47.43	44.8

制备方法

（1）将中药材原料苦参、百部、蛇麻子和黄柏分别进行超微粉碎后，过 200～300 目筛，然后在 70～80℃条件下蒸制 40～50min，蒸制完成后取出，得植物抑菌组合物，备用；

（2）将各组分原料混合均匀即可。

产品特性

（1）本品中植物抑菌组合物可减少产品中化学合成类防腐剂的添加量或不添加化学合成类防腐剂，同时使产品兼具抑菌功能。

（2）本品中含有的月桂醇聚醚硫酸酯钠和椰油酰胺 EDA 具有吸附异物、去除异味、抗菌消炎、自动清洁的功能，另外配方较为简单，使用安全，可用于贴身衣物的洗涤，具有很好的杀菌效果。

（3）本品去污力强，同时具有除螨效果，杀菌时间短，抑菌成分稳定，另外能起到缓释作用，延长抑菌作用的时间。

配方 88 中性浓缩杀菌洗衣液

原料配比

原料	配比（质量份）							
	1#	2#	3#	4#	5#	6#	7#	8#
烷基糖苷 0810	40	38	36	38	38	35	25	15
EO、PO 嵌段聚醚	17	17	17	12	7	20	30	40
EO、PO 嵌段聚醚琥珀酸单酯磺酸钠	20	20	20	25	30	25	25	25
纳米银	3	5	7	5	5	5	5	5
去离子水	20	20	20	20	20	20	15	15

制备方法 先将烷基糖苷 0810，EO、PO 嵌段聚醚，EO、PO 嵌段聚醚琥珀酸单酯磺酸钠、纳米银按比例抽入反应釜中，开启搅拌器混合搅拌均匀后，再按比例在反应釜中加入去离子水，搅拌混合均匀，即得中性浓缩杀菌洗衣液。

原料介绍 所述 EO、PO 嵌段聚醚为异构醇 EO、PO 嵌段聚醚，所述 EO、PO 嵌段聚醚琥珀酸单酯磺酸钠为异构醇 EO、PO 嵌段聚醚琥珀酸单酯磺酸钠，其中，EO 聚合度为 8，PO 聚合度为 3。

产品特性 本品为中性洗衣液，对手部皮肤比较温和，不会腐蚀衣物表面纤维，无论手洗机洗都很适合；洗衣液具有良好的抗菌以及柔顺性能。本品中纳米银对数十种致病性微生物都有强烈的抑制和杀灭作用，而且不会产生耐药性，并且具备很好的抗菌防臭的效果。

配方 89 中药抑菌洗衣液

原料配比

原料		配比（质量份）		
		1#	2#	3#
浓度为 16mg/mL 的苦参提取液		3	5	4
浓度为 40mg/mL 的地榆提取液		1	3	2
表面活性剂		11	14	12
保湿剂	甘油	4	6	4
增稠剂	羟乙基纤维素	2	4	3

续表

原料		配比（质量份）		
		1#	2#	3#
乙二胺四乙酸二钠		0.1	0.3	0.2
氯化钠		0.1	0.2	0.1
蒸馏水		加至 100	加至 100	加至 100
表面活性剂	SDS	5	5	5
	吐温-80	3	3	3

制备方法

（1）将乙二胺四乙酸二钠、氯化钠溶解于适量蒸馏水中，再与甘油、苦参提取液和地榆提取液混合；

（2）将表面活性剂加入，搅拌直至全部溶解；

（3）加入其余原料，用剩余蒸馏水定容，后于 60～65℃条件下加热，并搅拌至混合均匀，然后室温冷却，得到成品。

原料介绍　苦参提取液和地榆提取液的制备：

（1）将苦参饮片烘干后粉碎，过筛，得苦参粉末，将苦参粉末加入质量分数 60%的乙醇溶液，浸泡 10～12h 后，闪式提取 4～6min，将提取液抽滤，得到滤液，将滤液中的乙醇挥发后加热浓缩得到苦参浸膏，用蒸馏水溶解得到苦参提取液，保存备用。

（2）将地榆饮片烘干后粉碎，过筛，得到地榆粉末，将地榆粉末加入 60%乙醇溶液，浸泡 10～12h 后，闪式提取 4～6min，将提取液抽滤，得到滤液，将滤液中的乙醇挥发后加热浓缩得到地榆浸膏，用蒸馏水溶解得到地榆提取液，保存备用。

产品特性　本品使用具有广谱抗菌性的中药提取物代替化学试剂，抑菌效果明显。天然环保的中药洗衣液能够满足人们对于绿色生活的追求，具有普遍适用性。

配方 90　竹叶提取物抗菌洗衣液

原料配比

原料	配比（质量份）
脂肪醇聚氧乙烯醚硫酸钠	5～20
脂肪酸甲酯乙氧基化物	2～10
烷基多糖苷	2～10

续表

原料	配比（质量份）
甜菜碱	1～3
竹叶提取物	1～10
CMC	1～5
香精	0.1～1
水	加至 100

制备方法 将各组分原料混合均匀即可。

原料介绍 本品选用了阴离子表面活性剂脂肪醇聚氧乙烯醚硫酸钠、非离子表面活性剂脂肪酸甲酯乙氧基化物和烷基多糖苷等作为洗衣液的主要成分，脂肪酸甲酯乙氧基化物具有去污力强、抗硬水能力好、成本低、低泡、生物降解性优异、环境相容性与皮肤相容性好的特点；而烷基多糖苷是以天然可再生资源淀粉和脂肪醇为原料制得的绿色表面活性剂，具有表面活性高、去污力强、配伍性好、无毒、无刺激、抗菌活性明显及生物降解彻底等优良特性。

产品特性 本品具有优良的去污能力、优异的抗菌性能和绿色环保的特点。洗衣液中加入了竹叶提取物，进一步提高了洗衣液的抗菌杀菌能力。

配方 91　除螨洗衣液（一）

原料配比

原料		配比（质量份）		
		1#	2#	3#
香精	薰衣草提取液	6	—	—
	香草提取液	—	5	—
	薄荷提取液	—	—	7
除螨剂	艾草提取液	—	7	—
	板蓝根提取液	—	—	8
	硫黄	7	—	—
除菌剂	月桂基葡萄糖苷	—	6	—
	葡萄糖酸氯己定	—	—	8
	壳聚糖	7	—	—
表面活性剂	十二烷基苯磺酸钠	5	—	—
	椰子油脂肪酸二乙醇酰胺	—	3	—
	十二烷基苯磺酸钠和椰子油脂肪酸二乙醇酰胺按 2∶1 比例组合的组合物	—	—	7

原料		配比（质量份）		
		1#	2#	3#
增稠剂	氯化钠	4	2	7
去离子水		40	30	50

制备方法 向反应釜中添加去离子水升温至45℃后依次加入除螨剂、除菌剂和表面活性剂，充分混合后，降温至40℃加入增稠剂和香料搅拌充分后自然冷却。

产品特性 本品不仅去污能力强，能有效清洗衣物的顽固油渍、污渍等，还对常见的螨虫具有良好的杀伤效果，对衣物没有损伤，组分安全、稳定、无刺激，兼具高效去污和除螨性能，且其稳定性好，为生活除螨提供方便。

配方 92 除螨洗衣液（二）

原料配比

原料		配比（质量份）	
		1#	2#
非离子表面活性剂	椰子油脂肪酸二乙醇酰胺磷酸酯	3	—
	椰子油脂肪酸二乙醇酰胺	—	3
两性表面活性剂	十二烷基二甲基羟丙基磺基甜菜碱	11	—
	月桂酰胺丙基氧化胺	—	12
除螨剂	丙二醇单亚油酸酯	0.1	—
	丙二醇单亚麻酸酯	—	0.1
有机硅衣物护理剂		3	3
防腐剂		0.2	0.2
增稠剂		1	1
丙二醇		0.8	0.8
香精		0.1	0.1
去离子水		加至100	加至100

制备方法 按照质量份称取各组分备用；将非离子表面活性剂、两性表面活性剂、除螨剂、衣物护理剂依次加入反应器，缓慢搅拌；加入小分子醇和去离子水，待各组分混合均匀后，最后加入防腐剂、增稠剂和香精，搅拌均匀，静置1h以上，进行包装即可。

原料介绍 所述非离子表面活性剂为椰子油脂肪酸二乙醇酰胺磷酸酯、椰子油脂肪酸二乙醇酰胺、蓖麻油聚氧乙烯醚中的一种或两种以上的混合物。

所述两性表面活性剂为十二烷基乙氧基磺基甜菜碱、十二烷基二甲基羟丙基磺基甜菜碱、月桂酰胺丙基氧化胺中的一种或两种以上的混合物。

所述除螨剂为丙二醇单油酸酯、丙二醇单亚油酸酯、丙二醇单亚麻酸酯中的一种或两种以上的混合物。

所述衣物护理剂为有机硅衣物护理剂。

所述小分子醇为甲醇、乙醇、丙二醇中的一种或两种以上的混合物。

产品应用 本品是一种适用于衣物、被褥的除螨洗衣液。

产品特性

（1）本品采用了两种表面活性剂，分别为非离子表面活性剂和两性表面活性剂，上述两种表面活性剂混合使用远优于使用单独一种，且优于使用阳离子表面活性剂和阴离子表面活性剂。采用具有长链结构的表面活性剂提高了长链部分对油脂的亲和力，同时，对螨虫表面的油性物质也有较好的亲和力，在洗衣液使用中，可以将油脂和螨虫进行快速地剪切，去除的比例较高。

（2）本洗衣液中含有大量的去离子水，为了调整体系的表面张力等，加入少量的小分子醇，提高了各组分的分散稳定性，在稳定分散的基础上，洗衣液的去污性、除螨性都有所提高。

（3）本品除具有优异去污力之外，发泡性能优异，除螨率可以达到99%以上。

配方93 除螨洗衣液（三）

原料配比

原料	配比（质量份）				
	1#	2#	3#	4#	5#
去离子水	65	75	70	68	70
丙二醇	15	25	20	21	20
十二烷基苯磺酸钠	10	20	15	18	18
磺酸	30	44	40	40	44
次氯酸钠	18	35	25	30	30
硅酸钠	12	25	20	20	15
透明质酸	1	3	2	2	3
甘油	1	3	2	2	3
龙胆提取物	1	3	2	2	3
青花椒提取物	0.5	1.5	1	0.8	1.5
鼠尾草植物活性肽	0.25	0.75	0.5	0.65	0.75

续表

原料	配比（质量份）				
	1#	2#	3#	4#	5#
薰衣草植物活性肽	0.25	0.75	0.5	0.45	0.25
防腐剂	0.6	0.8	0.7	0.7	0.6
除螨剂	4	12	8	8	12

制备方法

（1）将称取的丙二醇、部分去离子水、青花椒提取物混合加热到 80～90℃，保温 25～35min，得混合物 a；

（2）将称取的十二烷基苯磺酸钠、磺酸、次氯酸钠混合，并加入 3～5 份的去离子水，搅拌均匀后静置 25～30min，然后边搅拌边加入硅酸钠和透明质酸，搅拌均匀后加热到 50～65℃，保温 35～50min，得到混合物 b；

（3）将混合物 a 和混合物 b 自然冷却降温至 20～25℃，将混合物 a 和混合物 b 进行混合，然后边搅拌边加入剩余原料，加热至 60～65℃，至其全部溶解；

（4）充分搅拌，待搅拌均匀，进行过滤后检测并灌装。

原料介绍 所述的除螨剂为哒螨灵、嘧螨胺和乙螨唑中的一种或其混合物。

所述的防腐剂为甘油脂肪酸酯、辛酰羟肟酸和对羟基苯乙酮按照 1:3:3 混合而成的混合物。

产品特性 本品中脂肪醇聚氧乙烯醚和抗菌防霉驱螨剂为无污染、无害、易被降解的成分，且除螨效果出色。本产品还加入了青花椒提取物、龙胆提取物、鼠尾草植物活性肽这些除螨杀虫的植物成分，可进一步加强除螨效果。还添加了薰衣草植物活性肽、透明质酸、甘油，能有效保护皮肤。本洗衣液成分温和天然，不伤手，不污染环境，成本低廉。

配方94 除螨洗衣液（四）

原料配比

原料		配比（质量份）		
		1#	2#	3#
木香提取物	木香捣碎物	1	1	1
	水	3	4	3.5
过滤液	薰衣草	1	2	1.5
	水	4	5	4.5
	氯化钠	0.01	0.02	0.015
	活性炭	0.8	1.2	1

原料		配比（质量份）		
		1#	2#	3#
萃取物	水	10	15	13
	板蓝根	7	8	7.5
	柴胡	5	6	5.5
	芦荟	3	4	3.5
木香提取物		40	50	45
过滤液		20	30	25
萃取物		10	15	13
增稠剂	藻蛋白酸丙二酯	2	—	—
	羧甲基纤维素	—	3	—
	藻蛋白酸丙二酯、羧甲基纤维素中的任意一种	—	—	2.5
乳酸		1	2	1.5
亚乙基双硬脂酸酰胺		0.8	1	0.9

制备方法

（1）将木香放入捣碎机中捣碎，得捣碎物，按质量比 1:（3～4），将捣碎物、水放入容器中，利用超声波提取，得提取物，备用；超声波提取的参数是温度 40～60℃，时间 24～40min。

（2）按质量比（1～2）:（4～5），将薰衣草、水放入蒸馏器中蒸馏，得蒸馏液，在蒸馏液中加入薰衣草质量 0.01%～0.02% 的氯化钠，静置 2～3h，再向蒸馏液中加入蒸馏液质量 20%～30% 的活性炭，静置 20～30min，过滤，得过滤液，备用；蒸馏的温度为 68～80℃，压力为 7～8MPa。

（3）按质量份计，取 10～15 份水、7～8 份板蓝根、5～6 份柴胡、3～4 份芦荟放入容器中，静置 40～50min，再利用超临界二氧化碳流体萃取，得萃取物；超临界二氧化碳流体萃取的压力为 15～20MPa，温度为 40～60℃。

（4）按质量份计，取 40～50 份步骤（1）制得的提取物、20～30 份步骤（2）制得的过滤液、10～15 份萃取物、2～3 份增稠剂、1～2 份乳酸、0.8～1 份亚乙基双硬脂酸酰胺进行搅拌，混合均匀后，收集混合物，即得除螨洗衣液。

产品特性

（1）本品是以植物提取物为主要成分，木香提取液中所含成分具有除螨的功效，薰衣草精油不仅有除螨的效果，而且能使衣服保持清香，同时中药液有一定的抗菌效果，增强除螨强度。

（2）本品不仅具有极好的抑菌除螨能力，而且对人体无害，同时通过乳酸调节至中性，使除螨洗液温和无刺激，不伤手。

配方 95 除螨洗衣液（五）

原料配比

原料	配比（质量份）	
	1#	2#
酯基季铵盐	10	15
柠檬酸	20	10
阴离子表面活性剂	15	15
脂肪醇聚氧乙烯醚	10	15
除螨剂	10	10
螯合剂	15	20
去离子水	20	20

制备方法 将各组分原料混合均匀即可。

原料介绍 所述除螨剂为 N, N-二乙基-2-苯基乙酰胺、嘧螨胺和乙螨唑中的一种或其混合物。

所述螯合剂为羟基亚乙基二膦酸。

所述阴离子表面活性剂为脂肪醇聚氧乙烯醚硫酸钠和烷基苯柠檬酸盐中的一种或多种的混合物。

所述脂肪醇聚氧乙烯醚为脂肪醇聚氧乙烯（7）醚、脂肪醇聚氧乙烯（9）醚或其组合物。

产品应用 本品使用温度为 15～45℃。

产品特性 本品具有去污除螨的功效，可杀死螨虫，除掉绝大多数螨虫的过敏原，去污力非常强，且其稳定性好。

配方 96 除菌除螨浓缩洗衣液

原料配比

原料			配比（质量份）	
			1#	2#
除菌除螨剂	植物复配提取物		10	10
	醋酸钙		1	2
植物复配提取物	原料	柚皮	2	1
		淡竹叶	2	2
		柿叶	1	1

原料		配比（质量份）	
		1#	2#
植物复配提取物	原料	1	1
	乙醇溶液	25	25
除菌除螨剂		2	4
Lutensol XL70（巴斯夫）		30	45
α-烯基磺酸钠		10	4
辛基磺酸钠		10	4
皂粒		1	1
脂肪醇聚氧乙烯醚（AEO-9）		4	5
柠檬酸钠		2	2
无水氯化钙		0.05	0.05
甘油		3	3
丙二醇		3	3
乙醇		0.5	0.5
蛋白酶		0.3	0.3
脂肪酶		0.3	0.3
防腐剂		0.05	0.05
香精		0.5	0.5
水		加至 100	加至 100

制备方法

（1）将制备获得的植物复配提取物与醋酸钙按比例混合，获得除菌除螨剂。

（2）适量水中添加皂粒，升温至 80～90℃，加入 Lutensol XL70、α-烯基磺酸钠、辛基磺酸钠、脂肪醇聚氧乙烯醚、柠檬酸钠、无水氯化钙、甘油、丙二醇、乙醇，溶解均匀后开始降温，降至 38℃后加入除菌除螨剂、蛋白酶、脂肪酶、防腐剂、香精，补水余量水。

原料介绍 所述的植物复配提取物的制备方法包括如下步骤：将柚皮、淡竹叶、柿叶原料粉碎，置于 75%～95% 的乙醇溶液中 70～80℃回流提取 1.5～3h，慢速定性滤纸过滤，敞口浓缩至浸膏状态，加入浸膏质量 4～6 倍的去离子水，8～12h 后再次过滤，滤液干燥后，得植物复配提取物。干燥优选冷冻干燥。

所述的柚皮、淡竹叶、柿叶原料与 75%～95% 的乙醇溶液的质量比为 1:（20～40）。

所述除菌除螨剂由植物复配提取物和醋酸钙组成，其制备方法如下：将获得的植物复配提取物与醋酸钙按质量比 10:（1～2）混合，得除菌除螨剂。

产品特性

（1）本品抑菌除螨效果好，安全性高，活性物含量可达50%以上。柚皮提取物含有丰富的柚皮苷，除菌效果显著，而且可耐碱性环境，有较强的抗氧化性，对大肠杆菌、金黄色葡萄球菌、沙门氏菌均有抑制活性。价格低廉、易得。其中，淡竹叶提取物有良好的抗菌性，对金黄葡萄球菌、溶血性链球菌、绿脓杆菌和大肠杆菌均有一定的抑制作用。淡竹叶提取物的动物实验表明，它具有抑制过敏和瘙痒的功能。其中，柿叶提取物除菌效果明显，对大肠杆菌、金黄色葡萄球菌、荧光假单胞菌、伤寒沙门氏菌、枯草芽孢杆菌、蜡样芽孢杆菌、变形杆菌等多种细菌均有不同程度的抑制效果。本品价格低廉、易得。在本品中，柚皮提取物、淡竹叶提取物、柿叶提取物、醋酸钙产生了显著的协同效应，抑菌、除螨效果好，安全性高。

（2）通过筛选多款表活搭配，克服了表活浓度过高形成立方相液晶的问题，可获得活性物含量超过50%的超浓缩洗衣液。本品超浓缩洗衣液兼顾了抑菌除螨效果与安全性，去污力强。

配方 97 除菌除螨洗衣液（一）

原料配比

原料		配比（质量份）									
		1#	2#	3#	4#	5#	6#	7#	8#	9#	10#
脂肪醇聚氧乙烯醚	脂肪醇聚氧乙烯（9）醚	13	10	—	—	10	10	18	18	10	10
	脂肪醇聚氧乙烯（7）醚	—	5	10	10	—	—	—	—	—	—
	脂肪醇聚氧乙烯（5）醚	—	—	5	—	—	—	—	—	—	—
	脂肪醇聚氧乙烯（3）醚	—	—	—	5	5	5	—	6	5	5
脂肪酸甲酯乙氧基化物		8	8	8	8	8	8	5	10	8	8
多元醇酯	多元醇聚氧乙烯醚脂肪酸酯	2	2	2	2	2	2	2	3	2	2
	椰油酸脂肪酸酯	—	—	—	—	—	—	3	—	—	—
氧化胺类表面活性剂	月桂酰胺丙基氧化胺	6	3	—	—	—	—	—	—	—	—
	椰油酰基丙基氧化胺	—	—	3	3	3	3	2	3	3	3
	十二烷基二甲基氧化胺	—	5	5	5	5	5	3	3	5	4
烷基糖苷	C$_8$~C$_{10}$烷基糖苷	2	2	2	2	2	2	1	2	1.5	2
	C$_{10}$~C$_{12}$烷基糖苷	—	—	1	—	—	—	—	—	—	—
	C$_{12}$~C$_{14}$烷基糖苷	—	—	—	1	1	1	—	—	1	1
抗再沉积剂	陶氏改性聚丙烯酸钠445N	2	2	2	2	2	2	1	3	2	2

续表

原料		配比（质量份）									
		1#	2#	3#	4#	5#	6#	7#	8#	9#	10#
生物酶	碱性蛋白酶	0.5	0.5	0.5	0.5	0.5	0.5	—	0.5	0.5	0.5
	碱性脂肪酶	0.5	0.5	0.5	0.5	0.5	0.5	0.5	0.5	0.5	0.5
	纤维素酶	—	—	—	—	0.5	—	—	0.5	0.5	0.5
	淀粉酶	—	—	—	—	—	—	—	0.5	—	—
茶皂素		0.6	0.6	0.6	0.6	0.6	0.6	0.2	1	0.6	0.6
十二烷基二甲基苄基氯化铵		0.1	0.1	0.1	0.1	0.1	0.1	0.2	0.15	0.1	0.1
有机盐	乙二胺四乙酸二钠	0.3	0.3	0.3	0.3	0.3	0.3	0.3	0.3	0.3	0.3
	柠檬酸钠	0.5	0.5	0.5	0.5	0.5	0.5	0.5	0.5	0.5	0.5
	柠檬酸	0.1	0.1	0.1	0.1	0.1	0.1	0.1	0.1	0.1	0.1
着色剂		0.06	0.06	0.06	0.06	0.06	0.06	0.01	0.08	0.06	0.06
香精	植物提取松木原液	0.3	0.3	0.3	0.3	0.3	0.3	0.1	0.3	0.3	0.3
去离子水		加至100	加至100	加至100	加至100	加至100	加至100	加至100	加至100	加至100	加至100

制备方法

（1）将电导率小于 10μS/cm 的水调节温度至 55～70℃；

（2）向步骤（1）得到的水中依次加入脂肪醇聚氧乙烯醚、脂肪酸甲酯乙氧基化物、多元醇酯、氧化胺类表面活性剂以及烷基糖苷和抗再沉积剂，在速度为 3800r/min 的条件下，搅拌至完全乳化混匀；

（3）将有机盐、茶皂素和十二烷基二甲基苄基氯化铵溶解成溶液后依次加入至步骤（2）得到的溶液中，搅拌均匀；

（4）将温度降至 40℃，依次加入生物酶、着色剂和香精，搅拌至完全均匀，得到除菌除螨洗衣液。

原料介绍 本品采用脂肪醇聚氧乙烯醚作为除菌除螨洗衣液的非离子表面活性剂，是因为脂肪醇聚氧乙烯醚对各种纤维都有较烷基苯磺酸钠更好的去垢能力，特别适用于洗水合成纤维织物上人体排泄出的油脂污垢，具有良好的去污力，润湿、乳化、抗硬水性，较低的刺激性和生物降解功能。脂肪酸甲酯乙氧基化物与抗再沉积剂均具有较好的分散力，在净洗过程中能够有效地防止污垢的反沾污。改性后的聚丙烯酸钠，提升了产品的抗油污再沉积性，增加了螯合性，提升了产品的抗硬水性能。碱性蛋白酶能将血渍、奶渍等含有的大分子蛋白质水解成可溶性的氨基酸或小分子的肽，使污迹从衣物上脱落。碱性脂肪酶、淀粉酶和纤维素酶也能分别将大分子的脂肪、淀粉和纤维素水解为小分子物质。

产品特性

（1）本品为了在不使用刺激性除菌剂的前提下，能得到较佳的除菌除螨效果，采用氧化胺类表面活性剂复配茶皂素、生物酶和十二烷基二甲基苄基氯化铵，除菌除螨的效果得到了提升，对大肠杆菌、金黄色葡萄球菌、白色念珠菌和绿脓杆菌等细菌真菌具有良好的去除效果，同时可以有效地去除织物上的灰尘和螨虫，除此之外还具有去污效果强和柔软织物的功效。

（2）本品选用脂肪醇聚氧乙烯醚、脂肪酸甲酯乙氧基化物、不同碳链的烷基糖苷和多元醇酯复配，有效渗透织物内部纤维结构，在增加去污力和除菌效果的同时有效调节产品泡沫效果，具有优异的漂洗性能。

（3）本品不含磷、荧光增白剂、重金属、卤素等有害物质，具有刺激性低、对人体温和无害、易生物降解、对环境安全的优点。

配方 98 除菌除螨洗衣液（二）

原料配比

原料		配比（质量份）
改性膨润土		5
植物性防腐剂		1.1
橙油		0.6
硫酸钠		1.2
羧甲基纤维素钠		2
增效剂		0.8
水		20
增效剂	增白剂	2.5
	二甲基硅油	2

制备方法　先将改性膨润土、植物性防腐剂、橙油放入乳化釜中，升温至60℃，关闭蒸汽阀门，加入硫酸钠、羧甲基纤维素钠搅拌，30min 后加入增效剂、水，升温至80℃，关闭热水阀，充分搅拌后打开放料阀，冷却后计量包装。

产品特性　本品不仅去污能力强，能有效清洗衣物上的顽固油渍、黄斑、锈渍等，还对常见的螨虫有很好的杀伤力，对衣物没有损伤，洗后衣物色泽鲜艳不掉色，不在清洗对象表面残留下不溶物，不影响清洗对象的质量。

配方 99 除菌杀螨洗衣液

原料配比

原料		配比（质量份）		
		1#	2#	3#
桑叶提取液		37.2	37.5	37.8
杜鹃花提取液		19.8	20.1	20.4
葡萄糖酸钠		4.4	4.5	4.6
焦磷酸钾		2.7	2.8	2.9
六偏磷酸钠		2.1	2.2	2.3
山梨醇酐单硬脂酸酯		1.2	1.25	1.3
香附		9.6	9.7	9.8
海桐皮		12.3	12.4	12.5
厚朴		8.9	9	9.1
橙皮		7.6	7.7	7.8
牡丹皮		15.1	15.2	15.1～15.3
去离子水		适量	适量	适量
桑叶提取液	新鲜桑叶	47	47.5	48
	纤维素酶	1.2	1.25	1.3
	水	40	41	40
杜鹃花提取液	新鲜杜鹃花花瓣	38	38.5	39
	质量分数为 50%的乙醇溶液	23	23.5	24
	纤维素酶	1.3	1.35	1.4
	水	29	29.5	30

制备方法

（1）将香附、海桐皮、厚朴、橙皮和牡丹皮洗净，投入转速为 2300～2500r/min 的粉碎机内粉碎 39～41min，取出，置入温度为 88～89℃的旋转炒锅内恒温炒制 775～780s，以 3.9～4.1℃/min 的降温速率降温至 67～68℃继续恒温炒制 535～540s，取出，置入温度为 -14～-13℃的冷冻箱内恒温冷冻 85～90min，取出，投入质量为香附质量 7.3～7.5 倍量、温度为 57～58℃的去离子水中，大火煮沸后文火熬煮 43～45min，取出，过 70～80 目滤布，取滤液，室温冷却至温度为 54～55℃，得一次液；

（2）将葡萄糖酸钠、焦磷酸钾、六偏磷酸钠和山梨醇酐单硬脂酸酯投入一次液中，用转速为 175～180r/min 的搅拌器搅拌 19～20min，用功率为 324～326W、频率为 165～167kHz 的超声波超声处理 26～27min，得二次液；

（3）将二次液、桑叶提取液和杜鹃花提取液混合，用转速为 75～77r/min 的搅拌器搅拌 17～18min，在压力为 1.62～1.64MPa 的条件下恒压处理 334～336s，调整压力为 2.44～2.46MPa 继续恒压处理 447～451s，得除菌杀螨洗衣液；

（4）真空灌装，灭菌，贴标签，得成品。

原料介绍　所述的桑叶提取液，按以下步骤进行制备：将 47～48 质量份的新鲜桑叶洗净，投入转速为 1400～1600r/min 的打浆机中打浆 22～24min，取出，置入温度为 164～166℃的蒸制锅内恒温蒸汽处理 16～17min，取出，室温冷却至 36～37℃，加入 1.2～1.3 质量份的纤维素酶，用转速为 68～70r/min 的搅拌器搅拌 13～14min，置入温度为 36～37℃的发酵箱内发酵 18～19h，取出，投入 40～41 质量份的水中，大火煮沸后文火熬煮 21～22min，取出，室温自然冷却，过 40～50 目滤布挤压出汁，取挤压汁，得桑叶提取液。

所述的杜鹃花提取液，按以下步骤进行制备：将 38～39 质量份的新鲜杜鹃花花瓣洗净，投入转速为 1400～1600r/min 的打浆机中打浆 24～26min，取出，投入 23～24 质量份、质量分数为 50%～51% 的乙醇溶液中，加入 1.3～1.4 质量份的纤维素酶用转速为 88～90r/min 的搅拌器搅拌 8～9min，用功率为 99～101W、频率为 115～117kHz 的超声波超声处理 21～22min，置入温度为 60～61℃的烘烤箱内恒温烘烤 545～550s，取出，投入 29～30 质量份的水中，大火煮沸后文火熬煮 18～19min取出，室温自然冷却，过 40～50 目滤布挤压出汁，取挤压汁，得杜鹃花提取液。

产品特性　本品不但具有良好的去污杀菌杀螨效果，抗污垢再沉积效果显著，而且能显著提高衣物白度，提高衣物色泽度和鲜艳度，不会对人体和环境造成不良影响；洗衣液中的各组分配合作用，具有柔软、杀菌及护色的功能，不但对衣服上的油渍、矿质污垢、灰尘、皮脂和人体分泌物甚至血液、汗渍、牛奶和饮料等都有良好的去污效果，而且性质温和、无刺激，对皮肤和衣物均不会造成损伤，还有长效的抗静电作用，可降低摩擦系数，抑制和减少静电荷产生。

配方 100　除螨抑菌洗衣液（一）

原料配比

原料		配比（质量份）		
		1#	2#	3#
植物杀菌剂	侧柏水	55	60	65

原料		配比（质量份）		
		1#	2#	3#
阴离子表面活性剂	月桂醇聚醚硫酸酯钠	18	18	15
	十二烷基苯磺酸钠	0.3	0.3	0.3
两性表面活性剂	椰油酰胺丙基甜菜碱	4	4	4
	椰油酰胺丙基 PG-二甲基氯化铵磷酸酯	3	2	2
非离子表面活性剂	椰油酰胺 DEA	4	4	2
	月桂醇硫酸酯钠	5	2	2
	脂肪醇聚氧乙烯醚	5	5	5
电解质	氯化钠	2	2	2
酸碱中和剂	柠檬酸钠	3	2	2
	亚硫酸氢钠	0.1	0.1	0.1
皮肤调理剂	侧柏提取物	0.55	0.55	0.55
螯合剂	乙二胺四乙酸二钠	0.05	0.05	0.05

制备方法

（1）将侧柏水加入反应釜中，在机械搅拌下，依次加入月桂醇聚醚硫酸酯钠、十二烷基苯磺酸钠、椰油酰胺 DEA、脂肪醇聚氧乙烯醚、月桂醇硫酸酯钠、椰油酰胺丙基甜菜碱以及椰油酰胺丙基 PG-二甲基氯化铵磷酸酯，搅拌均匀，得混合物 A；机械搅拌转速为 500～600r/min。

（2）调节混合物 A 的 pH 值到 6.0～7.0 之间。

（3）在机械搅拌下，将侧柏提取物、氯化钠、亚硫酸氢钠、柠檬酸钠和乙二胺四乙酸二钠依次加入混合物 A 中，混合均匀后得到混合物 B；机械搅拌转速为 300～400r/min。

（4）对混合物 B 进行脱气处理后得到成品。

产品特性 本品由多种活性剂、皮肤调理剂以及杀菌剂组合而成，不仅使用安全可靠，而且对葡萄球菌和大肠杆菌具有很强的杀菌抑菌效果，同时有很强的除螨效果。

配方 101 除螨抑菌洗衣液（二）

原料配比

原料	配比（质量份）			
	1#	2#	3#	4#
脂肪醇聚氧乙烯醚硫酸钠	40	30	50	50

续表

原料		配比（质量份）			
		1#	2#	3#	4#
椰油酰胺丙基甜菜碱		18	20	20	20
椰子油脂肪酸二乙醇酰胺		8	9	7	10
植物精油混合物		6	4	8	6
木瓜蛋白酶		5	6	6	4.5
丙二醇		4	4	4	4
月桂酸钾		4	4	4	4
增稠剂		1.5	2	2	1.5
增稠剂	瓜尔胶	1	1	1	1
	黄原胶	1	1	1	1
防腐剂		0.8	1	0.8	0.8
防腐剂	卡松 DL501	3	—	0.8	3
	卡松 DL605	3	1	—	3
	卡松 DL606	2	1	—	2
去离子水		400	470	400	400

制备方法

（1）提取桉叶、艾草、香茅中的至少一种得到挥发油备用，提取苦参、百部、土槿皮中的至少一种得到醇提液备用；将挥发油和醇提液按比例混合后得到植物精油混合物。

（2）先将去离子水和防腐剂放入反应釜混合，再加入脂肪醇聚氧乙烯醚硫酸钠、椰油酰胺丙基甜菜碱、椰子油脂肪酸二乙醇酰胺进行搅拌；搅拌时间为30～40min，搅拌速率为220～300r/min。

（3）将步骤（1）得到的植物精油混合物、木瓜蛋白酶、丙二醇投入反应釜搅拌5min混匀，然后加入月桂酸钾、增稠剂以150r/min的速率搅拌20min，得到抑菌除螨洗衣液。

原料介绍 本品在脂肪醇聚氧乙烯醚硫酸钠中添加椰油酰胺丙甜菜碱，作为主成分之一，该原料在酸性及碱性条件下均具有优良的稳定性，其配伍性能良好，易溶于水，泡沫多，去污力强，具有优良柔软性、杀菌性、抗静电性。能显著提高衣服、床单等待洗涤类物品的柔软性和防静电功能。

所述椰子油脂肪酸二乙醇酰胺是以椰子油为原料，经精炼后直接或间接与二乙醇胺反应合成的化工原料，是一种高品质的非离子表面活性剂，具有促进洗衣液发泡、稳泡、渗透去污的功能。

所述植物精油混合物为桉叶、艾草、香茅中的至少一种原料采用水蒸气蒸馏法提取得到的挥发油，再配合苦参、百部、土槿中的至少一种原料采用乙醇回流法提取得到的醇提液混合得到。

所述植物精油混合物由所述挥发油和所述醇提液按照体积比为（1～2）∶10的比例混合得到。

所述乙醇回流法中，将苦参、百部、土槿皮预先粉碎至50～100目，使用70%的乙醇在70～73℃回流1h。

产品特性

（1）本品用于清洗衣服、床单时的用量较小，通过各组分的协同作用，具有超强的去污能力，抑菌除螨效果好，对人体无害。

（2）本品添加了木瓜蛋白酶，可进一步提升植物精油混合物的除螨功效，也进一步增加了去污抑菌的效果。

（3）本品对炭黑油污布、蛋白污布、皮脂污布的去污能力大于标准洗衣液，符合洗衣液相关标准，并且对大肠杆菌和金黄色葡萄球菌的杀菌率达到99%，除螨率达到91.75%～95.47%。

配方102　除螨抑菌洗衣液（三）

原料配比

<table>
<tr><td colspan="2" rowspan="2">原料</td><td colspan="6">配比（质量份）</td></tr>
<tr><td>1#</td><td>2#</td><td>3#</td><td>4#</td><td>5#</td><td>6#</td></tr>
<tr><td>螯合助剂</td><td>谷氨酸二乙酸四钠</td><td>0.2</td><td>0.2</td><td>0.2</td><td>0.2</td><td>0.2</td><td>0.2</td></tr>
<tr><td rowspan="3">非离子表面活性剂</td><td>脂肪醇聚氧乙烯醚</td><td>2</td><td>2</td><td>4</td><td>4</td><td>6</td><td>6</td></tr>
<tr><td>C_8～C_{18}烷基糖苷</td><td>0.5</td><td>0.8</td><td>1.6</td><td>1.6</td><td>2.4</td><td>2.4</td></tr>
<tr><td>氢化蓖麻油 PEG-40</td><td>0.5</td><td>1</td><td>0.5</td><td>1</td><td>0.5</td><td>1</td></tr>
<tr><td rowspan="2">第二阴离子表面活性剂</td><td>脂肪醇聚氧乙烯醚硫酸盐</td><td>5</td><td>5</td><td>10</td><td>10</td><td>12</td><td>12</td></tr>
<tr><td>椰油酸钾皂</td><td>1</td><td>1</td><td>2</td><td>2</td><td>3</td><td>3</td></tr>
<tr><td>两性表面活性剂</td><td>椰油酰胺丙基甜菜碱</td><td>1.2</td><td>1.2</td><td>2.4</td><td>2.4</td><td>3.6</td><td>3.6</td></tr>
<tr><td>pH 调节剂</td><td>柠檬酸</td><td>0.15</td><td>0.15</td><td>0.2</td><td>0.2</td><td>0.25</td><td>0.25</td></tr>
<tr><td rowspan="2">N-酰基氨基酸型表面活性剂</td><td>月桂酰肌氨酸钠</td><td>3</td><td>3</td><td>6</td><td>6</td><td>9</td><td>9</td></tr>
<tr><td>椰油酰谷氨酸钠</td><td>3</td><td>3</td><td>6</td><td>6</td><td>9</td><td>9</td></tr>
<tr><td colspan="2">抑菌除螨组合物</td><td>3</td><td>5</td><td>3</td><td>5</td><td>3</td><td>5</td></tr>
<tr><td rowspan="2">黏度调节剂</td><td>氯化钠</td><td>0.5</td><td>0.5</td><td>—</td><td>—</td><td>—</td><td>—</td></tr>
<tr><td>丙二醇</td><td>—</td><td>—</td><td>2</td><td>2</td><td>4</td><td>4</td></tr>
<tr><td>酶制剂</td><td>蛋白酶</td><td>0.2</td><td>0.2</td><td>0.4</td><td>0.4</td><td>0.6</td><td>0.6</td></tr>
</table>

续表

原料		配比（质量份）					
		1#	2#	3#	4#	5#	6#
色素	直接耐晒翠蓝	0.0004	0.0004	0.0004	0.0004	0.0004	0.0004
香精	洋甘菊香精	0.2	0.2	0.3	0.3	0.5	0.5
防腐剂	卡松	0.2	0.2	0.2	0.2	0.2	0.2
抑菌除螨组合物	尤加利提取物	0.63	1.05	0.63	1.05	0.63	1.05
	茶树提取物	0.57	0.95	0.57	0.95	0.57	0.95
	尚芹提取物	0.375	0.625	0.375	0.625	0.375	0.625
	金沙藤提取物	0.375	0.625	0.375	0.625	0.375	0.625
	沙冬青提取物	0.345	0.575	0.345	0.575	0.345	0.575
	鱼腥草提取物	0.36	0.6	0.36	0.6	0.36	0.6
	薄荷油	0.345	0.575	0.345	0.575	0.345	0.575
水	去离子水	加至 100	加至 100	加至 100	加至 100	加至 100	加至 100
抑菌除螨洗衣液的 pH 值		7.22	7.23	7.22	7.28	7.28	7.26

制备方法　所述抑菌除螨组合物的制备方法：将尤加利提取物、茶树提取物、尚芹提取物、金沙藤提取物、沙冬青提取物、鱼腥草提取物和薄荷油混合，得到所述抑菌除螨组合物。

抑菌除螨洗衣液的制备方法：

（1）将水、螯合助剂、非离子表面活性剂、第二阴离子表面活性剂和两性表面活性剂进行混合，得到第一混合溶液；在进行混合之前优先将水加热至 30～45℃。混合搅拌的转速为 20～60r/min，时间为 20～60min。

（2）将所述第一混合溶液和洗涤助剂进行混合，得到第二混合溶液。第二混合溶液的 pH 值为 6～8。搅拌混合的转速为 20～60r/min。搅拌的时间为 10～20min。

（3）将所述第二混合溶液和第一阴离子表面活性剂进行混合，得到第三混合溶液；搅拌的转速为 20～60r/min，搅拌的时间为 5～10min。

（4）将所述第三混合溶液和抑菌除螨组合物进行混合，得到所述抑菌除螨洗衣液。搅拌的转速为 20～60r/min，搅拌的时间为 5～10min。

原料介绍　所述两性表面活性剂优选椰油酰胺丙基甜菜碱、烷基二甲基氧化胺和椰油酰胺丙基氧化胺中的一种或多种，所述烷基二甲基氧化胺优选十二烷基二甲基氧化胺和/或十四烷基二甲基氧化胺。

所述非离子表面活性剂优选脂肪醇聚氧乙烯醚、烷基糖苷、氢化蓖麻油 PEG-40 和吐温中的一种或多种。所述烷基糖苷优选 C_8～C_{18} 烷基糖苷。

所述阴离子表面活性剂包括第一阴离子表面活性剂和第二阴离子表面活性剂。所述第一阴离子表面活性剂为 N-酰基氨基酸型表面活性剂。所述 N-酰基氨基酸型表面活性剂优选月桂酰肌氨酸钠、椰油酰谷氨酸钠、椰油酰甲基牛磺酸钠和椰油酰甘氨酸钠中的一种或多种，更优选月桂酰肌氨酸钠和椰油酰谷氨酸钠，当所述 N-酰基氨基酸型表面活性剂为月桂酰肌氨酸钠和椰油酰谷氨酸钠时，所述月桂酰肌氨酸钠和椰油酰谷氨酸钠的质量比为1∶1。所述第二阴离子表面活性剂优选脂肪酸皂、硫酸酯盐型表面活性剂和羧酸型表面活性剂中的一种或多种，更优选硫酸酯盐型表面活性剂和脂肪酸皂。所述脂肪酸皂优选脂肪酸钾皂，所述脂肪酸钾皂优选椰油酸钾皂；所述硫酸酯盐型表面活性剂优选脂肪醇聚氧乙烯醚硫酸盐；所述羧基型表面活性剂优选脂肪醇聚氧乙烯醚羧酸盐。所述第一阴离子表面活性剂与第二阴离子表面活性剂的质量比为（1～1.5）∶1。

所述螯合助剂优选柠檬酸三钠、乙二胺四乙酸二钠、乙二胺四乙酸四钠、甲基甘氨酸二乙酸钠和谷氨酸二乙酸四钠（GLDA）中的一种或多种，更优选为谷氨酸二乙酸四钠（GLDA）。

所述洗涤助剂优选 pH 调节剂、黏度调节剂、色素、防腐剂、酶制剂和香精中的一种或多种。

所述黏度调节剂优选氯化钠或丙二醇。

所述 pH 调节剂优选柠檬酸。

所述酶制剂优选蛋白酶。

所述防腐剂优选卡松、1,3-二羟甲基-5,5-二甲基海因（DMDM 乙内酰脲）和布罗波尔中的一种或多种。

所述 pH 调节剂、黏度调节剂、色素、防腐剂、酶制剂和香精的质量分数不能同时为零，且当所述洗涤助剂为 pH 调节剂、黏度调节剂、色素、防腐剂、酶制剂和香精中的一种或多种时，所述洗涤助剂中各组分的质量分数之和在1%～10%范围内。

产品特性

（1）本品中抑菌除螨组合物为天然植物提取物的组合，对皮肤刺激性小不会影响人体健康。

（2）在本品中，所述两性表面活性剂性能温和，刺激性小，与阴离子表面活性剂、非离子表面活性剂相容性好，能够提高经洗衣液洗涤后衣物的柔软性、调理性和抗静电性能。

（3）本品具有较好的去污能力、适中的黏稠度，在高温和低温环境中具有较好的稳定性，同时还具有良好的抑菌除螨性能。

配方103 除螨抑菌洗衣液（四）

原料配比

原料	配比（质量份）			
	1#	2#	3#	4#
十二烷基二甲基甜菜碱	6	5	10	5
月桂酰基甲基牛磺酸钠	8	5	10	10
木质素磺酸钠	4	3	5	3
对甲氧基脂肪酰胺基苯磺酸钠	4	3	5	5
三乙醇胺	2	0.5	3	0.5
硼酸钠	2	0.5	3	3
氯化钠	3	1	5	1
柠檬酸钠	1	0.5	2	2
复合酶	1	0.5	2	0.5
纳米二氧化钛	1.5	0.5	2	2
壳聚糖	1	0.5	2	0.5
乳化剂	3	1	5	5
螯合剂	1	0.5	2	0.5
有机溶剂	8	5	10	10
聚乙烯吡咯烷酮	0.3	0.1	0.5	0.1
羟丙基甲基纤维素	0.2	0.1	0.5	0.5
香精	0.2	0.1	0.5	0.1
增稠剂	3	1	5	5
山梨醇	2	1	3	1
去离子水	75	50	100	100

制备方法

（1）按质量份称取各原料备用。

（2）向反应釜中加入去离子水，升温到50～70℃，然后开始搅拌，并依次加入聚乙烯吡咯烷酮、羟丙基甲基纤维素、乳化剂以及纳米二氧化钛；所述的搅拌速度为100～200r/min，搅拌时间为20min。

（3）步骤（2）完成后，向反应釜中依次加入十二烷基二甲基甜菜碱、月桂酰基甲基牛磺酸钠、木质素磺酸钠以及对甲氧基脂肪酰胺基苯磺酸钠，搅拌30min后，调节反应釜内反应液的pH=7～8；所述的搅拌速度为100～200r/min。

（4）步骤（3）完成后，将反应釜降温至35℃，依次加入柠檬酸钠、复合酶以及山梨醇，搅拌 10min，然后加入三乙醇胺、硼酸钠、螯合剂以及氯化钠，再搅拌 10min；所述搅拌速度为 100～200r/min。

（5）步骤（4）完成后，依次向反应釜中加入壳聚糖、有机溶剂、香精、增稠剂，搅拌 20min，所述搅拌速度为 100～200r/min，即得。

原料介绍 所述的复合酶为碱性蛋白酶、α-淀粉酶、外切葡聚糖酶的混合物，三者的质量比为 2∶1∶2。

所述的乳化剂为月桂醇聚氧乙烯醚和硬脂酸聚氧乙烯酯的混合物，二者的质量比为 1∶2。

所述的螯合剂为酒石酸钠和葡萄糖酸钠的混合物，二者的质量比为 1∶1。

所述的有机溶剂为乙醇、乙二醇单丁醚和甘油的混合物，三者的体积比为 2∶1∶1。

所述的香精为薄荷油、桉树油、柠檬油、茉莉精油、玫瑰油或者丁香油。

所述的增稠剂为黄原胶、卡拉胶或者角叉菜胶。

所述的木质素磺酸钠的重均分子量为 2000～6000。

产品特性 该抑菌除螨洗衣液去污力强，同时具有显著的杀菌作用，无副作用，洗后衣料不褪色，不刺激皮肤，无污染。

配方 104 低泡除螨洗衣液

原料配比

原料	配比（质量份）	
	1#	2#
十二烷基苯磺酸	20	10
磺酸	25	15
两性表面活性剂	25	25
羧甲基纤维素	10	10
除螨剂	15	10
乳化剂	15	15
去离子水	20	20
增白剂	10	20

制备方法 将各组分原料混合均匀即可。洗衣液的 pH 值为 11～13。

原料介绍 所述两性表面活性剂选自辛基酚聚氧乙烯醚、高碳脂肪醇聚氧乙烯醚、脂肪酸聚氧乙烯酯、失水山梨醇酯中的一种或多种。

所述除螨剂为 N,N-二乙基-2-苯基乙酰胺、嘧螨胺和乙螨唑中的一种或其混合物。

产品应用 本品是一种低泡洗衣液，减少衣服上的残留液，保护家人肌肤。所述低泡洗衣液使用温度为 0～45℃。

产品特性 本品具有较高的去污能力，可有效降低泡沫，容易漂洗，并有效抑螨灭螨。

配方105 富含多种植物提取物的除螨洗衣液

原料配比

原料		配比（质量份）					
		1#	2#	3#	4#	5#	6#
表面活性剂	椰油酰胺丙基胺氧化物	5	—	—	—	—	—
	月桂醇聚醚硫酸酯钠	5	3	8	5	3	8
	C₁₂～C₁₅ 链烷醇聚醚-9	—	3	—	—	—	7
	椰油酰胺 DEA	—	—	7	5	3	—
植物提取物		7	4	10	6	4	8
香精	广藿香油	2	—	—	—	—	—
	薰衣草油	—	1	—	—	—	—
	柠檬草油	—	—	2	—	—	—
	薄荷油	—	—	1	—	—	—
	香根油	—	—	—	2	—	—
	鼠尾草精油	—	—	—	—	1	—
	香叶油	—	—	—	—	—	3
盐		2	1	2	2	1	3
水		150	100	200	150	120	180
植物提取物	艾草提取物	1	1	1	—	—	—
	桉叶提取物	1	1	1	—	—	—
	青风藤提取物	—	—	—	1	1	1
	福寿草提取物	—	—	—	1	1	1

制备方法 将表面活性剂倒入乳化锅，加水，以 2000～3000r/min 的均质转速搅拌 30～50min，然后加入植物提取物、香精和盐以 1000～2000r/min 的均质转速搅拌 30～50min，再以 500～1500r/min 的均质转速搅拌 20～40min，静置 1～3h 消泡完成，液态贮放。

原料介绍 所述艾草提取物的制备方法为：选取新鲜艾草，进行揉制，干燥和研磨，得到绿色粉末；将其放到 10～20 倍质量份的石油醚中室温浸泡，搅拌

10～30min，合并提取液；将提取液放入旋转蒸发仪上蒸去石油醚，加 2～5 倍质量份的水溶解，活性炭脱色，过滤，蒸干水分，制成。

所述桉叶提取物的制备方法为：取桉叶，晒干，磨成粉末，加 5～10 倍质量份的水回流提取 3 次，合并滤液，蒸干制成。

所述青风藤提取物的制备方法为：取青风藤的藤茎，烘干或者晒干，磨成粉末，加 5～10 倍质量份的水回流提取 3 次，合并滤液，蒸干制成。

所述福寿草提取物的制备方法为：取福寿草全草，晒干，磨成粉末，加 5～10 倍质量份的水回流提取 3 次，合并滤液，蒸干制成。

产品特性　本品采用加入植物提取物的方法驱避螨虫，使得洗过的衣物不附着螨虫，对人身体有益。植物提取物中艾草提取物和桉叶提取物以及青风藤提取物与福寿草提取物组合使用，驱避螨虫的效果更好。

配方 106　高效除螨酵素洗衣液

原料配比

原料		配比（质量份）		
		1#	2#	3#
A 相	椰油酰苹果氨基酸钠	7	10	4
	水	加至 100	加至 100	加至 100
	月桂醇聚醚硫酸酯钠	5	5	5
	甘油	5	5	5
	氯化钠	1.5	1.5	1.5
	丙二醇	3	3	3
	纤维素	0.15	0.15	0.15
B 相	卡松	0.1	0.1	0.1
	复合果蔬酵素	4	10	7

制备方法　复合果蔬酵素的制备方法：

（1）在发酵罐中加入 20 质量份的纯净水，再加入 50 质量份的发酵原料，搅匀后撒入酵母菌，用纱布覆盖发酵罐口，再用橡胶圈扎紧发酵罐口后，置于室内阴凉处开始发酵；酵母菌优选圆形假丝酵母菌。

（2）开始发酵后的第 3～5 天发酵罐内浆状液面冒泡时，加入 20 质量份的发酵原料和 10 质量份的纯净水，搅匀后，用纱布覆盖罐口，扎紧，继续发酵。

（3）步骤（2）的操作过去 7～8 天后，用不透气的薄膜纸代替纱布密封好发酵罐口，继续发酵；之后每天打开薄膜纸对发酵液搅拌 5min 以上，连续搅拌

20 天。

（4）发酵 2 个月后 [从步骤（1）的操作完成后起算]，测得发酵液的 pH 值在 2.8～3.2，加入酵母菌，每天搅拌两次，连续搅拌 15 天；发酵 12 个月后，将发酵液转移至带透气孔的容器中熟化 7 天，然后做超滤处理，得到复合果蔬酵素；酵母菌优选圆形假丝酵母菌。

洗衣液的制备方法：将 A 相加热到 80～85℃，搅拌均匀，降温至 45℃后，加入复合果蔬酵素、卡松，搅拌均匀，检验合格，过滤出料即可。

产品特性

（1）本品的复合果蔬酵素中含有益生菌以及众多微生物，洗完后对皮肤有益，能大幅度提高产品的温和性。另外复合果蔬酵素中含有大量酶，能温和清除衣服深层污垢，还能够温和分解蛋白质，螨虫会因为蛋白质物质被破坏而死亡。由于发酵条件的不断优化，相对于其他植物酵素有高效除螨作用，由于果蔬酵素直接来源于水果、蔬菜，具有生物可降解性，对生态环境有益。

（2）本品中的复合果蔬酵素和椰油酰苹果氨基酸钠复配大大提高了配方的温和性，并且能够有效驱除和杀灭各类螨虫。

配方 107 家用抗菌除螨洗衣液

原料配比

原料		配比（质量份）				
		1#	2#	3#	4#	5#
2-烯丙基-4-氯苯酚/蒜氨酸/聚乙二醇单烯丙基醚/4-氯-1-羟基-丁烷磺酸钠离子化改性醋胺丁香酚共聚物		10	11	13	14	15
可溶性抗菌除螨中药提取物		2	2.5	3	3.5	4
超支化非离子表面活性剂		8	9	10	11	12
螯合剂		—	—	—	0.6	—
增稠剂		—	—	—	3	—
螯合剂	聚天门冬氨酸钠	0.3	—	—	—	0.7
	聚羧酸钠	—	0.4	—	—	—
	聚环氧琥珀酸钠	—	—	0.5	—	—
增稠剂	羧甲基纤维素钠	1	—	—	—	—
	羟乙基纤维素	—	2	—	—	—
	乙基羟乙基纤维素	—	—	2.5	—	—
	聚乙烯吡咯烷酮	—	—	—	—	4

续表

原料		配比（质量份）				
		1#	2#	3#	4#	5#
水		35	37	40	43	45
可溶性抗菌除螨中药提取物	艾草	4	4.5	5	5.5	6
	桉叶	1	1.5	2	2.5	3
	熊果叶	2	2.5	3	3.5	4
	柚皮	2	2.5	3.5	4.5	5
	紫苏	4	5	6	7	8
	薄荷叶	1	1.5	2	2.5	3
	穿心莲	2	2.5	3	3.5	4
	柠檬草	2	3	4	5	6
	迷迭香	1	1.5	2	2.5	3
	知母	2	3	3.5	4.5	5
	水	适量	适量	适量	适量	适量

制备方法 将各组分按质量份混合，加入搅拌反应器中，控制转速为100～300r/min 搅拌 1～3h，即可制得成品家用抗菌除螨洗衣液。

原料介绍 2-烯丙基-4-氯苯酚/蒜氨酸/聚乙二醇单烯丙基醚/4-氯-1-羟基-丁烷磺酸钠离子化改性醋胺丁香酚共聚物，分子链上含有氯苯酚、蒜氨酸和醋胺丁香酚结构，协同作用使得洗衣液具有优异的抗菌除螨性能；这些结构与聚乙二醇单烯丙基醚和通过 4-氯-1-羟基-丁烷磺酸钠离子化改性形成的两性表面活性剂结构均以化学键的形式连接，有效避免了传统抗菌除螨洗衣液表面活性剂和抗菌除螨剂直接混合导致的拮抗作用。

所述超支化非离子表面活性剂以超支化聚酯［聚 2,2-二羟甲基丙酸（bis-MPA）］、苯乙烯、苯酚为单体，通过偶联制得。

所述可溶性抗菌除螨中药提取物是通过如下质量份的原料药通过水蒸煮后，再依次经过过滤、浓缩、旋蒸、干燥步骤提取而成：艾草 4～6 份、桉叶 1～3 份、熊果叶 2～4 份、柚皮 2～5 份、紫苏 4～8 份、薄荷叶 1～3 份、穿心莲 2～4 份、柠檬草 2～6 份、迷迭香 1～3 份、知母 2～5 份。

产品特性

（1）该家用抗菌除螨洗衣液抗菌除螨效果显著，洗涤能力强，对环境污染小，性能稳定，使用安全环保。

（2）本品通过各原料药合理配伍，协同作用，进一步改善抗菌除螨效果，浸入衣物中后能起到除瘙痒、释放芳香气味的优点；超支化非离子表面活性剂的加入能有效提高洗涤效果，超与其他成分协同作用，使得它们分散稳定性更好，储存和运输稳定性优异。

配方 108 酵素除螨洗衣液

原料配比

原料		配比（质量份）		
		1#	2#	3#
复合酵素		0.1	0.15	0.2
除螨提取物		20	25	30
EDTA		1	1.2	2
表面活性剂		15	16	20
去离子水		40	50	60
表面活性剂	蔗糖酯	1	2	2
	茶皂素	1	1	1

制备方法 将复合酵素、除螨提取物、增效剂、表面活性剂、去离子水混合后，以 20000r/min 的速度剪切乳化 4～5min 即可。

原料介绍 所述复合酵素的制备方法，包括以下步骤：

（1）取水果皮，加入其质量 2～3 倍水研磨成水果浆液；

（2）向水果浆液中加入其质量 0.01%～0.02%的菌液 A，自然发酵 3～4d，过滤，制得提取液 A 和滤渣 A；

（3）向滤渣 A 中加入其质量 0.03%～0.04%的菌液 B，在 25～28℃下发酵 2～3d，过滤，制得提取液 B；

（4）将提取液 A 与提取液 B 混合，加入其质量 20%～30%的微晶壳聚糖搅拌均匀，制得复合酵素。

所述菌液 A 为酵母菌菌液，活菌数为 $3 \times 10^4 \sim 4 \times 10^4 CFU/mL$。

所述菌液 B 为蜡状芽孢杆菌菌液，活菌数为 $1 \times 10^4 \sim 2 \times 10^6 CFU/mL$。

水果皮为梨皮、苹果皮中的一种或两种。

所述除螨提取物的制备方法为：按（3～5）：（1～2）的质量比取百部、艾草混合粉碎，制得中药粉；然后向中药粉中加入其质量 8 倍 80%的乙醇在 60～70℃下回流提取 30～35min，过滤，向滤液中加入其质量 1%～2%的冰片搅拌均匀成混合溶液；减压回收滤液中的乙醇，制得除螨提取物。

所述表面活性剂由蔗糖酯、茶皂素按 1～2：1 的质量比组成。

所述增效剂为 EDTA。

产品特性

（1）本品采用微晶壳聚糖对酵素提取液吸收制成复合酵素，能有效提高酵素的稳定性，保持水果的香味；使其不仅具有较强去污能力，还具有较长的保存期。百部、艾草、冰片制成的除螨提取物对衣物上的螨虫具有良好的抑杀作用。增效剂能增强洗衣液的渗透作用、稳定性、乳化性，使其能充分融入衣物中，提高其去污效果。

（2）本品具有去污除螨的功效，可杀死螨虫，除掉绝大多数螨虫的过敏原，去污力非常强，稳定性好，而且清洁环保、使用安全。

配方109　抗菌除螨洗衣液

原料配比

原料		配比（质量份）		
		1#	2#	3#
表面活性剂	月桂醇聚氧乙烯醚硫酸钠	8	15	10
	椰子油脂肪酸二乙醇酰胺	2	5	—
	十二烷基苯磺酸	2	—	10
抗菌剂	月桂基葡萄糖苷	—	0.5	2
	葡萄糖氯己定	—	—	1
	羧甲基壳聚糖	0.5	—	—
	壳聚糖	—	1	—
	葡萄糖酸氯己定	0.1	—	—
稳定剂	油酸	0.1	—	—
	蓖麻油酸	—	—	0.1
除螨剂	鱼腥草提取液	—	—	2.5
	甘草提取液	1.5	—	—
	连翘提取液	1.5	—	2.5
	桉树叶提取液	—	2.5	—
	银杏叶提取液	—	2	—
增稠剂	海藻酸钠	0.2	—	—
	明胶	—	—	0.1
	羧甲基纤维素	—	0.1	—
pH调节剂	氢氧化钠	—	0.3	—
	硫酸氢钠	1.5	1	0.3
着色剂	亮蓝色素	0.001	—	0.001
	紫色素	—	0.001	—

续表

原料		配比（质量份）		
		1#	2#	3#
植物精油	玫瑰精油	0.01	—	—
	薰衣草精油	—	0.01	—
	蜡梅花精油	—	—	0.01
去离子水		82.6	72.6	71.5

制备方法 将表面活性剂、抗菌剂、稳定剂混合均匀后，加入去离子水，加热搅拌至得到澄清透明溶液，冷却至室温后加入 pH 调节剂调节溶液 pH 值至 5～8，最后加入除螨剂、增稠剂、植物精油和着色剂，搅拌均匀。

原料介绍 所述除螨剂为桉树叶提取液、甘草提取液、板蓝根提取液、银杏叶提取液、连翘提取液、鱼腥草提取液中的一种或几种。所述提取液通过机械粉碎 100 质量份原料后在 pH 值为 5～7 的 200 体积份去离子水中于 10～80℃条件下浸泡 1～48h，冷却至室温后得到。

产品特性 本品不仅具有优异的去污性能，而且能高效杀灭衣物、织物以及家居用品中的螨虫，同时还表现出显著的抗菌特性，对金黄色葡萄球菌、大肠杆菌、白色念珠菌均具有明显的杀灭效果。

配方110 杀菌除螨的环保浓缩型洗衣液

原料配比

原料			配比（质量份）		
			1#	2#	3#
脂肪醇聚氧乙烯醚（AEO-9）			100	100	100
辛基酚聚氧乙烯醚（OP-13）			50	65	60
聚乙二醇 400			15	10	12
脂肪醇聚氧乙烯醚葡糖苷（AEG3000）			120	140	130
椰子油脂肪酸二乙醇酰胺（6501）			30	20	25
软化水			30	40	35
添加剂			12	10	11
添加剂	包埋溶液	褐藻胶	1	1	1
		去离子水	30	20	25
		生物酶	0.1	0.3	0.2
	生物酶	蛋白酶	1	1	1
		脂肪酶	1.2	1.5	1.3

原料			配比（质量份）		
			1#	2#	3#
添加剂	生物酶	纤维素酶	0.6	0.4	0.5
		淀粉酶	0.6	0.8	0.7
		溶菌酶	0.1	0.05	0.08
	混合醇提物	桉树叶	1	1	1
		香樟叶	0.7	0.9	0.8
		香茅草	0.8	0.5	0.6
		山葵	0.2	0.3	0.25
	混合液	混合醇提物	1	1	1
		包埋溶液	8（体积份）	5（体积份）	6（体积份）
	聚乙二醇-b-聚乳酸共聚物	聚乙二醇的数均分子量为5000，聚乳酸的数均分子量为2000	1	1	1
	四氢呋喃		6	8	7
	混合液		0.6	0.8	0.7
	去离子水		10	7	9

制备方法

（1）先向配制罐中加入预加热熔化的脂肪醇聚氧乙烯醚（AEO-9）和辛基酚聚氧乙烯醚（OP-13），加热升温至40～50℃；

（2）接着加入聚乙二醇400，搅拌均匀，停止加热，加入椰子油脂肪酸二乙醇酰胺（6501）和脂肪醇聚氧乙烯醚葡糖苷（AEG3000），搅拌10min，自然冷却至室温（25℃）；

（3）然后加入软化水，搅拌均匀，再加入添加剂，搅拌均匀，过滤，陈化，包装，即得所述的杀菌除螨的环保浓缩型洗衣液。

原料介绍 本品的表面活性剂组合包含：脂肪醇聚氧乙烯醚（AEO-9）、辛基酚聚氧乙烯醚（OP-13）、椰子油脂肪酸二乙醇酰胺（6501）、脂肪醇聚氧乙烯醚葡糖苷（AEG3000）。其中，脂肪醇聚氧乙烯醚（AEO-9）结构中含有醚键和羟基；辛基酚聚氧乙烯醚（OP-13）中含有醚键、羟基，并有苯环结构，有抑菌性能；椰子油脂肪酸二乙醇酰胺（6501）中含有酰胺键、羟基；脂肪醇聚氧乙烯醚葡糖苷（AEG3000）中含有羟基、醚键以及含氧六元环。脂肪醇聚氧乙烯醚（AEO-9）、辛基酚聚氧乙烯醚（OP-13）亲水端的羟基与椰子油脂肪酸二乙醇酰胺（6501）亲水端的次氨基、脂肪醇聚氧乙烯醚葡糖苷（AEG3000）亲水端的羟基与洗涤时的水形成氢键作用，靠近亲水端的醚键、酰胺键等与水分子之间也有氢键作用，促使这些亲水端更为靠近，在氢键的固定作用下，疏水端相互靠近，静电吸引力促使疏水端靠近，进一步提高疏水性，与污渍的结合能力更强，协同提高去污力。通常来说，洗衣液中水含量过低，表面活性剂会发生聚集形态的变化，非常容易出现液晶和凝胶问题，产品黏度高、流动性差，影响去污效果。本品一方面引入少量PEG400起到增溶作用，另一方面脂肪醇聚氧乙烯醚葡糖苷（AEG3000）用量较多，自身含有的六元环之间，六元环与其他组分的主链、支链等之间存在排斥力，可有效避免出现液晶和凝胶现象，在浓缩的前提下保证流动性。

为了进一步提高去污力，特别是血渍、油渍等特殊污渍，生物酶是一种良好选择，但是生物酶直接添加非常容易受外界环境影响而失效，特别是在浓缩条件下，生物酶在体系中的分散性差，直接影响去污性能的发挥。为了提高产品的杀菌、除螨功效，本品引入了桉树叶、香樟叶、香茅草、山葵的混合醇提物，但是该混合醇提物的水溶性差，在水洗涤时不能发挥其杀菌、除螨功效。为了解决生物酶不稳定和混合醇提物水溶性差的问题，本品进行了包埋和修饰处理。生物酶用褐藻胶进行包埋，褐藻胶在生物酶表面成膜，对其具有保护作用，但是生物酶经褐藻胶包埋后对于生物酶的释放是不利的。本品将包埋溶液与混合醇提物制成混合液后，利用聚乙二醇-b-聚乳酸共聚物进行修饰，疏水端将这些成分包裹其中，亲水端朝外，在洗涤过程中，亲水端与水迅速结合，促使生物酶和混合醇提物释放，从而发挥生物酶的去污作用和混合醇提物的杀菌、除螨作用。桉树叶有特殊的香味，富含1,8-桉叶油素，可以吸引螨虫脱离衣物，并杀灭螨虫；香樟叶具有杀菌作用，含有芳樟醇和樟脑，前者为链状萜烯醇类，后者为萜类，樟脑具有驱虫效果，芳樟醇具有除螨作用，对其幼虫和成虫都有效；香茅草含有胡椒酮、柠檬烯、茴香醛、α-松油醇等，具有良好的杀菌作用；山葵含有异硫氰酸酯，具有杀菌作用。关于除螨作用，桉树叶中的1,8-桉叶油素吸引螨虫离开衣物，香樟叶中的樟脑却驱使螨虫游离，在螨虫游离的过程中，芳樟醇对其进行杀灭，桉树叶和香樟叶协同起到除螨作用。关于杀菌作用，香茅草含有的碳氧双键、碳碳双键与山葵含有的碳氮双键、碳硫双键之间形成大π键作用，协同增强杀菌作用，具有杀菌作用的辛基酚聚氧乙烯醚（OP-13）促进香茅草、山葵有效成分与衣物之间的接触，进一步增强杀菌作用。

所述添加剂是通过以下方法制备得到的：先将生物酶利用褐藻胶进行包埋，得到包埋溶液，然后将桉树叶、香樟叶、香茅草、山葵的混合醇提物与包埋溶液混合制成混合液，最后利用聚乙二醇-b-聚乳酸共聚物进行修饰。

所述的包埋溶液的制备方法如下：以质量份计，将1份褐藻胶加入20～30份去离子水中，搅拌溶解，加入0.1～0.3份生物酶，持续搅拌20～30min，即得所述的包埋溶液。

所述的生物酶包含：1份蛋白酶，1.2～1.5份脂肪酶，0.4～0.6份纤维素酶，0.6～0.8份淀粉酶，0.05～0.1份溶菌酶。

所述的桉树叶、香樟叶、香茅草、山葵的质量比为 1∶（0.7～0.9）∶（0.5～0.8）∶（0.2～0.3）。

所述的混合醇提物的制备方法如下：将新鲜桉树叶、香樟叶、香茅草、山葵洗净后加入 6～8 倍总质量的无水乙醇中，回流提取 2～3h，过滤取滤液，向滤液中加入同等体积的水，静置 30～40min，离心所得沉淀物即为所述的混合醇提物。

所述的混合液的制备方法如下：将混合醇提物加入包埋溶液中，超声波分散 30～40min，即得所述的混合液；1 质量份混合醇提物对应 5～8 体积份包埋溶液。

所述的修饰的具体方法是：以质量份计，先将 1 份聚乙二醇-b-聚乳酸共聚物溶于 6～8 份四氢呋喃中，然后边搅拌边以 0.5～1mL/h 的速率滴加 0.6～0.8 份混合液，搅拌均匀，加入 7～10 份去离子水，静置，透析得透析液，即为所述的添加剂。利用截留分子量 3000～5000 的透析袋浸没于透析液中进行透析，所使用的透析液为质量分数 1%的吐温-60 水溶液。

所述聚乙二醇-b-聚乳酸共聚物中所含聚乙二醇的数均分子量为 5000，聚乳酸的数均分子量为 2000。

产品特性 本品接近中性，对人体皮肤和衣物无损害，有效成分含量高，去污力强。本品还引入了生物酶和桉树叶、香樟叶、香茅草、山葵等制成的添加剂，进一步提高去污力，并赋予产品优异的杀菌、除螨效果。

配方 111 杀菌除螨洗衣液（一）

原料配比

原料	配比（质量份）		
	1#	2#	3#
脂肪醇聚氧乙烯醚	20	25	22
脂肪酸甲酯磺酸钠	8	12	10
羟丙基甲基纤维素	2	5	3
十二烷基硫酸钠	9	15	12
月桂酰单乙醇胺	3	6	5
活性艾叶提取物	1.8	2.2	1.9
乙醇	3	5	4
椰油酰胺丙基甜菜碱	4	6	5
水	23	26	25

制备方法 将各组分原料混合均匀即可。

原料介绍 所述活性艾叶提取物制备方法为：

（1）将艾叶、苍术、川芎、佛甲草采用清水清洗干净后，自然晾干。再将艾叶粉碎至80目，得到艾叶粉；将苍术粉碎至100目，得到苍术粉；将川芎粉碎至120目，得到川芎粉；将佛甲草粉碎至80目，得到佛甲草粉。

（2）将艾叶粉、苍术粉、川芎粉、佛甲草粉混合后，得到混合粉料，按料液比为1kg：8L向混合粉料中加入水，同时按所加水与乙酸乙酯的体积比为1：1.8的比例，再加入乙酸乙酯，在60℃下以1500r/min转速搅拌4.5h，然后过滤得固体残渣和液相，将液相静置分层得到提取乙酸乙酯层和提取水层，取提取乙酸乙酯层进行减压浓缩得浸膏，将浸膏用乙酸乙酯溶解得溶液，然后经过冷冻干燥，得到固提物a。

（3）将磷酸钠溶解于去离子水中得到质量分数为22.8%的磷酸钠溶液，将磷酸钠溶液加热至54℃，保温18min，然后再向磷酸钠溶液中添加与磷酸钠等物质的量的3-氯-2-羟基丙磺酸钠，继续加热至78℃，以1500r/min转速搅拌1.5h，然后超声波处理5min，冷却至12℃进行结晶，持续30min，过滤去除结晶体，得滤液；将滤液与质量分数为21.5%的烷基聚糖苷水溶液、提取水层按1：1.5：3的体积比例混合后，添加到反应釜中，调节温度至75℃，保温15min，然后再加入滤液质量的0.16%的碱性催化剂，升温至90℃，以2000r/min转速搅拌5h，然后旋转蒸发，干燥，得到固提物b；所述超声波处理功率为800W。

（4）将固提物a与固提物b混合，粉碎，过100目筛，即得。

所述艾叶、苍术、川芎、佛甲草质量比为30：16：12：1。

所述碱性催化剂为氢氧化钠。

产品应用 所述杀菌除螨洗衣液使用时按1：（20～30）体积比兑水使用。

产品特性 本品除螨效果显著，通过添加活性艾叶提取物，能够对衣服表面的螨虫进行有效去除。

配方 112 杀菌除螨洗衣液（二）

原料配比

原料	配比（质量份）		
	1#	2#	3#
烷基苯磺酸钠	30	32	35
双十八基二甲基氯化铵	15	20	25
脂肪醇聚氧乙烯醚	10	13	15
三聚磷酸钠	10	11	12
荧光增白剂	0.2	0.3	0.4
二氯异氰尿酸钠	6	7	8
碳酸钠	9	10	11

续表

原料	配比（质量份）		
	1#	2#	3#
硫酸钠	3	4	5
野菊花提取液	4	5	6
荷花提取液	1	2	3
水	70	75	73

制备方法 将各组分原料混合均匀即可。

原料介绍 所述的野菊花提取液的提取比为（20～30）∶1。

所述的荷花提取液的提取比为（40～50）∶1。

所述野菊花提取液的提取方法为：

（1）选择掺有质量分数为10%～15%的叶子的野菊花，使用质量分数为0.02%～0.03%的小苏打溶液浸泡8～10min，使用清水冲洗干净后捣碎，加入5～6倍体积的乙醇溶液浸泡20～30min；使用的乙醇溶液质量分数为30%～40%。

（2）浸泡后进行加热回流，在65～70℃下回流提取1～2h，过滤，得到的滤渣再加入2～3倍体积、相同浓度的乙醇溶液在相同温度下回流提取1～1.5h，过滤，将两次得到的过滤液合并，使用旋转蒸发仪蒸发得到不含酒精成分的野菊花提取液。

所述荷花提取液的提取方法为：将新鲜荷花粉碎成粉末，加入质量分数为0.03%～0.05%的邻苯二甲酸二甲酯，进行超临界二氧化碳法萃取，分离得到固态萃取物和液态萃取物，在固态萃取物中加入其质量10～15倍的去离子水，加热至80～85℃，保温搅拌1～2h，用100～120目筛分离得水溶提取液，将液态萃取物及水溶提取液混合均匀即可。使用的超临界二氧化碳萃取法的萃取温度为50～60℃，萃取压力为4～6MPa。

产品特性 该洗衣液对于洗涤温度和水质的要求不高，在低温和硬水下也具有很好的去污力，用量少，效果好。添加的植物提取液与二氯异氰尿酸钠共同作用，具有非常显著的杀菌除螨功效；双十八基二甲基氯化铵又具有良好的柔软抗静电性，且不会伤害双手和衣物，除螨率达到99.7%以上。

配方 113 天然除螨洗衣液

原料配比

原料	配比（质量份）				
	1#	2#	3#	4#	5#
柚子皮粉	6	10	8	8	7

原料	配比（质量份）				
	1#	2#	3#	4#	5#
苍耳子粉	6	10	8	8	6
苦参粉末	6	10	8	8	7
香樟提取物	10	15	12	14	11
脂肪醇聚氧乙烯醚	10	15	11	14	14
活性蛋白酶	5	10	7	8	8
抗菌防霉驱螨剂	5	10	8	9	9
柠檬香精	5	10	6	6	7
去离子水	60	80	75	65	76
表面活性剂	15	40	25	20	30
消泡剂	适量	适量	适量	适量	适量

制备方法

（1）按照质量份要求分别称取除香樟提取物以外的各组分原料，再称取香樟提取物质量份 3 倍的香樟，对香樟进行提取得到香樟提取物。

（2）将柚子皮粉、苍耳子粉、苦参粉末、香樟提取物、去离子水、脂肪醇聚氧乙烯醚、表面活性剂依次加入高速搅拌机中搅拌混合，得到混合物Ⅰ；高速搅拌机的转速为 90～100r/min，搅拌时间为 20～40min。

（3）将混合物Ⅰ低温加热，依次向混合物Ⅰ中添加活性蛋白酶、柠檬香精、抗菌防霉驱螨剂，低温加热 5～10min 后，停止加热，缓慢冷却至室温后，得到混合物Ⅱ；低温加热的温度为 35～50℃。

（4）向混合物Ⅱ中加入消泡剂，放入低速搅拌机中均匀搅拌 5～10min 后，待泡沫消失即得到天然除螨洗衣液。低速搅拌机的转速为 60～80r/min。

原料介绍 所述的对香樟进行提取具体操作为：

（1）首先将称取的香樟放入烘箱中烘干至表面无水分，再将烘干的香樟粉碎过 50～60 目筛，将香樟粉末、体积为香樟粉末三倍的乙醇混合进行萃取，减压回收乙醇，得到浓缩液；

（2）将浓缩液、体积为浓缩液三分之一的抗氧化剂放入转速为 2000～2500r/min 的离心机内离心 20～30min 后，过滤得到香樟提取物。

产品特性 本品通过加入强力有效去除螨虫的成分脂肪醇聚氧乙烯醚、抗菌防霉驱螨剂可有效消灭螨虫，脂肪醇聚氧乙烯醚和抗菌防霉驱螨剂为无污染、无害、易被降解的成分，且除螨效果出色。本产品还加入了柚子皮、苍耳子粉、苦参粉末、香樟提取物这些除螨杀虫的植物成分可进一步加强除螨效果。本品洗衣液成分温和天然，不伤手，不污染环境，成本低廉，易推广。

配方 114 香青藤除螨洗衣液

原料配比

原料		配比（质量份）		
		1#	2#	3#
香青藤提取物		40	45	50
阴离子表面活性剂	月桂酰基甲基氨基丙酸钠	20	25	30
	十二醇聚氧乙烯醚硫酸钠	40	45	50
椰子油脂肪酸二乙醇酰胺		15	20	25
保湿剂	1,2-丙二醇	8	10	12
有机酸钠盐	柠檬酸钠	1	2	3
防腐剂	羟苯甲酯	2	4	6
植物香料		8	10	12
去离子水		100	110	120

制备方法

（1）将月桂酰基甲基氨基丙酸钠、十二醇聚氧乙烯醚硫酸钠、椰子油脂肪酸二乙醇酰胺倒入乳化锅加去离子水中，以 650～700r/min 的速度分散搅拌 40～50min；

（2）加入香青藤提取物、1,2-丙二醇、柠檬酸钠、羟苯甲酯、植物香料，以 300～450r/min 的速度搅拌 30～40min，随后再以 100～150r/min 的速度搅拌 20～30min；

（3）静置 1～2h 去泡，完成液态贮放，即得。

原料介绍 所述香青藤提取物通过以下方法制备：

（1）取香青藤，加入 8～10 倍质量蒸馏水先浸泡 30～45min，然后加热至 90～100℃提取 45～60min，过滤，收集滤液；

（2）滤渣再加入 5～8 倍质量蒸馏水加热至 90～100℃提取 30～45min，过滤，收集滤液；

（3）重复提取滤渣 2～3 次，合并多次提取得到的滤液并进行浓缩，即得。

所述防腐剂为甲基氯异噻唑啉酮、尼泊金酯、羟苯甲酯、羟苯乙酯中的一种或两种以上的组合。

产品特性 本品添加香青藤提取物，其作为驱螨有效成分，不仅能有效杀灭活体螨虫，同时也能杀灭虫卵，对螨虫的杀灭率为 100%，对虫卵杀灭率＞95%，达到极佳的杀灭效果。

配方 115 抑螨高效洗衣液

原料配比

原料	配比（质量份）		
	1#	2#	3#
表面活性剂	24	27	30
香精	3	3	3
增稠剂	0.8	0.8	0.8
去离子水	13	13	13
柠檬酸钠	17	17	17
氯化钠	1	1	1
硫黄皂	2	2	2
植物抑螨素	0.4	0.4	0.4
非离子表面活性剂	18	21	24

制备方法

（1）首先将硫黄皂打碎成碎屑状，然后将硫黄皂溶于加热的适量去离子水中，保持去离子水温度在 60～80℃之间，然后搅拌直至硫黄皂完全融化，在搅拌的过程中分多次添加增稠剂，制成 A 溶液，在 A 溶液使用之前，持续对 A 溶液进行加热保温；

（2）将表面活性剂与柠檬酸钠混合，然后加余量去离子水，并搅拌均匀，升温至 50～60℃，升温的过程中不断搅拌，搅拌时间为 30min，搅拌速度为 500r/min，然后自然冷却 20min，制成 B 溶液；

（3）将步骤（1）制得的 A 溶液与步骤（2）制得的 B 溶液投入混合设备中搅拌混合，待搅拌混合均匀后水冷降温，将温度冷却至 15～20℃之间，然后依次将氯化钠、香精和植物抑螨素投入混合设备中搅拌均匀，最后制得高效洗衣液；

（4）将步骤（3）制得的高效洗衣液通过灌装装置灌入洗衣袋内，然后经封口设备对洗衣液袋进行封口，最后在洗衣袋上贴标打码制得袋装高效洗衣液。

原料介绍 所述表面活性剂具有固定的亲水亲油基团，在溶液的表面能定向排列，表面活性剂的分子结构具有两亲性：一端为亲水基团，另一端为疏水基团。

所述非离子表面活性剂为脂肪酸甲酯乙氧基化物、脂肪醇聚氧乙烯醚和脂肪醇聚氧乙烯醚中的一种。

产品特性 本品中表面活性剂的亲水基团与香精和植物抑螨素以及硫黄皂结合，提高香精和植物抑螨素以及硫黄皂的亲水性，从而提高香精的体香性能和抗菌、除臭、杀菌和驱虫的功效，以及提高植物抑螨素和硫黄皂的除螨除虫性能。

配方 116 抑螨灭螨洗衣液

原料配比

原料		配比（质量份）
十二烷基苯磺酸钠		5～10
十二烷基聚氧乙烯醚		10～12
羟乙基纤维素		5～8
除螨剂		0.2～0.8
水		加至 100
除螨剂	N,N-二乙基-2-苯基乙酰胺	60～80
	螨胺	10～30
	乙螨唑	10～30

制备方法 在混合釜中，先加入水，加热至 70～80℃，在搅拌条件下，加入羟乙基纤维素，溶解均匀，再加入十二烷基苯磺酸钠和十二烷基聚氧乙烯醚搅拌均匀，降温至 30～40℃，按配方要求再加入除螨剂，搅拌均匀，即可得到本品洗衣液。

产品特性 本品具有较高的去污能力，并有效抑螨灭螨。

配方 117 植物除螨抑螨洗衣液

原料配比

原料		配比（质量份）			
		1#	2#	3#	4#
植物油 A		5	2	1	3
表面活性剂		10	3	5	8
碱	氢氧化钾	3	—	—	—
	氢氧化钠	—	2	—	—
	碳酸钠	—	—	4	—
	三乙醇胺	—	—	—	5
苦参根提取液		5	2	4	3
百部提取液		2	3	4	5
忍冬提取液		4	5	3	2

续表

原料	配比（质量份）			
	1#	2#	3#	4#
蛇床子提取液	3	4	5	2
穿心莲提取液	2	3	4	5
薰衣草油	0.1	0.5	0.4	0.2
青花椒油	0.5	0.4	0.3	0.1
薄荷油	0.3	0.2	0.1	0.5
水	加至 100	加至 100	加至 100	加至 100

制备方法

（1）将配方量的植物油 A 搅拌加热至 60～70℃；

（2）使用配方量的水将配方量的碱溶解制得碱液，然后缓慢将碱液加入步骤（1）中的植物油 A 中，搅拌保温 50～60min，温度为 75～80℃，充分进行皂化，缓缓降温至 40～45℃备用；

（3）将配方量的表面活性剂、中药提取物、植物油 B 依次加入步骤（2）中的皂液中，搅拌均匀，检验合格后出料（薰衣草油、青花椒油及薄荷油均为挥发性植物油，若在皂化过程中加入，则挥发油会从反应容器中挥发或者是在高温下变质而失去活性，从而影响植物油 B 的活性，因此，选择在皂化后低温加入，可保证植物油 B 中成分的活性）；

（4）灌装、包装即得成品。

原料介绍　所述表面活性剂各组分的质量分数为：椰油酰胺丙基甜菜碱3%～10%、椰油酰甘氨酸钾 2%～5%、肉豆蔻基葡糖苷 3%～10%。

所述植物油 A 各组分的质量分数为棕榈油 1%～5%、菜籽油 1%～5%、橄榄油 1%～5%、苦楝油 5%～10%。

所述中药提取物各组分的质量分数为：苦参根提取液 2%～5%、百部提取液2%～5%、忍冬提取液 2%～5%、蛇床子提取液 2%～5%、穿心莲提取液 2%～5%。

所述植物油 B 各组分的质量分数为：薰衣草油 0.1%～0.5%、青花椒油 0.1%～0.5%、薄荷油 0.1%～0.5%。

产品特性

（1）本品中的植物油与中药提取物通过皂化反应产生的脂肪酸盐与表面活性剂等大分子之间形成交叉网状结构以及胶束等结构，并且反复包裹植物油 B 与中药提取物，将植物油 B 与中药提取物限制在交叉网状结构以及胶束之间，避免植物油 B 的挥发并提高了中药提取物的耐热、耐光等性能，从而解决了植物油 B 的挥发以及中药提取物的变质等问题，同时也可以避免污物及中药提取物在织物表面沉积，而导致织物颜色暗淡、变色等现象，同时通过中药提取物中的氧化成分，可以提亮织物色泽以及色泽的固色效果。

（2）本品采用纯天然植物萃取液制成，具有高效的除螨、杀菌、抑螨的功效，泡沫适中，温和，清洁力强，不伤衣料及皮肤并能软化织物，易于生物降解。

配方118 除螨抑螨洗衣液

原料配比

原料		配比（质量份）			
		1#	2#	3#	4#
十二烷基苯磺酸钠		10	10	10	10
十二烷基聚氧乙烯（9）醚		6	6	6	6
羟乙基纤维素		2	2	2	2
除螨剂	N,N-二乙基-2-苯基乙酰胺	0.3	—	0.3	0.3
	嘧螨胺	0.1	0.25	—	0.2
	乙螨唑	0.1	0.25	0.2	—
水		加至100	加至100	加至100	加至100

制备方法 在混合釜中，先加入水，加热至70~80℃，在搅拌条件下，加入羟乙基纤维素，溶解均匀，再加入十二烷基苯磺酸钠和十二烷基聚氧乙烯（9）醚搅拌均匀，降温至30~40℃，按配方要求再加入除螨剂，搅拌均匀，即可得到本品洗衣液。

产品特性 本洗衣液具有较高的去污能力，并能有效抑螨灭螨。

配方119 抑菌清香内衣洗衣液

原料配比

原料	配比（质量份）		
	1#	2#	3#
十二烷基苯磺酸钠	6	9	7
烷醇磷酸酯	4	9	6
三聚磷酸钠	10	15	12
月桂酰单乙醇胺	4	7	5
聚丙二醇	2	4	3
乙二胺四乙酸	6	9	7
脂肪酸二乙醇胺	1	5	2

续表

原料	配比（质量份）		
	1#	2#	3#
碳酸钠	3	4	3
聚丙烯酸钠	2	6	4
酶	1	2	1
椰油酰胺丙基甜菜碱	3	6	5
六偏磷酸钠	2	5	4
溶菌酶	2	4	3
磺酸	3	5	4
去离子水	加至 100	加至 100	加至 100

制备方法 将各组分原料混合均匀即可。

产品特性 本产品能够完全溶解且溶解速度快，易漂易洗，不会伤及皮肤和衣物，而且可以清除衣物的异味。

配方 120 中药抑菌洗衣液

原料配比

原料		配比（质量份）				
		1#	2#	3#	4#	5#
十二烷基苯磺酸钠		3	6	4	5	4.5
十二烷基二甲基甜菜碱		10	3	8	4	6
脂肪醇（C₁₂）聚氧乙烯醚硫酸钠		3	8	4	6	5
脂肪醇（C₁₂）聚氧乙烯醚		6	2	5	3	6
羟乙基纤维素		0.5	1	0.6	0.8	0.7
中药药液		加至 100	加至 100	加至 100	加至 100	加至 100
中药药液	丁香蓼	15	25	18	22	20
	欧绵马	12	8	11	9	10
	山姜	5	12	7	10	8
	木槿子	10	3	8	5	7
	乌尾丁	10	20	10	20	15
	香排草	8	3	8	3	6
	盐肤木皮	8	8	8	15	12
	铁棒锤	15	8	15	8	12
	红根草	8	15	8	15	12
	蓼子草	8	3	6	5	6

续表

原料		配比（质量份）				
		1#	2#	3#	4#	5#
中药药液	红刺玫根	2	5	3	4	4
	花葱	12	8	10	9	10
	牡荆子	10	15	12	15	12
	铁色箭	10	3	8	5	6
	大枣	3	8	5	6	6
	去离子水	适量	适量	适量	适量	适量

制备方法

（1）制备中药药液：按照配比称取各中药组分，加入中药总重量5～10倍的去离子水，加热煎制，直至水的量减少为加入量的1/4～1/3，滤除药渣，滤液即为中药药液。

（2）将中药药液冷却至50～60℃，然后向中药药液中加入十二烷基苯磺酸钠、十二烷基二甲基甜菜碱、脂肪醇（C_{12}）聚氧乙烯醚硫酸钠、脂肪醇（C_{12}）聚氧乙烯醚和羟乙基纤维素。

（3）充分搅拌均匀，得抑菌洗衣液。

产品应用　本品是一种具有抑菌功效，且抑菌范围广的洗衣液。

产品特性　本产品去污能力强，且具有抑菌、抗病毒的作用，抑制范围广泛；同时，本产品具有抗氧化的作用，保护皮肤和衣物。

配方 121　复合抑菌洗衣液

原料配比

原料		配比（质量份）	
		1#	2#
表面活性剂	脂肪醇聚氧乙烯醚硫酸盐	20	—
	脂肪醇聚氧乙烯醚	—	34
NaCl		0.3	0.5
蛋白酶		0.8	0.5
卡松		0.1	0.15
艾叶提取物		0.4	0.6
对氯间二甲苯酚		0.4	0.8
香精		0.1	0.1
去离子水		加至100	加至100

制备方法

（1）在搅拌器中注入去离子水，搅拌均匀。

（2）加入表面活性剂，搅拌均匀，在搅拌过程中对溶液进行均质。

（3）再加入 NaCl，调节液体黏度。

（4）依次加入蛋白酶、卡松、艾叶提取物、对氯间二甲苯酚和香精，搅拌均匀出料静置。

产品特性　本产品抗菌效果好，衣物表面活性剂残留少，洗涤效果优异。采用艾叶提取物和对氯间二甲苯酚配合的效果远优于单独采用对氯间二甲苯酚的杀菌效果。

配方122　植物抑菌除螨洗衣液

原料配比

原料		配比（质量份）			
		1#	2#	3#	4#
莲花提取物		0.5	6	3.5	6
野菊花提取物		0.1	5	2.5	0.1
除螨杀菌植物提取液 R301		0.1	0.5	0.25	0.5
阴离子表面活性剂	烷基苯磺酸钠	6	—	—	—
	脂肪酸钾皂	—	31	—	—
	脂肪醇聚氧乙烯醚硫酸钠	—	—	15	6
非离子表面活性剂	烷基糖苷	12	—	22	—
	脂肪醇聚氧乙烯醚	—	43	—	43
增稠剂及其他助剂	羧甲基纤维素钠及异噻唑啉酮、色素和香精	0.06	—	—	—
	海藻酸钠及异噻唑啉酮、色素和香精	—	1	0.1	—
	卡拉胶及异噻唑啉酮、色素和香精	—	—	—	0.06
去离子水		40	60	50	60

制备方法

（1）取去离子水总量的 30%～40%加入搅拌釜中，加热至 70～80℃，边搅拌边先后加入阴离子表面活性剂、非离子表面活性剂以及莲花提取物、野菊花提取物和除螨杀菌植物提取液 R301，溶解后搅拌 0.5～1h 使之混合均匀，得到表面活性剂原液；

（2）取去离子水总量的 30%～40%加入搅拌釜中，加热至 50～60℃，边搅拌边加入增稠剂，持续搅拌至溶液均匀透明，得到增稠剂原液；

（3）将表面活性剂原液和增稠剂原液混合，补足余量的去离子水，加入其他助剂，全部溶解后，再调节 pH 值至 6~8，即为植物抑菌除螨洗衣液。

原料介绍 本产品中野菊花提取物具有清热消毒消肿的功效，对金黄色葡萄球菌、白喉杆菌、链球菌、绿脓杆菌、流感病毒均有抑制作用。莲花提取物对细菌、酵母菌、霉菌具有良好的抗菌效能。R301 是高活性除螨杀菌原液与特殊除螨杀菌植物提取液的复配物，能有效驱除和杀灭各类螨虫。

产品特性

（1）本品采用天然植物精华和绿色环保型表面活性剂，无磷，无荧光增白剂。

（2）泡沫细腻丰富，去污能力强，易于漂洗，呈中性，温和无刺激，不伤手。

（3）本品抑菌除螨效果好，对金黄色葡萄球菌、大肠杆菌、白色念珠菌均具有较好的杀灭作用。

5

婴幼儿专用洗衣液

配方 1 艾草婴幼儿洗衣液

原料配比

原料	配比（质量份）
AES	16
全能乳化剂	22
AES 伴侣增稠剂	3
盐	6
香精	2
防腐剂	2
水	51
艾叶提取物	6

制备方法 将各组分原料混合均匀即可。

产品特性 本品采用弱酸性配方，洁净无残留，安全环保，产品性质纯净温和，不仅可以让宝贝衣物更清洁，有效预防皮肤疾病，减少细菌滋生，保护宝宝免受疾病的困扰，同时还能够有效保护妈妈们的双手，温和不刺激，不含荧光剂，提高了实用性。

配方 2 绿茶婴幼儿洗衣液

原料配比

原料	配比（质量份）			
	1#	2#	3#	4#
柚子皮粉	5	10	6	7

原料	配比（质量份）			
	1#	2#	3#	4#
黄瓜汁	10	15	12	15
皂基	20	30	27	28
绿茶提取液	5	10	7	9
水	加至100	加至100	加至100	加至100

制备方法　将各组分原料混合均匀即可。

产品特性

（1）该技术方案成本较低，成分来源广泛；

（2）长时间使用后，对皮肤和衣服并没有腐蚀性，清洗得干净，满足敏感皮肤的需要；

（3）洗衣液污水排出后，不会造成二次污染，便于进一步推广应用；

（4）本品具有一定的杀菌消毒功能。

配方 3　防蚊婴幼儿洗衣液

原料配比

原料	配比（质量份）
柠檬草精油	2
丁香精油	3
艾草精油	1
柚子精油	2
混合脂肪酸皂	10
碳酸钠	6
皂基	8
植物油	6
柠檬酸钠	4
防腐剂	0.2
发泡剂	2
去离子水	适量

制备方法

（1）按照质量份准备相应的柠檬草精油、丁香精油、艾草精油、柚子精油、植物油，混合均匀；

（2）将混合脂肪酸皂、碳酸钠、皂基、柠檬酸钠、防腐剂、发泡剂按照上述质量份称好，加适量水，加热至完全溶解；

（3）温度降至30℃，按比例加入天然精油和植物油的混合液，陈化24h；

（4）消泡，检验合格，即可出料包装使用。

产品特性 柠檬草和丁香都所含的丰富挥发性精油，气味芬芳，用在儿童洗衣液中对皮肤无害，可以杀菌抑菌，并且可以驱赶蚊虫。本品加入草本植物，具有清洁衣物，杀菌抗菌，防蚊驱虫功效。

配方 4 含有甘草提取物的婴儿洗衣液

原料配比

原料		配比（质量份）				
		1#	2#	3#	4#	5#
脂肪醇聚氧乙烯醚硫酸钠		5	8	6	6	6
脂肪醇聚氧乙烯醚	AEO-7	5	—	—	—	—
	AEO-9	—	7	5.5	5.5	5.5
脂肪胺聚氧甘油醚		3	6	4	4	4
椰子油脂肪酸		1	3	2.5	2.5	2.5
烷基糖苷	癸基葡萄糖苷	1	—	—	—	—
	癸基麦芽糖苷	—	3	—	—	—
	十一烷基葡萄糖苷	—	—	2	—	—
	十二烷基葡萄糖苷	—	—	—	2	2
氢氧化钠		0.1	0.5	0.4	0.4	0.4
1,2-丙二醇		0.1	1.5	1.2	1.2	1.2
酶	蛋白酶	0.3	—	—	0.2	0.2
	α-淀粉酶	—	0.6	—	0.2	0.2
	脂肪酶	—	—	0.4	—	—
甘草提取物		2	6	5	5	5
杀菌剂	甲基异噻唑啉酮	0.05	—	—	—	0.06
	三氯生	—	2	—	—	0.02
	山梨酸钾	—	—	0.06	—	0.02
	卡松	—	—	—	0.06	0.02
氯化钠		0.5	1	0.5	0.5	0.5

原料	配比（质量份）				
	1#	2#	3#	4#	5#
香精	0.1	5	2	2	2
水	58	82	72	72	72

制备方法

（1）将脂肪醇聚氧乙烯醚硫酸钠、椰子油脂肪酸和占总质量45%～50%的水加热至70℃并搅拌均匀，溶质溶解形成液体a；

（2）在保温条件下向液体a中加入脂肪醇聚氧乙烯醚、脂肪胺聚氧甘油醚和烷基糖苷，搅拌均匀，溶质溶解形成液体b；

（3）将液体b降温至40℃，然后向液体b中加入氢氧化钠、1,2-丙二醇、酶、甘草提取物、杀菌剂、氯化钠、香精和余量水，并搅拌均匀得所述的含有甘草提取物的婴儿洗衣液。

原料介绍　所述的甘草提取物的制备方法：以甘草为原料，采用温浸、渗漉、煎煮、回流、超声、微波或超临界流体提取法中的一种或几种方法提取；1g原料加5～10mL提取液；提取次数为1～3次，提取时间为每次0.5～2h，多次提取时将提取液合并。将提取得到的溶液进行浓缩，浓缩至相对密度为1.05～1.20（20℃），得到所述的甘草提取物。

所述的溶剂为以下溶剂中的任一种：水；甲醇和水的混合物，混合物中甲醇的含量为10%～70%；乙醇和水的混合物，混合物中乙醇的含量为10%～60%；丙酮和水的混合物，混合物中丙酮的含量为10%～50%；氨和水的混合物，混合物中氨的含量为0.1%～2%；乙醇和氨水的混合物，混合物中乙醇的含量为10%～60%，氨水中氨的含量为0.1%～2%。

所述的浓缩方法包括但不限于以下方法中的一种或几种联合使用，如常压加热浓缩、减压加热浓缩、喷雾加热干燥浓缩等。

所述的脂肪胺聚氧甘油醚的制备方法：向反应釜中加入异壬胺，升温使其熔解，先加入与异壬胺摩尔比为1:2的环氧丙醇，控制温度为80～100℃，反应15～20h，向其中加入催化剂Na_2CO_3，催化剂与异壬胺的物质的量之比为1:10，向其中加入剩余的环氧丙醇，控制反应温度在120～150℃，反应20～30h后，冷却降温，除去催化剂、未反应完的产物，收集产物脂肪胺聚氧甘油醚。

产品应用　本品适用于机洗和手洗。

产品特性　本品通过各组分的协同作用，具有优良的稳定性，并且刺激性小，杀菌效果好，洗涤效果好，所使用的原料可降解性好，对环境友好，洗涤后的织物表面光洁，手感好，具有衣物护理效果。

配方 5 含植物提取液婴儿洗衣液

原料配比

原料	配比（质量份）		
	1#	2#	3#
烷基糖苷	40	52	60
椰子油脂肪酸二乙醇酰胺	9	10	12
水解小麦蛋白	3	5	7
油橄榄果提取物	1	2	3
植物提取液	0.5	1.2	2
蛋白酶	1	2	3
脂肪酶	1	2	3
淀粉酶	1	2	3
柠檬酸	0.1	0.2	0.3
水	加至 100	加至 100	加至 100

制备方法 将各组分原料混合均匀即可。

原料介绍 烷基糖苷是由再生资源天然醇和葡萄糖、淀粉合成的一种非离子植物表面活性剂，兼有非离子和阴离子表面活性的特性，既具有良好的环保绿色生态安全活性，又有多功能表面活性，无毒、无害、对皮肤无刺激，具有广谱抗菌活性；椰子油脂肪酸二乙醇酰胺为非离子表面活性剂，具有润湿、净洗、抗静电和柔软等性能，是良好的泡沫稳定剂；水解小麦蛋白是天然柔顺剂，能深入理顺植物纤维；所述植物提取物为百里香提取液和鼠尾草提取液混合配制而成，油橄榄果提取物能在易起静电的织物纤维表面形成保护膜，预防织物与外界尘埃摩擦易生静电的问题，百里香提取液和鼠尾草提取液是天然的杀菌剂，具有较强的杀菌和抗菌的功效，对金黄色葡萄球菌、大肠杆菌、绿脓杆菌和白色念珠菌有很好的抑制效果；蛋白酶、脂肪酶、淀粉酶加速去除婴儿衣物上的奶渍、油渍、饭渍等常见污渍；柠檬酸调节 pH 值在 6～7，更适合婴儿娇嫩的皮肤。

产品特性 本品不含磷、香精、色料、荧光剂、漂白剂，易冲洗，适合婴儿娇嫩肌肤，能够有效地去除衣物上的污物，不伤衣物纤维，柔顺衣物，具有高生物分解度，同时还具有较强的杀菌、抑菌的功效，保护婴儿的身体健康。

配方 6　基于婴幼儿的中药洗衣液

原料配比

原料	配比（质量份）
薄荷	22
丁香	17
白芷	15
艾叶	23
野菊花	16
大青叶	13
紫花地丁	17
百部	13
芦荟	32
皂角	21
白及	20
柚子皮	30
荷花	24
莲子草	20
去离子水	适量
95%的乙醇	适量

制备方法

（1）将丁香、艾叶、大青叶、紫花地丁、柚子皮、荷花粉碎，加入去离子水混合后用大火进行熬制，沸腾后用小火熬制 50～80min，然后自然冷却到室温。

（2）在步骤（1）所得混合物中加入薄荷、野菊花用文火熬制 2～3h，通过纱布过滤得到药液。

（3）将皂角、莲子草、白及、白芷、百部粉碎后，经过过滤网过滤，以 95% 的乙醇作为提取液，采用超声波提取 1h，离心、过滤后收集溶液，循环上述操作三次，混合三次收集的溶液，浓缩除去乙醇，得到提取液。

（4）将步骤（2）与步骤（3）得到的提取液在 1500r/min 的转速下分别搅拌 5～7min 后混合均匀，得到混合液。

（5）将芦荟榨出汁液，并与混合液混合，用纱布过滤得到洗衣液。

产品特性

（1）本品制备方法简便，便于操作。在本制备工艺下得到的洗衣液有效成分含量较多。

（2）本品能有效灭菌，并且温和不刺激。

（3）本品还具有驱蚊的效果。

配方 7　节能节水低泡婴儿洗衣液

原料配比

原料	配比（质量份）		
	1#	2#	3#
纯天然海矿盐	10	11	12
海藻胶	2	2.5	3
椰子油	1	1.5	2
椰子粉	3	3.5	4
柠檬酸	0.6	0.7	0.8
过碳酸钠	0.3	0.35	0.4
天然甲壳素	0.2	0.3	0.4
小苏打	0.3	0.4	0.5
橘味香精	0.4	0.45	0.5
玫瑰提取物	0.5	0.55	0.6
纯净水	22	24	26

制备方法

（1）准备好纯天然海矿盐、海藻胶、椰子油、椰子粉、柠檬酸、过碳酸钠、天然甲壳素、小苏打、橘味香精、玫瑰提取物与纯净水；

（2）取纯天然海矿盐、椰子粉、柠檬酸、过碳酸钠、天然甲壳素、小苏打与橘味香精于搅拌釜中搅拌，控制搅拌釜的搅拌时间为 10～15min，搅拌速度为 1350～1500r/min，得到混合物 A；

（3）从搅拌釜中取出混合物 A，然后将得到的混合物 A 置于研磨设备中研磨处理，研磨时间为 10～30min；

（4）将研磨之后的物料加入搅拌釜中，同时往搅拌釜中加入海藻胶、椰子油与玫瑰提取物，然后继续搅拌，其中搅拌时间为 10～30min，搅拌速度为 1150～1450r/min，搅拌之后对物料进行雾化处理得到粉状物；

（5）向上述粉状物中加入纯净水继续搅拌，其中搅拌时间为 30～60min，搅拌速度为 2000～2250r/min，然后送入均质机中进行均质处理，即可得到最终洗衣液。

产品应用　使用方法：该洗衣液使用时手洗机洗都可以。手洗衣物时特别脏的地方将该洗衣液抹少许在脏污处，几分钟后再手搓即可去污；机洗衣物时特别脏的地方将该洗衣液抹少许在脏污处，几分钟后再将衣物放置于洗衣机中，根据衣物脏的程度酌情添加该洗衣液清洗，清水过洗一遍即可。真丝衣服、羊绒衣服更为合适使用，不伤衣物，洗后不掉色，再重的油迹、果迹、血迹慢慢浸泡都可以洗得很干净，洗过的废水排放不会污染环境。

产品特性　本品不含表面活性剂，用纯天然海矿盐、椰子粉、椰子油、过碳酸钠等有机食品级的原料制备而成，不含防腐剂、不添加荧光增白剂，天然杀菌消毒，可有效地杀死床单和衣物上的大肠杆菌，有利于人们的身体健康，同时洗衣时清水过洗一遍即可，节水省电。

配方 8 具有酶活性婴幼儿洗衣液

原料配比

原料		配比（质量份）		
		1#	2#	3#
蛋白酶		0.3	1	0.7
氯化钙		0.01	0.03	0.02
烷基苯磺酸盐		11	14	12
椰油酸		11	11.5	11.2
芦荟提取物		0.5	1	0.7
增稠粉	速溶耐酸碱透明增稠粉	0.5	2	1.3
衣物渗透剂		0.5	5	2.7
衣物柔顺剂		0.3	2	1.2
咪唑啉柔软剂		5	7	6
衣物消毒剂		0.5	3	1.3
抗菌剂	丁香、穿心莲和乌梅醇提物的混合物	0.5	—	—
	乌梅的醇提物	—	1	—
	丁香和穿心莲醇提物的混合物	—	—	0.8
柠檬香精		0.1	1	0.6
水		加至 100	加至 100	加至 100

制备方法

（1）首先根据质量份配比，称量相应质量的蛋白酶、氯化钙、烷基苯磺酸盐、椰油酸、芦荟提取物、增稠粉、衣物渗透剂、衣物柔顺剂、咪唑啉柔软剂、衣物消毒剂、抗菌剂、柠檬香精和水，称量完成后放置备用。

（2）将氯化钙、烷基苯磺酸盐、椰油酸、增稠粉、衣物渗透剂、衣物柔顺剂、咪唑啉柔软剂、衣物消毒剂和抗菌剂加入搅拌装置中进行搅拌，使其充分融合，制得半成品混合料；搅拌转速为 300～600r/min，搅拌时间为 15～45min。

（3）将水加入反应釜中，然后对水进行加热，加热至 75～90℃，然后将制得的半成品混合料置入，进行恒温搅拌，使其反应，制得反应混合液；恒温搅拌，其温度为 75～90℃，搅拌转速为 500～1000r/min，压力为 0.5～2MPa，搅拌时间为 10～30min，且搅拌至充分均匀，无颗粒。

（4）对制得的反应混合液进行降温冷却，冷却至 5～35℃，然后将蛋白酶、芦荟提取物和柠檬香精加入冷却后的反应混合液中，继续搅拌，制得婴幼儿洗衣液；温度为 5～35℃，搅拌转速为 200～600r/min，搅拌时间为 5～20min。

（5）对制得的婴幼儿洗衣液的黏度、密度、pH 值、外观进行检测，检测合格后即可出料。

（6）对出料的婴幼儿洗衣液进行微生物检测，检测合格后将液体取出，对婴幼儿洗衣液进行灌装，灌装完成后，采用需求包装方式对该婴幼儿洗衣液进行包装，从而制得婴幼儿洗衣液成品。婴幼儿洗衣液经管道按一定的流速和流量流入包装容器中，流入过程中管道中流体的运动依靠流入端与流出端压力差，且流入端压力必须高于流出端压力。

产品特性 本品制备工艺简单，原料成本低，通过添加蛋白酶，在保证其配方活性的同时，使配方更加稳定，可在 60℃温度下洗涤棉织物，赋予织物柔软性、顺滑性，并且减少化学成分的添加，使用中药进行抗菌，温和无刺激，呵护双手和婴幼儿肌肤，同时在衣物上留下一层抑菌防护膜，抑制衣物上细菌的生长，清洗洁净无残留，安全、环保，与人体 pH 值相近，柔软、滋润，无过敏成分，使用效果好，从而提高了实用性。

配方 9 浓缩型婴幼儿洗衣液

原料配比

原料		配比（质量份）				
		1#	2#	3#	4#	5#
非离子表面活性剂	烷基糖苷 APG1214	5	10	—	—	5
	烷基糖苷 APG0810	—	—	10	15	10
	脂肪醇聚氧乙烯醚 AEO-7	—	—	—	—	5
阴离子表面活性剂	脂肪醇聚氧乙烯醚羧酸钠	6	—	—	—	—
	脂肪醇聚氧乙烯醚硫酸盐 AES-2	16	21	20	21	17
	月桂酰肌氨酸钠（LS-30）	20	20	15	20	15

续表

原料		配比（质量份）				
		1#	2#	3#	4#	5#
两性表面活性剂	椰油基甜菜碱（CAB）	16	16	18	16	10
助剂	柠檬酸钠	2	2	2.5	2	2
	一水柠檬酸	0.1	0.1	0.15	0.1	0.2
	食用盐（NaCl）	1.5	1.5	1	2	2
防腐剂	山梨酸钾	0.4	0.4	0.6	0.4	0.4
食品级香精		0.3	0.4	0.4	0.3	0.5
去离子水		加至100	加至100	加至100	加至100	加至100

制备方法 在化料釜中加入 50～60℃占去离子水总量 60%～70%的去离子水，搅拌中依次加入非离子表面活性剂、阴离子表面活性剂和助剂，搅拌均匀后再加入两性表面活性剂，继续搅拌均匀后，待液体温度降至 35℃以下后，加入防腐剂，搅拌均匀后，调节 pH 值至 6.5～7.5，加入食品级香精搅拌均匀，加入剩余的去离子水搅拌均匀，静置脱泡，即得到所述的婴幼儿洗衣液。

原料介绍 本品所选用的主表面活性剂为烷基糖苷、椰油基甜菜碱和月桂酰肌氨酸钠，使体系在保证去污力的同时更加温和，且配伍性较好。

月桂酰肌氨酸钠是一种非常温和的天然表面活性剂，生物降解性好，对环境无污染，可形成细腻、持久的泡沫，与其他表面活性剂复配，具有非常好的协同效应，可减少传统表面活性剂所产生的刺激性并改善发泡力；月桂酰肌氨酸钠因其结构存在应用限制，若在体系中高浓度使用，会导致体系稳定性降低、体系黏度降低，所以在以往洗涤剂产品中的添加量均不高，在体系中效果不是非常显著。本品突破了月桂酰肌氨酸钠的应用范围，实现了将月桂酰肌氨酸钠作为主要表面活性剂，在较高量使用时，仍能保持体系清澈透明，且黏度适合消费者需求。

烷基糖苷，表面张力低、湿润力强、去污力强、泡沫丰富细腻、配伍性强、无毒、无害、对皮肤无刺激、生物降解迅速彻底，且有护色功能。

椰油基甜菜碱是一种两性离子表面活性剂，在酸性及碱性条件下均具有优良的稳定性，分别呈现阳离子性和阴离子性，常与阴离子表面活性剂、阳离子表面活性剂和非离子表面活性剂并用，其配伍性能良好，刺激性小，易溶于水，对酸碱稳定，泡沫多，去污力强，具有优良的增稠性、柔软性、杀菌性、抗静电性、抗硬水性，能显著提高洗涤类产品的柔软、调理和低温稳定性。

产品特性

（1）本品属于浓缩产品，节省生产、包装、储运成本；

（2）本品所用的防腐剂为食品级，环保、安全，所用的香精为食品级香精，可防止化学类香精对婴幼儿呼吸道的损坏，更能呵护婴幼儿的健康。

配方 10　去污性能好的婴儿洗衣液

原料配比

原料	配比（质量份）		
	1#	2#	3#
水	70	80	90
消泡剂	0.2	0.3	0.4
脂肪醇聚氧乙烯醚硫酸钠（AES）	8	9	10
椰子油脂肪酸二乙醇酰胺（6501）	2	3	4
烷基多糖苷（APG1214）	1	2	3
Y-12D	0.4	0.5	0.6
XL-11	0.6	0.7	0.8
DAW-9	1.0	1.2	1.4
柠檬酸	0.2	0.25	0.3
血渍蛋白酶	0.2	0.3	0.4
牛奶香精	0.1	0.2	0.3
苯甲酸钠	0.2	0.3	0.4
白色素	0.3	0.4	0.5
分解酶	0.5	0.6	0.7
盐	0.2	0.25	0.3

制备方法

（1）取水 70～90 份，倒入搅拌罐内，向搅拌罐内依次加入消泡剂、AES、6501、APG1214、Y-12D、XL-11、DAW-9，混合搅拌 20～30min，直至完全溶解；

（2）继续向搅拌罐内加入柠檬酸，混合搅拌 10～15min，调节酸碱度直至呈中性；

（3）继续向混合物中依次加入血渍蛋白酶、牛奶香精、苯甲酸钠、白色素，混合搅拌 20～30min，直至完全混合均匀；

（4）将分解酶与盐在干燥的容器中混合均匀后缓慢倒入搅拌罐中搅拌均匀，即可得到婴儿洗衣液。

产品应用　使用时注意：在不含黏度调节剂的情况下，如果要把 AES 稀释为含有 30%～60%活性物质的水溶液，正确的方法是将高活性产品加到规定数量的水中去，同时加以搅拌，而不要将水加到高活性原料中，否则便可能导致凝胶的形成。储存注意事项：储存于阴凉通风的库房，远离火种、热源，应与氧化剂分开存放，切忌混储，避免贮存在 50℃以上的环境。

产品特性 本品洗衣效果好，去污能力强，且生产过程简单，洗过的衣服不会对婴儿皮肤造成伤害。

配方11 **适用于婴幼儿的中药复合型洗衣液**

原料配比

原料	配比（质量份）		
	1#	2#	3#
原液	14	17	20
调理剂	13	15	17
抗氧化剂	6	7	8
表面活性剂	1	2	3
助剂	3	6	9
香料	1	2	3
去离子水	加至 100	加至 100	加至 100

制备方法

（1）取原液、调理剂搅拌混合均匀得到混合原液，中低速搅拌，温度控制为 30～60℃；

（2）取表面活性剂、抗氧化剂、助剂加入混合原液中搅拌混合均匀得到混合中和液，中低速搅拌，温度控制为 25～50℃；

（3）取去离子水、香料搅拌混合均匀，过筛得到去离子水溶液，中低速搅拌，温度控制为 30～60℃；

（4）在混合中和液中加入离子水溶液，温度控制在 10～50℃，中低速充分搅拌混合均匀，并再次过滤，调节 pH 值至 6.5～7.5，即可得到中药复合型洗衣液。

原料介绍 所述的原液为皂荚提取物与无患子提取物的混合物，皂荚提取物与无患子提取液的质量分数分别为 40%～50%、50%～60%。

所述的调理剂为洋甘菊提取物与除虫菊提取物的混合物，洋甘菊提取物与除虫菊提取物的质量分数分别为 45%～50%、50%～55%。

所述的抗氧化剂为山茶花提取物。

所述的助剂为甘油与增稠剂的混合物，甘油与增稠剂的质量分数分别为 60%～70%、30%～40%。

所述的表面活性剂为月桂醇聚氧乙烯醚硫酸钠、椰子油脂肪酸二乙醇酰胺和椰油酰胺丙基甜菜碱中的一种或任意几种的混合物。

所述的香料为天然香料植物粉、天然香料植物浸液或天然香料植物精油中的一种或任意几种的混合物。

产品特性

（1）本品主要由皂荚、无患子、洋甘菊和除虫菊的提取物等绿色植物组成，采用中药提取物作为抗菌成分，不仅抗炎性能更强，能有效抑制衣服上的细菌生长，而且对婴幼儿肌肤温和无刺激；

（2）本品中的洋甘菊和除虫菊提取物在光照和空气中易分解，对衣物无残留，性质温和，可以有效杀灭跳蚤、虱子，防治其滋生，并可驱避蚊虫的叮咬，对皮肤和眼睛刺激性低，无过敏反应，不仅可以让宝贝衣物更清洁，有效预防皮肤疾病，减少细菌滋生，而且安全、环保。

配方 12　婴幼儿无刺激洗衣液（一）

原料配比

原料	配比（质量份）		
	1#	2#	3#
中药抗菌组分	0.6	1	0.8
非离子表面活性剂	20	25	23
烷基糖苷	10	20	17
芦荟提取物	0.5	0.8	0.6
蛋白酶稳定剂	1	3	1.8
衣物渗透剂	0.5	5	2.5
增稠剂	0.5	2	1.3
衣物柔顺剂	0.3	2	1.7
衣物消毒剂	0.5	3	1.8
香精	0.1	0.5	0.35

制备方法　将各组分原料混合均匀即可。

原料介绍　所述中药抗菌组分为丁香醇提物、穿心莲醇提物、甘草醇提物和乌梅醇提物的一种或任意两种的混合物。

产品特性　本品不含有防腐剂，适应婴幼儿幼嫩的皮肤，不会造成洗衣液残留伤害；本产品采用中药提取物作为抗菌成分，不仅抗炎性能更强，可有效抑制衣服上的细菌生长，而且对婴幼儿肌肤温和无刺激，还可以在衣物上留下一层防护膜，放置一段时间后再穿上仍然效果良好。

配方 13 婴幼儿无刺激洗衣液（二）

原料配比

原料	配比（质量份）		
	1#	2#	3#
皂荚叶	18	15	18
草木灰	9	5	9
抑菌剂	2	5	5
甘油	10	15	15
防腐剂	3	3	1～3
表面活性剂	15	20	20
氯化钠	5	8	8
水	加至 100	加至 100	加至 100

制备方法

（1）准备材料：将皂荚叶放置在由含有 5%小苏打的水溶液中静置 10～20min，静置完成后使用清水进行清洗，将清洗完成的皂荚进行打碎，且大小均匀，备用；将草木灰进行过滤，过滤后的草木灰颗粒直径为 15～20μm。

（2）制备：将处理完成的皂荚叶与水放置在容器中进行第一次加热，加热至沸腾，时间为 15～30min，在搅拌下加入草木灰加入完成后，进行第二次加热，温度保持在 70～80℃，时间保持在 10～20min，使其溶液呈胶状后，结束加热；搅拌方式为使用搅拌机进行垂直上下搅拌。

（3）降温：将加热结束的胶状溶液放置在阴凉的环境下进行降温，温度保持在 25～28℃；静置的环境为无尘环境。

（4）过滤：将静置完成的胶状溶液进行过滤，过滤时进行搅拌；搅拌方式为使用搅拌机进行垂直上下搅拌。

（5）混合：将过滤完成的胶状溶液静置一段时间后，将抑菌剂、甘油、防腐剂、表面活性剂与氯化钠依次加入，在每添加一种原料之后，需要进行搅拌，使其均匀分布；搅拌方式为使用搅拌机进行垂直上下搅拌。

（6）静置：将混合完成的胶状溶液放置在阴凉的环境下静置 1～3h，便完成制备；静置的环境为无尘环境。

（7）包装：将制备完成的溶液进行灌装，放置在阴凉的环境下进行储存。灌装后胶状溶液的高度低于瓶口 2～3cm。

原料介绍 所述氯化钠的纯度不低于 99%，所述甘油的纯度不低于 98.5%。所述防腐剂为甲壳素、蜂胶。

所述表面活性剂为卵磷脂。

产品特性 本品通过使用中药与天然化合物进行混合，在保证去污能力的同时，也能保证其无刺激性。

配方 14 婴幼儿无刺激洗衣液（三）

原料配比

原料	配比（质量份）			
	1#	2#	3#	4#
2-溴-2-硝基-1,3-丙二醇	11	10	5	18
脂肪酸甲酯磺酸钠	12	8	20	20
丙二醇	4	5	3	5
植物防腐剂	2	3	1	3
四硼酸钠	4	5	5	2
瓜尔胶羟丙基三甲基氯化铵	2	2.5	2	1
柠檬酸	2	3	1	2
水	50	40	30	20

制备方法 将各组分原料混合均匀即可。

产品特性 本产品温和无刺激，不伤手，不伤衣物，对衣物有柔软作用，除此之外除油、除汗渍能力强，且易冲洗，节水节能，适合手洗，是一种高效、环保、低碳、清洁、温和的洗涤产品。

配方 15 婴幼儿无刺激洗衣液（四）

原料配比

原料	配比（质量份）		
	1#	2#	3#
十二烷基苯磺酸钠	15	10	20
烷基硫酸钠	7	7	8
三聚磷酸钠	15	15	20
羟甲基纤维素	2	2	2
牛脂脂肪酸	6	6	6
聚乙二醇	5	5	8
肥皂	8	8	10

续表

原料	配比（质量份）		
	1#	2#	3#
香精	0.2	0.2	0.1
水	70	80	60

制备方法 将各组分原料混合均匀即可。

产品特性 制作工艺简单，成本低廉，去污效果好，且没有腐蚀性，不伤手，不伤害皮肤，容易漂洗，不残留，而且无污染。

配方 16 婴儿亲肤植物洗衣液

原料配比

原料		配比（质量份）				
		1#	2#	3#	4#	5#
柠檬酸		10	8	6	2	0.8
烷基多糖苷		0.5	1	3	5	6
阳离子柔顺剂	酯基季铵盐	7	—	—	—	1
	Gemini 阳离子柔软剂	—	2	—	—	—
	酯基季铵盐和 Gemini 阳离子柔软剂质量比为 1∶1 的混合物	—	—	6	—	—
	酯基季铵盐和 Gemini 阳离子柔软剂质量比为 3∶1 的混合物	—	—	—	3	—
羧甲基葡聚糖		2	9	6	12	0.2
水		80	150	120	100	200
山茶籽油		30	15	18	25	10

制备方法

（1）搅拌器中依次加入柠檬酸、温和表面活性剂烷基多糖苷、阳离子柔顺剂、羧甲基葡聚糖和水，边加热边搅拌，直至充分溶解，其中，所述加热温度为68～78℃；

（2）温度降至65℃以下时，加入山茶籽油并搅拌均匀，即可获得所述的洗衣液。

原料介绍 阳离子柔顺剂为酯基季铵盐和 Gemini 阳离子柔软剂中的至少一种。酯基季铵盐这类柔软剂柔软性能稳定，用量小，具有突出的生物降解性，绿色环保，更兼具抗黄变、杀菌消毒等多项功能；而 Gemini 阳离子柔软剂中的特殊结构阻抑了其在有序聚集过程中的头基分离力，极大地提高了表面活性，同时，其与常规单烷基单季铵盐及双烷基单季铵盐相比具有极低的临界胶束浓度，因而在达到同样效果的情况下用量极大地降低，被广泛用作高效柔软剂、抗静电剂、膨松剂、杀菌剂。

所述山茶籽油是以茶树果实为原料通过压榨法提取得到的。该方法获得的山茶籽油没有化学试剂残留，安全无毒。另外，茶籽是山茶科植物茶树的果实，其脂肪酸组成与橄榄油相似。

产品特性 本品不含磷和荧光增白剂，采用源自玉米的温和表面活性剂以及通过物理压榨法制得的山茶籽油，再配合助洗剂柠檬酸，能深层分解顽固污渍，洗涤后的衣物更安全、无残留、柔软、无静电，对婴儿的肌肤刺激性更小。

配方 17 抑菌除螨婴幼儿专用无水纳米洗衣液

原料配比

原料		配比（质量份）		
		1#	2#	3#
主料	泡米水浓缩液	36	38	40
	无患子提取液	24	25	26
	西瓜皮提取液	12	13	14
	石榴皮碱	2	2	3
	石榴皮籽纳米干粉	3	4	5
	核桃分心木纳米干粉	1	2	2
	非离子表面活性剂	12	13	14
	白醋	6	7	8
	花露水	2	3	4
	无刺激发泡剂十二烷基硫酸钠	2	3	4
辅料	纯天然植物消毒剂艾叶提取物	4	5	6
	纯天然植物漂白剂柠檬汁	3	4	5
	复合酶	1	2	3
	W/O 乳化剂	1	2	3
pH 调节剂	调节洗衣液 pH 值	5.8	6.5	6.9
复合酶	蛋白酶	3	3	4
	脂肪酶	1	1	1
	淀粉酶	1	2	2
	纤维素酶	1	1	1

制备方法

（1）收集泡米水并静置沉淀，过滤取上清液并蒸馏提纯，制得泡米水浓缩液，备用；泡米水来自米类原料食品加工厂，且为 20～30℃温水浸泡，浸泡时间为 10～20min，沉淀时间设置为 15～30min，蒸馏脱水至原清液体积的 50%～60%。

（2）按质量份比例取无患子提取液、西瓜皮提取液、石榴皮碱、石榴皮籽纳米干粉、核桃分心木纳米干粉、非离子表面活性剂、白醋、花露水和十二烷基硫酸钠，依次加入泡米水浓缩液中，并搅拌混合均匀，制得活化主体清洗液（主料）。

（3）按质量份比例取艾叶提取物、柠檬汁和复合酶，依次加入活化主体清洗液中，并搅拌混合均匀，制得洗衣液半成品。

（4）按质量份比例取 W/O 乳化剂和 pH 调节剂，首先使用 pH 调节剂调节洗衣液半成品的酸碱度，使其 pH 值范围达到 5.8～6.9，之后使用 W/O 乳化剂对弱酸性洗衣液半成品乳化处理，乳化完成后，制得洗衣液成品；在对洗衣液半成品乳化处理时，充分搅拌混合液，搅拌速度设置为 800～1000r/min，搅拌时间设置为 6～10min，搅拌的同时通过超声波发生器震荡脱泡。

（5）对制备的洗衣液成品进行灌装，并密封存储。

原料介绍　泡米水浓缩液能够杀灭霉菌病毒，洗除异味，使衣物柔韧免熨烫，配合白醋和花露水有效除螨抑菌，驱赶蚊虫；艾叶提取物消毒去湿杀灭微生物，长时间使用后增强穿戴者抵抗力；无患子提取液为天然植物皂素，无毒、抑菌，具有超强的渗透力，去污力极强，不伤手使用效果好；复合酶能够分解蛋白质、脂肪、淀粉和纤维毛球，使衣物柔软光滑；柠檬汁去污漂白。洗衣液温和呈弱酸性，安全高效，通过加入西瓜皮提取液、石榴皮碱、石榴皮籽纳米干粉和核桃分心木纳米干粉，有效杀菌抑菌的同时，能够吸附异味和色素，持续保护宝宝肌肤健康，能够助眠，促进宝宝脑部发育。

产品特性　本品有着淡淡香味，乳液成分均匀，无结构分层，无沉淀，浓缩程度高，黏度低，且在实际使用中泡沫发生量少，容易漂洗。洗衣液单位用量少，清洗效率高，去污能力强，且能够灭杀细菌螨虫，对衣物伤害小，能够软化纤维结构，使衣物穿戴更贴肤舒适，清洗过后的婴儿衣物在穿戴时对婴儿皮肤无刺激性，对婴儿呼吸道无刺激性，符合婴儿洗衣液生产使用的安全标准。

配方 18　婴儿用绿色环保洗衣液

原料配比

原料	配比（质量份）		
	1#	2#	3#
植物蛋白酶	10	8	12
液体蛋白酶	2	4	5

续表

原料	配比（质量份）		
	1#	2#	3#
AEO-9	10	12	15
氯化钠	5	3	8
表面活性剂	15	14	18
乙醇	1	1	3
氧化胺	5	6	8
植物花草提取香料	0.2	0.2	0.5
柠檬酸	5	5	8

制备方法 按照配方，加入植物蛋白酶、液体蛋白酶、柠檬酸、AEO-9、氯化钠、表面活性剂、乙醇、氧化胺经过剪切机进行剪切后再进行消泡处理，接着进行臭氧处理，再添加植物花草提取香料并用柠檬酸调节 pH 值至 4～5 即可。

产品特性 本产品是绿色水果生物酶萃取提炼而成，零污染，无酸，无碱，无毒，无荧光剂，无残留，对皮肤无刺激性，可充分深入衣物纤维，通过生物酶的活化作用，活性氧的特效污垢分离因子，能快速溶解多种顽固污渍，包括油渍、血渍、奶渍、墨汁、果汁、辣椒油等，具有超强的洗洁力、渗透力，令衣物洁净如新、留香持久，更加高效环保。

配方 19 婴儿专用抗菌洗衣液

原料配比

原料	配比（质量份）	
	1#	2#
皂荚提取物	10	5
碱性脂肪酶	1.5	0.5
氨基环丙烷羧酸	2.6	2.6
茶皂素	1.8	0.2
氯化钠	2.5	0.5
乙二胺四乙酸	8	3
油酸皂	1.2	0.5
丙二醇	0.2	0.2
香精	12	6
两性表面活性剂	0.5	0.5

原料	配比（质量份）	
	1#	2#
柠檬酸	8	2
去离子水	50	35

制备方法 将各组分原料混合均匀即可。

原料介绍 所述两性表面活性剂为氨基酸型、甜菜碱型表面活性剂中的一种。

产品特性 该洗衣液采用天然植物提取液作为有效成分，性能温和，安全无刺激；洗衣液中加入碱性脂肪酶促进了洗衣效果，去污能力强；使用过程中泡沫低，易漂洗，不会引起化学残留，特别适合婴儿衣物的洗涤。该洗衣液解决了常用洗衣液中含有一些化学成分可能对婴儿皮肤产生刺激性的问题。

配方 20 婴幼儿草本洗衣液

原料配比

原料			配比（质量份）		
			1#	2#	3#
植物材料			21	25	27.5
表面活性剂			15	20	30
尼泊金乙酯			0.1	0.1	0.1
辅助剂	可食用柠檬酸（调节无菌液 A 的 pH 值）		6.8	7	7.5
	水		加至 100	加至 100	加至 100
植物材料		龙胆草	2	3	3
		威灵仙	2	3	3
		苍术	4	5	5
		白蔹	2	2.5	2.5
		防风	1	1.5	1.5
		甘草	0.5	0.5	0.5
		苦参	1.5	1.5	1.5
		白芷	3	4	4
		薄荷	1.5	2	2
		黄柏	3.5	4.5	4.5
		水	适量	适量	适量

续表

原料		配比（质量份）		
		1#	2#	3#
表面活性剂	咪唑啉	18	20	20
	烷基糖苷	9	10	10
	ET200	7	8	8
	十二烷基硫酸钠	1	1.5	1.5

制备方法

（1）按照所述质量份数称取精选除杂后的除水以外的植物材料放入密封锅，密封锅内放入 4～6 倍量水并盖紧密封锅锅盖；

（2）将储料的密封锅放入热水釜，隔水炖煮 10h，密封锅内温度控制在 98～100℃；

（3）自然降至室温，进行汁渣分离得到滤液 A；

（4）将步骤（3）中得到的滤液 A 进行过滤和淀清，得到沉淀后的滤液 B；

（5）将步骤（4）中得到的滤液 B 再次煮沸杀菌，得到无菌液 A；

（6）将无菌液 A 倒入隔水加热的搅拌釜进行搅拌，搅拌温度为 40～60℃；

（7）称取十二烷基硫酸钠并加水溶解制得十二烷基硫酸钠溶液，称取十二烷基硫酸钠溶液、咪唑啉、烷基糖苷和 ET200 并依次加入无菌液 A 中；

（8）将可食用柠檬酸倒入步骤（7）制得的无菌液 A 中，调节 pH 值在 6.8～7.5；

（9）按质量份称取尼泊金乙酯并加入步骤（8）得到的无菌液，随后停止搅拌；

（10）自然冷却后灌装。

原料介绍　本品所使用的天然植物中龙胆草，其水浸剂对多种致病性皮肤真菌和绿脓杆菌、痢疾杆菌、金黄色葡萄球菌等有不同程度的抑制作用，抑制伤寒杆菌、除黄疸，其味苦性寒，清热燥湿，可外用消炎止痒。威灵仙：驱霉菌。苍术：除菌，解毒，清新空气。白蔹：抑制皮肤真菌。防风：祛湿，驱避蚊虫。甘草，具有抗过敏功能和中和植物寒热功效。苦参的主要提取成分为生物碱类，这类成分对大肠杆菌、金黄色葡萄球菌、痢疾杆菌及多种皮肤真菌均有明显的抑菌作用；同时因其清热燥湿，能用于湿疹、湿疮、皮肤瘙痒、疥癣麻风等的预防治疗，解毒杀虫。白芷等对大肠杆菌、金黄色葡萄球菌有除菌作用，润肤止痒，对黑曲霉、绿色木霉、绳状青霉、球毛壳霉菌有防霉作用；且随着防霉除菌功效成分的增加，防霉除菌效果加强。薄荷，治风疹，止痒，具有驱蚊虫功能。黄柏具有清热燥湿、泻火除蒸、解毒疗疮的功效，可煎液外洗用于疮疡肿毒、皮肤湿疹瘙痒等的治疗和预防。

产品特性 本品利用柔性的活性剂和天然的抗菌抗病毒植物成分相结合，不含色素、香精，不刺激皮肤，不伤织物且安全环保，护肤和抑菌效果明显，且质量稳定。

配方 21 婴幼儿改良抑菌洗衣液

原料配比

原料		配比（质量份）		
		1#	2#	3#
植物萃取液		30	20	20
自制抑菌液		30	30	30
pH 调节剂		3	5	5
表面活性剂	月桂酰谷氨酸钠	17	20	20
去离子水		20	25	25
自制抑菌液	洋草果	30	35	20
	桉叶油	30	22	35
	艾叶	10	8	10
	仙人掌提取液	30	35	35
植物萃取液	橙油	20	15	20
	皂角萃取液	30	25	20
	油茶树萃取液	20	25	20
	无患子萃取液	30	35	40

制备方法

（1）将去离子水与植物萃取液置于反应釜中，然后升温至 30～50℃，再加入自制抑菌液继续搅拌 5～10min，并升温至 40～60℃，将混合液充分混合；

（2）将表面活性剂与 pH 调节剂依次加入混合液中，然后搅拌 5～10min 得到透明液体，并保温 0.5～1h，再将混合液的 pH 值调至 7～8，然后过 200 目筛，即可得到抑菌洗衣液。

原料介绍 所述自制抑菌液由以下步骤制备而成：

（1）将适量桉叶用水洗净并晾干，然后用粉碎机将叶片制成 80 目大小的片状；

（2）将步骤（1）中的叶片放入蒸馏塔中，并加入适量去离子水，去离子水覆盖叶片 2～3cm 即可，然后浸泡 10～15h；

（3）将步骤（2）中的混合物加热，即可得到桉叶油蒸馏物，再将蒸馏物过滤出，得到桉叶油待用；

（4）将洋草果与仙人掌分别去皮、洗净、晾干即可，然后将洋草果与仙人掌置入提取装置内，分别打碎制浆，然后将洋草果料浆与仙人掌提取液按照1:1.5混在料筒中，并充分搅拌5～10min，再过100目筛，得到的洋草果与仙人掌提取液混合物待用；

（5）将晒干的艾叶洗净、晒干，并粉碎成粉末状，然后将步骤（3）中的桉叶油与步骤（4）中的洋草果与仙人掌提取液混合物置入反应釜中，将温度升至50～70℃并搅拌5～10min；

（6）待物料混匀后，加入艾叶粉，继续加热至60～80℃并搅拌5～10min，然后保温1～2h，再将混合物过200目筛，即可得到自制抑菌液。

所述植物萃取液由以下步骤制备而成：

（1）将皂角、油茶树与无患子洗净，放入提取装置内，制备后的液体按照1:1:1.5的比例，倒入反应釜中；

（2）将温度升至30～60℃，并搅拌5～10min，然后将制备成的橙油加入混合液中，搅拌5～10min，再过200目筛过滤，即可得到植物萃取液。

产品特性 本品为中性，对衣物的影响较小，且化合物添加量少，只需少部分即可产生大量的除污泡沫，同时与水的融合率更高，清洗更加彻底，保证衣物上无洗衣液黏附；通过自制抑菌液的加入，使得衣物在清洗过程中，可将大部分细菌清除，无需利用其他消毒装置对衣物消毒，且可在衣物表面形成一层抗菌层，从而将空气中的细菌隔绝在衣物的外部，使得衣物在穿着过程中，无菌效果更加持久。

配方 22 纤维素酶婴儿洗衣液

原料配比

原料	配比（质量份）		
	1#	2#	3#
非离子型表面活性剂	80	100	90
天然橄榄油	6	8	7
植物提取液	3	5	4
脂肪酶	2	4	3
蛋白酶	2	4	3
淀粉酶	2	4	3
纤维素酶	2	4	3

续表

原料		配比（质量份）		
		1#	2#	3#
杀菌剂		1	3	2
增色剂		0.2	0.6	0.4
氢氧化钠		适量	适量	适量
柠檬酸		适量	适量	适量
香精		0.1	0.3	0.2
去离子水		65	75	75
非离子型表面活性剂	烷基糖苷	3	3	3
	椰子油脂肪酸二乙醇酰胺	1	1	1
植物提取液	金银花提取液	1	1	1
	金缕梅提取液	1	1	1

制备方法

（1）将天然橄榄油导入去离子水中，加热并搅拌均匀，冷却后得到一号溶液；加热温度为40～60℃，冷却温度为25～35℃。

（2）将非离子型表面活性剂导入上述步骤（1）中得到的一号溶液中，用搅拌机高效搅拌均匀，溶质溶解形成二号溶液；电机的转速为40r/min，搅拌时间为1～1.5h。

（3）将植物提取液、脂肪酶、蛋白酶、淀粉酶、纤维素酶加入上述步骤（2）中搅拌机内的二号溶液中，调高搅拌机转速，继续搅拌得到三号溶液；电机的转速为75r/min，搅拌时间为0.5～0.8h。

（4）将杀菌剂、增色剂、香精加入上述步骤（3）中的三号溶液中，将搅拌机转速调回到步骤（2）中的搅拌机的转速继续搅拌均匀，即得到所需的婴儿洗衣液；电机的转速为40r/min，搅拌时间为1.5～2h。

（5）检测上述步骤（4）中得到的婴儿洗衣液的pH值，若pH值大于6.4则使用柠檬酸调节pH值5.8～6.4，若pH值小于5.8则使用氢氧化钠调节pH值为5.8～6.4。

产品应用　使用方法：在使用过程中，将本洗衣液与水按照1∶400进行混合后使用，在初次使用本婴儿洗衣液时，按1∶50的比例将本婴儿洗衣液混合到水中，然后涂抹到婴儿的皮肤表面，观察30min看是否存在过敏现象，如果出现过敏现象则禁止使用。

产品特性

（1）本品原料中加入纤维素酶，针对婴儿经常接触到的奶渍、食物渍和泥渍有更好的去渍效果，并且在制作过程中，将金银花提取液和金缕梅提取液加入其中，天然提取物对婴儿不会造成伤害；

（2）本品的 pH 值控制在 5.8～6.4 之间，不会对清洗者的手部皮肤造成损伤。

配方 23 婴幼儿三合一洗衣液

原料配比

原料	配比（质量份）		
	1#	2#	3#
月桂醇聚醚硫酸酯钠	12	15	18
聚氧乙烯鲸蜡基硬脂基双醚	6	2	4
椰油酰胺丙基甜菜碱	2	5	3
椰子油脂肪酸二乙醇酰胺	3.5	1.5	2.5
无患子果提取物	0.1	2	0.5
艾叶提取物	1	0.1	0.3
刺阿干树仁提取物	0.5	2	1
酶（质量比为3:2的蛋白酶和淀粉酶的组合）	0.1	1	0.3
氯化钠	1	2	1.5
乙二胺四乙酸二钠	0.05	0.15	0.1
柠檬酸	0.01	0.05	0.04
香精	0.1	0.2	0.1
防腐剂（甲基氯异噻唑啉酮和甲基异噻唑啉酮以质量比为1:1混合）	0.05	0.2	0.1
水	加至100	加至100	加至100

制备方法

（1）将配方量的水、月桂醇聚醚硫酸酯钠、乙二胺四乙酸二钠和聚氧乙烯鲸蜡基硬脂基双醚加入搅拌锅中，搅拌至物料完全溶解且混合均匀；

（2）然后加入配方量的椰油酰胺丙基甜菜碱和防腐剂，搅拌至物料完全溶解且混合均匀；

（3）接着加入用适量水预先溶解好的配方量的椰子油脂肪酸二乙醇酰胺，搅拌至均匀，再加入配方量的无患子果提取物、艾叶提取物、刺阿干树仁提取物、酶、氯化钠、柠檬酸和香精，搅拌至均匀，过滤出料，制得婴幼儿洗衣液。

原料介绍 所述无患子果提取物中的无患子皂苷是一种天然的非离子型表面活性剂，能降低水的表面张力，使本品泡沫丰富、手感细腻、去污力强，具有抗菌等特点。所述艾叶提取物具有很强的抗菌功效，与无患子果提取物共同作用能有效地杀死婴幼儿衣物上由于奶迹等繁殖的大量细菌,呵护婴幼儿娇嫩皮肤。所述刺阿干树仁提取物可增加洗衣液的保湿柔顺效果,使得清洗过程柔润不伤手,清洗后的衣物柔软平滑。而月桂醇聚醚硫酸酯钠、聚氧乙烯鲸蜡基硬脂基双醚、椰油酰胺丙基甜菜碱和椰子油脂肪酸二乙醇酰胺以及酶共同作用,可有效去除婴幼儿衣物上的奶渍、饭渍等污渍,并且使本品泡沫丰富、易漂洗。

产品特性 本品具有清洁、柔顺、杀菌三合一功效,其去污力强,能有效去除婴儿衣物上的奶渍、便尿渍、口水渍、食物油污等,并且能柔顺衣物,还能有效杀灭衣物上的细菌,同时还温和不伤手、泡沫丰富细腻、易漂洗、无残留,保护婴幼儿肌肤健康。具有很好的去污能力,对蛋白类污垢、皮脂类污垢具有良好的乳化能力,去污效果好。

配方 24 婴幼儿抑菌洗衣液

原料配比

原料	配比（质量份)			
	1#	2#	3#	4#
十二烷基葡萄糖苷	10	12	14	15
椰子油脂肪酸二乙醇酰胺	5	6	8	10
橄榄油	1	2	3	5
椰子油	1	2	3	5
金盏花提取物	1	2	2.5	3
柚子皮提取物	1	2	2.5	3
柔顺剂	0.1	0.2	0.3	0.5
植物抗菌剂	0.05	0.5	0.8	1.0
去离子水	加至100	加至100	加至100	加至100

制备方法 按配方量将去离子水放入混合搅拌机中,加热至50~60℃后,加入十二烷基葡萄糖苷和椰子油脂肪酸二乙醇酰胺,搅拌5~10min,然后加入柔顺剂继续搅拌5~10min;待混合液冷却至35℃以下时,加入橄榄油、椰子油、金盏花提取物、柚子皮提取物和植物抗菌剂,搅拌10~20min,最后半成品取样检测后过滤、陈化处理,成品抽样检测、灌装、包装。

原料介绍 所述柔顺剂包括睡莲胚胎提取物、银杏提取物、芦荟提取物、酯基季铵盐和柠檬酸;睡莲胚胎提取物、银杏提取物、芦荟提取物、酯基季铵盐和柠檬酸的质量比为(2~3)∶(1~2)∶1∶0.5∶0.2。

所述睡莲胚胎提取物为将新鲜的成熟睡莲胚胎经过清洗、切片、粉碎、压浆、过滤后得到。

所述银杏提取物为采摘新鲜的银杏叶片经过清洗后用常压水蒸气蒸馏法得到。

所述芦荟提取物为先将新鲜芦荟叶片用清水洗净后切碎，加入粉碎打浆机中进行粉碎打浆，向打浆液中添加质量分数为10%的氢氧化钠溶液，加入量为打浆液质量的3～5倍，加热至40～50℃，搅拌5～7h后低温静置，除去表层及底层不溶成分后即得。

所述植物抗菌剂由香茅草提取物、败酱草提取物和石榴皮提取物复配组合而成，香茅草提取物、败酱草提取物、石榴皮提取物的质量比为（1～2）∶1∶1。

所述植物抗菌剂的提取方法是将香茅草、败酱草或石榴皮破碎成粉状，用5～10倍量的乙醇回流提取2～3h，连续提取三次，然后将提取液真空浓缩，即得。

产品特性

（1）本品以天然植物油皂基和天然植物提取物为主要原料，环保无害，洗涤后的衣服对婴幼儿皮肤无刺激，具有保护皮肤作用，综合洗涤性能优异，能同时去除多种顽固污渍。

（2）本品加入天然植物柔顺成分，能生物降解，为绿色原料，洗涤后使衣物更柔软舒适，能够改变衣物表面的离子性，使得衣物更易平整，更易晒，而且植物成分所特有的抗菌作用，可有效抑制衣物表面的细菌滋生，为皮肤保持一个菌群平衡的环境。

（3）易降解，采用天然植物油皂基，其生物降解度在90%以上，达到同类物质降解度最高值，将排放后对环境的影响降到最低程度。

配方 25　婴幼儿强去污力环保洗衣液

原料配比

原料	配比（质量份）			
	1#	2#	3#	4#
蜂蜜	4	5	6	7
芝麻油	5	6	4	7
脂肪醇聚氧乙烯醚	25	27	31	32
十五烷基聚氧乙烯醚硫酸钠	15	16	18	19
十二烷基二甲基苯基氯化铵	3	4	5	6
氧化叔胺	3	4	5	2
柠檬酸	5	6	7	10

续表

原料	配比（质量份）			
	1#	2#	3#	4#
二硫苏糖醇	5	6	4	9
去离子水	78	79	80	83

制备方法 首先将反应釜中的去离子水加热至 81～87℃，将蜂蜜、芝麻油和脂肪醇聚氧乙烯醚置入去离子水中，以 330～345r/min 的转速搅拌 17～20min，使其完全溶解，随后将液体降至 65～70℃，静置混合液体 15～20min 后，继续向混合液内加入十五烷基聚氧乙烯醚硫酸钠和十二烷基二甲基苯基氯化铵，并以 420～460r/min 的转速搅拌 22～30min，最后将氧化叔胺、柠檬酸和二硫苏糖醇倒入混合液中，继续搅拌直至所有原料完全混合，即可过滤除渣，灌装销售。

产品特性

（1）本品操作简单，成本较低，有利于企业降低生产成本；

（2）本品将多种表面活性剂的复配物作为主要成分，由于其化学性质的不同，既独自去污又相互配合，因此具有极强的去污力，可以轻易去除衣服上的奶渍和油污。本品呈中性，成分中不含重金属盐类或其他潜在危害婴幼儿身体健康的物质，且极易被降解，利于保护环境。

配方 26 用于婴儿衣物的植物性洗衣液

原料配比

原料	配比（质量份）			
	1#	2#	3#	4#
皂角	14	11	22	16
黄瓜提取液	28	22	32	24
茶叶提取液	16	12	21	14
甘油	17	12	23	21
紫苏叶	16	12	25	15
大青叶	8	6	10	7
烷基糖苷	8	6	10	8
保湿剂	6	2	10	9
增稠剂	5	3	6	5

制备方法 将各组分原料混合均匀即可。

原料介绍 所述黄瓜提取液采用醇提取法进行提取。

所述茶叶提取液采用醇提取法进行提取。

所述保湿剂为丁二醇。

所述增稠剂为淀粉。

产品特性 本品温和无刺激，对婴儿皮肤无伤害且具有杀菌消毒作用。制作工艺简单，无污染环境副产物排放。

配方 27 油脂基酰基氨基酸盐婴幼儿洗衣液

原料配比

原料			配比（质量份）			
			1#	2#	3#	4#
去离子水			69	69	66	66
A 相	油脂基酰基氨基酸盐表面活性剂	棉籽油酰基甘氨酸钠	9	8	9	—
		椰油酰基谷氨酸钠	—	6	—	10
		月桂酰基肌氨酸钠	7	—	7.5	8
	两性表面活性剂	椰油酰胺丙基甜菜碱	8	9	10	8
	增稠剂	PEG-120 甲基葡萄糖二油酸酯	1	1	—	1.5
B 相	助剂	氯化钠	0.2	0.6	0.3	—
		柠檬酸	0.1	0.2	0.2	0.3
		柠檬酸钠	0.3	0.3	0.6	0.7
C 相	天然植物提取物	扭刺仙人掌叶提取物	2.5	2.5	3	2
		麦冬提取物	2.5	3	3	3
	防腐剂	对羟基苯甲酸甲酯	0.3	0.25	0.3	0.29
		苄索氯铵	—	0.05	—	—
		甲基氯异噻唑啉酮	—	—	—	0.01
	香精		0.1	0.1	0.1	0.2

制备方法

（1）在搅拌条件下，将油脂基酰基氨基酸盐表面活性剂溶于去离子水中，再加入两性表面活性剂，搅拌均匀，最后加入增稠剂，搅拌均匀；去离子水用量为去离子水总量的 1/3～3/5。

（2）在搅拌条件下，将助剂加入去离子水中，搅拌均匀，再加入步骤（1）得到的溶液中，搅拌均匀；去离子水用量为去离子水总量的 1/5～1/3。

（3）在搅拌条件下，将天然植物提取物、防腐剂、香精溶解于去离子水中，再加入步骤（2）得到的溶液中，搅拌均匀，静置消泡；去离子水用量为剩余的去离子水。

原料介绍 所述天然植物提取物是利用水煮法从植物中提取出来的纯植物精华，可以为扭刺仙人掌叶提取物、麦冬提取物中的一种或几种。

所述油脂基酰基氨基酸盐表面活性剂为棉籽油酰基甘氨酸钠、月桂酰基肌氨酸钠、椰油酰基谷氨酸钠中的一种或其几种的混合物。

所述两性表面活性剂为甜菜碱类表面活性剂，如油酰胺甜菜碱、椰油酰胺丙基甜菜碱。

所述增稠剂为葡萄糖酯类，如 PEG 甲基葡萄糖二油酸酯、PEG 甲基葡萄糖三油酸酯。

所述助剂为氯化钠、柠檬酸、柠檬酸钠中的一种或几种的混合物。

所述防腐剂为对羟基苯甲酸酯、甲基氯异噻唑啉酮和苄索氯铵中的一种或几种复配组成。

产品特性

（1）本品在保证体系保持应有的起泡性和去污能力的同时更加温和，针对婴幼儿皮肤娇弱的特点添加具有抗过敏止痒、抗炎等功效的天然植物提取物，对皮肤的刺激性更低，无过敏反应；洗衣液与人体皮肤 pH 值相近（产品 pH 值为 6～8），对于正处在成长阶段的婴幼儿更加温和。

（2）采用油脂基酰基氨基酸盐表面活性剂作为主要活性成分，代替了传统的脂肪醇聚氧乙烯醚硫酸盐表面活性剂，避免了化学洗涤剂残留对皮肤的伤害和对环境的污染。

（3）高效去污。

（4）易漂洗。

（5）具有洗护合一的多重功能。

配方 28 有机婴儿抑菌洗衣液

原料配比

原料	配比（质量份）				
	1#	2#	3#	4#	5#
去离子水	100	100	100	100	100
月桂醇聚醚硫酸酯钠	7	7	7	7	7
十二烷基苯磺酸钠	2	2	2	2	2
脂肪醇聚氧乙烯醚	6	6	6	6	6
聚丙烯酸钠	3	3	3	3	3

续表

原料		配比（质量份）				
		1#	2#	3#	4#	5#
有机酸	柠檬酸	0.2	0.2	—	—	—
	绿原酸	—	—	0.2	—	0.02
	没食子酸	—	—	—	0.2	0.18
微胶囊化燕麦仁提取物		0.8	0.8	0.8	0.8	0.8
微胶囊化橄榄叶提取物		0.6	0.6	0.6	0.6	0.6
微胶囊化母菊花/叶/茎提取物		0.6	0.6	0.6	0.6	0.6
氯化钠		0.7	0.7	0.7	0.7	0.7
乙二胺四乙酸二钠		0.2	0.2	0.2	0.2	0.2
氢氧化钾		0.15	0.15	0.15	0.15	0.15
香精	西柚香精	0.03	0.03	0.03	0.03	0.03
杀菌剂	甲基异噻唑啉酮	0.015	0.015	0.015	0.015	0.015

制备方法

（1）将失水山梨醇单油酸酯聚氧乙烯醚、阿拉伯胶、去离子水按质量比为（0.4～0.9）：（3～8）：（93～97）混合均匀，得到混合液；将燕麦仁提取物加入混合液中以 11000～13000r/min 的转速搅拌 60～90s，再加入质量分数为 20%～30%的戊二醛水溶液，以 500～900r/min 的转速搅拌 15～25min，得到乳化液其中燕麦仁提取物与混合液的质量比为（0.1～0.15）：1，质量分数为 20%～30%的戊二醛水溶液与混合液的质量比为（0.02～0.05）：1；将乳化液进行喷雾干燥，得到微胶囊化燕麦仁提取物。

（2）将失水山梨醇单油酸酯聚氧乙烯醚、阿拉伯胶、去离子水按质量比为（0.4～0.9）：（3～8）：（93～97）混合均匀，得到混合液；将橄榄叶提取物加入混合液中以 11000～13000r/min 的转速搅拌 60～90s，再加入质量分数为 20%～30%的戊二醛水溶液，以 500～900r/min 的转速搅拌 15～25min，得到乳化液其中橄榄叶提取物与混合液的质量比为（0.1～0.15）：1，质量分数为 20%～30%的戊二醛水溶液与混合液的质量比为（0.02～0.05）：1；将乳化液进行喷雾干燥，得到微胶囊化橄榄叶提取物。

（3）将失水山梨醇单油酸酯聚氧乙烯醚、阿拉伯胶、去离子水按质量比为（0.4～0.9）：（3～8）：（93～97）混合均匀，得到混合液；将母菊花/叶/茎提取物加入混合液中以 11000～13000r/min 的转速搅拌 60～90s，再加入质量分数为 20%～30%的戊二醛水溶液，以 500～900r/min 的转速搅拌 15～25min，得到乳化液其中母菊花/叶/茎提取物与混合液的质量比为（0.1～0.15）：1，质量分数为

20%～30%的戊二醛水溶液与混合液的质量比为（0.02～0.05）∶1；将乳化液进行喷雾干燥，得到微胶囊化母菊花/叶/茎提取物。

（4）将去离子水加热至 65～85℃，依次加入 5～9 质量份月桂醇聚醚硫酸酯钠、1～3 质量份十二烷基苯磺酸钠、4～8 质量份脂肪醇聚氧乙烯醚、2～5 质量份聚丙烯酸钠、0.1～0.7 质量份有机酸，以转速为 200～500r/min 搅拌 10～30min 混合均匀，得到混合料。

（5）将混合料降温至 45～55℃，再依次加入 0.5～1 质量份微胶囊化燕麦仁提取物、0.4～0.9 质量份微胶囊化橄榄叶提取物、0.4～0.9 质量份微胶囊化母菊花/叶/茎提取物、0.5～1 质量份氯化钠、0.1～0.5 质量份乙二胺四乙酸二钠、0.1～0.3 质量份氢氧化钾、0.02～0.04 质量份香精、0.01～0.03 质量份杀菌剂，以转速为 200～500r/min 搅拌 10～30min 混合均匀即得。

原料介绍 微胶囊化燕麦仁提取物制备方法：将失水山梨醇单油酸酯聚氧乙烯醚、阿拉伯胶、水按质量比为（0.4～0.9）∶（3～8）∶（93～97）混合均匀，得到混合液；将燕麦仁提取物加入混合液中以转速为 11000～13000r/min 搅拌 60～90s，再加入质量分数为 20%～30%的戊二醛水溶液，以转速为 500～900r/min 搅拌 15～25min，其中燕麦仁提取物与混合液的质量比为（0.1～0.15）∶1，质量分数为 20%～30%的戊二醛水溶液与混合液的质量比为（0.02～0.05）∶1，得到乳化液；将乳化液进行喷雾干燥，得到微胶囊化燕麦仁提取物。

微胶囊化橄榄叶提取物制备方法：将失水山梨醇单油酸酯聚氧乙烯醚、阿拉伯胶、水按质量比为（0.4～0.9）∶（3～8）∶（93～97）混合均匀，得到混合液；将橄榄叶提取物加入混合液中以转速为 11000～13000r/min 搅拌 60～90s，再加入质量分数为 20%～30%的戊二醛水溶液，以转速为 500～900r/min 搅拌 15～25min，其中橄榄叶提取物与混合液的质量比为（0.1～0.15）∶1，质量分数为 20%～30%的戊二醛水溶液与混合液的质量比为（0.02～0.05）∶1，得到乳化液；将乳化液进行喷雾干燥，得到微胶囊化橄榄叶提取物。

微胶囊化母菊花/叶/茎提取物制备方法：将失水山梨醇单油酸酯聚氧乙烯醚、阿拉伯胶、水按质量比为（0.4～0.9）∶（3～8）∶（93～97）混合均匀，得到混合液；将母菊花/叶/茎提取物加入混合液中以转速为 11000～13000r/min 搅拌 60～90s，再加入质量分数为 20%～30%的戊二醛水溶液，以转速为 500～900r/min 搅拌 15～25min，其中母菊花/叶/茎提取物与混合液的质量比为（0.1～0.15）∶1，质量分数为 20%～30%的戊二醛水溶液与混合液的质量比为（0.02～0.05）∶1，得到乳化液；将乳化液进行喷雾干燥，得到微胶囊化母菊花/叶/茎提取物。

产品特性

（1）本品性能温和，安全无刺激；洗衣液中加入多种植物提取物促进了洗衣效果，去污能力强，抑菌效果好；使用过程中不会引起化学残留，特别适合婴儿衣物的洗涤。

（2）本品通过对植物提取物进行微胶囊化处理，性能得到显著提高，将植物提取物制备为微胶囊，有利于保持植物提取物有效成分的活性，同时增大了洗衣液中植物提取物与面料接触的比表面积，提高了洗涤效果。

配方 29　植物抑菌婴儿洗衣液

原料配比

原料	配比（质量份）		
	1#	2#	3#
甘油	8	13	10.5
十六醇	14	6	10
硬脂酸甘油酯	25	33	29
黄瓜汁提取液	1	10	5.5
绿茶提取液	12	3	7.5
洁净成分	29	20	24.5
去离子水	加至 100	加至 100	加至 100

制备方法　将各组分原料混合均匀即可。

产品特性　本品具有天然植物抑菌成分，温和、不伤手，对衣物有柔软作用。

配方 30　适用于婴幼儿衣物的洗衣液

原料配比

原料	配比（质量份）		
	1#	2#	3#
脂肪酸钠	100	150	125
烷基糖苷	60	50	53
椰油酰胺丙基甜菜碱	50	30	45
碱性脂肪酶	10	10	4
碱性蛋白酶	10	10	15
乙酸薄荷酯	20	40	232
芦荟提取液	50	20	36
甘菊花提取物	20	10	12

续表

原料	配比（质量份）		
	1#	2#	3#
柔软剂	1	10	8
去离子水	适量	适量	适量

制备方法

（1）按比例称量脂肪酸钠、烷基糖苷和椰油酰胺丙基甜菜碱，倒入配料锅中，加入适量去离子水，搅拌 10～20min，至溶液分散均匀；

（2）调节溶液 pH 值为 8～10；

（3）加入碱性脂肪酶，搅拌均匀后，再加入碱性蛋白酶，搅拌均匀后静置 10min；

（4）加入乙酸薄荷酯、芦荟提取液和甘菊花提取物，搅拌均匀；

（5）3～5min 后加入柔软剂，搅拌均匀；

（6）回流 10～20min，取样检测。

产品特性 本产品选用的是天然成分，环保，无刺激，去污力强，对衣物无损伤，有利于保护婴幼儿的身体健康。本产品生产方法简单，条件温和，且能有效保留洗衣液中天然组分的活力，从而有利于提高产品的洗涤效果，延长洗涤产品的货架期。

配方 31 幼儿服装洗衣液

原料配比

原料	配比（质量份）		
	1#	2#	3#
下果藤	2	4	3
射干	2	4	3
脂肪醇聚氧乙烯醚硫酸盐（AES）	9	12	10
十二烷基苯磺酸钠（LAS）	3	2	2
脂肪醇聚氧乙烯醚（AEO）	2	3	3
羧甲基纤维素钠	1	0.5	1
乙醇	7	8	8
氯化钠	2	2	3
偏硅酸钠	10	10	9

续表

原料	配比（质量份）		
	1#	2#	3#
次氯酸钠	1	1	1.5
椰子油脂肪酸二乙醇酰胺	2	2	1
硅酮消泡剂	—	0.1	—
香精	0.1	0.1	0.1
去离子水	适量	适量	适量

制备方法 取下果藤、射干，加水煎煮两次，第一次加水量为药材质量的8～12倍，煎煮1～2h，第二次加水量为药材质量的6～10倍，煎煮1～2h，合并煎液，浓缩至下果藤、射干总质量的10倍，加入脂肪醇聚氧乙烯醚硫酸盐（AES）、十二烷基苯磺酸钠（LAS）、脂肪醇聚氧乙烯醚（AEO）、羧甲基纤维素钠、乙醇、氯化钠、偏硅酸钠、次氯酸钠、椰子油脂肪酸二乙醇酰胺、香精并选择性加入硅酮消泡剂，70～80℃左右融溶，即得。

产品特性 本产品中下果藤和射干清热解毒，两者配伍，起泡和抗菌效果良好。

配方 32 易漂洗婴幼儿洗衣液

原料配比

原料	配比（质量份）		
	1#	2#	3#
十二烷基苯磺酸钠	10	15	20
烷基硫酸钠	5	7	8
羟甲基纤维素	1	2	3
聚乙二醇	3	5	8
肥皂	5	7	10
香精	0.1	0.2	0.3
表面活性剂	10	12	15
阳离子调理剂	10	12	15
过硼酸钠	10	12	15
碳酸钠	18	22	28
茶树油	0.5	0.8	1
陈醋	0.2	0.25	0.3

续表

原料	配比（质量份）		
	1#	2#	3#
甘菊花提取物	0.2	0.25	0.3
去离子水	加至 100	加至 100	加至 100

制备方法 将各组分原料混合均匀即可。

产品特性 本品制作工艺简单，成本低廉，去污效果好，且不含腐蚀性原料，不伤手，不伤害皮肤，容易漂洗，不残留。

配方 33 洗护二合一婴幼儿洗衣液（一）

原料配比

原料		配比（质量份）		
		1#	2#	3#
阴离子表面活性剂	月桂醇聚氧乙烯醚硫酸钠	17	9	—
	月桂醇醚磺基琥珀酸单酯二钠盐	8	6	15
两性离子表面活性剂	椰油酰胺丙基甜菜碱	5	—	—
	十二烷基二甲基甜菜碱	—	2	—
	咪唑啉两性二醋酸二钠	—	—	2
非离子表面活性剂	脂肪醇聚氧乙烯（9）醚	2	5	—
	脂肪醇聚氧乙烯（7）醚	2	—	5
衣物渗透剂	PAS-8S	2	0.5	—
	改性异构醇醚 JX08-01	—	—	5
蛋白酶稳定剂	柠檬酸钠	2	1	0.5
增稠剂	氯化钠	1	2	1.5
衣物柔顺剂	Formasil 593	1	0.5	—
	嵌段硅油 KSE	—	—	2
衣物抗沉积剂	NPA-501xl	2	0.5	—
	Acusol 445N	—	—	5
蛋白酶		0.1	0.5	0.01
衣物消毒剂	硼砂	0.5	0.1	—
	对氯间二甲苯酚（PCMX）	—	—	1
衣物消泡剂	Y-14865	0.1	0.1	0.5
芦荟提取物		0.1	0.1	0.1

续表

原料		配比（质量份）		
		1#	2#	3#
防腐剂	DMDM 乙内酰脲	0.4	0.4	0.4
	香精	0.3	0.3	0.3
	水	加至 100	加至 100	加至 100

制备方法

（1）将阴离子表面活性剂和 20% 的水加热到 70℃ 搅拌溶解成透明液体。

（2）降温至 40℃ 时，加入两性离子表面活性剂、非离子表面活性剂、衣物渗透剂、衣物抗沉积剂、衣物柔顺剂、衣物消毒剂、衣物消泡剂、芦荟提取物、蛋白酶、蛋白酶稳定剂、DMDM 乙内酰脲、增稠剂、香精，补足余量水搅拌均匀，从而制备得到洗护二合一婴幼儿洗衣液。

产品特性

（1）本产品配方中，芦荟提取物中的蒽醌类化合物具有杀菌、抑菌、消炎、促进伤口愈合等作用。蛋白酶用于分解衣物上的奶渍等。

（2）本产品呈中性，刺激性低，洗后衣物柔软度好，去污力强，冷水、温水中均具有良好去污效果，洗衣时泡沫少，易漂洗。

（3）本产品选用性能优良、温和、刺激性小、无毒、易降解、可再生的绿色表面活性剂复配。再添加特殊的织物护理剂实现柔软功能，Formasil 593 独特的氨基有机硅微乳液，属于化妆品级原料，具有纳米粒径，可以渗透到织物纤维中，使织物更加柔软和滑爽，对皮肤刺激性小，尤其适合全棉衣物，体现其柔软及丝滑的护理效能。

配方 34　洗护二合一婴幼儿洗衣液（二）

原料配比

原料		配比（质量份）	
		1#	2#
表面活性剂	脂肪醇（C$_{12}$～C$_{14}$）聚氧乙烯醚硫酸钠（AES）	10	13
	烷基（C$_{12}$～C$_{14}$）糖苷（APG）	3	6
	椰油酰胺丙基甜菜碱（CAB）	2	—
	月桂酰胺丙氧化胺（LAO-30）	—	4
	脂肪醇（C$_{12}$～C$_{16}$）聚氧乙烯（9）醚	2	1

续表

原料		配比（质量份）	
		1#	2#
柔软剂	氨基硅油微乳液	1	0.5
脂肪酸钠	脂肪酸（$C_{12}\sim C_{18}$）钠	2	—
	脂肪酸（$C_{12}+C_{14}+C_{16}+C_{18}$）钠	—	8
螯合剂	乙二胺四乙酸二钠	0.1	—
	柠檬酸钠	—	0.5
防腐剂	2-甲基异噻唑-3(2H)-酮（MIT）	0.2	0.2
	香精	0.1	0.1
增稠剂	氯化钠	2	1.5
	去离子水	77.6	65.2

制备方法

（1）将去离子水升温至60～70℃，搅拌同时加入表面活性剂、脂肪酸钠，搅拌使之溶解。

（2）降温至30℃以下，加入柔软剂、螯合剂、香精、防腐剂、增稠剂，搅拌使之溶解。

（3）用300目滤网过滤后包装。

产品特性　本产品为中性，刺激性低，洗后衣物柔软，去污力强，冷水、温水中具有良好去污效果，洗衣时泡沫少，易漂洗。

配方 35　洗护型婴幼儿洗衣液（一）

原料配比

原料	配比（质量份）									
	1#	2#	3#	4#	5#	6#	7#	8#	9#	10#
皂基	32	30	35	32	30	25	25	30	25	35
椰子油脂肪酸二乙醇酰胺	19	18	20	20	20	22	22	18	22	15
有机溶剂	3	3	5	4	5	6	2	4	2	2
非离子表面活性剂	7	6	8	7	8	12	4	12	10	4
阴离子表面活性剂	4	4	5	5	3	5	2	3	2	5
芦荟提取物	7	6	8	7	6	12	4	8	12	4
穿心莲醇提取物	5	6	4	5	6	8	3	6	8	8
水	50	55	55	50	52	35	35	50	35	45

制备方法 将各组分原料混合均匀即可。

产品特性 本产品采用草药提取物作为抗菌成分添加入洗衣液中，不仅抗炎性能更强，能有效抑制衣服上的细菌生长，而且对婴幼儿肌肤温和无刺激，可以在衣物上留下一层防护膜，放置一段时间后再穿上仍然效果良好。该洗衣液即使残留在衣物上也不会损伤婴幼儿的皮肤。

配方 36 洗护型婴幼儿洗衣液（二）

原料配比

原料		配比（质量份）		
		1#	2#	3#
非离子表面活性剂		20	25	23
烷基糖苷		10	20	17
芦荟提取物		0.5	0.8	0.6
蛋白酶稳定剂		1	3	1.8
衣物渗透剂		0.5	5	2.5
增稠剂		0.5	2	1.3
衣物柔顺剂		0.3	2	1.7
衣物消毒剂		0.5	3	1.8
香精		0.1	0.5	0.35
中药抗菌组分	丁香醇提物、穿心莲醇提物、甘草醇提物和乌梅醇提物中的一种或任意两种的混合物	0.6	—	—
	乌梅醇提物	—	1	—
	丁香醇提物	—	—	0.8

制备方法 将各组分原料混合均匀即可。

产品特性 本产品不含防腐剂，适应婴幼儿娇嫩的皮肤，以免造成洗衣液残留伤害；选用的中药提取物不仅抗炎性能更强，可以有效抑制衣服上的细菌生长，而且对婴幼儿肌肤温和无刺激，还可以在衣物上留下一层防护膜，放置一段时间后再穿上仍然效果良好。

配方 37　婴儿洗衣液

原料配比

原料		配比（质量份）				
		1#	2#	3#	4#	5#
非离子表面活性剂	棕榈油乙氧基化物	5	7	7	—	—
	棕榈仁油乙氧基化物	8	10	12	10	16
	大豆油乙氧基化物	—	—	—	6	—
	脂肪醇聚氧乙烯醚	—	8	5	4	6
	椰子油乙氧基化物	8	—	8	8	—
	椰子油脂肪酸二乙醇酰胺	3	4	4	5	5
脂肪酸甲酯磺酸钠		6	10	14	10	10
椰油酰胺丙基甜菜碱		4	6	8	6	6
淀粉酶		1	1	0.5	1	2
蛋白酶		1	1	0.5	1	2
抑菌呵护香精油		0.5	1	0.5	0.5	1
去离子水		63.5	52	40.5	48.5	52

制备方法

（1）先将天然油脂乙氧基化物与占去离子水总质量60%的50℃去离子水搅拌均匀，再依次加入其他非离子表面活性剂、脂肪酸甲酯磺酸钠、椰油酰胺丙基甜菜碱，搅拌均匀，形成透明溶液。

（2）待上述溶液温度降低至35℃依次加入抑菌呵护香精油和蛋白酶。

（3）待上述体系稳定后加入淀粉酶和余量去离子水，搅拌均匀制得洗衣液。

在上述的配制过程中，应注意整个操作环境清洁卫生、防尘。在50℃温度时有利于非离子表面活性剂、脂肪酸甲酯磺酸钠、椰油酰胺丙基甜菜碱的溶解，形成均匀稳定的透明溶液。因为蛋白酶对淀粉酶有分解作用，先加蛋白酶形成稳定体系后，再加入淀粉酶可防止淀粉酶被分解。高温导致酶失活，选择35℃或更低温度加入酶。

原料介绍　天然油脂乙氧基化物由油脂在酯基插入式乙氧基化催化剂作用下与环氧乙烷一步反应合成，产品具有甘油三酯结构，具有较强的乳化性能和油污增溶能力，性能温和无毒无刺激，皮肤相容性好，可降低配方产品的刺激性；与椰子油脂肪酸二乙醇酰胺作用增黏效果明显；低温溶解性好，易生物降解，是一种绿色环保型表面活性剂。

产品应用 本品是一种能够有效去污、无毒无刺激、对婴儿皮肤具有很好亲和力的抑菌洗衣液。

产品特性

（1）本产品采用绿色天然源表面活性剂，合成原料为天然可再生资源，具有良好的生态相容性和生物降解性。

（2）本产品能够有效去污，无毒无刺激，对婴儿皮肤具有很好的亲和力。

配方 38 婴儿衣物用洗衣液

原料配比

原料	配比（质量份）		
	1#	2#	3#
芦荟提取物	12	8	9
皂荚提取物	10	5	8
碱性脂肪酶	1.5	0.5	1.3
薄荷提取物	2.6	2.6	1.8
乙氧基化烷基硫酸钠	1.8	0.2	1.4
氯化钠	2.5	0.5	2.1
乙二胺四乙酸	8	3	6
椰子油脂肪酸二乙醇酰胺	1.2	0.5	0.8
丙二醇	0.2	0.2	1.2
香精	12	6	8
两性表面活性剂	0.5	0.5	0.8
柠檬酸	8	2	6
去离子水	50	35	45

制备方法 将各组分原料混合均匀即可。

原料介绍 所述两性表面活性剂为氨基酸型、甜菜碱型表面活性剂中的一种。

产品特性 该洗衣液采用天然植物提取物作为有效成分，性能温和，安全无刺激；洗衣液中加入碱性脂肪酶增强了洗衣效果，去污能力强；使用过程中泡沫低，易漂洗，不会引起化学残留，特别适合婴儿衣物的洗涤。该洗衣液解决了常用洗衣液中含有一些化学成分可能对婴儿皮肤产生刺激性的问题。

配方 39 婴儿用抗菌洗衣液

原料配比

原料	配比（质量份）		
	1#	2#	3#
十二烷基苯磺酸钠	18	20	20
椰子油脂肪酸二乙醇酰胺	12	8	11
丙烯酸-丙烯酸酯-磺酸盐共聚物	6	6	4
茶树油	10	3	8
葡萄柚	2	6	4
芦荟酊	8	10	9
春黄菊	3	7	5
Savinase Ultra 16XL 蛋白酶	1	5	4
硫酸钠	35	30	28
水	加至 100	加至 100	加至 100

制备方法 将各组分原料混合均匀即可。

产品特性

（1）采用茶树油作为杀菌、抑菌剂，其是金黄色葡萄球菌、大肠杆菌的克星，抑菌率高达 99.7%；同时采用葡萄柚，其对婴儿皮肤具有极好的保护作用；芦荟酊是抗菌性很强的物质，能杀灭真菌、霉菌、细菌、病毒等，而且还有抗炎作用。

（2）本产品抗菌性好，洗出的衣物柔软清香，对婴儿皮肤具有保护作用。

配方 40 婴幼儿无磷洗衣液

原料配比

原料	配比（质量份）	
	1#	2#
月桂醇聚醚硫酸酯钠	10	15
月桂酰两性基乙酸钠	8	10
椰油酰胺丙基甜菜碱	12	10
聚季铵盐-7	8	5
金银花提取液	30	20

续表

原料	配比（质量份）	
	1#	2#
香精	5	5
水	加至 100	加至 100

制备方法　将各组分原料混合均匀即可。

产品特性　本产品的优点是配方合理、洁净无残留、使用效果佳。

配方 41　婴幼儿洗衣液（一）

原料配比

原料	配比（质量份）						
	1#	2#	3#	4#	5#	6#	7#
N-椰油酰谷氨酸钠	6	10	8	10	1	5	8
氧化胺	3	3	2.5	10	1	2	4
椰子油脂肪酸二乙醇酰胺	1	1	1	5	1	1	3
$C_{10} \sim C_{12}$ 烷基糖苷	2	1.5	1	5	1	1	3
脂肪醇硫酸钠	3.5	3.5	3.5	5	1	3	5
乙二胺四乙酸四钠	1	1	1	2	—	0.1	1
氯化钠	0.5	0.5	0.5	1	—	0.5	0.5
柠檬酸	0.1	0.1	0.1	1	0.1	0.1	0.5
香精	0.05	0.05	0.05	1	—	0.05	0.05
阳离子瓜尔胶	0.1	0.1	0.1	0.1	0.05	0.1	0.1
防腐剂	0.08	0.08	0.08	0.1	0.05	0.08	0.08
水	81.67	79.17	82.17	59.8	94.8	87.07	74.77

制备方法

（1）向占各组分总质量 10% 的水中加入阳离子瓜尔胶并搅拌均匀，然后加入乙二胺四乙酸四钠使其溶胀，得备用液，备用；

（2）将氨基酸型表面活性剂、脂肪醇硫酸钠和占各组分总质量 45%～50% 的水加热至 70℃ 并搅拌均匀，溶质溶解形成透明液体；

（3）在保温条件下继续向透明液体中加入氧化胺、椰子油脂肪酸二乙醇酰胺和烷基糖苷，搅拌均匀，溶质溶解形成制备液；

（4）将制备液降温至 40℃，然后向制备液中加入备用液、氯化钠、柠檬酸、香精、防腐剂和余量水，并搅拌均匀得洗衣液。

原料介绍　本产品以氨基酸型表面活性剂 N-椰油酰谷氨酸钠作为主要表面活性剂，其是一种类蛋白的温和表面活性剂，其原料取自天然成分脂肪酸与氨基酸，具有良好的生态相容性和生物降解性，并且其特殊的结构对蛋白、皮脂类污垢具有良好的乳化能力，能有效去除婴儿衣物的便尿渍、口水渍、食物油污等。

采用 N, N-二甲基-3-椰油酰胺丙基氧化胺作为辅助表面活性剂，其非离子特性有助于提高洗衣液的低温稳定性，并可提高洗衣液对污垢的整体乳化能力。N, N-二甲基-3-椰油酰胺丙基氧化胺在弱酸性条件下呈阳离子型，能吸附在织物纤维表面，与氨基酸型表面活性剂相互配合，协同柔软织物纤维。

烷基糖苷由可再生资源天然脂肪醇和葡萄糖合成，是一种性能较全面的非离子表面活性剂，兼具普通非离子和阴离子表面活性剂的特性，具有高表面活性、良好的生态安全性和相容性，起到促进氨基酸型表面活性剂和 N, N-二甲基-3-椰油酰胺丙基氧化胺充分发挥其性能的作用，使各组分产生协同作用。且烷基糖苷是国际公认的"绿色"功能性表面活性剂，使本产品洗衣液更绿色、环保。

阳离子瓜尔胶是一种水溶性高分子聚合物，其化学名称为瓜尔胶羟丙基三甲基氯化铵，采用天然瓜尔胶为原料粉碎、分离、干燥后与失水缩甘油醚三甲基氯化铵反应制得。用洗衣液洗涤衣物的过程中，阳离子瓜尔胶能与织物纤维发生吸附作用，从而减少污垢再次沉积于衣物表面的概率。

所述氧化胺为 N, N-二甲基-3-椰油酰胺丙基氧化胺。

所述防腐剂为质量比为 19∶1 的甲基异噻唑啉酮和乙基己基甘油的混合物。

产品特性

（1）使用本产品洗涤的衣物，衣物干燥后会在织物纤维表面形成一层温和亲肤的保护膜，可减少织物纤维间的摩擦；所形成的保护膜与空气中水分结合，可使衣物具有一定润度，减少静电产生，并使洗后衣物更柔顺。因此，本产品洗涤衣物柔软性好，对婴儿皮肤具有很好的亲和力，并能有效洗去婴幼儿衣物的顽固污渍。

（2）本产品具有很好的去污能力，对蛋白类污垢、皮脂类污垢具有良好的乳化能力，去污效果好，因此能有效去除婴儿衣物的便尿渍、口水渍、食物油污等。

配方 42　婴幼儿洗衣液（二）

原料配比

原料	配比（质量份）				
	1#	2#	3#	4#	5#
防霉抑菌功效成分	2.0	10.0	13.0	16.0	22.0

续表

原料	配比（质量份）				
	1#	2#	3#	4#	5#
椰子油脂肪酸二乙醇酰胺	10	12	15	18	20
天然沸石粉	3.0	5.0	10.0	3.0	5.0
脂肪醇聚氧乙烯（9）醚	5.0	7.0	10.0	12.0	15.0
脂肪醇聚氧乙烯（7）醚	3.0	2.5	2.0	1.5	1.0
蛋白酶稳定剂	1.0	1.5	2.0	2.5	3.0
丙二醇	5.0	7.0	9.0	12.0	15.0
氯化钠	0.8	0.6	0.8	0.6	0.8
柠檬酸	3	3	5	5	5
茶树油	0.5	0.6	0.7	0.8	1.0
衣物柔顺剂	1.0	1.2	1.5	1.8	2.0
去离子水	加至100	加至100	加至100	加至100	加至100

制备方法　将各组分原料混合均匀即可。

原料介绍　本产品使用的椰油脂肪酸二乙酰胺为非离子表面活性剂，易溶于水，具有良好的发泡、稳泡、渗透去污、抗硬水的功能；甘油具有滋润护肤的作用；天然沸石粉具有摩擦的作用，促使污渍的去除；衣物柔顺剂使衣物蓬松柔软，解决多次洗涤后织物污垢积淀、硬化的问题；茶树油为天然植物精油，不仅具有特殊的香气，还具有抑菌、抗炎的作用。

所述防霉抑菌功效成分为黄连提取物、黄芩提取物、艾叶提取物、灵香草提取物的混合物，这四种功效成分比例为4∶2∶2∶2。

所述黄连提取物是黄连乙醇提取物，所述黄芩提取物是黄芩乙醇提取物，所述艾叶提取物是艾叶乙醇提取物，所述灵香草提取物是灵香草乙醇提取物；用乙醇按提取物∶混合原药=10∶1的比例提取。

所述的黄连，根状茎用作中药时有泻火解毒、清热燥湿功效，可治时行热毒、高热烦躁、泄泻痢疾、口疮、痈疽疗毒等症。药理试验证明，有抑菌及抗病毒、抗原虫作用，并能降低血压，扩张冠状动脉。黄连含小檗碱、黄连碱等多种生物碱，另含黄柏酮、黄柏内酯等成分。

所述的黄芩，别名山茶根、土金茶根，为唇形科植物，以根入药，抗菌谱较广，对皮肤真菌、白喉杆菌、结核杆菌、霍乱弧菌、痢疾杆菌和白色念珠菌都有抑制作用，即使对青霉素已经产生耐药性的金黄色葡萄球菌，黄芩仍然有效。

所述的艾叶，别名艾、艾蒿、家艾、大艾叶、杜艾叶、菱，药用部位为菊科植物艾的干燥叶，据现代医学药理证明艾叶是一种抗菌抗病毒的药物，因为艾叶对病菌有着抑制和杀伤的作用，而且对呼吸系统疾病也有着防治的作用。

所述的灵香草，是报春花科草本植物，其提取物具有抗病杀毒、防霉防蛀的作用。

产品特性 在洗衣液中加入的是从天然植物中提取的具有活性成分的物质，不仅能够抑制衣物生长细菌和霉菌，同时降低洗衣液的刺激性，且洗涤后的衣物蓬松柔软、无静电，且本品去污强、起泡低、易漂洗、无残留，对环境无污染。

配方 43 婴幼儿洗衣液（三）

原料配比

原料		配比（质量份）			
		1#	2#	3#	4#
烷基糖苷		12	43	30	12
椰油酰胺丙基甜菜碱		6	31	21	31
磺基琥珀酸月桂单酯二钠盐		5	18	15	5
增稠剂及其他助剂	羧甲基纤维素钠及异噻唑啉酮、色素和香精	0.06	—	—	—
	海藻酸钠及异噻唑啉酮、色素和香精	—	1	—	—
	黄原胶及异噻唑啉酮、色素和香精	—	—	0.6	—
	卡拉胶及异噻唑啉酮、色素和香精	—	—	—	1
去离子水		40	60	55	40

制备方法

（1）取去离子水总量的30%～40%加入搅拌釜中，加热至70～80℃，边搅拌边加入椰油酰胺丙基甜菜碱、烷基糖苷、磺基琥珀酸月桂单酯二钠盐，溶解后搅拌0.5～1h使之混合均匀，得到表面活性剂原液；

（2）取去离子水总量的30%～40%加入搅拌釜中，加热至50～60℃，边搅拌边加入增稠剂，持续搅拌至溶液均匀透明，得到增稠剂原液；

（3）将表面活性剂原液和增稠剂原液混合，补足余量的去离子水，加入其他助剂，全部溶解后，再调节pH值至6.0～8.0，即为婴幼儿专用洗衣液。

原料介绍 本产品中烷基糖苷是天然的绿色环保型非离子表面活性剂，毒性很低，且对人体皮肤、眼睛刺激性很小。此外，其去污和起泡性能以及生物降解性能较好，无有害成分残留。椰油酰胺丙基甜菜碱是一种两性表面活性剂，与阴离子表面活性剂和其他非离子表面活性剂都能配伍，使用方便，而且对眼睛和皮肤刺激性都非常低，还具有柔软抗静电的功效。磺基琥珀酸月桂单酯二钠盐是一种性能温和、生物降解好、发泡能力强的表面活性剂，刺激性小，还可以降低其他表面活性剂的刺激性。

所述增稠剂为羧甲基纤维素钠、海藻酸钠、黄原胶或卡拉胶。

所述的其他助剂选自防腐剂、色素和香精中的一种或多种。

产品特性

（1）本产品采用天然绿色环保型表面活性剂，无磷，无荧光增白剂，泡沫细腻丰富，去污能力强，易于漂洗，呈中性，温和无刺激，不伤手。

（2）本品具有良好的钙皂分散力且性能温和安全，提高了硬水中洗涤的效果，使衣物光亮，光滑，柔软有弹性，适合婴幼儿衣物的洗涤。

配方 44 　环保无刺激婴幼儿洗衣液

原料配比

原料	配比（质量份）		
	1#	2#	3#
脂肪酸钠	100	150	125
烷基糖苷	60	50	53
椰油酰胺丙基甜菜碱	50	30	45
碱性脂肪酶	10	10	4
碱性蛋白酶	10	10	15
乙酸薄荷酯	20	40	232
芦荟提取液	50	20	36
甘菊花提取物	20	10	12
柔软剂	1	10	8
去离子水	适量	适量	适量

制备方法

（1）按比例称量脂肪酸钠、烷基糖苷和椰油酰胺丙基甜菜碱，倒入配料锅中，加入适量去离子水，搅拌 10～20min 至溶液分散均匀；

（2）调节溶液 pH 值为 8～10；

（3）加入碱性脂肪酶，搅拌均匀后，再加入碱性蛋白酶，搅拌均匀后静置 10min；

（4）加入乙酸薄荷酯、芦荟提取液和甘菊花提取物，搅拌均匀；

（5）3～5min 后加入柔软剂，搅拌均匀；

（6）回流 10～20min，取样检测。

产品应用　本品主要用于婴幼儿衣物的清洗。适合婴幼儿带奶渍、油渍的衣物的清洗。

产品特性　本产品选用的是天然成分，环保，无刺激，对衣物无损伤，有利于保护婴幼儿的身体健康。本产品生产方法简单，条件温和，且能有效保留洗衣液中天然组分的活力，从而有利于提高产品的洗涤效果，延长洗涤产品的货架期。本产品具有较强的去污能力，尤其对于蛋白、皮脂类污渍的洗涤效果更强，特别适合婴幼儿带奶渍、油渍的衣物的清洗。

配方 45　**无刺激易漂洗婴幼儿洗衣液**

原料配比

原料	配比（质量份）					
	1#	2#	3#	4#	5#	6#
脂肪醇聚氧乙烯醚	4	6	4	8	6	6
70%的脂肪酸甲酯磺酸钠	16	14	16	12	14	14
50%的烷基糖苷	8	6	4	8	6	6
25%的钾皂	2	3	4	2	3	3
35%的椰油酰胺丙基甜菜碱	10	9.2	8	10	9.2	9.2
有机络合剂	—	—	0.6	0.4	0.5	0.5
防腐剂	—	—	—	—	—	0.1
香精	—	—	—	—	—	0.3
水	加至100	加至100	加至100	加至100	加至100	加至100

制备方法　在混合釜中，投入水，在搅拌条件下，加入其他各原料，搅拌均匀，即可得到本产品。

原料介绍　所述脂肪醇聚氧乙烯醚属非离子型表面活性剂，外观为乳白色或米黄色软膏状，分子量较高时，呈固体状，易溶于水、乙醇、乙二醇等，有浊点。能耐酸、耐碱、耐硬水、耐热、耐重金属盐。具有良好的润湿性能，且具有较好的乳化、分散、洗净等性能，可与各类表面活性剂和染料同溶使用。

所述脂肪酸甲酯磺酸钠（MES），是以天然动植物油脂为原料制成的一种高效表面活性剂，它具有良好的润湿、乳化、柔软及抗硬水性能，溶解性好，生物降解率高，对皮肤刺激性小，发泡力强，特别是在硬水中其发泡力优于 LAS 和 K12，去污性能优良。本产品中选用质量分数为70%的脂肪酸甲酯磺酸钠。

所述烷基糖苷（APG），是由可再生资源天然脂肪醇和葡萄糖合成的，是一种性能较全面的新型非离子表面活性剂，兼具普通非离子和阴离子表面活性剂的特性，具有高表面活性、良好的生态安全性和相溶性，是国际上公认的首选"绿色"功能性表面活性剂。本产品中选用质量分数为50%的烷基糖苷。

所述钾皂，又称 $C_{12}\sim C_{18}$ 脂肪酸钾盐。

所述椰油酰胺丙甜菜碱，简称 CAB-35。

所述有机络合剂为氨基羧酸盐、羟基羧酸盐、有机膦酸盐和聚丙烯酸类络合剂中的一种或其混合物。

所述的防腐剂，采用本行业常用的防腐剂，可以为 ECOCIDE B50/2 防腐剂、ECOCIDE ITH2 防腐剂、Nuosept 95 防腐剂或卡松。

产品特性

（1）绿色洗涤：配方中使用的主要原料是可降解原材料，能生物降解，MES、APG 绿色原料是以天然植物油脂和葡萄糖为原料制成的一种高效表面活性剂。

（2）本品具有良好钙皂分散力且性能温和安全，提高了在硬水中的洗涤效果，使织物光亮、光滑、柔软及有弹性。

配方 46 婴儿洗涤酶洗衣液

原料配比

原料	配比（质量份）		
	1#	2#	3#
去离子水	60	70	66
复合表面活性剂	30	35	33
海藻提取液	3	5	4
抑菌剂	3	5	4
洗涤酶	1	3	2
芦荟提取液	5	7	6
椰子油	1	5	2
无患子提取液	5	7	6
水解小麦蛋白	3	7	5
油橄榄果提取液	5	7	6
香精	1	2	1.5

制备方法

（1）制备无患子提取液、海藻提取液、芦荟提取液、油橄榄果提取液；

（2）将去离子水总质量的 60% 加热至 60～65℃，然后依次加入复合表面活性剂、椰子油、无患子提取液、海藻提取液、芦荟提取液、油橄榄果提取液、水解小麦蛋白，搅拌均匀，形成混合液；

（3）待混合液温度降至 40℃以下时，将香精、洗涤酶、抑菌剂加入混合物中，搅拌均匀；

（4）将剩余的去离子水加入上述混合液体中，搅拌均匀制得洗衣液。

原料介绍　所述的抑菌剂为甲基异噻唑啉酮。

所述的香精为柠檬香精、薰衣草香精、西柚香精中的一种或多种的混合物。

所述的复合表面活性剂为天然油脂乙氧基化物、脂肪醇聚氧乙烯醚中的一种或两种的混合物。

所述的无患子提取液的制备方法为：将无患子放入粉碎机中，粉碎成 40~60 目颗粒，将其放入气化器内加热至 750~810℃，待产生气体进入爆鸣室内后，向爆鸣室内通入一氧化碳进行爆鸣，待有黑色气体进入爆鸣室后，停止通入一氧化碳，快速降温至 5~10℃，降温速度为 10℃/min，收集液体，过滤，得到无患子提取液。

所述的海藻提取液的制备方法为：挑选整洁无霉烂的海藻，剔除杂藻及异物，然后将除杂后的海藻用 pH 2~4 的稀酸溶液进行清洗、绞碎，并在 pH 值为 2~4 的稀酸溶液中磨碎匀浆，将匀浆后的海藻，在温度 121~135℃、压力 1~5MPa 下熟化灭菌 0.5~2h，降解多糖类成分，将降解后的海藻浆液加碱调整 pH 值至 5.0~7.0，得到海藻提取液。

所述的芦荟提取液的制备方法为：将去皮后的新鲜芦荟叶进行物理压榨后得到第一混合液，将第一混合液过滤后再进行离心得到芦荟提取液。

所述的油橄榄果提取液的制备方法为：将去皮去核后的新鲜油橄榄果进行物理压榨后得到第一混合液，将第一混合液过滤后再进行离心得到油橄榄果提取液。

产品特性

（1）本品采用植物萃取成分，配方温和，清洁宝宝多种日常污渍，如奶渍、尿便渍、果蔬渍、口水渍等难清洁的污渍；

（2）芦荟精华及椰油精华让洗后的衣物更蓬松柔软，透气舒适，宝宝穿着更净爽愉悦；

（3）采用洗涤酶成分，超强去污；

（4）不添加磷、色素、酒精和荧光增白剂等化学成分，温和呵护低刺激；

（5）易漂清，减少衣物残留引起的宝宝肌肤不适。

配方47　婴幼儿用除螨洗衣液

原料配比

原料	配比（质量份）			
	1#	2#	3#	4#
脂肪醇聚氧乙烯醚（AEO-9）	5	5	5	5

续表

原料		配比（质量份）			
		1#	2#	3#	4#
脂肪酸甲酯磺酸钠（MES）		8	8	8	8
十二烷基糖苷		4	4	4	4
椰油酰胺丙基甜菜碱		3	3	3	3
除螨剂	N,N-二乙基-2-苯基乙酰胺	0.3	—	0.3	0.3
	嘧螨胺	0.1	0.25	—	0.2
	乙螨唑	0.1	0.25	0.2	—
水		加至100	加至100	加至100	加至100

制备方法　在混合釜中，先加入水，加热至70～80℃，在搅拌条件下，加入AEO-9、脂肪酸甲酯磺酸钠、十二烷基糖营和椰油酰胺丙甜菜碱搅拌均匀，降温至30～40℃，按配方要求再加入除螨剂，搅拌均匀，即可得到本品婴幼儿洗衣液。

产品特性　本品具有较高的去污能力，能生物降解，性能温和安全，刺激性低，容易漂洗，并能有效抑螨灭螨。

配方48　用于婴幼儿衣物的中药洗衣液

原料配比

原料	配比（质量份）				
	1#	2#	3#	4#	5#
皂荚叶	40	50	55	60	70
猪苓	10	11	12	14	15
草木灰	12	14	16	18	20
艾叶	4	5	6	6	7
薄荷叶	6	7	9	11	12
车桑子叶	5	7	9	10	12
冬瓜片	10	11	12	13	14
水	60	80	130	170	200

制备方法

（1）首先将所需量的皂荚叶、猪苓、草木灰粉碎，加入所需量半量的水混合后用大火进行煮制，沸腾后小火煮熬20～40min后冷却至室温；

（2）向上述混合溶液中加入冬瓜片后继续进行煮制，缓慢升温至80～100℃后小火煮熬10～20min后趁热加入粉碎的艾叶、薄荷叶、车桑子叶以及余量的水，继续小火熬制至溶液有胶感觉即可得到所需的中药洗衣液。缓慢升温的速度为1～2℃/min。

产品特性　本产品较普通洗衣液具有温和无刺激、环保安全、杀菌功效强、制作工艺简单、无污染环境副产物产生的优点。

配方49　植物型婴儿洗衣液

原料配比

原料	配比（质量份）			
	1#	2#	3#	4#
万寿菊精油	12	18	15	20
椰油精华	5	8	9	10
小苏打	0.5	1	0.6	0.8
天然脂肪醇	10	13	12	15
天然脂肪醇聚氧乙烯醚	2	3	2.5	2.5
橙油	3	5	2	4
去离子水	70	80	75	80

制备方法　按照所述质量份称取各组分，45℃条件下将其混合，匀速搅拌，即可得产品。

原料介绍　所述万寿菊精油提取自万寿菊叶。

所述万寿菊精油的制备工艺，包括如下制备步骤：

（1）打浆：将万寿菊叶进行打浆。

（2）萃取：打浆后，加入无水乙醇进行萃取，得萃取液。所述打浆的温度为100℃。

（3）干燥：向步骤（2）所述的萃取液中加入硫代硫酸钠进行干燥。

（4）蒸馏：将干燥后的溶液进行常压蒸馏，除去无水乙醇，得到万寿菊精油。所述蒸馏的温度为50℃。

产品特性

（1）本品中所含的万寿菊精油具有良好的抗氧化、驱蚊、抑菌等生物活性，能够抑制细菌滋生，夏天还具有防蚊功能，能更好地保护婴儿免受外界环境的干扰。

（2）本品均为天然成分，洗涤衣物后，在衣物上不残留，不会对婴儿皮肤造成刺激。

（3）使用本品洗出的衣物柔软并留有香味，夏天使用该种洗衣液之后，能够很好地防止蚊虫叮咬。

配方 50 芳香幼儿洗衣液

原料配比

原料	配比（质量份）		
	1#	2#	3#
十二烷基苯磺酸钠	10	30	30
十六烷醇	15	20	20
玫瑰精油	8	10	9
硅酸钠	12	6	12
过硼酸钠	3	5	4
茶树油	3	5	4
羟基亚乙基二膦酸	5	5	4
氯化钠	3	5	3
去离子水	100	90	90
羧甲基纤维素	22	12	22
薄荷醇	7	7	7

制备方法 向45℃的去离子水中加入十二烷基苯磺酸钠、十六烷醇、硅酸钠、过硼酸钠、羟基亚乙基二膦酸、羧甲基纤维素混合均匀，向混合液中加入氯化钠，于45℃的温度条件下搅拌35min，降温后，再向混合液中加入玫瑰精油、茶树油和薄荷醇，搅拌混合均匀，进行分装，即得。

原料介绍 茶树油：广谱抗微生物物质，是以蒸馏的方式从桃金娘科白千层叶中提取的纯天然植物精油。原产自澳大利亚。无色至淡黄色液体，具有特征香气及抑菌、抗炎、驱虫、杀螨的功效。无污染、无腐蚀性、渗透性强。治疗粉刺、痤疮。其独特香郁气味有助于提神醒脑。

玫瑰精油是世界上最昂贵的精油，被称为"精油之后"。能调整女性内分泌，滋养子宫，缓解痛经，改善性冷淡和更年期不适。尤其是具有很好的美容护肤作用，能以内养外淡化斑点，促进黑色素分解，改善皮肤干燥，恢复皮肤弹性，让女性拥有白皙、充满弹性的健康肌肤，是最适宜女性保健的芳香精油。

产品特性

（1）本产品去污力强，具有天然植物薄荷和玫瑰的抑菌配方，温和不伤手，并具有薄荷和玫瑰的芳香气味。

（2）本产品对大肠杆菌、金黄色葡萄球菌、白色念珠菌的平均抑菌率均大于95%，具有较强除菌抑菌作用，不含荧光增白剂，去污效果好，并且经该洗衣液清洗后的衣物，对婴儿的皮肤无毒、无刺激。

配方51 防霉抑菌婴幼儿专用洗衣液

原料配比

原料	配比（质量份）			
	1#	2#	3#	4#
防霉抑菌功效成分	2.0	10.0	13.0	16.0
脂肪醇聚氧乙烯醚硫酸钠	15.0	12.0	10.0	7.0
脂肪醇聚氧乙烯（9）醚	5.0	7.0	10.0	12.0
脂肪醇聚氧乙烯（7）醚	3.0	2.5	2.0	1.5
蛋白酶稳定剂	1.0	1.5	2.0	2.5
丙二醇	5.0	7.0	9.0	12.0
衣物柔顺剂	1.0	1.2	1.5	1.8
茶树精油	0.5	0.6	0.7	0.8
去离子水	加至100	加至100	加至100	加至100

制备方法 将各组分原料混合均匀即可。

原料介绍 所述防霉抑菌功效成分为黄连提取物、白茯苓提取物、金银花提取物、灵香草提取物、防风提取物的混合物，这五种功效成分比例为黄连提取物：白茯苓提取物：金银花提取物：灵香草提取物：防风提取物=5∶2∶1∶2∶1。各提取物按乙醇∶原料=10∶1的比例提取。

所述黄连提取物是黄连的乙醇提取物。

所述白茯苓提取物是白茯苓的乙醇提取物。

所述金银花提取物是金银花的乙醇提取物。

所述灵香草提取物是灵香草的乙醇提取物。

所述防风提取物是防风的乙醇提取物。

产品特性

（1）在洗衣液中加入的是从天然植物中提取的具有活性成分的物质，不仅能够抑制衣物生长细菌和霉菌，同时降低洗衣液的刺激性，不易引起衣物的破损、腐烂，且不残留化学防腐剂而刺激皮肤；使用安全可靠，制作简便。

（2）本品为含有黄连提取物、白茯苓提取物、金银花提取物、灵香草提取物、防风提取物等植物防霉抑菌成分的洗衣液，对大肠杆菌、金黄色葡萄球菌有除菌作用，对黑曲霉、绿色木霉、绳状青霉、球毛壳霉菌有防霉作用，且随着防霉除菌功效成分的增加，防霉除菌效果加强。

配方 52 非离子低刺激婴幼儿洗衣液

原料配比

原料	配比（质量份）		
	1#	2#	3#
非离子表面活性剂	15	17	20
烷基糖苷	10	15	20
肌氨酸钠	5	8	10
红没药醇	0.1	0.35	0.6
衣物渗透剂	0.5	2.5	5
蛋白酶稳定剂	0.5	1.2	2
增稠剂	0.5	1.2	2
衣物消毒剂	0.1	0.5	1
衣物柔顺剂	0.3	1.2	2
衣物消泡剂	0.01	0.2	0.5
芦荟提取物	0.01	0.2	0.5
防腐剂	0.01	0.2	0.5
香精	0.1	0.2	0.5
水	加至 100	加至 100	加至 100

制备方法 将各组分原料混合均匀即可。

原料介绍 所述非离子表面活性剂为失水山梨醇酯、乙二醇酯和蔗糖酯中的至少一种。

所述衣物消毒剂选自硼砂、对氯间二甲苯酚中的至少一种。

产品特性 本产品采用多元醇型非离子表面活性剂，其分子中的亲水基是羟基，由于这类产物来源于天然产品，具有易生物降解、低毒性的特点，对婴幼儿的皮肤无刺激，同时添加的红没药醇不仅具有抗炎性能，还可以有效抑制衣服上的细菌生长，对婴幼儿肌肤温和无刺激。

配方 53 含有海洋生物成分的婴儿洗衣液

原料配比

原料		配比（质量份）				
		1#	2#	3#	4#	5#
海洋生物除菌剂		3	4	3.3	3.8	3.5
椰子油脂肪酸二乙醇酰胺		9	12	10	11	10.5
烷基糖苷		5	7	5.5	6.5	6
脂肪醇聚氧乙烯醚硫酸钠		5	8	6	7	6.5
乙二胺四乙酸二钠（EDTA-2Na）		0.5	1	0.6	0.9	0.7
氯化钠		0.5	1	0.6	0.9	0.7
蛋白酶		0.2	0.4	0.25	0.35	0.3
脂肪酶		0.2	0.4	0.25	0.35	0.3
淀粉酶		0.1	0.3	0.15	0.25	0.2
香精		—	5	—	3.5	1
水		76.5	60.9	73.35	65.45	70.3
海洋生物除菌剂	羧甲基壳聚糖	1	2	1.5	1.5	1.5
	海藻多糖	2	4	3	3	3
	杀菌肽	6	8	7	7	7
	N-乙酰胞壁质聚糖水解酶	1.5	3.5	2	2	2
	水	89.5	82.5	86.5	86.5	86.5

制备方法

（1）向 35～45℃的水中加入配比量的 EDTA-2Na，进行搅拌混合得混合液 A；

（2）向混合液 A 中加入椰子油脂肪酸二乙醇酰胺、烷基糖苷和脂肪醇聚氧乙烯醚硫酸钠，于 35～45℃的温度条件下进行搅拌混合得混合液 B；

（3）向混合液 B 中加入配比量的海洋生物除菌剂，于 25～35℃温度条件下搅拌混合均匀得混合液 C；

（4）向混合液 C 中加入配比量的蛋白酶、脂肪酶及淀粉酶，搅拌混合均匀得混合液 D；

（5）向混合液 D 中加入配比量的氯化钠或氯化钠和香精，混合均匀得所述含有海洋生物成分的婴儿洗衣液。

原料介绍 椰子油脂肪酸二乙醇酰胺为非离子表面活性剂，具有润湿、净洗、抗静电和柔软等性能，是良好的泡沫稳定剂。烷基糖苷是一种性能较全面的新型非离子表面活性剂，兼具普通非离子和阴离子表面活性剂的特性，能完全生物降解且对皮肤无任何刺激性。脂肪醇聚氧乙烯醚硫酸钠为阴离子表面活性剂，具有优良的去污、乳化、发泡性能。EDTA-2Na 属于螯合剂，能使顽固污渍迅速解除表面张力，从而溶解、脱落。氯化钠作为增稠剂，能提高表面活性剂对织物的吸附作用，提高其去污力，降低表面活性剂的临界胶束浓度。添加的蛋白酶、脂肪酶、淀粉酶能加速去除婴儿衣物上的奶渍、油渍、饭渍等常见污渍。海洋生物除菌剂具有较强的除菌抑菌作用，且比较柔和，对皮肤无毒、无刺激。

所述的海洋生物除菌剂可以按如下步骤制备：

（1）向 30～35℃的水中加入配比量的羧甲基壳聚糖和海藻多糖，进行搅拌混合 10～20min 得混合液 A；

（2）往混合液 A 中加入配比量的杀菌肽，搅拌混合的时间为 3～7min，得混合液 B；

（3）往混合液 B 中加入配比量的 N-乙酰胞壁质聚糖水解酶，搅拌混合 3～7min，得所述海洋生物除菌剂。

产品特性

（1）本产品不仅具有优异的杀菌性能，同时具有很好的抗静电性和柔顺性能。

（2）本产品能够有效杀菌、有效去污渍，并且对婴儿皮肤无毒、无刺激。

（3）通过本制备方法制得的含有海洋生物成分的婴儿洗衣液各组分混合均匀，稳定性好。

配方 54　护肤幼儿洗衣液

原料配比

原料	配比（质量份）	
	1#	2#
野菊花提取物	1	2
除螨杀菌植物提取液 R301	2	3
非离子表面活性剂	10	15
十二烷基硫酸钠	5	8
脂肪酶	2	4
70～90 目粉碎并过筛的干桂花	2	4
苏打粉	6	9
荧光增白剂	2	4
碳酸钠	2	4
偏硅酸钠	1	2

续表

原料	配比（质量份）	
	1#	2#
赖氨酸	2	3
天门冬氨酸	1	4
蒸馏水	20	40
柠檬香精	2	3

制备方法　将各组分原料混合均匀即可。

产品特性　本产品洗衣液，无磷铝不残留，不伤手，低泡易漂洗干净，保护皮肤无刺激。

配方 55 护肤婴儿洗衣液

原料配比

原料	配比（质量份）		
	1#	2#	3#
皂角	700	900	800
无患子	400	600	500
脂肪酸甲酯磺酸钠	8	11	9
维生素 E 醋酸酯	10	20	15
艾草	45	50	46
忍冬藤	10	15	13
金银花	20	25	23
去离子水	30（体积份）	50（体积份）	40（体积份）
氨基环丙烷羧酸	10	15	12
山梨醇	4	6	5
过氧化物酶	15	20	17
二甲基聚硅氧烷	3	5	4

制备方法

（1）取 700～900 质量份皂角及 400～600 质量份无患子放入粉碎机中，粉碎成 40～60 目颗粒，将其放入气化器内加热至 750～810℃，待产生气体进入爆鸣室内后，向爆鸣室内通入一氧化碳进行爆鸣，待有黑色气体进入爆鸣室后，停止通入一氧化碳，快速降温至 5～10℃，降温速度为 10℃/min，收集液体，过滤；

（2）将上述的过滤液放入容器中，向其中加入过滤液质量 2%～5% 的脂肪酸甲酯磺酸钠，再向其中加入 10～20 质量份维生素 E 醋酸酯搅拌均匀；

（3）取 45～50 质量份艾草、10～15 质量份忍冬藤以及 20～25 质量份金银花放入粉碎机中，粉碎成 80～100 目粉末，将其放入上述容器中，向其中加入 30～50 体积份去离子水，搅拌 2～3h，温度设定为 45～50℃，然后冷却至 28～35℃，过滤；

（4）向上述滤液中加入 10～15 质量份氨基环丙烷羧酸、4～6 质量份山梨醇以及 15～20 质量份过氧化物酶搅拌均匀，若有大量泡沫出现时，向其中加入 3～5 质量份二甲基聚硅氧烷；

（5）检测上述溶液的 pH 值，若 pH 值大于 6.5，使用柠檬酸调节 pH 值为 5.0～6.0，若 pH 值小于 5.0，使用碳酸氢钠调节 pH 值为 5.0～6.0，即可。

产品应用　使用方法：所述的制备的护肤婴儿洗衣液按体积比 1∶350 与水混合使用，每件衣服加入 3～5L 混合液，进行洗涤。

在使用洗衣液前，将所制得的护肤婴儿洗衣液按体积比 1∶100 与水混合，然后取一滴混合液，涂抹在婴儿手臂上，观察是否有过敏或其他不良反应，若有则禁止使用。

产品特性

（1）本产品所使用的去污、杀菌的物质为天然提取物，对婴儿皮肤无刺激；

（2）本产品所使用的护肤物质为天然提取物，对婴儿无害；

（3）本产品所制得的护肤婴儿洗衣液比普通洗衣液的去污能力提高了 20%～30%；

（4）本产品制作成本低，且对环境无污染。

配方 56　柔顺温和幼儿洗衣液

原料配比

原料	配比（质量份）	
	1#	2#
十二烷基二甲苄基氯化铵	1	2
丙二醇	1	3
甜杏仁油	4	5
羧甲基纤维素钠	1	2
硫酸钠	2	3
荧光增白剂	3	4
月桂酸	1	3
十二烷基苯磺酸	8	12

续表

原料	配比（质量份）	
	1#	2#
淀粉酶	2	5
高碳脂肪醇聚氧乙烯醚	1	5
乙二胺四乙酸二钠	1	3
过氧化物酶	1	2
去离子水	7	21
阴离子表面活性剂	3	4

制备方法　将各组分原料混合均匀即可。

产品特性　本产品性质温和，有去污、除菌、柔顺的功能，可抵御外界对皮肤的干扰。

参考文献

中国专利公告

CN 201810432466.7

CN 201710753935.0

CN 201710621944.4

CN 201810880582.5

CN 201810255199.0

CN 201911394677.7

CN 201710414719.3

CN 201810977172.2

CN 201711415619.9

CN 201710540714.5

CN 202010396654.6

CN 202210093074.9

CN 201710814385.9

CN 201710868222.9

CN 202011362921.4

CN 201910387991.6

CN 202011028019.9

CN 201810383821.6

CN 201711080703.X

CN 201710421616.X

CN 201810236274.9

CN 202010563532.1

CN 201711444970.0

CN 202210427558.2

CN 202110096991.8

CN 202110068978.1

CN 201910845430.6

CN 202111150245.9

CN 202110946189.3

CN 202011277873.9

CN 201810485636.8

CN 201910069544.6

CN 202010144155.8

CN 201811511160.7

CN 201810233367.6

CN 201710005234.9

CN 201710005233.4

CN 201710375188.1

CN 201810703382.2

CN 201710704627.9

CN 201910128350.9

CN 202110124584.3

CN 201910810368.7

CN 201711113415.X

CN 202111477282.0

CN 202111479051.3

CN 202010402083.2

CN 201710506131.0

CN 201911076979.X

CN 201710004943.5

CN 201710004942.0

CN 201710492982.4

CN 202210201120.2

CN 201710834012.8

CN 201910912203.0

CN 201810314272.7

CN 201910453769.1

CN 201810650198.6

CN 201710814381.0

CN 202011443649.2

CN 202111641859.7

CN 201711265185.9

CN 202010234141.5

CN 202011114986.7

CN 202110548536.7

CN 201710893305.3

CN 202210616550.0

CN 202110954491.3

CN 201810000405.3

CN 201710864314.X

CN 201811491547.0

CN 202110707143.6

CN 201810703896.8

CN 202210157568.9

CN 201710737907.X

CN 202110217116.0

CN 201910000342.6

CN 202110275984.4

CN 201710506475.1

CN 201510810227.7

CN 201410529829.0

CN 201510911632.8

CN 201510211304.7

CN 201410338784.9

CN 201410840124.0

CN 201310348281.5

CN 201610470578.2

CN 201310366193.8

CN 201310154002.1

CN 201410636708.6

CN 201510407687.5

CN 201510253737.9

CN 201510647996.X

CN 201310454142.0

CN 202010653684.0

CN 201810334854.1

CN 201910010099.6

CN 201810627102.4

CN 202210456325.5

CN 201710637582.8

CN 201910793941.8

CN 201810977176.0

CN 201710211097.4

CN 201811436130.4

CN 201810585252.3

CN 201811466904.8

CN 201811437296.8

CN 201811436202.5

CN 202011362713.4

CN 201710623986.1

CN 202010867497.2

CN 201811349232.2

CN 201811157323.6

CN 201811123217.6

CN 202010556746.6

CN 201710132510.8

CN 201910563679.8

CN 201910793942.2

CN 201711241444.4

CN 201811436166.2

CN 201711076845.9

CN 201710868223.3

CN 201710415358.4

CN 201711071725.X

CN 201810158693.5

CN 202010949070.7

CN 201811394475.8

CN 202010161253.2

CN 201711443114.3

CN 201810432440.2

CN 201811066542.3

CN 201911150301.1

CN 201811156222.7

CN 201710868939.3

CN 201810648490.4

CN 202210186776.1

CN 201911084033.8

CN 201910873595.4

CN 201911141118.5

CN 201910868111.7

CN 201710953410.1

CN 201810314192.1

CN 202010944396.0

CN 201710772608.X

CN 201710493720.X

CN 201810979996.3

CN 201811055968.9

CN 201810304067.2

CN 201710617754.5

CN 202011173073.2

CN 201710976649.0

CN 201710005537.0

CN 201910342306.8

CN 202010080334.X

CN 201710953406.5

CN 201911331606.2

CN 202011601847.7

CN 202110634221.4

CN 201710843489.2

CN 201810176905.2

CN 201810311245.4

CN 201710954250.2

CN 202210242734.5

CN 202111339270.1

CN 201710563812.0

CN 202010060106.6

CN 201911174085.4

CN 202110919605.0

CN 202010902797.X

CN 201711055371.X

CN 202011533720.6

CN 201910000338.X

CN 201710282482.8

CN 201911309599.6

CN 201810754932.3

CN 201911074175.6

CN 202010872251.4

CN 201710737906.5

CN 201810653381.1

CN 201810907096.8

CN 201711028518.6

CN 202111085936.5

CN 202210152162.1

CN 201710004941.6

CN 201710564936.0

CN 202011185516.X

CN 201811651414.5

CN 202010128816.8

CN 201810746437.8

CN 201911306294.X

CN 201811487287.X

CN 201911156873.0

CN 202011313172.6

CN 201710375187.7

CN 201810630953.4

CN 201910995101.X

CN 201810018655.X

CN 202210071661.8

CN 202011015989.5

CN 202010739725.8

CN 201811318886.9

CN 201910072951.2

CN 201711486914.3

CN 201810043795.2

CN 202011141125.8

CN 202110869714.6

CN 201810156750.6

CN 201911108757.1

CN 201710350846.1

CN 202010693330.9

CN 201711147762.4

CN 202110647384.6

CN 201710386797.7

CN 201811412732.6

CN 201810743147.8

CN 201710634248.7

CN 201710097507.7

CN 201910218983.9

CN 201811001660.6

CN 201810124592.6

CN 202110689123.0

CN 201710383983.5

CN 201810649176.8

CN 201710186293.0

CN 201811651620.6

CN 201911046761.X

CN 201710386807.7

CN 202111298197.8

CN 201310210824.7

CN 201510811174.0

CN 201410190347.7

CN 201410654162.7

CN 201310235872.1

CN 201510199866.4

CN 201610303406.6

CN 201410071540.9

CN 201510103002.8

CN 201510956453.6

CN 201510987593.X

CN 201410692280.7

CN 201410517020.6

CN 201310490567.7

CN 201410484403.8

CN 201410812541.4

CN 201410578218.5

CN 201510415480.2

CN 201510204372.0

CN 201410541720.9

CN 201510199870.0

CN 201410582847.5

CN 201310134479.3

CN 201410655618.1

CN 201410730792.8

CN 201310190580.0

CN 201310303025.4

CN 201410856084.9

CN 201310365606.0

CN 201510487974.1

CN 201410813022.X

CN 201510442327.9

CN 201510207662.0

CN 201510211101.8

CN 201410071955.6

CN 201410049313.6

CN 201410791952.X

CN 201410367720.1

CN 201510834531.5

CN 201310460947.6

CN 201410516659.2

CN 201510207660.1

CN 201710813639.5

CN 202110196540.1

CN 202111430447.9

CN 202010345591.1

CN 201810154286.7

CN 201811425832.2

CN 201711256267.7

CN 201910479369.8

CN 202011432658.1

CN 202110837827.8

CN 202111191506.1

CN 202111046068.X

CN 201710538713.7

CN 202110913725.X

CN 202010599841.4

CN 201710125269.6

CN 201810589892.1

CN 201810676480.1

CN 201810677662.0

CN 202210161839.8

CN 202011496057.7

CN 201710621888.4

CN 202010636094.7

CN 201810440999.X

CN 202010914328.X

CN 201710838442.7

CN 202111638862.3

CN 202010402719.3

CN 202110615149.0

CN 201810545445.6

CN 201911059983.5

CN 201711477185.5

CN 202010240415.1

CN 202010131958.X

CN 202010144151.X

CN 201910831727.7

CN 201810207393.1

CN 202010505239.X

CN 201810645330.4

CN 202011325407.3

CN 201810485635.3

CN 201710486092.2

CN 201910818387.4

CN 201810664455.1

CN 202110841320.X

CN 201710533839.5

CN 201811400230.1

CN 201910539044.4

CN 201810321359.7

CN 202110837739.8

CN 201711077028.5

CN 202011224867.7

CN 202011401710.7

CN 202011424602.1

CN 202010623071.2

CN 201810232185.7

CN 201711233776.8

CN 201710004937.X

CN 201710004936.5

CN 201911316726.5

CN 201711416927.3

CN 201710810033.6

CN 201710853117.8

CN 201811387448.8

CN 201810538381.7

CN 201710885527.0

CN 202011600496.8

CN 201710540703.7

CN 201810030166.6

CN 201811055135.2

CN 201810345173.5

CN 202010777216.4

CN 202010711581.5

CN 201711420366.4

CN 202210090313.5

CN 202010895957.2

CN 201810644576.X

CN 202011456233.4

CN 201810967507.2

CN 202011065301.4

CN 202010462279.0

CN 201811599275.6

CN 202111112692.5

CN 202010818082.6

CN 202210456906.9

CN 201710832867.7

CN 201911057376.5

CN 201811449086.0

CN 202010815868.2

CN 202110702018.6

CN 202111107878.1

CN 201710387359.2

CN 201710375697.4

CN 201710156380.1

CN 202111479190.6

CN 201710282052.6

CN 202210733824.4

CN 201910882180.3

CN 202010109815.9

CN 201911284273.2

CN 202010243900.4

CN 201911095718.2

CN 201710873880.7

CN 201710282053.0

CN 201911407506.3

CN 201810743142.5

CN 201710383255.4

CN 201911074182.6

CN 202111317337.1

CN 202110005197.8

CN 201910816878.5

CN 202011079223.3

CN 201911204143.3

CN 201710843568.3

CN 201910931630.3

CN 201410049307.0

CN 201610446651.2

CN 201510199542.0

CN 201410693775.1

CN 201510722501.5

CN 201610232384.9

CN 201410038981.9

CN 201410071677.4

CN 202010877879.3

CN 201710415359.9

CN 201810679119.4

CN 201810383930.8

CN 201710937734.6

CN 201710982916.5

CN 202010330277.6

CN 202111046071.1

CN 201711426853.1

CN 202210632843.8

CN 202110869497.0

CN 201710793981.3

CN 202010544621.1

CN 201710711350.2

CN 201911081852.7

CN 201710131198.0

CN 201710937771.7

CN 201710817608.7

CN 201811437383.3

CN 202111136993.1

CN 201911409706.2

CN 202011247201.3

CN 201710001431.3

CN 201710125284.0

CN 201810977173.7

CN 201710759580.6

CN 202110402244.2

CN 201711043583.6

CN 201811437370.6

CN 201310485077.8

CN 201410202269.8

CN 201410693721.5

CN 201410730793.2

CN 201410338178.7

CN 201410794821.7

CN 201410517072.3

CN 201310738241.1

CN 201410336331.2

CN 201310485076.3

CN 201510032987.X

CN 201410071963.0

CN 201610142605.3

CN 201310438950.8

CN 201410783010.7

CN 201510032255.0

CN 201310725470.X

CN 201510207611.8

CN 201510575907.5

CN 201510211204.4